U0179937

高阶动力方程的动力学

孙太祥　粟光旺　秦　斌　吴　鑫
陶春艳　刘　静　陈占和　　　著

科 学 出 版 社

北 京

内 容 简 介

本书是作者近十年来对高阶动力方程的一些研究成果的总结, 内容包括: 高阶动力方程的振荡性比较定理; 几类高阶动力方程的渐近性质和非振荡解; 几类高阶动力方程非振荡解的存在性定理和非振荡性准则; 动力方程的 Lyapunov 不等式和几类高阶动力方程的振荡性准则等. 内容安排由浅入深, 叙述和证明详细且通俗易懂.

本书可作为数学专业高年级本科生、研究生教材, 也可供从事动力系统和动力方程研究的教师与其他科研工作者参考.

图书在版编目 (CIP) 数据

高阶动力方程的动力学/孙太祥等著. —北京: 科学出版社, 2020.3
ISBN 978-7-03-064500-5

I. ①高… II. ①孙… III. ①动力学方程–研究 IV. ①O313

中国版本图书馆 CIP 数据核字 (2020) 第 030936 号

责任编辑: 李 欣 / 责任校对: 樊雅琼
责任印制: 吴兆东 / 封面设计: 无极书装

科学出版社 出版
北京东黄城根北街 16 号
邮政编码: 100717
http://www.sciencep.com

北京中石油彩色印刷有限责任公司 印刷
科学出版社发行 各地新华书店经销
*
2020 年 3 月第 一 版 开本: 720×1000 1/16
2023 年 2 月第二次印刷 印张: 16 1/2
字数: 330 000
定价: 118.00 元
(如有印装质量问题, 我社负责调换)

前　言

　　为了统一微分和离散分析, 德国的 Hilger[1,2] 于 1988 年首次提出测度链微积分 (the calculus of measure chains), 他的导师 Aulbach 指出: 这种新的微积分有三个主要目的: 统一、推广和离散化 (unification-extension-discretization). 而对于许多情况, 我们只需考虑测度链上的一种特殊情形 —— 时标. 一个时标指的是实数集的任一非空闭子集, 对于定义在时标上的函数, 我们考虑其上的 Δ 导数、n 阶 Δ 导数和高阶时标动力方程. 当时标是实数时, 动力方程就是微分方程; 当时标是整数时, 动力方程就是差分方程. 对时标理论的研究, 既是数学理论自身发展的需要, 又是实际问题的需要. 时标理论的研究不仅能把微分动力系统和离散动力系统与方程理论很好地结合在一起, 而且所得的结果比微分动力系统和离散动力系统理论更为实用. 它能把那些传统的 “情形” 推广到离散差分方程、具有定常步长和变步长的离散差分方程等许多其他时标动力方程, 有助于人们认识从微分动力系统到离散动力系统的离散过程. 由于实际模型所对应的时标动力方程可解决把停止-开始行为和连续行为结合在一起的问题, 因此计算机网络、生态、工程技术、物理等领域的许多现象用时标动力方程来描述, 更能揭示其本质属性. 譬如, 利用这一理论建立的昆虫种群模型和电网模型更符合实际[3]. 可以说时标动力方程是更能反映现实世界的系统方程[4].

　　最近, 时标理论的研究已经得到国际上许多专家、学者的极大关注, 如学者 Hilger, Aulbach, Agarwal, Bohner, Regan, Peterson, Erbe 等. 经过十几年的发展, 目前这一领域已经出版两本专著[3, 5] 以及一系列研究论文, 其中数学专业刊物 *J. Comput. Appl. Math.*, 卷 141 于 2002 年 [6] 刊登了时标理论方面的第一篇综述文章, 收录了 20 多篇精选的研究论文. 2003 年, Birkhäuser 出版社又出版了时标动力方程研究最新进展的文集[7]. 本书的目的是对时标动力方程的性质进行深入的研究.

　　本书共八章. 第 1 章介绍了时标理论的基本概念和定理; 第 2 章给出了高阶动力方程的振荡性的几个比较定理; 第 3 章研究了几类高阶动力方程的渐近性质; 第 4 章研究了高阶动力方程的非振荡性, 得到了几类高阶动力方程非振荡解的存在性定理, 给出了几类高阶动力方程的非振荡性准则, 得到了时标上中性动力方程系统的非振荡解性质; 第 5 章研究了动力方程的 Lyapunov 不等式, 得到了几类高阶动力方程的 Lyapunov 不等式、Hamiltonian 系统的 Lyapunov 不等式、拟 Hamiltonian 系统的 Lyapunov 不等式、时标上非线性系统的 Lyapunov 不等式及

(p, q)-拉普拉斯系统的 Lyapunov 不等式; 第 6 章研究了几类高阶动力方程的振荡性, 得到了这些动力方程的几个振荡性定理; 第 7 章得到了一类高阶动力方程的 Kamenev-型振荡性准则; 第 8 章得到了一类高阶非线性时滞动力方程的振荡性准则.

近十多年来, 我们对时标动力方程的各种性质进行了深入的研究, 得到了一些工作结果. 编写本书的目的就是梳理和总结一下过去的研究工作. 本书的完成得到国家自然科学基金项目 (10861002; 11261005; 11461003; 11761011)、广西自然科学基金项目 (桂科自 0728002; 2011GXNSFA018135; 2012GXNSFDA276040; 2016GXNSFBA380235; 2016GXNSFAA380286) 和广西财经学院博士科研启动基金的资助, 在此表示感谢. 同时, 我们也要感谢硕士研究生余卫勇、彭小凤、周雅茹对本书部分内容研究工作的参与.

由于我们的研究水平有限, 本书对动力方程性质的介绍还存在诸多不够全面和深入之处, 敬请读者批评指正.

作　者

于广西财经学院

2019 年 5 月

目　　录

第 1 章　时标理论的基本概念

时标就是实数集 **R** 上任一非空闭子集, 它是由 Hilger 于 1988 年为了统一连续型与离散型分析而引进的一个概念, 如实数集 **R**、整数集 **Z**、自然数集 **N** 都是时标.

定义 1.1　设 **T** 是一个时标.

(1) 定义 $\sigma : \mathbf{T} \to \mathbf{T}$ 为, 对任意 $t \in \mathbf{T}$,

$$\sigma(t) = \inf\{s \in \mathbf{T} : s > t\},$$

称 σ 为前跳跃算子.

(2) 定义 $\rho : \mathbf{T} \to \mathbf{T}$ 为, 对任意 $t \in \mathbf{T}$,

$$\rho = \sup\{s \in \mathbf{T} : s < t\},$$

称 ρ 为后跳跃算子.

(3) 定义 $\mu : \mathbf{T} \to \mathbf{R}_0^+ \equiv [0, \infty)$ 为, 对任意 $t \in \mathbf{T}$,

$$\mu(t) = \sigma(t) - t,$$

称 μ 为粗糙函数.

(4) 定义

$$\mathbf{T}^\kappa = \begin{cases} \mathbf{T} - (\rho(\sup \mathbf{T}), \sup \mathbf{T}], & \sup \mathbf{T} < \infty, \\ \mathbf{T}, & \sup \mathbf{T} = \infty. \end{cases}$$

(5) 若 $\sigma(t) > t$, 则称 t 为右分散的点; 若 $\sigma(t) = t$ 且 $t < \sup \mathbf{T}$, 则称 t 为右稠密的点. 若 $\rho(t) < t$, 则称 t 为左分散的点; 若 $\rho(t) = t$ 且 $t > \inf \mathbf{T}$, 则称 t 为左稠密的点.

(6) 对任意 $a, b \in \mathbf{T}$, 记 $[a, b]_\mathbf{T} = [a, b] \cap \mathbf{T}$.

定义 1.2　设函数 $f : \mathbf{T} \to \mathbf{R}$, $t \in \mathbf{T}$. 若 $f^\Delta(t)$ 满足: 对任意的 $\varepsilon > 0$, 都存在 t 的某个邻域 U(即对某个 $\delta > 0$, $U = (t - \delta, t + \delta) \cap \mathbf{T}$), 使得对任意的 $s \in U$, 有

$$|f(\sigma(t)) - f(s) - f^\Delta(t)[\sigma(t) - s]| \leqslant \varepsilon |\sigma(t) - s|,$$

则称 $f^\Delta(t)$ 是 f 在 t 处的 Δ-微分. 进一步, 若对任意的 $t \in \mathbf{T}$, $f^\Delta(t)$ 都存在, 则称 f 在 **T** 上 Δ-可微, 简称可微.

定理 1.1[3]　　设 $f, g : \mathbf{T} \to \mathbf{R}$ 在 $t \in \mathbf{T}$ 处可微, 则

(1) $f + g : \mathbf{T} \to \mathbf{R}$ 在 t 处可微, 且

$$(f + g)^{\Delta}(t) = f^{\Delta}(t) + g^{\Delta}(t).$$

(2) 对任意的常数 α, $\alpha f : \mathbf{T} \to \mathbf{R}$ 在 t 处可微, 且

$$(\alpha f)^{\Delta}(t) = \alpha f^{\Delta}(t).$$

(3) $fg : \mathbf{T} \to \mathbf{R}$ 在 t 处可微, 且

$$(fg)^{\Delta}(t) = f^{\Delta}(t)g(t) + f(\sigma(t))g^{\Delta}(t) = f(t)g^{\Delta}(t) + f^{\Delta}(t)g(\sigma(t)).$$

(4) 若 $g(t)g(\sigma(t)) \neq 0$, 则 f/g 在 t 处可微, 且

$$\left(\frac{f}{g} \right)^{\Delta}(t) = \frac{f^{\Delta}(t)g(t) - f(t)g^{\Delta}(t)}{g(t)g(\sigma(t))}.$$

定义 1.3　　若函数 $f : \mathbf{T} \to \mathbf{R}$ 在 $\mathbf{T}$ 上的每个右稠密的点处的右极限存在, 在 $\mathbf{T}$ 上的每个左稠密的点处的左极限存在, 则称 f 是正规的.

定义 1.4　　若函数 $f : \mathbf{T} \to \mathbf{R}$ 在 $\mathbf{T}$ 上的每个右稠密的点处连续, 在 $\mathbf{T}$ 上的每个左稠密的点处的左极限存在, 则称 f 是 rd-连续的.

用

$$C_{\mathrm{rd}} = C_{\mathrm{rd}}(\mathbf{T}) = C_{\mathrm{rd}}(\mathbf{T}, \mathbf{R})$$

和

$$C_{\mathrm{rd}}^{1} = C_{\mathrm{rd}}^{1}(\mathbf{T}) = C_{\mathrm{rd}}^{1}(\mathbf{T}, \mathbf{R})$$

分别表示 $\mathbf{T}$ 上的 rd-连续函数和 $\mathbf{T}$ 上的可微且其微分是 rd-连续函数的集合.

定义 1.5　　设 $D \subset \mathbf{T}$, $\mathbf{T} \backslash D$ 可数且不包含 $\mathbf{T}$ 中的右分散的点. 若 f 在 D 上可微, 则称 f 是相对于 D 准可微的.

定理 1.2[3]　　设 $f : \mathbf{T} \to \mathbf{R}$ 是正规的, 则存在一个相对于 D 准可微的函数 F, 使得对任意的 $t \in D$, 有

$$F^{\Delta}(t) = f(t),$$

函数 F 称为 f 的准反微分. 若对任意的 $t \in \mathbf{T}$, 都有

$$F^{\Delta}(t) = f(t),$$

则称 F 是 f 的反微分.

定义 1.6　设 $f : \mathbf{T} \to \mathbf{R}$ 是正规的, 定义 f 的不定积分

$$\int f(t)\Delta t = F(t) + C,$$

其中 C 是任意常数, F 是 f 的准反微分. 对任意的 $r, s \in \mathbf{T}$, 定义 f 的柯西积分

$$\int_r^s f(t)\Delta t = F(s) - F(r).$$

定理 1.3[3]　设 $f : \mathbf{R} \to \mathbf{R}$ 是连续可微的, $g : \mathbf{T} \to \mathbf{R}$ 是 Δ-可微的, 则 $f \circ g : \mathbf{T} \to \mathbf{R}$ 是 Δ-可微的, 且

$$(f \circ g)^{\Delta}(t) = g^{\Delta}(t) \int_0^1 f'(hg(t) + (1-h)g^{\sigma}(t)) \mathrm{d}h,$$

其中 $g^{\sigma}(t) = g(\sigma(t))$.

定义 1.7　设 $A(t)$ 是 $\mathbf{T}$ 上的 $m \times n$ 矩阵值函数. 若 $A(t)$ 中每个元是 rd-连续的, 则称 $A(t)$ 是 rd-连续的.

定理 1.4[3]　设 A 在 $t \in \mathbf{T}^{\kappa}$ 处可微, 则

$$A^{\sigma}(t) = A(t) + \mu(t)A^{\Delta}(t).$$

定理 1.5[3]　设 A, B 是 $\mathbf{T}$ 上的 $n \times n$ 矩阵值函数, 则

(1) $(A + B)^{\Delta} = A^{\Delta} + B^{\Delta}$.

(2) $(\alpha A)^{\Delta} = \alpha A^{\Delta}$.

(3) $(AB)^{\Delta} = A^{\Delta}B^{\sigma} + AB^{\Delta} = A^{\sigma}B^{\Delta} + A^{\Delta}B$.

(4) $(A^{-1})^{\Delta} = -(A^{\sigma})^{-1}A^{\Delta}A^{-1} = -A^{-1}A^{\Delta}(A^{\sigma})^{-1}$.

定义 1.8　设 $A(t)$ 是 $\mathbf{T}$ 上的 $n \times n$ 矩阵值函数. 若对任意的 $t \in \mathbf{T}$, $I + \mu(t)A(t)$ 可逆, 则称 $A(t)$ 是回归的.

定义 1.9　对任意的 $x \in \mathbf{R}^n$ 和 $A \in \mathbf{R}^{n \times n}$($n \times n$ 实矩阵集), 定义 x 和 A 的模

$$|x| = \sqrt{x^{\mathrm{T}}x}, \quad |A| = \max_{x \in \mathbf{R}^n, |x|=1} |Ax|.$$

由定义可知, 对任意 $A, B \in \mathbf{R}^{n \times n}$,

$$|Ax| \leqslant |A||x|, \quad |AB| \leqslant |A||B|,$$

其中 x^{T} 是 x 的转置. 设 $\mathbf{R}_s^{n \times n}$ 表示 $n \times n$ 实对称矩阵集. 若 $A \in \mathbf{R}_s^{n \times n}$ 满足: 对任意 $x \in \mathbf{R}^n - \{0\}$, 有 $x^{\mathrm{T}}Ax \geqslant 0$ (或 $x^{\mathrm{T}}Ax > 0$), 则称 A 是半正定的 (或正定的), 记为 $A \geqslant 0$ (或 $A > 0$). 若 A 是半正定的 (或正定的), 则存在唯一半正定 (或正定) 矩阵 $\sqrt{A}$, 使得 $[\sqrt{A}]^2 = A$.

定义 1.10　设 $t_0(\in \mathbf{T}) > 0$ 是个常数. 对于动力方程

$$f(t, x, x^{\Delta}, \cdots, x^{\Delta^n}) = 0. \tag{1.1}$$

(1) 若函数 $x \in C_{\mathrm{rd}}([t_x, \infty)_{\mathbf{T}}, \mathbf{R})$ $(t_x \geqslant t_0)$ 在 $[t_x, \infty)_{\mathbf{T}}$ 上满足 (1.1), 则称 x 是方程 (1.1) 的一个解.

(2) 若方程 (1.1) 的解 x 在 $[t_x, \infty)_{\mathbf{T}}$ 上不恒为零, 则称 x 是方程 (1.1) 的一个非平凡解.

(3) 若方程 (1.1) 的解 x 在 $[t_x, \infty)_{\mathbf{T}}$ 上既不终于正, 也不终于负, 则称 x 是振荡的, 否则称 x 是非振荡的.

(4) 若方程 (1.1) 的所有非平凡解都是振荡的, 则称方程 (1.1) 是振荡的, 否则称方程 (1.1) 是非振荡的.

定义 1.11　设 $t_0(\in \mathbf{T}) > 0$ 是个常数. 对于动力方程系统

$$\begin{aligned}
&f_1(t, x, x^{\Delta}, \cdots, x^{\Delta^n}) = 0, \\
&f_2(t, x, x^{\Delta}, \cdots, x^{\Delta^n}) = 0, \\
&\qquad \cdots\cdots \\
&f_l(t, x, x^{\Delta}, \cdots, x^{\Delta^n}) = 0.
\end{aligned} \tag{1.2}$$

(1) 若向量函数 $x = (x_1, \cdots, x_m) \in C_{\mathrm{rd}}([t_x, \infty)_{\mathbf{T}}^m, \mathbf{R})$ $(t_x \geqslant t_0)$ 在 $[t_x, \infty)_{\mathbf{T}}$ 上满足方程 (1.2), 则称 x 是方程 (1.2) 的一个解.

(2) 若方程 (1.2) 的解 x 的每个分量都是非振荡的, 则称 x 是非振荡的, 否则称 x 是振荡的.

第2章 高阶动力方程的振荡性比较

在这一章, 我们讨论和比较动力方程

$$S_n^\Delta(t,x) + \delta p(t)f(x(g(t))) = 0 \tag{2.1}$$

和

$$S_n^\Delta(t,x) + \delta p(t)f(x(h(t))) = 0 \tag{2.2}$$

的振荡性. 其中 $\delta = 1$ 或 -1, $n \in \mathbf{N}$, 且

(1) α 为两正奇数之比.

(2) $S_k(t,x) = \begin{cases} x(t), & k = 0, \\ a_k(t)S_{k-1}^\Delta(t,x), & k \in \mathbf{N}_{n-1} \equiv \{1, \cdots, n-1\}, \\ a_n(t)[S_{n-1}^\Delta(t,x)]^\alpha, & k = n. \end{cases}$

(3) $a_k, p \in C_{\mathrm{rd}}(\mathbf{T}, \mathbf{R}_+)$ ($k \in \mathbf{N}_n$), 其中 $\mathbf{R}_+ = (0, \infty)$.

(4) $g, h \in C_{\mathrm{rd}}(\mathbf{T}, \mathbf{T})$, 且 $\lim\limits_{t\to\infty} g(t) = \lim\limits_{t\to\infty} h(t) = \infty$.

(5) $f: \mathbf{R} \to \mathbf{R}$ 连续递增, 且对任意的 $u \in \mathbf{R}$, 有

$$f(-u) = -f(u), \quad uf(u) > 0 \quad (u \neq 0).$$

2.1 一些定义与引理

下设 $t_0 \in \mathbf{T}$.

定义 2.1 若非平凡函数 $x \in C_{\mathrm{rd}}([T_x, \infty)_{\mathbf{T}}, \mathbf{R})$ $(T_x \geqslant t_0)$ 在 $[T_x, \infty)_{\mathbf{T}}$ 上满足: 对任意的 $i \in \mathbf{Z}_n \equiv \{0, 1, \cdots, n\}$, $S_i(t,x) \in C_{\mathrm{rd}}^1([T_x, \infty)_{\mathbf{T}}, \mathbf{R})$, 且使得不等式

$$S_n^\Delta(t,x) + \delta p(t)f(x(g(t))) \leqslant 0 \quad (\text{或 } S_n^\Delta(t,x) + \delta p(t)f(x(g(t))) \geqslant 0)$$

成立, 则称 x 是

$$S_n^\Delta(t,x) + \delta p(t)f(x(g(t))) \leqslant 0 \quad (\text{或 } S_n^\Delta(t,x) + \delta p(t)f(x(g(t))) \geqslant 0)$$

的一个解.

定义 2.2 若不等式

$$S_n^\Delta(t,x) + \delta p(t)f(x(g(t))) \leqslant 0 \quad (\text{或 } S_n^\Delta(t,x) + \delta p(t)f(x(g(t))) \geqslant 0)$$

在 $[T_x, \infty)_{\mathbf{T}}(T_x \geqslant t_0)$ 上的一个解 x 不终于同号, 则称它为振荡的, 否则称为非振荡的.

定义 2.3　记

$$\alpha_k = \begin{cases} \alpha, & k = n, \\ 1, & k \in \mathbf{N}_{n-1}. \end{cases}$$

若存在常数 $M > 0$ 及一个足够大的 $T \in \mathbf{T}$, 使得当 $t \geqslant T$ 时, 下列三个条件成立:

(1) $h(t) \leqslant g(t)$.

(2) 当 $2 \leqslant i \leqslant n$ 时,

$$\int_{h(t)}^{g(t)} \frac{\Delta u_1}{a_1(u_1)} \int_T^{u_1} \frac{\Delta u_2}{a_2(u_2)} \cdots \int_T^{u_{i-1}} \left[\frac{1}{a_i(u_i)}\right]^{\frac{1}{\alpha_i}} \Delta u_i$$
$$\leqslant M \int_T^{g(t)} \frac{\Delta u_1}{a_1(u_1)} \int_T^{u_1} \frac{\Delta u_2}{a_2(u_2)} \cdots \int_T^{u_{i-2}} \frac{\Delta u_{i-1}}{a_{i-1}(u_{i-1})}.$$

(3) $\int_{h(t)}^{g(t)} \left[1/a_1(s)\right]^{\frac{1}{\alpha_1}} \Delta s \leqslant M$.

则称方程 (2.1) 和 (2.1) 满足条件 (P), 或称条件 (P) 成立.

引理 2.1　设对所有的 $k \in \mathbf{N}_n$,

$$\int_{t_0}^{\infty} \left[\frac{1}{a_k(s)}\right]^{\frac{1}{\alpha_k}} \Delta s = \infty \tag{2.3}$$

成立, $m \in \mathbf{N}_n$.

(1) 若 $\liminf\limits_{t \to \infty} S_m(t, x) > 0$, 则对每个 $i \in \mathbf{Z}_{m-1}$, $\lim\limits_{t \to \infty} S_i(t, x) = \infty$.

(2) 若 $\limsup\limits_{t \to \infty} S_m(t, x) < 0$, 则对每个 $i \in \mathbf{Z}_{m-1}$, $\lim\limits_{t \to \infty} S_i(t, x) = -\infty$.

证明　我们只证明 (1), (2) 的证明是类似的.

由 $\liminf\limits_{t \to \infty} S_m(t, x) > 0$ 可知, 存在常数 $c > 0$ 以及一个足够大的 $T \geqslant t_0$, 使得 $t \geqslant T$ 时, 有

$$S_m(t, x) \geqslant c > 0.$$

若 $m = n$, 则

$$S_{n-1}(t, x) = S_{n-1}(T, x) + \int_T^t \left[\frac{S_n(s, x)}{a_n(s)}\right]^{\frac{1}{\alpha}} \Delta s$$
$$\geqslant S_{n-1}(T, x) + c^{\frac{1}{\alpha}} \int_T^t \left[\frac{1}{a_n(s)}\right]^{\frac{1}{\alpha}} \Delta s.$$

若 $1 \leqslant m < n$, 则

$$S_{m-1}(t,x) = S_{m-1}(T,x) + \int_T^t \frac{S_m(s,x)}{a_m(s)} \Delta s$$

$$\geqslant S_{m-1}(T,x) + c \int_T^t \frac{\Delta s}{a_m(s)},$$

即 $\lim\limits_{t \to \infty} S_{m-1}(t,x) = \infty$. 余下的可用归纳法证明. □

引理 2.2 设 (2.3) 成立. 若对一切 $t \geqslant t_0$, $x(t) > 0$, 则存在 $m \in \mathbf{Z}_n$, 使得

(1) 当 $S_n^\Delta(t,x) < 0$ 时, $m+n$ 为偶数; 当 $S_n^\Delta(t,x) > 0$ 时, $m+n$ 为奇数.

(2) 当 $t \geqslant t_0$ 时, 对任意的 $m \leqslant i \leqslant n$, $(-1)^{m+i} S_i(t,x) > 0$.

(3) 若 $m > 1$, 则存在 $T \geqslant t_0$, 使得当 $t \geqslant T$ 时, 对任意的 $i \in \mathbf{N}_{m-1}$, $S_i(t,x) > 0$.

证明 不失一般性, 不妨假设当 $t \geqslant t_0$ 时, $S_n^\Delta(t,x) < 0$.

首先, 我们断言: 当 $t \geqslant t_0$ 时, $S_n(t,x) > 0$. 否则, 由 $S_n^\Delta(t,x) < 0$ 知, $S_n(t,x)$ 在 $[t_0,\infty)_\mathbf{T}$ 上严格递减, 故存在某个 $t_1 \geqslant t_0$, 使得 $S_n(t_1,x) < 0$, 即当 $t \geqslant t_1$ 时, 有

$$S_n(t,x) \leqslant S_n(t_1,x) < 0.$$

由引理 2.1 可得 $\lim\limits_{t \to \infty} x(t) = -\infty$, 这与已知矛盾.

因当 $t \geqslant t_0$ 时, $S_n(t,x) > 0$, 故存在一个最小的整数 $m \in \mathbf{Z}_n$, 且 $m+n$ 为偶数, 使得对任意 $t \geqslant t_0$ 及任意 $m \leqslant i \leqslant n$, 有

$$(-1)^{m+i} S_i(t,x) > 0.$$

若 $m > 1$, 则有

$$S_{m-1}^\Delta(t,x) = \frac{S_m(t,x)}{a_m(t)} > 0 \quad (t \geqslant t_0),$$

且必有以下之一成立:

(i) 存在某个 $t_1 \geqslant t_0$, 使得当 $t \geqslant t_1$ 时, $S_{m-1}(t,x) \geqslant S_{m-1}(t_1,x) > 0$.

(ii) 当 $t \geqslant t_0$ 时, $S_{m-1}(t,x) < 0$.

若 (i) 成立, 则由引理 2.1 可知, 当 $i \in \mathbf{Z}_{m-1}$ 时, $\lim\limits_{t \to \infty} S_i(t,x) = \infty$.

若 (ii) 成立, 重复上述讨论步骤可得

$$S_{m-2}(t,x) > 0 \quad (t \geqslant t_0),$$

这与 m 的定义相矛盾. □

引理 2.3[3] (L'Hospital 法则) 设 f, g 在 $\mathbf{T}$ 上可微, 且 $\lim\limits_{t \to \infty} g(t) = \infty$. 若当 $t \geqslant t_0$ 时, 有

$$g(t) > 0, \qquad g^\Delta(t) > 0, \qquad \lim_{t \to \infty} \frac{f^\Delta(t)}{g^\Delta(t)} = r \quad (\text{或} \infty),$$

则 $\lim\limits_{t\to\infty} \dfrac{f(t)}{g(t)} = r$ (或 ∞).

引理 2.4[8] (Knaster 不动点定理)   设 $(X, \leqslant)$ 是一个序集, Ω 是 X 中的一个满足 $\inf \Omega \in \Omega$ 的子集, 且对 Ω 中的任意非空子集 A, $\sup A \in \Omega$. 设映射 $S : \Omega \to \Omega$ 递增, 即若当 $x \leqslant y$ 时, 有 $Sx \leqslant Sy$, 则 S 在 Ω 上存在一个不动点.

2.2 方程 (2.1) 和 (2.2) 的振荡性比较定理

引理 2.5   设 $\delta = 1$, $n = 2r - 1$ $(r \in \mathbf{N})$, 且 (2.3) 成立, 则方程 (2.1) 不存在终于正解的充要条件是

$$S_{2r-1}^{\Delta}(t,x) + p(t)f(x(g(t))) \leqslant 0 \tag{2.4}$$

不存在终于正解.

证明   充分性显然成立.

必要性   设方程 (2.1) 不存在终于正解. 若 (2.4) 存在一个终于正解 y, 即存在 $t_1 \geqslant t_0$, 使得当 $t \geqslant t_1$ 时, $y(t) > 0$, $y(g(t)) > 0$, 则

$$S_{2r-1}^{\Delta}(t,y) \leqslant -p(t)f(y(g(t))) < 0 \quad (t \geqslant t_1).$$

由引理 2.2 知, 存在 $t_2(\in \mathbf{T}) \geqslant t_1$ 及一个奇数 $m \in \mathbf{N}_{2r-1}$, 使得

(1) 当 $t \geqslant t_1$ 时, 对任意的 $m \leqslant i \leqslant 2r - 1$, $(-1)^{m+i}S_i(t,y) > 0$.

(2) 当 $t \geqslant t_2$ 时, 对任意的 $i \in \mathbf{Z}_{m-1}$, $S_i(t,y) > 0$.

取 $T (\in \mathbf{T}) \geqslant t_2$, 使得当 $t \geqslant T$ 时, $g(t) \geqslant t_2$. 对任意的 $x \in C_{\mathrm{rd}}([t_0, \infty)_{\mathbf{T}}, \mathbf{R})$, $u \in C_{\mathrm{rd}}(\mathbf{T}, \mathbf{R}_+)$, $v \in C_{\mathrm{rd}}(\mathbf{T}, \mathbf{T})$, 记

$$A_k(n, m, x, u, v, t) = \begin{cases} \displaystyle\int_t^{\infty} u(s)f(x(v(s)))\Delta s, & k = n + 1, \\[3mm] \displaystyle\int_t^{\infty} \left[\dfrac{A_{k+1}(n,\ m,\ x,\ u,\ v,\ s)}{a_k(s)}\right]^{\frac{1}{\alpha_k}} \Delta s, & m + 1 \leqslant k \leqslant n, \\[3mm] \displaystyle\int_T^t \left[\dfrac{A_{k+1}(n,\ m,\ x,\ u,\ v,\ s)}{a_k(s)}\right]^{\frac{1}{\alpha_k}} \Delta s, & 1 \leqslant k \leqslant m. \end{cases} \tag{2.5}$$

将 (2.4) 中的 x 改成 y, 并对它从 $t \geqslant T$ 到 ∞ 积分可得

$$S_{2r-1}(t,y) \geqslant A_{2r}(2r-1, m, y, p, g, t),$$

即

$$S_{2r-2}^{\Delta}(t,y) \geqslant \left[\dfrac{A_{2r}(2r-1, m, y, p, g, t)}{a_{2r-1}(t)}\right]^{\frac{1}{\alpha_{2r-1}}}.$$

将上式从 $t \geqslant T$ 到 ∞ 积分得

$$S_{2r-2}(t,y) \leqslant -A_{2r-1}(2r-1,m,y,p,g,t),$$

即

$$S_{2r-3}^{\Delta}(t,y) \leqslant -\left[\frac{A_{2r-1}(2r-1,m,y,p,g,t)}{a_{2r-2}(t)}\right]^{\frac{1}{\alpha_{2r-2}}}.$$

重复上述步骤可知当 $t \geqslant T$ 时,

$$S_{m-1}^{\Delta}(t,y) \geqslant \left[\frac{A_{m+1}(2r-1,m,y,p,g,t)}{a_m(t)}\right]^{\frac{1}{\alpha_m}}.$$

对它从 T 到 $t \, (\geqslant T)$ 积分得

$$S_{m-1}(t,y) \geqslant A_m(2r-1,m,y,p,g,t).$$

继续上述步骤, 最终可得当 $t \geqslant T$ 时,

$$y(t) \geqslant y(T) + A_1(2r-1,m,y,p,g,t). \tag{2.6}$$

设 X 是由定义在 $[t_0,\infty)_{\mathbf{T}}$ 上的一切有界 rd-连续且具有度量 $||x|| = \sup_{t \geqslant t_0}|x(t)|$ 的函数构成的 Banach 空间. 设

$$\Omega = \{\omega \in X : 0 \leqslant w(t) \leqslant 1, \; t \geqslant t_0\},$$

在 Ω 上定义序 "$\leqslant$": $w_1 \leqslant w_2 \Longleftrightarrow w_1(t) \leqslant w_2(t)$ (对任意的 $t \geqslant t_0$).

容易证明: 对任意的非空子集 $A \subset \Omega$, 有 $\sup A \in \Omega$. 在 Ω 上定义算子 U, 使得对任意 $w \in \Omega$,

$$(Uw)(t) = \begin{cases} 1, & t_0 \leqslant t < T, \\ \dfrac{1}{y(t)}[y(T) + A_1(2r-1,m,wy,p,g,t)], & t \geqslant T. \end{cases}$$

由 (2.6) 可得, $U\Omega \subset \Omega$, 且 U 递增. 由引理 2.4 可知, 存在 $w \in \Omega$, 使得 $Uw = w$, 即当 $t \geqslant T$ 时,

$$w(t) = \frac{1}{y(t)}[y(T) + A_1(2r-1,m,wy,p,g,t)].$$

令 $z = wy$, 则 z 是 rd-连续的, 且当 $t \geqslant T$ 时,

$$z(t) = y(T) + A_1(2r-1,m,z,p,g,t) > 0.$$

易见 z 满足方程 (2.1), 即 z 是方程 (2.1) 的一个终于正解, 矛盾. $\quad\square$

引理 2.6　设 $\delta = 1$, $n = 2r - 1$ $(r \in \mathbf{N})$, 且 (2.3) 式成立. 进一步, 假设当 $t \geqslant t_0$ 时, $g(t) \geqslant h(t)$, $q \in C_{\mathrm{rd}}(\mathbf{T}, \mathbf{R}_+)$, 且 $p(t) \geqslant q(t)$. 若方程 (2.1) 存在终于正解, 则

$$S_{2r-1}^{\Delta}(t, x) + q(t)f(x(h(t))) = 0 \tag{2.7}$$

也存在终于正解.

证明　设方程 (2.1) 存在终于正解 y, 即存在一个足够大的 $t_1 \geqslant t_0$, 使得当 $t \geqslant t_1$ 时,

$$y(t) > 0, \quad y(g(t)) > 0, \quad y(h(t)) > 0,$$

则当 $t \geqslant t_1$ 时,

$$S_{2r-1}^{\Delta}(t, y) = -p(t)f(x(g(t))) < 0.$$

由引理 2.2 可知, 存在 $t_2(\in \mathbf{T}) \geqslant t_1$ 及一个奇数 $m \in \mathbf{N}_{2r-1}$, 使得

(1) 当 $t \geqslant t_1$ 时, 对任意的 $m \leqslant i \leqslant 2r - 1$, $(-1)^{m+i}S_i(t, y) > 0$.

(2) 当 $t \geqslant t_2$ 时, 对任意的 $i \in \mathbf{Z}_{m-1}$, $S_i(t, y) > 0$.

取 $T (\in \mathbf{T}) \geqslant t_2$, 使得 $t \geqslant T$ 时, $h(t) \geqslant t_2$. 由 $g(t) \geqslant h(t)$, $p(t) \geqslant q(t) \geqslant 0$ 及 (2.6) 式知, 当 $t \geqslant T$ 时,

$$y(t) \geqslant y(T) + A_1(2r - 1, m, y, q, h, t), \tag{2.8}$$

其中 $A_1(2r - 1, m, y, q, h, t)$ 如 (2.5) 所述. 接下来的证明与引理 2.5 相类似, 最终我们可得方程 (2.7) 也存在一个终于正解. $\quad\square$

设 $m \geqslant 2$, $c_k \in \mathbf{R}_+$ $(k \in \mathbf{N}_m)$, β 是两个正奇数之比, 且 $b_k \in C_{\mathrm{rd}}(\mathbf{T}, \mathbf{R}_+)$ $(2 \leqslant k \leqslant m)$. 定义

$$A(c_{k-1}, \cdots, c_m, b_k, \cdots, b_m, \beta, T, t)$$
$$= \begin{cases} c_{m-1} + \displaystyle\int_T^t \left[\dfrac{c_m}{b_m(s)}\right]^{\frac{1}{\beta}} \Delta s, & k = m, \\[4mm] c_{k-1} + \displaystyle\int_T^t \dfrac{A(c_k, \cdots, c_m, b_{k+1}, \cdots, b_m, \beta, T, s)}{b_k(s)} \Delta s, & 2 \leqslant k < m. \end{cases}$$

定理 2.1　设 $\delta = 1$, $n = 2r - 1$ $(r \in \mathbf{N})$, 且 (2.3) 式和条件 (P) 成立, 则方程 (2.1) 与方程 (2.2) 的振荡性等价.

证明　从引理 2.6 知, 由方程 (2.2) 是振荡的可推出方程 (2.1) 是振荡的.

现在设 (2.1) 是振荡的. 用反证法, 假设 (2.2) 存在一个非振荡的解 y. 不失一般性, 不妨设存在一个 $t_1 \geqslant t_0$, 使得当 $t \geqslant t_1$ 时, $y(t) > 0$ 且 $y(h(t)) > 0$, 则

$$S_{2r-1}^{\Delta}(t, y) = -p(t)f(y(h(t))) < 0 \quad (t \geqslant t_1).$$

由引理 2.2 知, 存在 $T(\in \mathbf{T}) \geqslant t_1$ 及一个奇数 $m \in \mathbf{N}_{2r-1}$, 使得

(1) 当 $t \geqslant t_1$ 时, 对任意的 $m \leqslant i \leqslant 2r-1$, $(-1)^{m+i} S_i(t, y) > 0$.

(2) 当 $t \geqslant t_2$ 时, 对任意的 $i \in \mathbf{Z}_{m-1}$, $S_i(t, y) > 0$.

当 $t \geqslant T$ 时, $S_m(t, y) > 0$ 且

$$S_m^\Delta(t, y) = [S_{m+1}(t, y)/a_{m+1}(t)]^{\frac{1}{\alpha_{m+1}}} < 0,$$

有

$$\infty > \lim_{t \to \infty} S_m(t, y) = L \geqslant 0,$$

即存在 $\varepsilon > 0$ 及 $t_2 \geqslant T$, 使得当 $t \geqslant t_2$ 时,

$$S_m(t, y) \leqslant L + \frac{\varepsilon}{2}$$

且

$$S_{m-1}(t, y) \geqslant M(L+\varepsilon)^{\frac{1}{\alpha_m}},$$

其中 M 为条件 (P) 中所定义.

若 $m \geqslant 2$, 则当 $t \geqslant t_2$ 时,

$$\begin{aligned}
S_{m-1}(t, y) &= S_{m-1}(t_2, y) + \int_{t_2}^t S_{m-1}^\Delta(s, y) \Delta s \\
&= S_{m-1}(t_2, y) + \int_{t_2}^t \left[\frac{S_m(s, y)}{a_m(s)} \right]^{\frac{1}{\alpha_m}} \Delta s \\
&\leqslant A\left(S_{m-1}(t_2, y), L + \frac{\varepsilon}{2}, a_m, \alpha_m, t_2, t \right).
\end{aligned}$$

归纳可得, 当 $t \geqslant t_2$ 时,

$$S_1(t, y) \leqslant A\left(S_1(t_2, y), \cdots, S_{m-1}(t_2, y), L + \frac{\varepsilon}{2}, a_2, \cdots, a_m, \alpha_m, t_2, t \right).$$

取 $t_3 \geqslant t_2$, 使得当 $t \geqslant t_3$ 时, $h(t) \geqslant t_2$. 则由条件 (P) 可得, 当 $t \geqslant t_3$ 时,

$$\begin{aligned}
y(g(t)) - y(h(t)) &= \int_{h(t)}^{g(t)} y^\Delta(\tau) \Delta\tau \\
&= \int_{h(t)}^{g(t)} \frac{S_1(s, y)}{a_1(s)} \Delta s \\
&\leqslant MA\left(S_1(t_2, y), \cdots, S_{m-1}(t_2, y), \left(L + \frac{\varepsilon}{2} \right)^{\frac{1}{\alpha_m}}, \right. \\
&\qquad \left. a_1, \cdots, a_{m-1}, \alpha_{m-1}, t_2, g(t) \right).
\end{aligned}$$

记

$$z(t) = y(t) - MA\left(S_1(t_2, y), \cdots, S_{m-1}(t_2, y), \left(L + \frac{\varepsilon}{2} \right)^{\frac{1}{\alpha_m}}, a_1, \cdots, a_{m-1}, \alpha_{m-1}, t_2, t \right).$$

由引理 2.3, 有

$$
\lim_{t \to \infty} \frac{y(t)}{MA\left(S_1(t_2,y),\cdots,S_{m-1}(t_2,y),\left(L+\dfrac{\varepsilon}{2}\right)^{\frac{1}{\alpha_m}},a_1,\cdots,a_{m-1},\alpha_{m-1},t_2,t\right)}
$$

$$
= \frac{1}{M} \lim_{t \to \infty} \frac{y^{\Delta}(t)}{A^{\Delta}\left(S_1(t_2,y),\cdots,S_{m-1}(t_2,y),\left(L+\dfrac{\varepsilon}{2}\right)^{\frac{1}{\alpha_m}},a_1,\cdots,a_{m-1},\alpha_{m-1},t_2,t\right)}
$$

$$
= \frac{1}{M} \lim_{t \to \infty} \frac{S_1(t,y)}{A\left(S_2(t_2,y),\cdots,S_{m-1}(t_2,y),\left(L+\dfrac{\varepsilon}{2}\right)^{\frac{1}{\alpha_m}},a_2,\cdots,a_{m-1},\alpha_{m-1},t_2,t\right)}
$$

$$
= \frac{1}{M} \lim_{t \to \infty} \frac{S_2(t,y)}{A\left(S_3(t_2,y),\cdots,S_{m-1}(t_2,y),\left(L+\dfrac{\varepsilon}{2}\right)^{\frac{1}{\alpha_m}},a_3,\cdots,a_{m-1},\alpha_{m-1},t_2,t\right)}
$$

$$
= \cdots
$$

$$
= \frac{1}{M} \lim_{t \to \infty} \frac{S_{m-1}(t,y)}{\left(L+\dfrac{\varepsilon}{2}\right)^{\frac{1}{\alpha_m}}}
$$

$$
\geqslant \frac{1}{M} \frac{M(L+\varepsilon)^{\frac{1}{\alpha_m}}}{\left(L+\dfrac{\varepsilon}{2}\right)^{\frac{1}{\alpha_m}}} > 1,
$$

即 $z > 0$ 终于成立. 这时

$$
S_{2r-1}^{\Delta}(t,z) + p(t)f(z(g(t)))
$$
$$
= S_{2r-1}^{\Delta}(t,y) + p(t)f\Big(y(g(t)) - MA\Big(S_1(t_2,y),\cdots,S_{m-1}(t_2,y),
$$
$$
\left(L+\frac{\varepsilon}{2}\right)^{\frac{1}{\alpha_m}},a_1,\cdots,a_{m-1},\alpha_{m-1},t_2,g(t)\Big)\Big)
$$
$$
\leqslant S_{2r-1}^{\Delta}(t,y) + p(t)f(y(h(t))) = 0.
$$

若 $m = 1$, 则取 $t_3 \geqslant t_2$, 使得当 $t \geqslant t_3$ 时, $h(t) \geqslant t_2$. 由条件 (P) 可得, 当 $t \geqslant t_3$ 时,

$$
y(g(t)) - y(h(t)) = \int_{h(t)}^{g(t)} y^{\Delta}(\tau)\Delta\tau
$$
$$
= \int_{h(t)}^{g(t)} \left[\frac{S_1(s,y)}{a_1(s)}\right]^{\frac{1}{\alpha_1}} \Delta s
$$
$$
\leqslant M\left(L+\frac{\varepsilon}{2}\right)^{\frac{1}{\alpha_1}}.
$$

设

$$
z(t) = y(t) - M\left(L+\frac{\varepsilon}{2}\right)^{\frac{1}{\alpha_1}},
$$

则当 $t \geqslant t_3$ 时, $z(t) > 0$, 即 $z > 0$ 终于成立, 且

$$S_{2r-1}^{\Delta}(t, z) + p(t)f(z(g(t)))$$
$$= S_{2r-1}^{\Delta}(t, y) + p(t)f\left(y(g(t)) - M\left(L + \frac{\varepsilon}{2}\right)^{\frac{1}{\alpha_1}}\right)$$
$$\leqslant S_{2r-1}^{\Delta}(t, y) + p(t)f(y(h(t))) = 0.$$

因此 z 是

$$S_{2r-1}^{\Delta}(t, x) + p(t)f(x(g(t))) \leqslant 0$$

的一个终于正解. 由引理 2.5 可知, 方程 (2.1) 也存在终于正解, 矛盾.　□

定义 2.4 若方程 (2.1) (或 $S_n^{\Delta}(t, x) + \delta p(t)f(x(g(t))) \leqslant 0$) 的一个解 y 使得 $y > 0$ 和 $y^{\Delta} > 0$ 终于成立, 则称它为强正解.

引理 2.7 设 $\delta = 1$, $n = 2r$ $(r \in \mathbf{N})$, 且 (2.3) 成立, 则方程 (2.1) 存在强正解的充要条件是

$$S_{2r}^{\Delta}(t, x) + p(t)f(x(g(t))) \leqslant 0 \tag{2.9}$$

存在强正解.

证明 必要性显然成立.

充分性 设 y 是 (2.9) 的一个强正解, 即存在 $t_1 \geqslant t_0$, 使得当 $t \geqslant t_1$ 时, $y(t) > 0$ 且 $y(g(t)) > 0$, 则当 $t \geqslant t_1$ 时,

$$S_{2r}^{\Delta}(t, y) \leqslant -p(t)f(x(g(t))) < 0.$$

由引理 2.2 和定义 2.4 知, 存在一个偶数 $2 \leqslant m \leqslant 2r$ 及 $T(\in \mathbf{T}) \geqslant t_1$, 使得

(1) 当 $t \geqslant t_1$ 时, 对任意的 $m \leqslant i \leqslant 2r$, $(-1)^{m+i}S_i(t, y) > 0$.

(2) 当 $t \geqslant T$ 时, 对任意的 $i \in \mathbf{Z}_{m-1}$, $S_i(t, y) > 0$.

接下来的证明与引理 2.5 相类似, 可得 (2.1) 的一个终于正解 z, 且当 $t \geqslant T$ 时,

$$z(t) = y(T) + A_1(2r, m, z, p, g, t) \tag{2.10}$$

和

$$z^{\Delta}(t) = \frac{A_2(2r, m, z, p, g, t)}{a_1(t)} > 0,$$

其中 $A_k(2r, m, z, p, g, t)$ $(k = 1, 2)$ 如 (2.5) 中所定义, 即 z 是 (2.1) 的一个强正解.
　□

使用与引理 2.6 和引理 2.7 相类似的证明方法, 我们能证明下面的引理.

引理 2.8 设 $\delta = 1$, $n = 2r$ $(r \in \mathbf{N})$, 且 (2.3) 成立. 进一步, 假设当 $t \geqslant t_0$ 时, $g(t) \geqslant h(t)$, $q \in C_{\mathrm{rd}}(\mathbf{T}, \mathbf{R}_+)$ 且 $p(t) \geqslant q(t)$. 若 (2.1) 存在强正解, 则

$$S_{2r}^{\Delta}(t, x) + q(t)f(x(h(t))) = 0 \tag{2.11}$$

也存在强正解.

定理 2.2　设 $\delta = 1$, $n = 2r$ $(r \in \mathbf{N})$, 且 (2.3) 和条件 (P) 成立, 则 (2.1) 存在强正解的充要条件是 (2.2) 存在强正解.

证明　必要性可由引理 2.8 推出.

充分性　设 y 是 (2.2) 的一个强正解, 即存在一个 $t_1 \geqslant t_0$, 使得当 $t \geqslant t_1$ 时,

$$y(t) > 0, \quad y(h(t)) > 0, \quad y^{\Delta}(t) > 0,$$

则

$$S_{2r}^{\Delta}(t, y) = -p(t)f(y(h(t))) < 0 \quad (t \geqslant t_1).$$

由引理 2.2 和定义 2.4, 我们知道, 存在一个偶数 $2 \leqslant m \leqslant 2r$ 及 $T(\in \mathbf{T}) \geqslant t_1$, 使得

(1) 当 $t \geqslant t_1$ 时, 对任意的 $m \leqslant i \leqslant 2r$, $(-1)^{m+i}S_i(t, y) > 0$.

(2) 当 $t \geqslant T$ 时, 对任意的 $i \in \mathbf{Z}_{m-1}$, $S_i(t, y) > 0$.

因当 $t \geqslant T$ 时, $S_m(t, y) > 0$ 且

$$S_m^{\Delta}(t, y) = [S_{m+1}(t, y)/a_{m+1}]^{\frac{1}{\alpha_{m+1}}}(t) < 0,$$

有

$$\infty > \lim_{t \to \infty} S_m(t, y) = L \geqslant 0,$$

即存在 $\varepsilon > 0$ 及 $t_2 \geqslant T$, 使得当 $t \geqslant t_2$ 时,

$$S_m(t, y) \leqslant L + \frac{\varepsilon}{2}$$

且

$$S_{m-1}(t, y) \geqslant M(L + \varepsilon)^{\frac{1}{\alpha_m}},$$

其中 M 如条件 (P) 中所定义. 接下来的证明与定理 2.1 相类似, 得到 (2.9) 的一个终于正解 z, 使得

$$z(t) = y(t) - MA\Bigg(S_1(t_2, y), \cdots, S_{m-1}(t_2, y),$$

$$\left(L + \frac{\varepsilon}{2}\right)^{\frac{1}{\alpha_m}}, a_1, \cdots, a_{m-1}, \alpha_{m-1}, t_2, t\Bigg) > 0$$

终于成立, 且 $z^{\Delta}(t) > 0$ 也终于成立, 即 z 是 (2.9) 的一个强正解. 由引理 2.7 知, (2.1) 也存在强正解.　□

定义 2.5　若 (2.1) (或 $S_n^{\Delta}(t, x) + \delta p(t)f(x(g(t))) \geqslant 0$) 的解 y 使得: 对任意的 $i \in \mathbf{Z}_n$, $S_i(t, y) > 0$ 终于成立, 则称它是强递增的, 否则称为非强递增的.

引理 2.9 设 $\delta = -1$, $n = 2r - 1$ ($r \geqslant 2$, $r \in \mathbf{N}$), 且 (2.3) 成立, 则 (2.1) 存在非强递增的强正解的充要条件是

$$S^{\Delta}_{2r-1}(t,x) - p(t)f(x(g(t))) \geqslant 0 \tag{2.12}$$

存在非强递增的强正解.

证明 必要性显然成立.

充分性 设 y 是 (2.12) 的一个非强递增的强正解, 即存在 $t_1 \geqslant t_0$, 使得当 $t \geqslant t_1$ 时, $y(t) > 0$ 且 $y(g(t)) > 0$, 则

$$S^{\Delta}_{2r-1}(t,y) \geqslant p(t)f(y(g(t))) > 0 \quad (t \geqslant t_1).$$

由引理 2.2 和定义 2.5 可知, 存在一个偶数 $2 \leqslant m \leqslant 2r - 2$ 及 $T(\in \mathbf{T}) \geqslant t_1$, 使得

(1) 当 $t \geqslant t_1$ 时, 对任意的 $m \leqslant i \leqslant 2r - 1$, $(-1)^{m+i}S_i(t,y) > 0$.

(2) 当 $t \geqslant T$ 时, 对任意的 $i \in \mathbf{Z}_{m-1}$, $S_i(t,y) > 0$.

接下来的证明与引理 2.5 相类似, 得到 (2.1) 的一个终于正解 z, 使得当 $t \geqslant T$ 时,

$$z(t) = y(T) + A_1(2r - 1, m, z, p, g, t), \tag{2.13}$$
$$z^{\Delta}(t) = \frac{A_2(2r - 1, m, z, p, g, t)}{a_1(t)} > 0$$

且

$$S_{2r-1}(t,z) = -\int_t^{\infty} p(s)f(z(g(s)))\Delta s < 0,$$

其中 $A_k(2r - 1, m, z, p, g, t)$ $(k = 1, 2)$ 如 (2.5) 中所定义, 即 z 是 (2.1) 的一个非强递增的强正解. □

类似于引理 2.6 和引理 2.9, 能证明下面的引理.

引理 2.10 设 $\delta = -1$, $n = 2r - 1$ ($r \geqslant 2$, $r \in \mathbf{N}$), 且 (2.3) 成立. 进一步, 假设当 $t \geqslant t_0$ 时, $g(t) \geqslant h(t)$, $q \in C_{\mathrm{rd}}(\mathbf{T}, \mathbf{R}_+)$ 且 $p(t) \geqslant q(t)$. 若 (2.1) 存在非强递增的强正解, 则

$$S^{\Delta}_{2r-1}(t,x) - q(t)f(x(h(t))) = 0 \tag{2.14}$$

也存在非强递增的强正解.

定理 2.3 设 $\delta = -1$, $n = 2r - 1$ ($r \geqslant 2$, $r \in \mathbf{N}$), 且 (2.3) 和条件 (P) 成立, 则 (2.1) 存在非强递增的强正解的充要条件是 (2.2) 存在非强递增的强正解.

证明 必要性由引理 2.10 可证.

充分性 设 y 是 (2.2) 的一个非强递增的强正解, 即存在 $t_1 \geqslant t_0$, 使得当 $t \geqslant t_1$ 时, $y(t) > 0$ 且 $y(g(t)) > 0$, 则

$$S^{\Delta}_{2r-1}(t,y) \geqslant p(t)f(y(g(t))) > 0 \quad (t \geqslant t_1).$$

由引理 2.2 和定义 2.5 可知, 存在一个偶数 $2 \leqslant m \leqslant 2r - 2$ 及 $T(\in \mathbf{T}) \geqslant t_1$, 使得

(1) 当 $t \geqslant t_1$ 时, 对任意的 $m \leqslant i \leqslant 2r - 1$, $(-1)^{m+i} S_i(t, y) > 0$.

(2) 当 $t \geqslant T$ 时, 对任意的 $i \in \mathbf{Z}_{m-1}$, $S_i(t, y) > 0$.

因当 $t \geqslant T$ 时, $S_m(t, y) > 0$ 且

$$S_{m+1}(t, y) = a_{m+1}(t)[S_m^\Delta(t, y)]^{\alpha_{m+1}} < 0,$$

有

$$\infty > \lim_{t \to \infty} S_m(t, y) = L \geqslant 0,$$

即存在 $\varepsilon > 0$ 及 $t_2 \geqslant t_1$, 使得当 $t \geqslant t_2$ 时,

$$S_m(t, y) \leqslant L + \frac{\varepsilon}{2}$$

且

$$S_{m-1}(t, y) \geqslant M(L + \varepsilon)^{\frac{1}{\alpha_m}},$$

其中 M 如条件 (P) 所述. 接下来的证明与定理 2.1 相类似, 得到 (2.12) 的终于正解 z, 使得当 t 足够大时,

$$z(t) = y(t) - MA\bigg(S_1(t_2, y), \cdots, S_{m-1}(t_2, y),$$

$$\left(L + \frac{\varepsilon}{2}\right)^{\frac{1}{\alpha_m}}, a_1, \cdots, a_{m-1}, \alpha_{m-1}, t_2, t\bigg)$$

且

$$S_{2r-1}(t, z) = S_{2r-1}(t, y) < 0, \quad z^\Delta(t) > 0$$

终于成立. 由引理 2.9 知, (2.1) 也存在非强递增的强正解.　　□

引理 2.11　设 $\delta = -1$, $n = 2r$ $(r \in \mathbf{N})$, 且 (2.3) 成立, 则 (2.1) 存在非强递增的终于正解的充要条件是

$$S_{2r}^\Delta(t, x) - p(t) f(x(g(t))) \geqslant 0 \tag{2.15}$$

存在非强递增的终于正解.

证明　必要性显然成立.

充分性　设 y 是 (2.15) 的一个非强递增的终于正解, 即存在 $t_1 \geqslant t_0$, 使得当 $t \geqslant t_1$ 时, $y(t) > 0$ 且 $y(g(t)) > 0$, 则

$$S_{2r}^\Delta(t, y) \geqslant p(t) f(x(g(t))) > 0 \quad (t \geqslant t_1).$$

由引理 2.2 知, 存在一个奇数 $m \in \mathbf{N}_{2r-1}$ 及 $T(\in \mathbf{T}) \geqslant t_1$, 使得

(1) 当 $t \geqslant t_1$ 时, 对任意的 $m \leqslant i \leqslant 2r$, $(-1)^{m+i} S_i(t, y) > 0$.

(2) 当 $t \geqslant T$ 时, 对任意的 $i \in \mathbf{Z}_{m-1}$, $S_i(t, y) > 0$.

接下来的证明与引理 2.5 相类似, 由此得到 (2.1) 的终于正解 z, 使得当 $t \geqslant t_2$ 时, 有

$$z(t) = y(T) + A_1(2r, m, z, p, g, t) \tag{2.16}$$

且

$$S_{2r}(t, z) = -\int_t^\infty p(s) f(z(g(s))) \Delta s < 0,$$

其中 $A_1(2r, m, z, p, g, t)$ 如 (2.5) 中所定义, 因此 z 是 (2.1) 的非强递增的终于正解. □

类似于引理 2.6 和引理 2.11, 还可证明下面的引理.

引理 2.12   设 $\delta = -1$, $n = 2r$ ($r \in \mathbf{N}$), 且 (2.3) 式成立. 进一步, 假设当 $t \geqslant t_0$ 时, $g(t) \geqslant h(t)$, $q \in C_{\mathrm{rd}}(\mathbf{T}, \mathbf{R}_+)$ 且 $p(t) \geqslant q(t)$. 若 (2.1) 存在非强递增的终于正解, 则

$$S_{2r}^\Delta(t, x) - q(t) f(x(h(t))) = 0 \tag{2.17}$$

也存在非强递增的终于正解.

定理 2.4   设 $\delta = -1$, $n = 2r$ ($r \in \mathbf{N}$), 且 (2.3) 和条件 (P) 成立, 则 (2.1) 存在非强递增的终于正解的充要条件是 (2.2) 存在非强递增的终于正解.

证明   必要性由引理 2.12 可得.

充分性   设 y 是 (2.2) 的一个非强递增的终于正解, 即存在一个 $t_1 \geqslant t_0$, 使得当 $t \geqslant t_1$ 时, $y(t) > 0$ 且 $y(h(t)) > 0$, 从而当 $t \geqslant t_1$ 时,

$$S_{2r}^\Delta(t, y) = p(t) f(g(h(t))) > 0.$$

由引理 2.2 知, 存在一个奇数 $m \in \mathbf{N}_{2r-1}$ 及 $T(\in \mathbf{T}) \geqslant t_1$, 使得

(1) 当 $t \geqslant t_1$ 且 $m \leqslant i \leqslant 2r$ 时, $(-1)^{m+i} S_i(t, y) > 0$.

(2) 当 $t \geqslant T$ 且 $i \in \mathbf{Z}_{m-1}$ 时, $S_i(t, y) > 0$.

因当 $t \geqslant T$ 时, $S_m(t, y) > 0$ 且

$$S_{m+1}(t, y) = a_{m+1}(t) [S_m^\Delta(t, y)]^{\alpha_{m+1}} < 0,$$

从而有

$$\infty > \lim_{t \to \infty} S_m(t, y) = L \geqslant 0,$$

即存在 $\varepsilon > 0$ 及 $t_2 \geqslant t_1$, 使得当 $t \geqslant t_2$ 时,

$$S_m(t, y) \leqslant L + \frac{\varepsilon}{2}$$

且

$$S_{m-1}(t,y) \geqslant M(L+\varepsilon)^{\frac{1}{\alpha_m}},$$

其中 M 如条件 (P) 所述. 接下去的证明与定理 2.1 相类似, 得到 (2.15) 的终于正解 z, 使得当 t 足够大时,

$$z(t) = \begin{cases} y(t) - MA\Bigg(S_1(t_2,y),\cdots,S_{m-1}(t_2,y),\Big(L+\dfrac{\varepsilon}{2}\Big)^{\frac{1}{\alpha_m}}, \\ \qquad\qquad a_1,\cdots,a_{m-1},\alpha_{m-1},t_2,t\Bigg), & m \geqslant 2, \\[4mm] y(t) - M\Big(L+\dfrac{\varepsilon}{2}\Big)^{\frac{1}{\alpha_m}}, & m = 1, \end{cases}$$

且

$$S_{2r}(t,z) = S_{2r}(t,y) < 0$$

终于成立. 由引理 2.11 知, (2.1) 也存在非强递增的终于正解.　□

2.3　例子与应用

例子 2.1　考虑时标 $\mathbf{T} = \bigcup_{k=1}^{\infty}[2k,2k+1]$ 上的动力方程

$$S_n^\Delta(t,y) + \delta p(t)y^\beta(t) = 0 \tag{2.18}$$

和

$$S_n^\Delta(t,y) + \delta p(t)y^\beta(g(t)) = 0, \tag{2.19}$$

其中 $n \geqslant 2$, $g \in C_{\mathrm{rd}}(\mathbf{T},\mathbf{T})$, 且 $t \leqslant g(t) \leqslant t+M$ (M 是常数), $\delta = 1$ 或 -1, α 与 β 均为两个正奇数之比, $a_n(t) = t^\alpha$, $a_k(t) = 1$ ($k \in \mathbf{N}_{n-1}$), $S_k(t,x)$ 如方程 (2.1) 所述,

$$p(t) = \begin{cases} \dfrac{(n-1)\alpha[(n-1)!]^\alpha}{t^{(n-1)\alpha+1-\beta}[t^2+(-1)^{n+1}\delta]^\beta}, & t \in \bigcup_{k=1}^{\infty}[2k,2k+1), \\[4mm] \dfrac{[(t+n)^\alpha - (t+1)^\alpha][(n-1)!]^\alpha t^\beta}{[(t+1)(t+2)\cdots(t+n)]^\alpha[t^2+(-1)^{n+1}\delta]^\beta}, & t \in \{2k+1 : k \in \mathbf{N}\}. \end{cases}$$

易证

$$y(t) = t + (-1)^{n+1}\frac{\delta}{t}$$

是 (2.18) 的一个正解, 且

$$y^\Delta(t) = 1 + (-1)^{n+2}\frac{\delta}{t\sigma(t)} > 0$$

和

$$S_n(t,y) = \begin{cases} \dfrac{[\delta(n-1)!]^\alpha}{t^{(n-1)\alpha}}, & t \in \bigcup_{k=1}^\infty [2k, 2k+1), \\[3mm] \dfrac{[\delta(n-1)!]^\alpha}{[(t+1)(t+2)\cdots(t+n-1)]^\alpha}, & t \in \{2k+1 : k \in \mathbf{N}\} \end{cases}$$

及

$$S_n^\Delta(t,y) = \begin{cases} \dfrac{(1-n)\alpha[\delta(n-1)!]^\alpha}{t^{(n-1)\alpha+1}}, & t \in \bigcup_{k=1}^\infty [2k, 2k+1), \\[3mm] \dfrac{[(t+1)^\alpha - (t+n)^\alpha][\delta(n-1)!]^\alpha}{[(t+1)(t+2)\cdots(t+n)]^\alpha}, & t \in \{2k+1 : k \in \mathbf{N}\}. \end{cases}$$

由于

$$\int_2^\infty \frac{\Delta s}{a_k(s)} = \int_2^\infty \Delta s = \infty \quad (k \in \mathbf{N}_{n-1}),$$

$$\int_2^\infty \left[\frac{1}{a_n(s)}\right]^{\frac{1}{\alpha}} \Delta s = \int_2^\infty \frac{\Delta s}{s} = \infty,$$

因此 (2.3) 成立. 另一方面, 对任意的 $T \in \mathbf{T}$, 当 $t \geqslant T$ 时, 有 $t \leqslant g(t)$ 及

$$\int_t^{g(t)} \left[\frac{1}{a_1(s)}\right]^{\frac{1}{\alpha_1}} \Delta s = \int_t^{g(t)} \Delta s \leqslant M,$$

且当 $2 \leqslant i \leqslant n$ 时,

$$\int_t^{g(t)} \frac{\Delta u_1}{a_1(u_1)} \int_T^{u_1} \frac{\Delta u_2}{a_2(u_2)} \cdots \int_T^{u_{i-1}} \left[\frac{1}{a_i(u_i)}\right]^{\frac{1}{\alpha_i}} \Delta u_i$$

$$= \begin{cases} \displaystyle\int_t^{g(t)} \int_T^{u_1} \cdots \int_T^{u_{i-1}} \Delta u_i \cdots \Delta u_1, & 2 \leqslant i \leqslant n-1, \\[3mm] \displaystyle\int_t^{g(t)} \int_T^{u_1} \cdots \int_T^{u_{n-1}} \left[\frac{1}{u_n^\alpha}\right]^{\frac{1}{\alpha}} \Delta u_n \cdots \Delta u_1, & i = n \end{cases}$$

$$\leqslant \int_t^{g(t)} \int_T^{g(t)} \int_T^{u_2} \cdots \int_T^{u_{i-1}} \Delta u_i \cdots \Delta u_1$$

$$\leqslant M \int_T^{g(t)} \frac{\Delta u_1}{a_1(u_1)} \int_T^{u_1} \frac{\Delta u_2}{a_2(u_2)} \cdots \int_T^{u_{i-2}} \frac{\Delta u_{i-1}}{a_{i-1}(u_{i-1})}.$$

即条件 (P) 成立.

(1) 若当 n 是奇数且 $\delta = 1$ 时, 则由定理 2.1 知, (2.19) 存在终于正解; 若当 n 是偶数且 $\delta = 1$ 时, 则由定理 2.2 知, (2.19) 存在强正解.

(2) 若当 n 是奇数且 $\delta = -1$ 时, 则由定理 2.3 知, (2.19) 存在非强递增的强正解; 若当 n 是偶数且 $\delta = -1$ 时, 则由定理 2.4 知, (2.19) 存在非强递增的终于正解.

第3章　高阶动力方程的渐近性质

在这一章, 研究任意时标 $\mathbf{T}$ 上的高阶动力方程

$$x^{\Delta^n}(t) + f(t, x(t), x^{\Delta}(t), \cdots, x^{\Delta^{n-1}}(t)) = 0 \tag{3.1}$$

的渐近性质, 其中 f 定义在 $\mathbf{T} \times \mathbf{R}^n$ 上.

3.1　一些引理

对任意 $s, t \in \mathbf{T}$ 和 $n \in \mathbf{N}$, 定义

$$h_0(t, s) = 1$$

和

$$h_n(t, s) = \int_s^t h_{n-1}(\tau, s) \Delta \tau.$$

引理 3.1　设 $t_0 \in \mathbf{T}$, $n \in \mathbf{N}$, 则存在 $T_n > t_0$, 使得当 $t \geqslant T_n$ 时, 对任意 $k \in \mathbf{Z}_{n-1}$,

$$h_{k+1}(t, t_0) - h_k(t, t_0) \geqslant 1. \tag{3.2}$$

证明　用归纳法证明. 首先设 $n = 1$, 取 $T_1 \geqslant t_0 + 2$, 则当 $t \geqslant T_1$ 时,

$$h_1(t, t_0) - h_0(t, t_0) = t - t_0 - 1 \geqslant 1.$$

假设当 $m \geqslant 1$ 时, 存在 $T_m > t_0$, 使得当 $t \geqslant T_m$ 时, 对任意 $k \in \mathbf{Z}_{m-1}$, 都有

$$h_{k+1}(t, t_0) - h_k(t, t_0) \geqslant 1,$$

则

$$\begin{aligned}
&h_{m+1}(t, t_0) - h_m(t, t_0) \\
&= \int_{t_0}^t (h_m(\tau, t_0) - h_{m-1}(\tau, t_0)) \Delta \tau \\
&= \int_{t_0}^{T_m} (h_m(\tau, t_0) - h_{m-1}(\tau, t_0)) \Delta \tau + \int_{T_m}^t (h_m(\tau, t_0) - h_{m-1}(\tau, t_0)) \Delta \tau \\
&\geqslant \int_{t_0}^{T_m} (h_m(\tau, t_0) - h_{m-1}(\tau, t_0)) \Delta \tau + \int_{T_m}^t \Delta \tau \\
&= \int_{t_0}^{T_m} (h_m(\tau, t_0) - h_{m-1}(\tau, t_0)) \Delta \tau + t - T_m.
\end{aligned}$$

取

$$T_{m+1} = \max\left\{ T_m, T_m + 1 - \int_{t_0}^{T_m} (h_m(\tau, t_0) - h_{m-1}(\tau, t_0))\Delta\tau \right\},$$

则当 $t \geqslant T_{m+1}$ 且 $k \in \mathbf{Z}_m$ 时,

$$h_{k+1}(t, t_0) - h_k(t, t_0) \geqslant 1. \qquad \square$$

引理 3.2[9]   设 $\mathbf{R}_0^+ = [0, \infty)$ 且 $p \in C_{\mathrm{rd}}(\mathbf{T}, \mathbf{R}_0^+)$, 则

$$1 + \int_{t_0}^{t} p(s)\Delta s \leqslant e_p(t, t_0) \leqslant e^{\int_{t_0}^{t} p(s)\Delta s}. \tag{3.3}$$

引理 3.3[3]   设 $y, p \in C_{\mathrm{rd}}(\mathbf{T}, \mathbf{R}_0^+)$ 和 $A \in \mathbf{R}_0^+$. 若对任意 $t \in \mathbf{T}$,

$$y(t) \leqslant A + \int_{t_0}^{t} y(\tau)p(\tau)\Delta\tau,$$

则对任意 $t \in \mathbf{T}$,

$$y(t) \leqslant A e_p(t, t_0). \tag{3.4}$$

引理 3.4[3]   设 $n \in \mathbf{N}$, $x(t)$ 在 $\mathbf{T}$ 上具有 n 阶 Δ-导数. 设 $\alpha, t \in \mathbf{T}$, 则

$$x(t) = \sum_{k=0}^{n-1} h_k(t, \alpha) x^{\Delta^k}(\alpha) + \int_{\alpha}^{\rho^{n-1}(t)} h_{n-1}(t, \sigma(\tau)) x^{\Delta^n}(\tau)\Delta\tau. \tag{3.5}$$

引理 3.5[10]   设 $x(t)$ 定义在 $[t_0, \infty)_{\mathbf{T}}$ 上, $x(t) > 0$, 对任意 $t \geqslant t_0$, $x^{\Delta^n}(t) \leqslant 0$ 且不终于为零. 若 $x(t)$ 是有界的, 则

(1) 对任意 $i \in \mathbf{N}_{n-1}$, 都有 $\lim\limits_{t\to\infty} x^{\Delta^i}(t) = 0$.

(2) 对任意 $t \geqslant t_0$ 及 $i \in \mathbf{N}_{n-1}$, 都有 $(-1)^{i+1} x^{\Delta^{n-i}}(t) > 0$.

3.2   方程 (3.1) 的渐近性质

定理 3.1   假设存在 $t_1 > t_0$, 使得对任意 $(t, u_0, \cdots, u_{n-1}) \in [t_1, \infty)_{\mathbf{T}} \times \mathbf{R}^n$,

$$|f(t, u_0, \cdots, u_{n-1})| \leqslant \sum_{i=0}^{n-1} p_i(t)|u_i| \tag{3.6}$$

且

$$\lim_{t\to\infty} e_q(t, t_1) < \infty, \tag{3.7}$$

其中 $p_i(t) \in C_{\mathrm{rd}}([t_1,\infty)_{\mathbf{T}}, \mathbf{R}_0^+)$ $(i \in \mathbf{Z}_{n-1})$, $q(t) = \sum_{i=0}^{n-1} p_i(t)h_{n-i-1}(t,t_0)$ $(t \geqslant t_1)$, 则方程 (3.1) 的每个解 x 具有下列性质之一:

(1) $\lim\limits_{t\to\infty} x^{\Delta^{n-1}}(t) = 0$.

(2) 存在常数 a_i $(i \in \mathbf{Z}_{n-1})$ 且 $a_0 \neq 0$, 使得

$$\lim_{t\to\infty} \frac{x(t)}{\displaystyle\sum_{i=0}^{n-1} a_i h_{n-i-1}(t,t_0)} = 1.$$

证明   设 $x(t)$ 是方程 (3.1) 的一个解, 则由引理 3.4 知, 对 $t\geqslant t_1$ 和 $m\in\mathbf{Z}_{n-1}$,

$$x^{\Delta^m}(t) = \sum_{k=0}^{n-m-1} h_k(t,t_1)x^{\Delta^{k+m}}(t_1)$$
$$+ \int_{t_1}^{\rho^{n-m-1}(t)} h_{n-m-1}(t,\sigma(\tau))x^{\Delta^n}(\tau)\Delta\tau. \tag{3.8}$$

根据引理 3.1 及条件 (3.6) 可知, 存在 $T > t_1$, 使得对 $t \geqslant T$ 及 $m \in \mathbf{Z}_{n-1}$,

$$|x^{\Delta^m}(t)| \leqslant h_{n-m-1}(t,t_0)\left[\sum_{k=0}^{n-m-1} |x^{\Delta^{k+m}}(t_1)| + \int_{t_1}^t \sum_{i=0}^{n-1} p_i(\tau)|x^i(\tau)|\Delta\tau\right]. \tag{3.9}$$

因此

$$|x^{\Delta^m}(t)| \leqslant h_{n-m-1}(t,t_0)F(t) \quad (t \geqslant T, m \in \mathbf{Z}_{n-1}), \tag{3.10}$$

其中

$$F(t) = A + \int_T^t \sum_{i=0}^{n-1} p_i(\tau)|x^i(\tau)|\Delta\tau, \tag{3.11}$$

且

$$A = \max_{0\leqslant m\leqslant n-1}\left\{\sum_{k=0}^{n-m-1} |x^{\Delta^{k+m}}(t_1)|\right\} + \int_{t_1}^T \sum_{i=0}^{n-1} p_i(\tau)|x^i(\tau)|\Delta\tau.$$

由 (3.10) 及 (3.11), 得到

$$F(t) \leqslant A + \int_T^t \sum_{i=0}^{n-1} p_i(\tau)h_{n-i-1}(\tau,t_0)F(\tau)\Delta\tau \quad (t \geqslant T). \tag{3.12}$$

根据引理 3.3 可知

$$F(t) \leqslant Ae_q(t,T) \quad (t \geqslant T). \tag{3.13}$$

由条件 (3.7) 知, 存在有限实数 $c > 0$, 使得当 $t \geqslant T$ 时, $F(t) \leqslant c$. 因此, 由不等式 (3.13) 可知

$$|x^{\Delta^m}(t)| \leqslant h_{n-m-1}(t,t_0)c \quad (t \geqslant T, m \in \mathbf{Z}_{n-1}). \tag{3.14}$$

由方程 (3.1) 可知, 若 $t \geqslant T$, 则

$$x^{\Delta^{n-1}}(t) = x^{\Delta^{n-1}}(T) - \int_T^t f(\tau, x(\tau), x^{\Delta}(\tau), \cdots, x^{\Delta^{n-1}}(\tau))\Delta\tau. \tag{3.15}$$

由条件 (3.7) 及引理 3.2 可推出

$$\lim_{t\to\infty} \int_T^t \sum_{i=0}^{n-1} p_i(\tau) h_{n-i-1}(\tau, t_0)\Delta\tau < \infty.$$

由 (3.6) 及 (3.14), 我们知道, 当 $t \to \infty$ 时, (3.15) 的右边是收敛的. 因此

$$\lim_{t\to\infty} x^{\Delta^{n-1}}(t) 存在且为有限数.$$

设

$$\lim_{t\to\infty} x^{\Delta^{n-1}}(t) = a_0,$$

若 $a_0 \neq 0$, 则由引理 2.3 知

$$\lim_{t\to\infty} \frac{x(t)}{h_{n-1}(t, t_0)} = \lim_{t\to\infty} x^{\Delta^{n-1}}(t) = a_0,$$

即 x 满足性质 (2). □

定理 3.2 假设存在函数 $p_i : [t_0, \infty)_{\mathbf{T}} \to \mathbf{R}_+$ $(i \in \mathbf{Z}_n)$, 非递减连续函数 $g_i : \mathbf{R}_+ \to \mathbf{R}_+$ $(i \in \mathbf{Z}_{n-1})$ 及 $t_1 > t_0$, 使得当 $t \geqslant t_1$ 时,

$$|f(t, u_0, \cdots, u_{n-1})| \leqslant \sum_{i=0}^{n-1} p_i(t) g_i\left(\frac{|u_i|}{h_{n-i-1}(t, t_0)}\right) + p_n(t) \tag{3.16}$$

且

$$\int_{t_1}^\infty p_i(t)\Delta t = P_i < \infty \quad (i \in \mathbf{Z}_n)$$

和

$$\int_\varepsilon^\infty \frac{\mathrm{d}s}{\sum_{i=0}^{n-1} g_i(s)} = \infty \quad (对任意 \varepsilon > 0),$$

则方程 (3.1) 的每个解 x 具有下列性质之一:

(1) $\lim_{t\to\infty} x^{\Delta^{n-1}}(t) = 0$.

(2) 存在常数 a_i $(i \in \mathbf{Z}_{n-1})$ 且 $a_0 \neq 0$, 使得

$$\lim_{t\to\infty} \frac{x(t)}{\sum_{i=0}^{n-1} a_i h_{n-i-1}(t, t_0)} = 1.$$

证明　设 $x(t)$ 是方程 (3.1) 的一个解, 则由引理 3.4 可知, 对 $t \geqslant t_1$ 和 $m \in \mathbf{Z}_{n-1}$,

$$x^{\Delta^m}(t) = \sum_{k=0}^{n-m-1} h_k(t, t_1) x^{\Delta^{k+m}}(t_1)$$
$$+ \int_{t_1}^{\rho^{n-m-1}(t)} h_{n-m-1}(t, \sigma(\tau)) x^{\Delta^n}(\tau) \Delta\tau. \tag{3.17}$$

根据引理 3.1 和条件 (3.16) 可知, 存在 $T > t_1$, 使得当 $t \geqslant T$ 和 $m \in \mathbf{Z}_{n-1}$ 时,

$$|x^{\Delta^m}(t)| \leqslant h_{n-m-1}(t, t_0) \left[\sum_{k=0}^{n-m-1} |x^{\Delta^{k+m}}(t_1)| \right.$$
$$\left. + \int_{t_1}^{t} \left[\sum_{i=0}^{n-1} p_i(\tau) g_i \left(\frac{|x^{\Delta^i}(\tau)|}{h_{n-i-1}(\tau, t_0)} \right) + p_n(\tau) \right] \Delta\tau \right], \tag{3.18}$$

从而

$$|x^{\Delta^m}(t)| \leqslant h_{n-m-1}(t, t_0) F(t) \quad (t \geqslant T, \quad m \in \mathbf{Z}_{n-1}), \tag{3.19}$$

其中

$$F(t) = A + \int_T^t \sum_{i=0}^{n-1} p_i(\tau) g_i \left(\frac{|x^{\Delta^i}(\tau)|}{h_{n-i-1}(\tau, t_0)} \right) \Delta\tau \tag{3.20}$$

且

$$A = \max_{0 \leqslant m \leqslant n-1} \left\{ \sum_{k=0}^{n-m-1} |x^{\Delta^{k+m}}(t_1)| \right\} + \int_{t_1}^T \sum_{i=0}^{n-1} p_i(\tau) g_i \left(\frac{|x^{\Delta^i}(\tau)|}{h_{n-i-1}(\tau, t_0)} \right) \Delta\tau + P_n.$$

由 (3.19) 及 (3.20) 可得

$$F(t) \leqslant A + \int_T^t \sum_{i=0}^{n-1} p_i(\tau) g_i(F(\tau)) \Delta\tau \quad (t \geqslant T). \tag{3.21}$$

记

$$u(t) = A + \int_T^t \sum_{i=0}^{n-1} p_i(\tau) g_i(F(\tau)) \Delta\tau \quad (t \geqslant T) \tag{3.22}$$

和

$$G(y) = \int_A^y \frac{\mathrm{d}s}{\displaystyle\sum_{i=0}^{n-1} g_i(s)},$$

则

$$
\begin{aligned}
[G(u(t))]^\Delta &= u^\Delta(t) \int_0^1 G'(hu(t) + (1-h)u^\sigma(t))\mathrm{d}h \\
&= \left(\sum_{i=0}^{n-1} p_i(t)g_i(F(t)) \right) \int_0^1 \frac{\mathrm{d}h}{\displaystyle\sum_{i=0}^{n-1} g_i(hu(t) + (1-h)u^\sigma(t))} \\
&\leqslant \frac{\displaystyle\sum_{i=0}^{n-1} p_i(t)g_i(u(t))}{\displaystyle\sum_{i=0}^{n-1} g_i(u(t))} \\
&\leqslant \sum_{i=0}^{n-1} p_i(t).
\end{aligned}
$$

由此可得

$$
\begin{aligned}
G(u(t)) &\leqslant G(u(T)) + \int_T^t \sum_{i=0}^{n-1} p_i(\tau)\Delta\tau \\
&\leqslant G(u(T)) + \sum_{i=0}^{n-1} P_i.
\end{aligned}
$$

因为 $\lim\limits_{y\to\infty} G(y) = \infty$, 且 $G(y)$ 是严格递增的, 所以存在常数 $c > 0$, 使得 $u(t) \leqslant c$ $(t \geqslant T)$. 由 (3.19), (3.21) 及 (3.22) 得

$$
|x^{\Delta^m}(t)| \leqslant h_{n-m-1}(t,t_0)c \quad (t \geqslant T, \quad m \in \mathbf{Z}_{n-1}). \tag{3.23}
$$

由方程 (3.1) 可知, 若 $t \geqslant T$, 则

$$
x^{\Delta^{n-1}}(t) = x^{\Delta^{n-1}}(T) - \int_T^t f(\tau, x(\tau), x^\Delta(\tau), \cdots, x^{\Delta^{n-1}}(\tau))\Delta\tau. \tag{3.24}
$$

由 (3.23) 及 (3.16) 可推出

$$
\begin{aligned}
&\int_T^t |f(\tau, x(\tau), x^\Delta(\tau), \cdots, x^{\Delta^{n-1}}(\tau))|\Delta\tau \\
&\leqslant \int_T^t \left[\sum_{i=0}^{n-1} p_i(\tau)g_i\left(\frac{|x^{\Delta^i}(\tau)|}{h_{n-i-1}(\tau,t_0)} \right) + p_n(\tau) \right] \Delta\tau \\
&\leqslant \sum_{i=0}^{n-1} P_i g_i(c) + P_n \\
&= M < \infty.
\end{aligned}
$$

容易验证, 当 $t \to \infty$ 时, (3.24) 的右边是收敛的, 因此 $\lim\limits_{t \to \infty} x^{\Delta^{n-1}}(t)$ 存在且为有限数, 设

$$\lim_{t \to \infty} x^{\Delta^{n-1}}(t) = a_0.$$

若 $a_0 \neq 0$, 则由引理 2.3 知

$$\lim_{t \to \infty} \frac{x(t)}{h_{n-1}(t, t_0)} = \lim_{t \to \infty} x^{\Delta^{n-1}}(t) = a_0,$$

即 x 满足性质 (2).　□

定理 3.3　假设存在函数 $p : [t_0, \infty)_{\mathbf{T}} \to \mathbf{R}_+$, 非递减连续函数 $g_i : \mathbf{R}_+ \to \mathbf{R}_+$ $(i \in \mathbf{Z}_{n-1})$ 和 $t_1 > t_0$, 使得当 $t \geqslant t_1$ 时,

$$|f(t, u_0, \cdots, u_{n-1})| \leqslant p(t) \prod_{i=0}^{n-1} g_i \left(\frac{|u_i|}{h_{n-i-1}(t, t_0)} \right) \tag{3.25}$$

且

$$\int_{t_1}^{\infty} p(t) \Delta t = P < \infty$$

和

$$\int_{\varepsilon}^{\infty} \frac{\mathrm{d}s}{\prod\limits_{i=0}^{n-1} g_i(s)} = \infty \quad (\text{对任意 } \varepsilon > 0),$$

则方程 (3.1) 的每个解 x 具有下列性质之一:

(1) $\lim\limits_{t \to \infty} x^{\Delta^{n-1}}(t) = 0$.

(2) 存在常数 a_i $(i \in \mathbf{Z}_{n-1})$ 且 $a_0 \neq 0$, 使得

$$\lim_{t \to \infty} \frac{x(t)}{\sum\limits_{i=0}^{n-1} a_i h_{n-i-1}(t, t_0)} = 1.$$

证明　类似定理 3.2 的证明可知, 存在 $T > t_1$, 使得对任意 $t \geqslant T$ 及 $m \in \mathbf{Z}_{n-1}$,

$$|x^{\Delta^m}(t)| \leqslant h_{n-m-1}(t, t_0) \left[\sum_{k=0}^{n-m-1} |x^{\Delta^{k+m}}(t_1)| \right.$$
$$\left. + \int_{t_1}^{t} \prod_{i=0}^{n-1} p(\tau) g_i \left(\frac{|x^{\Delta^i}(\tau)|}{h_{n-i-1}(\tau, t_0)} \right) \Delta \tau \right]. \tag{3.26}$$

由此可知

$$|x^{\Delta^m}(t)| \leqslant h_{n-m-1}(t, t_0) F(t) \quad (t \geqslant T, \ m \in \mathbf{Z}_{n-1}), \tag{3.27}$$

其中

$$F(t) = A + \int_T^t \prod_{i=0}^{n-1} p(\tau) g_i \left(\frac{|x^{\Delta^i}(\tau)|}{h_{n-i-1}(\tau, t_0)} \right) \Delta \tau \tag{3.28}$$

且

$$A = \max_{0 \leqslant m \leqslant n-1} \left\{ \sum_{k=0}^{n-m-1} |x^{\Delta^{k+m}}(t_0)| \right\} + \int_{t_1}^T \prod_{i=0}^{n-1} p(\tau) g_i \left(\frac{|x^{\Delta^i}(\tau)|}{h_{n-i-1}(\tau, t_0)} \right) \Delta \tau.$$

利用 (3.27) 和 (3.28) 可得

$$F(t) \leqslant A + \int_T^t \prod_{i=0}^{n-1} p(\tau) g_i(F(\tau)) \Delta \tau \quad (t \geqslant T). \tag{3.29}$$

记

$$u(t) = A + \int_T^t \prod_{i=0}^{n-1} p(\tau) g_i(F(\tau)) \Delta \tau \quad (t \geqslant T) \tag{3.30}$$

和

$$G(y) = \int_A^y \frac{\mathrm{d}s}{\displaystyle\prod_{i=0}^{n-1} g_i(s)},$$

则

$$\begin{aligned}
[G(u(t))]^{\Delta} &= u^{\Delta}(t) \int_0^1 G'(hu(t) + (1-h)u^{\sigma}(t)) \mathrm{d}h \\
&= \left(\prod_{i=0}^{n-1} p(t) g_i(F(t)) \right) \int_0^1 \frac{\mathrm{d}h}{\displaystyle\prod_{i=0}^{n-1} g_i(hu(t) + (1-h)u^{\sigma}(t))} \\
&\leqslant \frac{\displaystyle\prod_{i=0}^{n-1} p(t) g_i(u(t))}{\displaystyle\prod_{i=0}^{n-1} g_i(u(t))} \\
&= p(t).
\end{aligned}$$

由此可得

$$G(u(t)) \leqslant G(u(T)) + \int_T^t p(\tau) \Delta \tau \leqslant G(u(T)) + P.$$

剩下的证明类似于定理 3.2 的证明, 在此不再详述.   □

定理 3.4   如果函数 $f(t, u_0, \cdots, u_{n-1})$ 满足下列条件:

(1) 对所有的 $(t, u_0, \cdots, u_{n-1}) \in [t_0, \infty)_{\mathbf{T}} \times \mathbf{R}^n$, $f(t, u_0, \cdots, u_{n-1}) = p(t) \cdot F(u_0, \cdots, u_{n-1})$.

(2) $p(t) \geqslant 0$ 且对任意 $t \geqslant t_0$, 都有 $\displaystyle\int_{t_0}^{\infty} h_{n-1}(\tau, t_0) p(\tau) \Delta \tau = \infty$.

(3) 对 $u_0 \neq 0$, 都有 $u_0 F(u_0, \cdots, u_{n-1}) > 0$ 且 $F(u_0, \cdots, u_{n-1})$ 在 $(u_0, 0, \cdots, 0)$ 处连续.

那么下列结论成立:

(1) 若 n 是偶数, 则方程 (3.1) 的每个有界解是振荡的.

(2) 若 n 是奇数, 则方程 (3.1) 的每个有界解 x 是振荡的或 $x^{\Delta^i}(t)$ $(i \in \mathbf{Z}_{n-1})$ 单调趋于零.

证明　假设方程 (3.1) 在 $[t_0, \infty)_{\mathbf{T}}$ 上有一个非振荡解 x. 不失一般性, 假定存在充分大的 $t_1 \geqslant t_0$, 使得 $x(t) > 0$ (对 $t \geqslant t_1$). 由方程 (3.1) 知, 对 $t \geqslant t_1$, $x^{\Delta^n}(t) \leqslant 0$ 且不终于为零. 由引理 3.5 可知

$$\lim_{t \to \infty} x^{\Delta^i}(t) = 0 \quad (i \in \mathbf{N}_{n-1})$$

和

$$(-1)^{i+1} x^{\Delta^{n-i}}(t) > 0 \quad (t \geqslant t_1, \ i \in \mathbf{N}_{n-1})$$

且 $x(t)$ 是终于单调的.

若 n 是偶数, 则 $x^{\Delta}(t) > 0$ (对 $t \geqslant t_1$); 若 n 是奇数, 则 $x^{\Delta}(t) < 0$ (对 $t \geqslant t_1$). 因为 $x(t)$ 是有界的, 所以

$$\lim_{t \to \infty} x(t) = c \geqslant 0,$$

进一步, 若 n 是偶数, 则 $c > 0$.

我们断言: 若 n 是奇数, 则 $c = 0$. 否则, 存在 $t_2 > t_1$, 使得

$$F(x(t), x^{\Delta}(t), \cdots, x^{\Delta^{n-1}}(t)) > \frac{F(c, 0, \cdots, 0)}{2} > 0 \quad (t \geqslant t_2). \tag{3.31}$$

由条件 (3) 知, F 在 $(c, 0, \cdots, 0)$ 处连续, 故由方程 (3.1) 及不等式 (3.31) 知

$$x^{\Delta^n}(t) + p(t) \frac{F(c, 0, \cdots, 0)}{2} \leqslant 0 \quad (t \geqslant t_2). \tag{3.32}$$

将不等式 (3.32) 两边同乘以 $h_{n-1}(t, t_0)$, 两边再从 t_2 到 t 积分可得

$$\int_{t_2}^{t} h_{n-1}(\tau, t_0) x^{\Delta^n}(\tau) \Delta \tau + \int_{t_2}^{t} h_{n-1}(\tau, t_0) p(\tau) \frac{F(c, 0, \cdots, 0)}{2} \Delta \tau \leqslant 0 \ (t \geqslant t_2). \tag{3.33}$$

因为

$$\int_{t_2}^t h_{n-1}(\tau, t_0) x^{\Delta^n}(\tau) \Delta\tau$$

$$\geqslant \sum_{i=1}^n (-1)^{i+1} h_{n-i}(\tau, t_0) x^{\Delta^{n-i}}(\tau) \Big|_{t_2}^t$$

$$\geqslant \sum_{i=1}^n (-1)^i h_{n-i}(t_2, t_0) x^{\Delta^{n-i}}(t_2) + (-1)^{n+1} x(t),$$

所以

$$A + (-1)^{n+1} x(t) + \int_{t_2}^t h_{n-1}(\tau, t_0) p(\tau) \frac{F(c, 0, \cdots, 0)}{2} \Delta\tau \leqslant 0 \quad (t \geqslant t_2), \qquad (3.34)$$

其中

$$A = \sum_{i=1}^n (-1)^i h_{n-i}(t_2, t_0) x^{\Delta^{n-i}}(t_2).$$

又因为 $x(t)$ 是有界的, 所以

$$\int_{t_2}^{\infty} h_{n-1}(\tau, t_0) p(\tau) \Delta\tau < \infty,$$

这与条件 (2) 矛盾. □

3.3　例　　子

例子 3.1　考虑高阶动力方程

$$x^{\Delta^n}(t) + \sum_{i=0}^{n-1} \frac{1}{t^{\beta_i}} \frac{x^{\Delta^i}(t)}{h_{n-i-1}(t, t_0)} = 0, \qquad (3.35)$$

其中 $t \geqslant t_1 > t_0 > 0$, $\beta_i > 1$ $(i \in \mathbf{Z}_{n-1})$. 设

$$p_i(t) = \frac{1}{t^{\beta_i} h_{n-i-1}(t, t_0)} \quad (i \in \mathbf{Z}_{n-1})$$

及

$$f(t, u_0, \cdots, u_{n-1}) = \sum_{i=0}^{n-1} \frac{1}{t^{\beta_i}} \frac{u_i}{h_{n-i-1}(t, t_0)},$$

则对任意 $(t, u_0, \cdots, u_{n-1}) \in [t_1, \infty)_{\mathbf{T}} \times \mathbf{R}^n$,

$$|f(t, u_0, \cdots, u_{n-1})| \leqslant \sum_{i=0}^{n-1} p_i(t) |u_i|.$$

由文献 [7] 的例子 5.60 知

$$
\begin{aligned}
e_{\sum_{i=0}^{n-1} p_i(t) h_{n-i-1}}(t, t_1) &= e_{\sum_{i=0}^{n-1} 1/t^{\beta_i}}(t, t_1) \\
&\leqslant e^{\int_{t_1}^{t} \sum_{i=0}^{n-1} 1/\tau^{\beta_i} \Delta \tau} \\
&< \infty.
\end{aligned}
$$

根据定理 3.1, 若 x 是方程 (3.35) 的一个解且 $\lim\limits_{t\to\infty} x^{\Delta^{n-1}}(t) \neq 0$, 则存在常数 a_i $(i \in \mathbf{Z}_{n-1})$ $(a_0 \neq 0)$, 使得

$$
\lim_{t\to\infty} \frac{x(t)}{\sum\limits_{i=0}^{n-1} a_i h_{n-i-1}(t, t_0)} = 1.
$$

例子 3.2　考虑高阶动力方程

$$
x^{\Delta^n}(t) + \sum_{i=0}^{n-1} \frac{1}{t^{\beta_i}} \left(\frac{x^{\Delta^i}(t)}{h_{n-i-1}(t, t_0)} \right)^{\alpha_i} + \frac{1}{t^{\beta_n}} = 0, \tag{3.36}
$$

其中 $t > t_0 > 0$, $\alpha_i \in (0,1)$ $(i \in \mathbf{Z}_{n-1})$ 及 $\beta_i > 1$ $(i \in \mathbf{Z}_n)$. 设

$$
g_i(u) = u^{\alpha_i} \quad (i \in \mathbf{Z}_{n-1})
$$

和

$$
p_i(t) = \frac{1}{t^{\beta_i}} \quad (i \in \mathbf{Z}_n)
$$

及

$$
f(t, u_0, \cdots, u_{n-1}) = \sum_{i=0}^{n-1} \frac{1}{t^{\beta_i}} \left(\frac{u_i}{h_{n-i-1}(t, t_0)} \right)^{\alpha_i} + \frac{1}{t^{\beta_n}}.
$$

易证 $f(t, u_0, \cdots, u_{n-1})$ 满足定理 3.2 的条件. 故当 x 是方程 (3.36) 的一个解且满足 $\lim\limits_{t\to\infty} x^{\Delta^{n-1}}(t) \neq 0$ 时, 一定存在常数 a_i $(i \in \mathbf{Z}_{n-1})$ $(a_0 \neq 0)$, 使得

$$
\lim_{t\to\infty} \frac{x(t)}{\sum\limits_{i=0}^{n-1} a_i h_{n-i-1}(t, t_0)} = 1.
$$

例子 3.3　考虑高阶动力方程

$$
x^{\Delta^n}(t) + \frac{1}{t^{\beta}} \prod_{i=0}^{n-1} \left(\frac{x^{\Delta^i}(t)}{h_{n-i-1}(t, t_0)} \right)^{\alpha_i} = 0, \tag{3.37}
$$

其中 $t > t_0 > 0$, $\alpha_i \in (0,1)$ $(i \in \mathbf{Z}_{n-1})$ 且 $0 < \sum_{i=0}^{n-1} \alpha_i < 1$, $\beta > 1$. 设

$$g_i(u) = u^{\alpha_i} \quad (i \in \mathbf{Z}_{n-1})$$

和

$$p(t) = \frac{1}{t^\beta}$$

及

$$f(t, u_0, \cdots, u_{n-1}) = \prod_{i=0}^{n-1} \frac{1}{t^\beta} \left(\frac{u_i}{h_{n-i-1}(t, t_0)} \right)^{\alpha_i},$$

易证 $f(t, u_0, \cdots, u_{n-1})$ 满足定理 3.3 的条件. 故当 x 是方程 (3.37) 的一个解且满足 $\lim_{t \to \infty} x^{\Delta^{n-1}}(t) \neq 0$ 时, 一定存在常数 a_i $(i \in \mathbf{Z}_{n-1})$ $(a_0 \neq 0)$, 使得

$$\lim_{t \to \infty} \frac{x(t)}{\sum_{i=0}^{n-1} a_i h_{n-i-1}(t, t_0)} = 1.$$

第4章　高阶动力方程的非振荡解

4.1　高阶动力方程 $S_n^\Delta(t, z(t)) + f(t, x(\delta(t))) = 0$ 非振荡解的存在性

在这一节, 研究高阶中立型动力方程

$$S_n^\Delta(t, z(t)) + f(t, x(\delta(t))) = 0 \quad (t \in [t_0, \infty)_\mathbf{T}) \tag{4.1}$$

的非振荡解的存在性, 其中

(1) $t_0 \in \mathbf{T}$ 是一个常数,

$$S_k(t, z(t)) = \begin{cases} z(t), & k = 0, \\ r_k(t) S_{k-1}^\Delta(t, z(t)), & k \in \mathbf{N}_{n-1}, \\ r_n(t) [S_{n-1}^\Delta(t, z(t))]^\gamma, & k = n, \end{cases}$$

且

$$z(t) = x(t) - q(t) x(\tau(t)). \tag{4.2}$$

(2) $r_1(t) \in C_{\mathrm{rd}}([t_0, \infty)_\mathbf{T}, (L, \infty))(L > 0)$, $r_k(t) \in C_{\mathrm{rd}}([t_0, \infty)_\mathbf{T}, \mathbf{R}_+)(2 \leqslant k \leqslant n)$.

(3) γ 是两个正奇数之比.

(4) $q \in C_{\mathrm{rd}}([t_0, \infty)_\mathbf{T}, \mathbf{R}), \tau, \delta \in C_{\mathrm{rd}}(\mathbf{T}, \mathbf{T})$ 且 $\lim\limits_{t \to \infty} \tau(t) = \lim\limits_{t \to \infty} \delta(t) = \infty$.

(5) $f \in C_{\mathrm{rd}}([t_0, \infty)_\mathbf{T} \times \mathbf{R}, \mathbf{R})$ 满足以下条件:

(i) 对任意 $t \in [t_0, \infty)_\mathbf{T}$ 和 $u \neq 0$, $uf(t, u) > 0$.

(ii) 对任意 $t \in [t_0, \infty)_\mathbf{T}$, $f(t, u)$ 相对于 u 是单调不减的.

本节也要用到下列假设条件:

(H$_1$) $\displaystyle\int_{t_0}^\infty 1/r_k(s) \Delta s = \int_{t_0}^\infty [1/r_n(s)]^{\frac{1}{\gamma}} \Delta s = \infty \ (k \in \mathbf{N}_{n-1})$.

(H$_2$) 对任意的 $t \in [t_0, \infty)_\mathbf{T}$, 存在常数 $\alpha_1, \beta_1 \in [0, 1)$ 且 $\alpha_1 + \beta_1 < 1$, 使得 $-\alpha_1 \leqslant q(t) \leqslant \beta_1$.

(H$_3$) 对任意的 $t \in [t_0, \infty)_\mathbf{T}$, 存在常数 $\alpha_2, \beta_2 \in (1, \infty)$, 使得 $-\alpha_2 \leqslant q(t) \leqslant -\beta_2$.

(H$_4$) 对任意的 $t \in [t_0, \infty)_\mathbf{T}$, 存在常数 $\alpha_3, \beta_3 \in (1, \infty)$, 使得 $\alpha_3 \leqslant q(t) \leqslant \beta_3$.

设 $\mathrm{BC}_{\mathrm{rd}}([t_0, \infty)_\mathbf{T}, \mathbf{R})$ 表示在 $[t_0, \infty)_\mathbf{T}$ 上范数

$$\|x\| = \sup_{t \geqslant t_0} |x(t)|$$

的 rd-连续函数 x 构成的 Banach 空间.

设 $X \subset \mathrm{BC_{rd}}([t_0, \infty)_{\mathbf{T}}, \mathbf{R})$,

(I) 若对任意给定的 $\varepsilon > 0$, 存在 $\delta > 0$, 使得对任意的 $x \in X, u, v \in [a, b]_{\mathbf{T}}$, 当 $|u - v| < \delta$ 时, $|x(u) - x(v)| < \varepsilon$, 则称 X 在 $[a, b]_{\mathbf{T}}$ 上是等度连续的.

(II) 若对任意的 $\varepsilon > 0$, 存在 $t_1 > t_0$, 使得对任意的 $x \in X$ 和所有的 $u, v \in [t_1, \infty)_{\mathbf{T}}$, $|x(u) - x(v)| < \varepsilon$, 则称 X 是一致柯西的.

(III) 称 $U : X \to \mathrm{BC_{rd}}([t_0, \infty)_{\mathbf{T}}, \mathbf{R})$ 是全连续的, 如果它是连续的且是将有界集映射到相对紧集.

由 (H_1) 可得引理 4.1.

引理 4.1 设 $m \in \mathbf{N}_n$.

(1) 若 $\liminf\limits_{t \to \infty} S_m(t, x(t)) > 0$, 则对任意的 $i \in \mathbf{Z}_{m-1}$, $\lim\limits_{t \to \infty} S_i(t, x(t)) = \infty$.

(2) 若 $\limsup\limits_{t \to \infty} S_m(t, x(t)) < 0$, 则对任意的 $i \in \mathbf{Z}_{m-1}$, $\lim\limits_{t \to \infty} S_i(t, x(t)) = -\infty$.

引理 4.2 设 $x \in C_{\mathrm{rd}}([t_0, \infty)_{\mathbf{T}}, \mathbf{R}_+)$ 是有界的. 若存在 $t_1 \geqslant t_0$, 使得对任意的 $t \in [t_1, \infty)_{\mathbf{T}}$, $S_n^\Delta(t, x(t)) < 0$, 则对任意的 $t \geqslant t_1$,

$$(-1)^{n-k} S_k(t, x(t)) > 0 \ (k \in \mathbf{Z}_n) \tag{4.3}$$

且

$$\lim_{t \to \infty} S_k(t, x(t)) = 0 \ (k \in \mathbf{Z}_n). \tag{4.4}$$

证明 因为 $S_n^\Delta(t, x(t)) < 0$, 所以 $S_n(t, x(t))$ 在 $[t_1, \infty)_{\mathbf{T}}$ 上是严格单调递减的.

我们断言: 对任意的 $t \in [t_1, \infty)_{\mathbf{T}}, S_n(t, x(t)) > 0$. 否则, 若存在 $t_2 \in [t_1, \infty)_{\mathbf{T}}$, 使得对任意的 $t \geqslant t_2$,

$$S_n(t, x(t)) \leqslant S_n(t_2, x(t_2)) < 0,$$

则由引理 4.1 知

$$\lim_{t \to \infty} x(t) = -\infty,$$

这与 $x(t)$ 是有界的矛盾. 因此对任意的 $t \in [t_1, \infty)_{\mathbf{T}}$,

$$S_n(t, x(t)) > 0, \quad S_n^\Delta(t, x(t)) < 0.$$

设

$$\lim_{t \to \infty} S_n(t, x(t)) = L_1 \geqslant 0.$$

若 $L_1 > 0$, 则由引理 4.1, 有 $\lim\limits_{t \to \infty} x(t) = \infty$, 这与 $x(t)$ 是有界的矛盾. 因此 $L_1 = 0$, 即

$$\lim_{t \to \infty} S_n(t, x(t)) = 0. \tag{4.5}$$

因为 $S_n(t, x(t)) \geqslant 0$, 所以 $S_{n-1}(t, x(t))$ 在 $[t_1, \infty)_{\mathbf{T}}$ 上是严格单调递增的, 这意味着下列结论必有一个成立:

(a$_1$) 对任意的 $t \geqslant t_1$, $S_{n-1}(t, x(t)) < 0$.

(b$_1$) 存在 $t_3 \geqslant t_1$, 使得对任意的 $t \geqslant t_3$,

$$S_{n-1}(t, x(t)) \geqslant S_{n-1}(t_3, x(t_3)) > 0.$$

若 (b$_1$) 成立, 则由引理 4.1 得到

$$\lim_{t \to \infty} S_{n-2}(t, x(t)) = \lim_{t \to \infty} S_{n-3}(t, x(t))$$
$$= \cdots$$
$$= \lim_{t \to \infty} x(t) = \infty,$$

这与 $x(t)$ 是有界的矛盾. 因此对任意的 $t \in [t_1, \infty)_{\mathbf{T}}$, $S_{n-1}(t, x(t)) < 0$. 从而有

$$\lim_{t \to \infty} S_{n-1}(t, x(t)) = L_2 \leqslant 0.$$

按上面的做法, 同理可得

$$\lim_{t \to \infty} S_{n-1}(t, x(t)) = 0.$$

因为

$$S_{n-2}^{\Delta}(t, x(t)) = \frac{S_{n-1}(t, x(t))}{r_{n-1}(t)} < 0,$$

所以 $S_{n-2}(t, x(t))$ 是严格单调递减的, 且下列条件之一成立:

(a$_2$) 对任意的 $t \geqslant t_1$, $S_{n-2}(t, x(t)) > 0$.

(b$_2$) 存在 $t_4 \geqslant t_1$, 使得对任意的 $t \geqslant t_4$,

$$S_{n-2}(t, x(t)) \leqslant S_{n-2}(t_4, x(t_4)) < 0.$$

若 (b$_2$) 成立, 则由引理 4.1 得到

$$\lim_{t \to \infty} S_{n-3}(t, x(t)) = \lim_{t \to \infty} S_{n-4}(t, x(t))$$
$$= \cdots$$
$$= \lim_{t \to \infty} x(t) = -\infty,$$

这与 $x(t)$ 是有界的矛盾. 因此对任意的 $t \in [t_1, \infty)_{\mathbf{T}}$, $S_{n-2}(t, x(t)) > 0$.

依此类推, 可以得到引理 4.2 的结论. □

引理 4.3[11]　设 $X \subset \mathrm{BC}_{\mathrm{rd}}([t_0, \infty)_{\mathbf{T}}, \mathbf{R})$ 是有界且一致柯西的, 又设对任意的 $t_1 \in [t_0, \infty)_{\mathbf{T}}$, X 在 $[t_0, t_1]_{\mathbf{T}}$ 上是全连续的, 则 X 是相对紧致的.

引理 4.4[11] 设 X 是一个 Banach 空间, 且 Ω 是 X 的一个有界的闭凸子集. 又设存在两个算子 $U, V : \Omega \to X$, 使得

(1) 对任意的 $x, y \in \Omega$, $Ux + Vy \in \Omega$.

(2) U 是一个紧致映射.

(3) V 是全连续的.

则 $U + V$ 在 Ω 上有一个不动点.

定理 4.1 设 (H_1) 和 (H_2) 成立, 则方程 (4.1) 有一个非振荡有界解 $x(t)$ 且

$$\liminf_{t\to\infty} |x(t)| > 0$$

当且仅当存在某常数 $M \neq 0$, 使得

$$\int_{t_0}^{\infty} \frac{\Delta u_1}{r_1(u_1)} \int_{u_1}^{\infty} \frac{\Delta u_2}{r_2(u_2)} \cdots \int_{u_{n-2}}^{\infty} \frac{\Delta u_{n-1}}{r_{n-1}(u_{n-1})} \int_{u_{n-1}}^{\infty} A(u_n)\Delta u_n < \infty, \tag{4.6}$$

其中 $A(u_n) = \left[\int_{u_n}^{\infty} f(s, |M|)\Delta s / r_n(u_n)\right]^{\frac{1}{\gamma}}$.

证明 **必要性** 设方程 (4.1) 在 $[t_0, \infty)_{\mathbf{T}}$ 有一个非振荡有界解 $x(t)$ 且

$$\liminf_{t\to\infty} |x(t)| > 0.$$

不失一般性, 假设存在一个常数 $M > 0$ 和某个 $t_1 \geqslant t_0$, 使得当 $t \geqslant t_1$ 时, 有 $x(t) > M$ 且 $x(\delta(t)) > M$. 由假设 $x(t)$ 是有界的和条件 (H_2), 得到 $z(t)$ 是有界的且

$$S_n^\Delta(t, z(t)) = -f(t, x(\delta(t))) < 0.$$

因此, 由引理 4.2 知, 存在 $t_2 \geqslant t_1$, 使得对任意的 $t \geqslant t_2$,

$$(-1)^{n-k} S_k(t, z(t)) > 0 \quad (k \in \mathbf{Z}_n). \tag{4.7}$$

将方程 (4.1) 从 $t \ (\geqslant t_2)$ 到 ∞ 积分, 得到

$$\int_t^{\infty} S_n^\Delta(s, z(s))\Delta s = -\int_t^{\infty} f(s, x(\delta(s)))\Delta s,$$

即

$$\begin{aligned} r_n(t)[S_{n-1}^\Delta(t, z(t))]^\gamma &= S_n(t, z(t)) \\ &\geqslant \int_t^{\infty} f(s, x(\delta(s)))\Delta s \\ &\geqslant \int_t^{\infty} f(s, M)\Delta s \quad (t \geqslant t_2). \end{aligned} \tag{4.8}$$

由 (4.7) 和 (4.8) 知, 对任意的 $t\ (\geqslant t_2)$, 有

$$\int_t^\infty \frac{\Delta u_1}{r_1(u_1)} \int_{u_1}^\infty \frac{\Delta u_2}{r_2(u_2)} \cdots \int_{u_{n-2}}^\infty \frac{\Delta u_{n-1}}{r_{n-1}(u_{n-1})} \int_{u_{n-1}}^\infty A(u_n)\Delta u_n$$

$$\leqslant \int_t^\infty \frac{\Delta u_1}{r_1(u_1)} \int_{u_1}^\infty \frac{\Delta u_2}{r_2(u_2)} \cdots \int_{u_{n-2}}^\infty \frac{\Delta u_{n-1}}{r_{n-1}(u_{n-1})} \int_{u_{n-1}}^\infty S_{n-1}^\Delta(u_n, z(u_n))\Delta u_n$$

$$= \int_t^\infty \frac{\Delta u_1}{r_1(u_1)} \int_{u_1}^\infty \frac{\Delta u_2}{r_2(u_2)} \cdots \int_{u_{n-2}}^\infty \frac{1}{r_{n-1}(u_{n-1})}$$

$$\times (-1)^{n-(n-1)} S_{n-1}(u_{n-1}, z(u_{n-1}))\Delta u_{n-1}$$

$$= \int_t^\infty \frac{\Delta u_1}{r_1(u_1)} \int_{u_1}^\infty \frac{\Delta u_2}{r_2(u_2)} \cdots \int_{u_{n-2}}^\infty (-1)^{n-(n-1)} S_{n-2}^\Delta(u_{n-1}, z(u_{n-1}))\Delta u_{n-1}$$

$$= \int_t^\infty \frac{\Delta u_1}{r_1(u_1)} \int_{u_1}^\infty \frac{\Delta u_2}{r_2(u_2)} \cdots \int_{u_{n-3}}^\infty \frac{1}{r_{n-2}(u_{n-2})}$$

$$\times (-1)^{n-(n-2)} S_{n-2}(u_{n-2}, z(u_{n-2}))\Delta u_{n-2}$$

$$= \cdots$$

$$= \int_t^\infty \frac{1}{r_1(u_1)} (-1)^{n-1} S_1(u_1, z(u_1))\Delta u_1$$

$$= \int_t^\infty (-1)^{n-1} z^\Delta(u_1)\Delta u_1$$

$$= (-1)^{n-1} z(u_1)\big|_t^\infty < \infty.$$

由 $z(t)$ 的有界性知 (4.6) 成立.

充分性　假设存在某常数 $M > 0$, 使得

$$\int_{t_0}^\infty \frac{\Delta u_1}{r_1(u_1)} \int_{u_1}^\infty \frac{\Delta u_2}{r_2(u_2)} \cdots \int_{u_{n-2}}^\infty \frac{\Delta u_{n-1}}{r_{n-1}(u_{n-1})} \int_{u_{n-1}}^\infty A(u_n)\Delta u_n < \infty,$$

那么可以选取 $t_1 \geqslant t_0$, 使得当 $t \geqslant t_1$ 时, $\min\{\delta(t), \tau(t)\} \geqslant t_0$ 且

$$\int_t^\infty \frac{\Delta u_1}{r_1(u_1)} \int_{u_1}^\infty \frac{\Delta u_2}{r_2(u_2)} \cdots \int_{u_{n-2}}^\infty \frac{\Delta u_{n-1}}{r_{n-1}(u_{n-1})} \int_{u_{n-1}}^\infty A(u_n)\Delta u_n$$

$$< \frac{(1-\beta_1)(1-\beta_1-\alpha_1)}{2} M.$$

设

$$\Omega = \{x \in \mathrm{BC}_{\mathrm{rd}}([t_0, \infty)_\mathbf{T}, \mathbf{R}) : \beta_1(1-\beta_1-\alpha_1)M \leqslant x(t) \leqslant M,\ t \geqslant t_0\}.$$

易证 Ω 在 $\mathrm{BC}_{\mathrm{rd}}([t_0, \infty)_\mathbf{T}, \mathbf{R})$ 上是有界的闭凸子集.

现在我们定义两个算子 $U,\ V : \Omega \to \mathrm{BC}_{\mathrm{rd}}([t_0, \infty)_\mathbf{T}, \mathbf{R})$ 如下:

$$(Ux)(t) = q(t^*)x(\tau(t^*)),$$

$$(Vx)(t) = \frac{(1 - \beta_1)(1 + \alpha_1 + \beta_1)}{2}M + (-1)^n \int_{t^*}^{\infty} \frac{\Delta u_1}{r_1(u_1)} \int_{u_1}^{\infty} \frac{\Delta u_2}{r_2(u_2)} \cdots$$
$$\times \int_{u_{n-2}}^{\infty} \frac{\Delta u_{n-1}}{r_{n-1}(u_{n-1})} \int_{u_{n-1}}^{\infty} A(u_n, x)\Delta u_n,$$

其中

$$t^* = \max\{t, t_1\}, \quad A(u_n, x) = \left[\frac{1}{r_n(u_n)} \int_{u_n}^{\infty} f(s, x(\delta(s)))\Delta s\right]^{\frac{1}{\gamma}}.$$

接下来证明 U, V 满足引理 4.4 的条件.

(1) 我们证明对于任意的 x, $y \in \Omega$, $Ux + Vy \in \Omega$. 事实上, 对任意的 x, $y \in \Omega$ 和 $t \geqslant t_0$, 有

$$x(t), \ y(t) \in [\beta_1(1 - \beta_1 - \alpha_1)M, M],$$

从而

$$(Ux)(t) + (Vy)(t)$$
$$= \frac{(1 - \beta_1)(1 + \alpha_1 + \beta_1)}{2}M + q(t^*)x(\tau(t^*))$$
$$+ (-1)^n \int_{t^*}^{\infty} \frac{\Delta u_1}{r_1(u_1)} \int_{u_1}^{\infty} \frac{\Delta u_2}{r_2(u_2)} \cdots \int_{u_{n-2}}^{\infty} \frac{\Delta u_{n-1}}{r_{n-1}(u_{n-1})} \int_{u_{n-1}}^{\infty} A(u_n, y)\Delta u_n$$
$$\leqslant \frac{(1 - \beta_1)(1 + \alpha_1 + \beta_1)}{2}M + \beta_1 M + \frac{(1 - \beta_1)(1 - \beta_1 - a_1)}{2}M$$
$$= M$$

和

$$(Ux)(t) + (Vy)(t)$$
$$= \frac{(1 - \beta_1)(1 + \alpha_1 + \beta_1)}{2}M + q(t^*)x(\tau(t^*))$$
$$+ (-1)^n \int_{t^*}^{\infty} \frac{\Delta u_1}{r_1(u_1)} \int_{u_1}^{\infty} \frac{\Delta u_2}{r_2(u_2)} \cdots \int_{u_{n-2}}^{\infty} \frac{\Delta u_{n-1}}{r_{n-1}(u_{n-1})} \int_{u_{n-1}}^{\infty} A(u_n, y)\Delta u_n$$
$$\geqslant \frac{(1 - \beta_1)(1 + \alpha_1 + \beta_1)}{2}M - \alpha_1 M - \frac{(1 - \beta_1)(1 - \beta_1 - \alpha_1)}{2}M$$
$$= \beta_1(1 - \beta_1 - \alpha_1)M,$$

这意味着对于任意的 x, $y \in \Omega$, 有 $Ux + Vy \in \Omega$.

(2) 我们证明 U 是一个紧致映射. 事实上, 对任意的 x, $y \in \Omega$ 和 $t \geqslant t_0$, 有

$$|(Ux)(t) - (Uy)(t)| = |q(t^*)x(\tau(t^*)) - q(t^*)y(\tau(t^*))|$$
$$\leqslant \max\{\alpha_1, \beta_1\}||x - y||.$$

故

$$||Ux - Uy|| \leqslant \max\{\alpha_1, \beta_1\}||x - y||,$$

则 U 是一个紧致映射.

(3) 我们证明 V 是一个全连续映射.

(i) 由 (1) 的证明可知, 对任意的 $t \geqslant t_0$,

$$\beta_1(1 - \beta_1 - \alpha_1)M \leqslant (Vx)(t) \leqslant M,$$

即 $V\Omega \subset \Omega$.

(ii) 下证 V 的连续性. 设 $x_n \in \Omega$ 满足 $||x_n - x|| \to 0 \ (n \to \infty)$, 则 $x \in \Omega$ 且对任意的 $t \in [t_0, \infty)_{\mathbf{T}}$, $|x_n(t) - x(t)| \to 0 \ (n \to \infty)$, 从而对任意的 $s \in [t_1, \infty)_{\mathbf{T}}$, 有

$$\lim_{n \to \infty} \left| \frac{1}{r_1(u_1)} \int_{u_1}^{\infty} \frac{\Delta u_2}{r_2(u_2)} \cdots \int_{u_{n-2}}^{\infty} \frac{\Delta u_{n-1}}{r_{n-1}(u_{n-1})} \int_{u_{n-1}}^{\infty} \left[A(u_n, x_n) - A(u_n, x) \right] \Delta u_n \right| = 0.$$

又因为

$$\left| \frac{1}{r_1(u_1)} \int_{u_1}^{\infty} \frac{\Delta u_2}{r_2(u_2)} \cdots \int_{u_{n-2}}^{\infty} \frac{\Delta u_{n-1}}{r_{n-1}(u_{n-1})} \int_{u_{n-1}}^{\infty} \left[A(u_n, x_n) - A(u_n, x) \right] \Delta u_n \right|$$

$$\leqslant 2 \frac{1}{r_1(u_1)} \int_{u_1}^{\infty} \frac{\Delta u_2}{r_2(u_2)} \cdots \int_{u_{n-2}}^{\infty} \frac{\Delta u_{n-1}}{r_{n-1}(u_{n-1})} \int_{u_{n-1}}^{\infty} A(u_n) \Delta u_n,$$

且对任意的 $t \in [t_0, \infty)_{\mathbf{T}}$,

$$|(Vx_n)(t) - (Vx)(t)|$$

$$\leqslant \int_{t_1}^{\infty} \frac{\Delta u_1}{r_1(u_1)} \int_{u_1}^{\infty} \frac{\Delta u_2}{r_2(u_2)} \cdots \int_{u_{n-2}}^{\infty} \frac{\Delta u_{n-1}}{r_{n-1}(u_{n-1})} \int_{u_{n-1}}^{\infty} |A(u_n, x_n) - A(u_n, x)| \Delta u_n,$$

所以有

$$||Vx_n - Vx||$$

$$\leqslant \int_{t_1}^{\infty} \frac{\Delta u_1}{r_1(u_1)} \int_{u_1}^{\infty} \frac{\Delta u_2}{r_2(u_2)} \cdots \int_{u_{n-2}}^{\infty} \frac{\Delta u_{n-1}}{r_{n-1}(u_{n-1})} \int_{u_{n-1}}^{\infty} |A(u_n, x_n) - A(u_n, x)| \Delta u_n.$$

由文献 [7] 中的 Lebesgue 控制收敛定理知

$$\lim_{n \to \infty} ||Vx_n - Vx|| = 0,$$

这意味着 V 在 Ω 上是连续的.

(iii) 现在我们证明 $V\Omega$ 是一致柯西的. 事实上, 对任意的 $\varepsilon > 0$, 取 $t_2 \geqslant t_1$, 使得

$$\int_{t_2}^{\infty} \frac{\Delta u_1}{r_1(u_1)} \int_{u_1}^{\infty} \frac{\Delta u_2}{r_2(u_2)} \cdots \int_{u_{n-2}}^{\infty} \frac{\Delta u_{n-1}}{r_{n-1}(u_{n-1})} \int_{u_{n-1}}^{\infty} A(u_n)\Delta u_n < \varepsilon,$$

则对任意的 $x \in \Omega$ 和 $u,\ v \in [t_2, \infty)_{\mathbf{T}}$, 有

$$|(Vx)(u) - (Vx)(v)| < 2\varepsilon,$$

这意味着 $V\Omega$ 是一致柯西的.

(iv) 最后我们证明: 对任意的 $t_2 \in [t_0, \infty)_{\mathbf{T}}$, $V\Omega$ 在 $[t_0, t_2]_{\mathbf{T}}$ 上是等度连续的. 不失一般性, 假设 $t_2 \geqslant t_1$, 注意 $L \leqslant r_1(t)$, 对任意的 $\varepsilon > 0$, 取

$$\delta = \frac{L\varepsilon}{1 + \displaystyle\int_{t_0}^{\infty} \frac{\Delta u_2}{r_2(u_2)} \cdots \int_{u_{n-2}}^{\infty} \frac{\Delta u_{n-1}}{r_{n-1}(u_{n-1})} \times \int_{u_{n-1}}^{\infty} A(u_n)\Delta u_n},$$

则当 $u,\ v \in [t_0, t_2]_{\mathbf{T}}$ 且 $|u - v| < \delta$ 时, 对任意的 $x \in \Omega$, 有

$$
\begin{aligned}
&|(Vx)(u) - (Vx)(v)| \\
&= \left| \int_{u^*}^{\infty} \frac{\Delta u_1}{r_1(u_1)} \int_{u_1}^{\infty} \frac{\Delta u_2}{r_2(u_2)} \cdots \int_{u_{n-2}}^{\infty} \frac{\Delta u_{n-1}}{r_{n-1}(u_{n-1})} \int_{u_{n-1}}^{\infty} A(u_n, x)\Delta u_n \right. \\
&\qquad \left. - \int_{v^*}^{\infty} \frac{\Delta u_1}{r_1(u_1)} \int_{u_1}^{\infty} \frac{\Delta u_2}{r_2(u_2)} \cdots \int_{u_{n-2}}^{\infty} \frac{\Delta u_{n-1}}{r_{n-1}(u_{n-1})} \int_{u_{n-1}}^{\infty} A(u_n, x)\Delta u_n \right| \\
&= \left| \int_{u^*}^{v^*} \frac{\Delta u_1}{r_1(u_1)} \int_{u_1}^{\infty} \frac{\Delta u_2}{r_2(u_2)} \cdots \int_{u_{n-2}}^{\infty} \frac{\Delta u_{n-1}}{r_{n-1}(u_{n-1})} \int_{u_{n-1}}^{\infty} A(u_n, x)\Delta u_n \right| \\
&\leqslant \left| \frac{1}{L} \int_{u^*}^{v^*} \Delta u_1 \int_{t_0}^{\infty} \frac{\Delta u_2}{r_2(u_2)} \cdots \int_{u_{n-2}}^{\infty} \frac{\Delta u_{n-1}}{r_{n-1}(u_{n-1})} \int_{u_{n-1}}^{\infty} A(u_n)\Delta u_n \right| \\
&\leqslant \frac{1}{L} |u^* - v^*| \int_{t_0}^{\infty} \frac{\Delta u_2}{r_2(u_2)} \cdots \int_{u_{n-2}}^{\infty} \frac{\Delta u_{n-1}}{r_{n-1}(u_{n-1})} \int_{u_{n-1}}^{\infty} A(u_n)\Delta u_n \\
&< \varepsilon,
\end{aligned}
$$

这意味着对任意的 $t_2 \in [t_0, \infty)_{\mathbf{T}}$, $V\Omega$ 在 $[t_0, t_2]_{\mathbf{T}}$ 上是等度连续的.

由引理 4.3 知, V 是一个全连续映射. 根据引理 4.4, 存在 $x \in \Omega$, 使得

$$(U + V)x = x,$$

这个 x 是满足方程 (4.1) 的有界解且 $\liminf\limits_{t \to \infty} |x(t)| > 0$. $\quad\square$

定理 4.2 设 (H_1) 和 (H_3) 成立, 且 τ 有逆映射 $\tau^{-1} \in C(\mathbf{T}, \mathbf{T})$, 则方程 (4.1) 有一个非振荡有界解 $x(t)$ 且 $\liminf\limits_{t \to \infty} |x(t)| > 0$, 当且仅当存在某常数 $M \neq 0$, 使得 (4.6) 成立.

证明　必要性的证明与定理 4.1 类似.

充分性　设存在某常数 $M > 0$, 使得

$$\int_{t_0}^{\infty} \frac{\Delta u_1}{r_1(u_1)} \int_{u_1}^{\infty} \frac{\Delta u_2}{r_2(u_2)} \cdots \int_{u_{n-2}}^{\infty} \frac{\Delta u_{n-1}}{r_{n-1}(u_{n-1})} \int_{u_{n-1}}^{\infty} A(u_n) \Delta u_n < \infty.$$

则可以取 $t_1 \geqslant t_0$, 使得当 $t \geqslant t_1$ 时, $\min\{\delta(\tau^{-1}(t)), \tau^{-1}(t)\} \geqslant t_0$ 且

$$\int_{t}^{\infty} \frac{\Delta u_1}{r_1(u_1)} \int_{u_1}^{\infty} \frac{\Delta u_2}{r_2(u_2)} \cdots \int_{u_{n-2}}^{\infty} \frac{\Delta u_{n-1}}{r_{n-1}(u_{n-1})} \int_{u_{n-1}}^{\infty} A(u_n) \Delta u_n < \frac{\beta_2(\beta_2 - 1)}{2(\beta_2 + 1)} M.$$

设

$$\Omega = \left\{ x \in \mathrm{BC}_{\mathrm{rd}}([t_0, \infty)_{\mathbf{T}}, \mathbf{R}) : \frac{\beta_2 - 1}{\alpha_2(\beta_2 + 1)} M \leqslant x(t) \leqslant M, \ t \geqslant t_0 \right\},$$

易证 Ω 在 $\mathrm{BC}_{\mathrm{rd}}([t_0, \infty)_{\mathbf{T}}, \mathbf{R})$ 上是有界的闭凸子集.

现在我们定义两个算子 U 和 $V : \Omega \to \mathrm{BC}_{\mathrm{rd}}([t_0, \infty)_{\mathbf{T}}, \mathbf{R})$ 如下

$$(Ux)(t) = \frac{x(\tau^{-1}(t^*))}{q(\tau^{-1}(t^*))} + \frac{(\beta_2 + 3)\beta_2 M}{-2(\beta_2 + 1)q(\tau^{-1}(t^*))},$$

$$(Vx)(t) = \frac{1}{q(\tau^{-1}(t^*))} (-1)^{n+1} \int_{\tau^{-1}(t^*)}^{\infty} \frac{\Delta u_1}{r_1(u_1)}$$

$$\times \int_{u_1}^{\infty} \frac{\Delta u_2}{r_2(u_2)} \cdots \int_{u_{n-2}}^{\infty} \frac{\Delta u_{n-1}}{r_{n-1}(u_{n-1})} \int_{u_{n-1}}^{\infty} A(u_n, x) \Delta u_n,$$

其中对任意的 $t \in [t_0, \infty)_{\mathbf{T}}$, $t^* = \max\{t, t_1\}$. 为了证明该定理, 将证明 U 和 V 满足引理 4.4 的条件.

首先证明: 对任意的 $x, y \in \Omega$, 有 $Ux + Vy \in \Omega$. 事实上, 对任意的 $x, y \in \Omega$ 和任意的 $t \geqslant t_0$, 有

$$x(t), \ y(t) \in \left[\frac{\beta_2 - 1}{\alpha_2(\beta_2 + 1)} M, M \right],$$

从而

$$(Ux)(t) + (Vy)(t)$$

$$= \frac{x(\tau^{-1}(t^*))}{q(\tau^{-1}(t^*))} + \frac{1}{-q(\tau^{-1}(t^*))} \left[\frac{(\beta_2 + 3)\beta_2}{2(\beta_2 + 1)} M + (-1)^n \int_{\tau^{-1}(t^*)}^{\infty} \frac{\Delta u_1}{r_1(u_1)} \right.$$

$$\left. \times \int_{u_1}^{\infty} \frac{\Delta u_2}{r_2(u_2)} \cdots \int_{u_{n-2}}^{\infty} \frac{\Delta u_{n-1}}{r_{n-1}(u_{n-1})} \int_{u_{n-1}}^{\infty} A(u_n, y) \Delta u_n \right]$$

$$\leqslant \frac{1}{\beta_2} \left[\frac{(\beta_2 + 3)\beta_2}{2(\beta_2 + 1)} M + \frac{\beta_2(\beta_2 - 1)}{2(\beta_2 + 1)} M \right]$$

$$= M,$$

$$(Ux)(t) + (Vy)(t)$$

$$= \frac{x(\tau^{-1}(t^*))}{q(\tau^{-1}(t^*))} + \frac{1}{-q(\tau^{-1}(t^*))} \left[\frac{(\beta_2 + 3)\beta_2}{2(\beta_2 + 1)} M + (-1)^n \int_{\tau^{-1}(t^*)}^{\infty} \frac{\Delta u_1}{r_1(u_1)} \right.$$

$$\left. \times \int_{u_1}^{\infty} \frac{\Delta u_2}{r_2(u_2)} \cdots \int_{u_{n-2}}^{\infty} \frac{\Delta u_{n-1}}{r_{n-1}(u_{n-1})} \int_{u_{n-1}}^{\infty} A(u_n, y)\Delta u_n \right]$$

$$\geqslant \frac{1}{\alpha_2} \left[\frac{(\beta_2 + 3)\beta_2}{2(\beta_2 + 1)} M - M - \frac{\beta_2(\beta_2 - 1)}{2(\beta_2 + 1)} M \right]$$

$$= \frac{\beta_2 - 1}{\alpha_2(\beta_2 + 1)} M$$

和

$$|(Vx)(t)| \leqslant \frac{\beta_2(\beta_2 - 1)}{2(\beta_2 + 1)} M,$$

这意味着对任意的 x, $y \in \Omega$, $Ux + Vy \in \Omega$ 且 $V\Omega$ 是一致有界的.

接下来证明: 对于任意的 $t_2 \in [t_0, \infty)_{\mathbf{T}}$, $V\Omega$ 在 $[t_0, t_2)_{\mathbf{T}}$ 上是等度连续的. 不失一般性, 设 $t_2 \geqslant t_1$. 因为 $1/q(\tau^{-1}(t))$, $\tau^{-1}(t)$ 在 $[t_0, t_2)_{\mathbf{T}}$ 上是连续的, 所以它们在 $[t_0, t_2)_{\mathbf{T}}$ 上是一致连续的, 从而对任意的 $\varepsilon > 0$, 取 $\delta > 0$, 使得对任意 u, $v \in [t_0, t_2]_{\mathbf{T}}$, 当 $|u - v| < \delta$ 时, 有

$$\left| \frac{1}{q(\tau^{-1}(u))} - \frac{1}{q(\tau^{-1}(v))} \right| < \frac{\varepsilon}{1 + A}$$

和

$$|\tau^{-1}(u) - \tau^{-1}(v)| < \frac{L\varepsilon}{1 + B},$$

其中

$$A = \int_{t_0}^{\infty} \frac{\Delta u_1}{r_1(u_1)} \int_{u_1}^{\infty} \frac{\Delta u_2}{r_2(u_2)} \cdots \int_{u_{n-2}}^{\infty} \frac{\Delta u_{n-1}}{r_{n-1}(u_{n-1})} \int_{u_{n-1}}^{\infty} A(u_n)\Delta u_n,$$

$$B = \int_{t_0}^{\infty} \frac{\Delta u_2}{r_2(u_2)} \cdots \int_{u_{n-2}}^{\infty} \frac{\Delta u_{n-1}}{r_{n-1}(u_{n-1})} \int_{u_{n-1}}^{\infty} A(u_n)\Delta u_n,$$

则对于任意的 $x \in \Omega$, 有

$$|(Vx)(u) - (Vx)(v)|$$

$$= \left| \frac{1}{q(\tau^{-1}(u^*))} \int_{\tau^{-1}(u^*)}^{\infty} \frac{\Delta u_1}{r_1(u_1)} \int_{u_1}^{\infty} \frac{\Delta u_2}{r_2(u_2)} \cdots \int_{u_{n-1}}^{\infty} A(u_n, x)\Delta u_n \right.$$

$$\left. - \frac{1}{q(\tau^{-1}(v^*))} \int_{\tau^{-1}(v^*)}^{\infty} \frac{\Delta u_1}{r_1(u_1)} \int_{u_1}^{\infty} \frac{\Delta u_2}{r_2(u_2)} \cdots \int_{u_{n-1}}^{\infty} A(u_n, x)\Delta u_n \right|$$

$$\leqslant \left| \left[\frac{1}{q(\tau^{-1}(u^*))} - \frac{1}{q(\tau^{-1}(v^*))} \right] \int_{\tau^{-1}(u^*)}^{\infty} \frac{\Delta u_1}{r_1(u_1)} \int_{u_1}^{\infty} \frac{\Delta u_2}{r_2(u_2)} \cdots \int_{u_{n-1}}^{\infty} A(u_n, x) \Delta u_n \right|$$

$$+ \left| \frac{1}{q(\tau^{-1}(v^*))} \int_{\tau^{-1}(u^*)}^{\tau^{-1}(v^*)} \frac{\Delta u_1}{r_1(u_1)} \int_{u_1}^{\infty} \frac{\Delta u_2}{r_2(u_2)} \cdots \int_{u_{n-1}}^{\infty} A(u_n, x) \Delta u_n \right|$$

$$\leqslant \left| \left[\frac{1}{q(\tau^{-1}(u^*))} - \frac{1}{q(\tau^{-1}(v^*))} \right] \int_{t_0}^{\infty} \frac{\Delta u_1}{r_1(u_1)} \int_{u_1}^{\infty} \frac{\Delta u_2}{r_2(u_2)} \cdots \int_{u_{n-1}}^{\infty} A(u_n) \Delta u_n \right|$$

$$+ \left| \frac{1}{q(\tau^{-1}(v^*))} \frac{1}{L} \int_{\tau^{-1}(u^*)}^{\tau^{-1}(v^*)} \Delta u_1 \int_{t_0}^{\infty} \frac{\Delta u_2}{r_2(u_2)} \cdots \int_{u_{n-1}}^{\infty} A(u_n) \Delta u_n \right|$$

$$\leqslant \varepsilon + \frac{1}{L} |\tau^{-1}(u^*) - \tau^{-1}(v^*)| \int_{t_0}^{\infty} \frac{\Delta u_2}{r_2(u_2)} \cdots \int_{u_{n-1}}^{\infty} A(u_n) \Delta u_n$$

$$< 2\varepsilon,$$

这意味着对任意的 $t_2 \in [t_0, \infty)_{\mathbf{T}}$, $V\Omega$ 在 $[t_0, t_2)_{\mathbf{T}}$ 上是等度连续的. 剩下的证明与定理 4.1 类似.　□

定理 4.3　设 (H_1) 和 (H_4) 成立, 且 τ 有逆映射 $\tau^{-1} \in C(\mathbf{T}, \mathbf{T})$, 则方程 (4.1) 有一个非振荡有界解 $x(t)$ 且 $\liminf\limits_{t \to \infty} |x(t)| > 0$ 当且仅当存在某常数 $M \neq 0$, 使得 (4.6) 成立.

证明　必要性的证明与定理 4.1 类似.

充分性　设存在某常数 $M > 0$, 使得

$$\int_{t_0}^{\infty} \frac{\Delta u_1}{r_1(u_1)} \int_{u_1}^{\infty} \frac{\Delta u_2}{r_2(u_2)} \cdots \int_{u_{n-2}}^{\infty} \frac{\Delta u_{n-1}}{r_{n-1}(u_{n-1})} \int_{u_{n-1}}^{\infty} A(u_n) \Delta u_n < \infty,$$

则可以取 $t_1 \geqslant t_0$, 使得当 $t \geqslant t_1$ 时, $\min\{\delta(\tau^{-1}(t)), \tau^{-1}(t)\} \geqslant t_0$ 且

$$\int_{\tau^{-1}(t)}^{\infty} \frac{\Delta u_1}{r_1(u_1)} \int_{u_1}^{\infty} \frac{\Delta u_2}{r_2(u_2)} \cdots \int_{u_{n-2}}^{\infty} \frac{\Delta u_{n-1}}{r_{n-1}(u_{n-1})} \int_{u_{n-1}}^{\infty} A(u_n) \Delta u_n < \frac{\alpha_3 - 1}{3} M.$$

设

$$\Omega = \left\{ x \in \mathrm{BC}_{\mathrm{rd}}([t_0, \infty)_{\mathbf{T}}, \mathbf{R}) : \frac{\alpha_3 - 1}{3(\beta_3 - 1)} M \leqslant x(t) \leqslant M, \ t \geqslant t_0 \right\}.$$

易证 Ω 在 $\mathrm{BC}_{\mathrm{rd}}([t_0, \infty)_{\mathbf{T}}, \mathbf{R})$ 上是有界的闭凸子集.

现在定义两个算子 U 和 $V : \Omega \to \mathrm{BC}_{\mathrm{rd}}([t_0, \infty)_{\mathbf{T}}, \mathbf{R})$ 如下

$$(Ux)(t) = \frac{x(\tau^{-1}(t^*))}{q(\tau^{-1}(t^*))} + \frac{2(\alpha_3 - 1)M}{3q(\tau^{-1}(t^*))},$$

$$(Vx)(t) = \frac{1}{q(\tau^{-1}(t^*))} (-1)^{n+1} \int_{\tau^{-1}(t^*)}^{\infty} \frac{\Delta u_1}{r_1(u_1)}$$

$$\times \int_{u_1}^{\infty} \frac{\Delta u_2}{r_2(u_2)} \cdots \int_{u_{n-2}}^{\infty} \frac{\Delta u_{n-1}}{r_{n-1}(u_{n-1})} \int_{u_{n-1}}^{\infty} A(u_n, x) \Delta u_n,$$

其中 $t^* = \max\{t, t_1\}$, $t \in [t_0, \infty)_\mathbf{T}$. 接下来将证明 U 和 V 满足引理 4.4 的条件.

首先证明: 对任意的 x, $y \in \Omega$, $Ux + Vy \in \Omega$. 事实上, 对任意的 x, $y \in \Omega$, 当 $t \geqslant t_0$ 时, 有

$$x(t), \ y(t) \in [(\alpha_3 - 1)M/(3(\beta_3 - 1)), M],$$

从而

$$(Ux)(t) + (Vy)(t)$$

$$= \frac{x(\tau^{-1}(t^*))}{q(\tau^{-1}(t^*))} + \frac{1}{q(\tau^{-1}(t^*))} \left[\frac{2(\alpha_3 + 1)}{3}M + (-1)^{n+1} \int_{\tau^{-1}(t^*)}^{\infty} \frac{\Delta u_1}{r_1(u_1)} \right.$$

$$\left. \times \int_{u_1}^{\infty} \frac{\Delta u_2}{r_2(u_2)} \cdots \int_{u_{n-2}}^{\infty} \frac{\Delta u_{n-1}}{r_{n-1}(u_{n-1})} \int_{u_{n-1}}^{\infty} A(u_n, y) \Delta u_n \right]$$

$$\leqslant \frac{1}{\alpha_3} \left[\frac{2(\alpha_3 - 1)}{3}M + M + \frac{\alpha_3 - 1}{3}M \right]$$

$$= M,$$

$$(Ux)(t) + (Vy)(t)$$

$$= \frac{x(\tau^{-1}(t^*))}{q(\tau^{-1}(t^*))} + \frac{1}{q(\tau^{-1}(t^*))} \left[\frac{2(\alpha_3 - 1)}{3}M + (-1)^{n+1} \int_{\tau^{-1}(t^*)}^{\infty} \frac{\Delta u_1}{r_1(u_1)} \right.$$

$$\left. \times \int_{u_1}^{\infty} \frac{\Delta u_2}{r_2(u_2)} \cdots \int_{u_{n-2}}^{\infty} \frac{\Delta u_{n-1}}{r_{n-1}(u_{n-1})} \int_{u_{n-1}}^{\infty} A(u_n, y) \Delta u_n \right]$$

$$\geqslant \frac{1}{\beta_3} \left[\frac{2(\alpha_3 - 1)}{3}M + \frac{\alpha_3 - 1}{3(\beta_3 - 1)}M - \frac{\alpha_3 - 1}{3}M \right]$$

$$= \frac{\alpha_3 - 1}{3(\beta_3 - 1)}M$$

和

$$|(Vx)(t)| \leqslant \frac{(\alpha_3 - 1)M}{3},$$

这意味着对任意的 x, $y \in \Omega$, $Ux + Vy \in \Omega$, 且 $V\Omega$ 是一致有界的. 剩下的证明与定理 4.2 类似. □

引理 4.5[12,13] 设 s, $t \in \mathbf{T}$, $g \in C_{\mathrm{rd}}(\mathbf{T} \times \mathbf{T}, \mathbf{R})$, 则

$$\int_s^t \left[\int_\eta^t g(\eta, \zeta) \Delta \zeta \right] \Delta \eta = \int_s^t \left[\int_s^{\sigma(\zeta)} g(\eta, \zeta) \Delta \eta \right] \Delta \zeta.$$

例子 4.1 设 $\mathbf{T} = \{q^n : n \in \mathbf{Z}\} \cup \{0\}$ 且 $q > 1$. 考虑高阶非线性动力方程

$$S_n^{\Delta}(t, z(t)) + \frac{q^{n\gamma+1} - 1}{(q-1)q^{n\gamma+1}t^{n\gamma+2}}x^{2r+1}(q^{3+r}t) = 0, \tag{4.9}$$

其中 $t \in [q, \infty)_{\mathbf{T}}$, γ 是正的奇数比, $r \in \mathbf{N}$,

$$z(t) = x(t) - q_k(t)x(qt),$$

$$q_k(t) = -\frac{2[(-1)^k k^2 + (-1)^{\log t_q}]}{5} \quad (k \in \mathbf{N}_3),$$

$$r_n(t) = t^{\gamma}, \quad r_k(t) = t \quad (k \in \mathbf{N}_{n-1}),$$

$$\tau(t) = qt, \quad \delta(t) = q^{3+r}t,$$

$$f(t, u) = \frac{q^{n\gamma+1} - 1}{(q-1)q^{n\gamma+1}t^{n\gamma+2}}u^{2r+1}.$$

易证 $q_k(t)$ 满足条件 $(\mathrm{H}_{k+1})(k \in \mathbf{N}_3)$. 另一方面, 有

$$\int_q^{\infty}\left[\frac{1}{r_n(t)}\right]^{\frac{1}{\gamma}}\Delta t = \int_q^{\infty}\left[\frac{1}{t^{\gamma}}\right]^{\frac{1}{\gamma}}\Delta t = \infty,$$

$$\int_q^{\infty}\frac{1}{r_k(t)}\Delta t = \int_q^{\infty}\frac{1}{t}\Delta t = \infty \quad (k \in \mathbf{N}_{n-1}).$$

若 $s > t \geqslant q$ 且 $s = q^n t$, 则得到以下不等式

$$\int_t^{\sigma(s)}\frac{1}{\tau}\Delta\tau = \int_t^{qt}\frac{1}{\tau}\Delta\tau + \int_{qt}^{q^2 t}\frac{1}{\tau}\Delta\tau + \cdots + \int_{q^n t}^{q^{n+1}t}\frac{1}{\tau}\Delta\tau$$

$$= \frac{qt - t}{t} + \frac{q^2 t - qt}{qt} + \cdots + \frac{q^{n+1}t - q^n t}{q^n t}$$

$$= (n+1)(q-1)$$

$$\leqslant q^{n+1} \leqslant q^n t = s.$$

由引理 4.5 和上述不等式知, 对任意的 $M > 0$, 有

$$\int_q^{\infty}\frac{\Delta u_1}{u_1}\int_{u_1}^{\infty}\frac{\Delta u_2}{u_2}\cdots\int_{u_{n-2}}^{\infty}\frac{\Delta u_{n-1}}{u_{n-1}}\int_{u_{n-1}}^{\infty}\left[\frac{1}{u_n^{\gamma}}\int_{u_n}^{\infty}f(s, M)\Delta s\right]^{\frac{1}{\gamma}}\Delta u_n$$

$$= M^{\frac{2r+1}{\gamma}}\int_q^{\infty}\frac{\Delta u_1}{u_1}\int_{u_1}^{\infty}\frac{\Delta u_2}{u_2}\cdots\int_{u_{n-2}}^{\infty}\frac{\Delta u_{n-1}}{u_{n-1}}\int_{u_{n-1}}^{\infty}\left[\frac{1}{u_n^{\gamma}}\int_{u_n}^{\infty}\left(\frac{-1}{s^{n\gamma+1}}\right)^{\Delta}\Delta s\right]^{\frac{1}{\gamma}}\Delta u_n$$

$$= M^{\frac{2r+1}{\gamma}}\int_q^{\infty}\frac{\Delta u_1}{u_1}\int_{u_1}^{\infty}\frac{\Delta u_2}{u_2}\cdots\int_{u_{n-2}}^{\infty}\frac{\Delta u_{n-1}}{u_{n-1}}\int_{u_{n-1}}^{\infty}\frac{1}{u_n^{n+1+\frac{1}{\gamma}}}\Delta u_n$$

$$= M^{\frac{2r+1}{\gamma}} \int_q^\infty \frac{\Delta u_1}{u_1} \int_{u_1}^\infty \frac{\Delta u_2}{u_2} \cdots \int_{u_{n-3}}^\infty \frac{\Delta u_{n-2}}{u_{n-2}}$$

$$\times \left[\int_{u_{n-2}}^\infty \int_{u_{n-1}}^\infty \frac{1}{u_{n-1}} \frac{1}{u_n^{n+1+\frac{1}{\gamma}}} \Delta u_n \Delta u_{n-1} \right]$$

$$= M^{\frac{2r+1}{\gamma}} \int_q^\infty \frac{\Delta u_1}{u_1} \int_{u_1}^\infty \frac{\Delta u_2}{u_2} \cdots \int_{u_{n-3}}^\infty \frac{\Delta u_{n-2}}{u_{n-2}}$$

$$\times \left[\int_{u_{n-2}}^\infty \frac{1}{u_n^{n+1+\frac{1}{\gamma}}} \int_{u_{n-2}}^{\sigma(u_n)} \frac{1}{u_{n-1}} \Delta u_{n-1} \Delta u_n \right]$$

$$\leqslant M^{\frac{2r+1}{\gamma}} \int_q^\infty \frac{\Delta u_1}{u_1} \int_{u_1}^\infty \frac{\Delta u_2}{u_2} \cdots \int_{u_{n-3}}^\infty \frac{\Delta u_{n-2}}{u_{n-2}} \int_{u_{n-2}}^\infty \frac{1}{u_n^{n+\frac{1}{\gamma}}} \Delta u_n$$

$$= M^{\frac{2r+1}{\gamma}} \int_q^\infty \frac{\Delta u_1}{u_1} \int_{u_1}^\infty \frac{\Delta u_2}{u_2} \cdots \left[\int_{u_{n-3}}^\infty \int_{u_{n-2}}^\infty \frac{1}{u_{n-2}} \frac{1}{u_n^{n+\frac{1}{\gamma}}} \Delta u_n \Delta u_{n-2} \right]$$

$$= M^{\frac{2r+1}{\gamma}} \int_q^\infty \frac{\Delta u_1}{u_1} \int_{u_1}^\infty \frac{\Delta u_2}{u_2} \cdots \left[\int_{u_{n-3}}^\infty \frac{1}{u_n^{n+\frac{1}{\gamma}}} \int_{u_{n-3}}^{\sigma(u_n)} \frac{1}{u_{n-2}} \Delta u_{n-2} \Delta u_n \right]$$

$$\leqslant M^{\frac{2r+1}{\gamma}} \int_q^\infty \frac{\Delta u_1}{u_1} \int_{u_1}^\infty \frac{\Delta u_2}{u_2} \cdots \int_{u_{n-3}}^\infty \frac{1}{u_n^{n-1+\frac{1}{\gamma}}} \Delta u_n$$

$$\leqslant \cdots$$

$$= M^{\frac{2r+1}{\gamma}} \int_q^\infty \frac{\Delta u_1}{u_1} \left[\int_{u_1}^\infty \int_{u_2}^\infty \frac{1}{u_2} \frac{1}{u_n^{4+\frac{1}{\gamma}}} \Delta u_n \Delta u_2 \right]$$

$$= M^{\frac{2r+1}{\gamma}} \int_q^\infty \frac{\Delta u_1}{u_1} \left[\int_{u_1}^\infty \int_{u_1}^{\sigma(u_n)} \frac{1}{u_2} \frac{1}{u_n^{4+\frac{1}{\gamma}}} \Delta u_2 \Delta u_n \right]$$

$$\leqslant M^{\frac{2r+1}{\gamma}} \int_q^\infty \int_{u_1}^\infty \frac{1}{u_1} \frac{1}{u_n^{3+\frac{1}{\gamma}}} \Delta u_n \Delta u_1$$

$$\leqslant M^{\frac{2r+1}{\gamma}} \int_q^\infty \frac{1}{u_n^{1+\frac{1}{\gamma}}} \Delta u_n$$

$$= M^{\frac{2r+1}{\gamma}} \frac{1}{q^{\frac{1}{\gamma}} - 1}$$

$$< \infty.$$

因此条件 (H$_1$) 和 (4.6) 成立. 由定理 4.1—定理 4.3 可知, 方程 (4.9) 有一个非振荡的有界解 $x(t)$ 且 $\liminf\limits_{t \to \infty} |x(t)| > 0$.

4.2 高阶动力方程 $R_{n-1}^{\Delta}(t,x(t)) + u(t)g(x(\delta(t))) = R(t)$ 的 非振荡性准则

在这一节, 我们研究高阶中立型动力方程

$$R_{n-1}^{\Delta}(t,x(t)) + u(t)g(x(\delta(t))) = R(t) \quad (t \in [t_0,\infty)_{\mathbf{T}}) \tag{4.10}$$

的非振荡性准则, 其中

(1) $t_0 \in \mathbf{T}$ 是一个常数且

$$R_i(t,x(t)) = \begin{cases} x(t), & i=0, \\ a_i(t)R_{i-1}^{\Delta}(t,x(t)), & i \in \mathbf{N}_{n-1}. \end{cases}$$

(2) $a_i \in C_{\mathrm{rd}}([t_0,\infty)_{\mathbf{T}}, \mathbf{R}_+)(i \in \mathbf{N}_{n-1})$, $u, R \in C_{\mathrm{rd}}([t_0,\infty)_{\mathbf{T}}, \mathbf{R})$, $g \in C([t_0,\infty)_{\mathbf{T}} \times \mathbf{R}, \mathbf{R})$, $\delta \in C_{\mathrm{rd}}([t_0,\infty)_{\mathbf{T}}, \mathbf{T})$ 是一个满射, 且满足 $\delta(t) \leqslant t$ 和 $\lim\limits_{t\to\infty} \delta(t) = \infty$.

本节还用到下列几个假设:

(H_1) 存在常数 α, $\beta \geqslant 0$ 和 $\gamma \geqslant 0$, 使得 $|g(u)| \leqslant \alpha|u|^{\gamma} + \beta$.

(H_2) $\displaystyle\int_{t_0}^{\infty} \frac{\Delta s_1}{a_1(s_1)} \int_{t_0}^{s_1} \frac{\Delta s_2}{a_2(s_2)} \cdots \int_{t_0}^{s_{n-2}} \frac{\Delta s_{n-1}}{a_{n-1}(s_{n-1})} \int_{t_0}^{s_{n-1}} |R(s_n)|\Delta s_n < \infty.$

(H_3) $\displaystyle\int_{t_0}^{\infty} \frac{\Delta s_1}{a_1(s_1)} \int_{t_0}^{s_1} \frac{\Delta s_2}{a_2(s_2)} \cdots \int_{t_0}^{s_{n-2}} \frac{\Delta s_{n-1}}{a_{n-1}(s_{n-1})} \int_{t_0}^{s_{n-1}} |u(s_n)|\Delta s_n < \infty.$

引理 4.6 设 $H = \{(t,s_1,s_2,\cdots,s_{n-1}): 0 \leqslant s_{n-1} \leqslant s_{n-2} \leqslant \cdots \leqslant s_1 \leqslant t < \infty\}$. 又设 $r \in C_{\mathrm{rd}}([t_0,\infty)_{\mathbf{T}}, \mathbf{R}_0^+)$, $h \in C_{\mathrm{rd}}(H, \mathbf{R}_0^+)$, $p \in C(\mathbf{R}_0^+, \mathbf{R}_0^+)$ 是单调不减的, 且当 $r > 0$ 时, $p(r) > 0$. 若存在一个常数 $c > 0$, 使得

$$r(t) \leqslant c + \int_{t_0}^{t} \Delta s_1 \int_{t_0}^{s_1} \Delta s_2 \int_{t_0}^{s_2} \cdots \int_{t_0}^{s_{n-1}} h(s_1,s_2,\cdots,s_n)p(r(s_n))\Delta s_n, \tag{4.11}$$

则

$$r(t) \leqslant P^{-1}\left(P(c) + \int_{t_0}^{t} \Delta s_1 \int_{t_0}^{s_1} \Delta s_2 \int_{t_0}^{s_2} \cdots \int_{t_0}^{s_{n-1}} h(s_1,s_2,\cdots,s_n)\Delta s_n\right),$$

其中

$$P(w) = \int_{w_0}^{w} \frac{\mathrm{d}s}{p(s)} \quad (w_0,\ w > 0),$$

P^{-1} 是 P 的反函数, 且

$$P(c) + \int_{t_0}^{t} \Delta s_1 \int_{t_0}^{s_1} \Delta s_2 \int_{t_0}^{s_2} \cdots \int_{t_0}^{s_{n-1}} h(s_1,s_2,\cdots,s_n)\Delta s_n \in \mathrm{Dom}(P^{-1}). \tag{4.12}$$

证明 设 $z(t)$ 是不等式 (4.11) 的右边, 则 $z(t_0) = c$, $r(t) \leqslant z(t)$, 且有

$$z^{\Delta}(t) = \int_{t_0}^{t} \Delta s_2 \int_{t_0}^{s_2} \cdots \int_{t_0}^{s_{n-1}} h(t, s_2, \cdots, s_n) p(r(s_n)) \Delta s_n$$

$$\leqslant p(z(t)) \int_{t_0}^{t} \Delta s_2 \int_{t_0}^{s_2} \cdots \int_{t_0}^{s_{n-1}} h(t, s_2, \cdots, s_n) \Delta s_n.$$

因为 $z^{\Delta}(t) \geqslant 0$ 和 p 是单调不减的, 所以

$$\frac{z^{\Delta}(t)}{p(z(t))} \leqslant \int_{t_0}^{t} \Delta s_2 \int_{t_0}^{s_2} \cdots \int_{t_0}^{s_{n-1}} h(t, s_2, \cdots, s_n) \Delta s_n. \tag{4.13}$$

由

$$P^{\Delta}(z(t)) = z^{\Delta}(t) \int_0^1 \frac{\mathrm{d}h}{p[hz(\sigma(t)) + (1-h)z(t)]}$$

$$\leqslant \frac{z^{\Delta}(t)}{p(z(t))},$$

有

$$P(z(t)) \leqslant P(z(t_0)) + \int_{t_0}^{t} \Delta s_1 \int_{t_0}^{s_1} \Delta s_2 \int_{t_0}^{s_2} \cdots \int_{t_0}^{s_{n-1}} h(s_1, s_2, \cdots, s_n) \Delta s_n.$$

又因为 $P(w)$ 是单调递增的, 所以

$$z(t) \leqslant P^{-1} \left(P(c) + \int_{t_0}^{t} \Delta s_1 \int_{t_0}^{s_1} \Delta s_2 \int_{t_0}^{s_2} \cdots \int_{t_0}^{s_{n-1}} h(s_1, s_2, \cdots, s_n) \Delta s_n \right). \quad \Box$$

注记 4.1 在引理 4.6 中, 若取 $p(\nu) = \nu^{\xi}$, $\xi > 1$, 则有

$$P(z(t)) - P(z(t_0)) = \frac{1}{1-\xi} \left[z^{1-\xi}(t) - z^{1-\xi}(t_0) \right].$$

因此

$$\frac{1}{1-\xi} z^{1-\xi}(t) \leqslant \frac{1}{1-\xi} z^{1-\xi}(t_0) + \int_{t_0}^{t} \Delta s_1 \int_{t_0}^{s_1} \Delta s_2 \int_{t_0}^{s_2} \cdots \int_{t_0}^{s_{n-1}} h(s_1, s_2, \cdots, s_n) \Delta s_n,$$

即

$$z^{1-\xi}(t) \geqslant z^{1-\xi}(t_0) + (1-\xi) \int_{t_0}^{t} \Delta s_1 \int_{t_0}^{s_1} \Delta s_2 \int_{t_0}^{s_2} \cdots \int_{t_0}^{s_{n-1}} h(s_1, s_2, \cdots, s_n) \Delta s_n.$$

如果

$$\int_{t_0}^{t} \Delta s_1 \int_{t_0}^{s_1} \Delta s_2 \int_{t_0}^{s_2} \cdots \int_{t_0}^{s_{n-1}} h(s_1, s_2, \cdots, s_n) \Delta s_n < \frac{c^{1-\xi}}{\xi - 1}, \tag{4.14}$$

那么

$$r(t) \leqslant \left\{ c^{1-\xi} - (\xi-1) \int_{t_0}^t \Delta s_1 \int_{t_0}^{s_1} \Delta s_2 \int_{t_0}^{s_2} \cdots \int_{t_0}^{s_{n-1}} h(s_1, s_2, \cdots, s_n) \Delta s_n \right\}^{\frac{-1}{\xi-1}}.$$

定理 4.4　设 (H_1)—(H_3) 成立, 且对某个常数 $k \geqslant 0$, 有

$$\int_{t_0}^\infty \frac{\Delta s_1}{a_1(s_1)} \int_{t_0}^{s_1} \frac{\Delta s_2}{a_2(s_2)} \cdots \int_{t_0}^{s_{n-2}} \frac{\Delta s_{n-1}}{a_{n-1}(s_{n-1})} \int_{t_0}^{s_{n-1}} |u(s_n)| \delta^{k\gamma}(s_n) \Delta s_n < \infty. \quad (4.15)$$

若 $x(t)$ 是方程 (3.1) 的一个振荡解, 使得

$$|x(t)| = O(t^k) \quad (t \to \infty), \quad (4.16)$$

则 $\lim_{t \to \infty} x(t) = 0$.

证明　只需证明

$$\limsup_{t \to \infty} x(t) = 0, \quad \liminf_{t \to \infty} x(t) = 0.$$

设 $\limsup_{t \to \infty} x(t) = L > 0$, 则对任意的 $t_1 \geqslant t_0$, 存在 $t_2 \geqslant t_1$, 使得 $x(t_2) > L/2$. 根据条件 $(H_2), (H_3), (4.15)$ 和 (4.16), 存在 $T_0 \geqslant t_0$ 和 $K > 0$, 使得

$$|x(t)| \leqslant Kt^k \quad (t \geqslant T_0)$$

和

$$\int_{T_0}^\infty \frac{\Delta s_1}{a_1(s_1)} \int_{T_0}^{s_1} \frac{\Delta s_2}{a_2(s_2)} \cdots \int_{T_0}^{s_{n-2}} \frac{\Delta s_{n-1}}{a_{n-1}(s_{n-1})}$$

$$\times \int_{T_0}^{s_{n-1}} \{|R(s_n)| + |u(s_n)|[\alpha K^\gamma \delta^{k\gamma}(s_n) + \beta]\} \Delta s_n < \frac{L}{4}. \quad (4.17)$$

因为 $x(t)$ 是方程 (4.10) 的一个振荡解, 所以每个 $R_i(t, x(t))(i \in \mathbf{N}_{n-1})$ 是振荡的. 取 $T_0 < T_1 \leqslant T_2 \leqslant \cdots \leqslant T_{n-1}$, 使得

$$R_{n-i}(T_i, x(T_i)) R_{n-i}(\sigma(T_i), x(\sigma(T_i))) \leqslant 0 \quad (i \in \mathbf{N}_{n-1}) \quad (4.18)$$

和

$$R_{n-i}(T_i, x(T_i)) \leqslant 0 \quad (i \in \mathbf{N}_{n-1}). \quad (4.19)$$

对方程 (4.10) 从 T_i 到 t $(t > T_{n-1}, i \in \mathbf{N}_{n-1})$ 进行 $n-1$ 次积分, 得到

$$a_1(t)x^\Delta(t)$$

$$= a_1(T_{n-1})x^\Delta(T_{n-1}) + \int_{T_{n-1}}^t \frac{R_2(T_{n-2}, x(T_{n-2}))}{a_2(s_{n-2})} \Delta s_{n-2}$$

$$+ \int_{T_{n-1}}^t \frac{\Delta s_{n-2}}{a_2(s_{n-2})} \int_{T_{n-2}}^{s_{n-2}} \frac{R_3(T_{n-3}, x(T_{n-3}))}{a_3(s_{n-3})} \Delta s_{n-3}$$

$$+ \cdots$$

$$+ \int_{T_{n-1}}^t \frac{\Delta s_{n-2}}{a_2(s_{n-2})} \int_{T_{n-2}}^{s_{n-2}} \frac{\Delta s_{n-3}}{a_3(s_{n-3})} \cdots \int_{T_2}^{s_2} \frac{R_{n-1}(T_1, x(T_1))}{a_{n-1}(s_1)} \Delta s_1$$

$$+ \int_{T_{n-1}}^t \frac{\Delta s_{n-2}}{a_2(s_{n-2})} \int_{T_{n-2}}^{s_{n-2}} \frac{\Delta s_{n-3}}{a_3(s_{n-3})} \cdots \int_{T_1}^{s_1} [R(s) - u(s)g(x(\delta(s)))] \Delta s$$

$$\leqslant \int_{T_{n-1}}^t \frac{\Delta s_{n-2}}{a_2(s_{n-2})} \int_{T_{n-2}}^{s_{n-2}} \frac{\Delta s_{n-3}}{a_3(s_{n-3})} \cdots \int_{T_1}^{s_1} [R(s) - u(s)g(x(\delta(s)))] \Delta s. \quad (4.20)$$

取 $T_n > T_{n-1}$, 使得

$$x(T_n)x(\sigma(T_n)) \leqslant 0 \quad (x(T_n) \leqslant 0).$$

因为 $\limsup\limits_{t\to\infty} x(t) > L/2$, 所以存在 $T_{n+1} \geqslant T_n$, 使得

$$x(T_{n+1}) \geqslant \frac{L}{2}, \quad x(t) > 0 \quad (t \in (T_n, T_{n+1})_{\mathbf{T}}).$$

在 (4.20) 两边同时除以 $a_1(t)$ 后从 T_n 到 T_{n+1} 进行积分, 有

$$\frac{L}{2} \leqslant x(T_{n+1})$$

$$\leqslant \int_{T_n}^{T_{n+1}} \frac{\Delta s_{n-1}}{a_1(s_{n-1})} \int_{T_{n-1}}^{s_{n-1}} \frac{\Delta s_{n-2}}{a_2(s_{n-2})}$$

$$\times \int_{T_{n-2}}^{s_{n-2}} \frac{\Delta s_{n-3}}{a_3(s_{n-3})} \cdots \int_{T_1}^{s_1} [R(s) - u(s)g(x(\delta(s)))] \Delta s. \quad (4.21)$$

根据 (H_1), 有

$$\frac{L}{2}$$

$$\leqslant \int_{T_n}^{T_{n+1}} \frac{\Delta s_{n-1}}{a_1(s_{n-1})} \int_{T_{n-1}}^{s_{n-1}} \frac{\Delta s_{n-2}}{a_2(s_{n-2})} \cdots \int_{T_1}^{s_1} [|R(s)| + |u(s)||g(x(\delta(s)))|] \Delta s$$

$$\leqslant \int_{T_n}^{T_{n+1}} \frac{\Delta s_{n-1}}{a_1(s_{n-1})} \int_{T_{n-1}}^{s_{n-1}} \frac{\Delta s_{n-2}}{a_2(s_{n-2})} \cdots \int_{T_1}^{s_1} \{|R(s)| + |u(s)|[\alpha|x(\delta(s))|^\gamma + \beta]\} \Delta s$$

$$\leqslant \int_{T_n}^{T_{n+1}} \frac{\Delta s_{n-1}}{a_1(s_{n-1})} \int_{T_{n-1}}^{s_{n-1}} \frac{\Delta s_{n-2}}{a_2(s_{n-2})} \cdots \int_{T_1}^{s_1} \{|R(s)| + |u(s)|[\alpha K^\gamma \delta^{k\gamma}(s) + \beta]\} \Delta s.$$

这与 (4.11) 矛盾.

同理, 我们可以证明 $\liminf\limits_{t\to\infty} x(t) = 0$.   □

定理 4.5   设 (H_1)—(H_3) 成立, 且 $\gamma \geqslant 1$, 则 (4.10) 的每个振荡解是有界的.

证明   假设 $x(t)$ 是方程 (4.10) 的一个振荡解.

若 $\gamma > 1$, 则根据条件 (H_2) 和 (H_3), 存在 $T^* \geqslant t_0$ 和一个常数 $d > 0$, 使得

$$\int_{T^*}^{\infty} \frac{\Delta s_1}{a_1(s_1)} \int_{T^*}^{s_1} \frac{\Delta s_2}{a_2(s_2)} \cdots \int_{T^*}^{s_{n-2}} \frac{\Delta s_{n-1}}{a_{n-1}(s_{n-1})} \int_{T^*}^{s_{n-1}} [|R(s_n)| + \beta|u(s_n)|] \Delta s_n < d \tag{4.22}$$

和

$$\int_{T^*}^{\infty} \frac{\Delta s_1}{a_1(s_1)} \int_{T^*}^{s_1} \frac{\Delta s_2}{a_2(s_2)} \cdots \int_{T^*}^{s_{n-2}} \frac{\Delta s_{n-1}}{a_{n-1}(s_{n-1})} \int_{T^*}^{s_{n-1}} \alpha|u(s_n)| \Delta s_n$$
$$< \frac{d^{1-\gamma}}{2(\gamma - 1)}. \tag{4.23}$$

现在我们证明: 当 $x(t) > 0$ 时, $x(t)$ 是有上界的. 取 $T^* < T_1 \leqslant T_2 \leqslant \cdots \leqslant T_{n-1} \leqslant T_n$, 使得 (4.18)—(4.20) 成立, 且对 $t \geqslant T_n$, $\delta(t) > T_{n-1}$ 及

$$x(\delta(T_n))x(\delta(\sigma(T_n))) \leqslant 0, \quad x(\delta(T_n)) \leqslant 0.$$

根据定理 4.4 的证明和 (4.11), 有

$$x(\delta(t))$$
$$\leqslant \int_{T_1}^{\delta(t)} \frac{\Delta s_1}{a_1(s_1)} \int_{T_1}^{s_1} \frac{\Delta s_2}{a_2(s_2)} \cdots \int_{T_1}^{s_{n-2}} \frac{\Delta s_{n-1}}{a_{n-1}(s_{n-1})}$$
$$\times \int_{T_1}^{s_{n-1}} \{|R(s_n)| + |u(s_n)|[\alpha|x(\delta(s_n))|^{\gamma} + \beta]\} \Delta s_n$$
$$= \int_{T_1}^{\delta(t)} \frac{\Delta s_1}{a_1(s_1)} \int_{T_1}^{s_1} \frac{\Delta s_2}{a_2(s_2)} \cdots \int_{T_1}^{s_{n-2}} \frac{\Delta s_{n-1}}{a_{n-1}(s_{n-1})} \int_{T_1}^{s_{n-1}} [|R(s_n)| + \beta|u(s_n)|] \Delta s_n$$
$$+ \int_{T_1}^{\delta(t)} \frac{\Delta s_1}{a_1(s_1)} \int_{T_1}^{s_1} \frac{\Delta s_2}{a_2(s_2)} \cdots \int_{T_1}^{s_{n-2}} \frac{\Delta s_{n-1}}{a_{n-1}(s_{n-1})} \int_{T_1}^{s_{n-1}} |u(s_n)|\alpha|x(\delta(s_n))|^{\gamma} \Delta s_n$$
$$\leqslant d + \int_{T_1}^{\delta(t)} \frac{\Delta s_1}{a_1(s_1)} \int_{T_1}^{s_1} \frac{\Delta s_2}{a_2(s_2)} \cdots \int_{T_1}^{s_{n-2}} \frac{\Delta s_{n-1}}{a_{n-1}(s_{n-1})}$$
$$\times \int_{T_1}^{s_{n-1}} |u(s_n)|\alpha|x(\delta(s_n))|^{\gamma} \Delta s_n. \tag{4.24}$$

应用引理 4.6, 取 $c = d$, $\xi = \gamma$, $p(s) = s^{\gamma}$ 和

$$h(s_1, s_2, \cdots, s_n) = \frac{\alpha|u(s_n)|}{a_1(s_1)a_2(s_2) \cdots a_{n-1}(s_{n-1})}.$$

根据条件 (4.23), 有

$$
d^{1-\gamma} - (\gamma-1)\alpha \int_{T_1}^{\delta(t)} \frac{\Delta s_1}{a_1(s_1)} \int_{T_1}^{s_1} \frac{\Delta s_2}{a_2(s_2)} \cdots \int_{T_1}^{s_{n-2}} \frac{\Delta s_{n-1}}{a_{n-1}(s_{n-1})} \int_{T_1}^{s_{n-1}} |u(s_n)|\Delta s_n
$$
$$
> d^{1-\gamma} - (\gamma-1)\frac{d^{1-\gamma}}{2(\gamma-1)}
$$
$$
= \frac{d^{1-\gamma}}{2} > 0.
$$

因此 (4.14) 成立. 由引理 4.6 得

$$
x(\delta(t)) \leqslant \left\{ d^{1-\gamma} - (\gamma-1)\alpha \int_{T_1}^{\delta(t)} \frac{\Delta s_1}{a_1(s_1)} \int_{T_1}^{s_1} \frac{\Delta s_2}{a_2(s_2)} \cdots \right.
$$
$$
\left. \times \int_{T_1}^{s_{n-2}} \frac{\Delta s_{n-1}}{a_{n-1}(s_{n-1})} \int_{T_1}^{s_{n-1}} |u(s_n)|\Delta s_n \right\}^{\frac{-1}{\gamma-1}}
$$
$$
\leqslant \frac{2^{\frac{1}{\gamma-1}}}{d},
$$

从而 $x(\delta(t))$ 是有界的. 同理可证, 当 $x(t) < 0$ 时, $x(t)$ 是有下界的.

若 $\gamma = 1$, 则取 $\hat{T} \geqslant t_0$, 使得 (4.22) 成立. 用 $\hat{T}$ 替换 T^* 得

$$
\int_{\hat{T}}^{\infty} \frac{\Delta s_1}{a_1(s_1)} \int_{\hat{T}}^{s_1} \frac{\Delta s_2}{a_2(s_2)} \cdots \int_{\hat{T}}^{s_{n-2}} \frac{\Delta s_{n-1}}{a_{n-1}(s_{n-1})} \int_{\hat{T}}^{s_{n-1}} \alpha|u(s_n)|\Delta s_n < \frac{1}{\alpha+1}.
$$

取 $T^* < T_1^{'} \leqslant T_2^{'} \leqslant \cdots \leqslant T_{n-1}^{'} \leqslant T_n^{'}$, 使得当 $i \in \mathbf{N}_n$ 时,

$$
R_{n-i}(T_i^{'}, x(T_i^{'}))R_{n-i}(\sigma(T_i^{'}), x(\sigma(T_i^{'}))) \leqslant 0, \quad R_{n-i}(T_i^{'}, x(T_i^{'})) \geqslant 0
$$

且当 $t \geqslant T_n^{'}$ 时, $\delta(t) > T_{n-1}^{'}$. 根据定理 4.4 的证明和 (4.22), 有

$$
x(\delta(t)) \geqslant -d - \int_{T_1^{'}}^{\delta(t)} \frac{\Delta s_1}{a_1(s_1)} \int_{T_1^{'}}^{s_1} \frac{\Delta s_2}{a_2(s_2)} \cdots \int_{T_1^{'}}^{s_{n-2}} \frac{\Delta s_{n-1}}{a_{n-1}(s_{n-1})}
$$
$$
\times \int_{T_1^{'}}^{s_{n-1}} |u(s_n)|\alpha|x(\delta(s_n))|\Delta s_n.
$$

结合 (4.24) 可得

$$
|x(\delta(t))| \leqslant d + \int_{L}^{\delta(t)} \frac{\Delta s_1}{a_1(s_1)} \int_{L}^{s_1} \frac{\Delta s_2}{a_2(s_2)} \cdots \int_{L}^{s_{n-2}} \frac{\Delta s_{n-1}}{a_{n-1}(s_{n-1})}
$$
$$
\times \int_{L}^{s_{n-1}} |u(s_n)|\alpha|x(\delta(s_n))|\Delta s_n, \tag{4.25}
$$

其中 $L = \min\{T_1, T_1'\}$. 记 $z(t)$ 为 (4.25) 的右边, 有

$$|x(\delta(t))| \leqslant z(t), \quad z(\delta(t)) \leqslant z(t)$$

和

$$
\begin{aligned}
z(t) = {} & d + \int_L^{\delta(t)} \frac{\Delta s_1}{a_1(s_1)} \int_L^{s_1} \frac{\Delta s_2}{a_2(s_2)} \cdots \int_L^{s_{n-2}} \frac{\Delta s_{n-1}}{a_{n-1}(s_{n-1})} \\
& \times \int_L^{s_{n-1}} |u(s_n)| \alpha |x(\delta(s_n))| \Delta s_n \\
\leqslant {} & d + \int_L^{\delta(t)} \frac{\Delta s_1}{a_1(s_1)} \int_L^{s_1} \frac{\Delta s_2}{a_2(s_2)} \cdots \int_L^{s_{n-2}} \frac{\Delta s_{n-1}}{a_{n-1}(s_{n-1})} \int_L^{s_{n-1}} |u(s_n)| \alpha z(s_n) \Delta s_n \\
\leqslant {} & d + z(t) \int_L^{\delta(t)} \frac{\Delta s_1}{a_1(s_1)} \int_L^{s_1} \frac{\Delta s_2}{a_2(s_2)} \cdots \int_L^{s_{n-2}} \frac{\Delta s_{n-1}}{a_{n-1}(s_{n-1})} \int_L^{s_{n-1}} |u(s_n)| \alpha \Delta s_n \\
\leqslant {} & d + \frac{\alpha}{1+\alpha} z(t),
\end{aligned}
$$

即 $|x(\delta(t))| \leqslant d(\alpha + 1)$. $\quad\square$

根据定理 4.5 的证明, 可以得到下面的定理.

定理 4.6　设 (H_1)—(H_3) 成立, 且 $\gamma \geqslant 1$. 若 (4.11) 成立, 则方程 (4.10) 的每个振荡解收敛于 0 $(t \to \infty)$.

定理 4.7　设 (H_1)—(H_3) 成立, 且 $0 < \gamma < 1$. 若 (4.11) 成立, 则方程 (4.10) 的每个振荡解是有界的且收敛于 0 $(t \to \infty)$.

证明　在引理 4.6 中, 取 $p(\nu) = \nu^\xi, 0 < \xi < 1$, 有

$$P(z(t)) - P(z(t_0)) = \frac{1}{1-\xi}\left[z^{1-\xi}(t) - z^{1-\xi}(t_0)\right].$$

因此

$$
\begin{aligned}
\frac{1}{1-\xi} z^{1-\xi}(t) \leqslant {} & \frac{1}{1-\xi} z^{1-\xi}(t_0) + \int_{t_0}^t \Delta s_1 \int_{t_0}^{s_1} \Delta s_2 \int_{t_0}^{s_2} \cdots \\
& \times \int_{t_0}^{s_{n-1}} h(s_1, s_2, \cdots, s_n) \Delta s_n,
\end{aligned}
$$

即

$$z(t) \leqslant \left[z^{1-\xi}(t_0) + (1-\xi)\int_{t_0}^t \Delta s_1 \int_{t_0}^{s_1} \Delta s_2 \int_{t_0}^{s_2} \cdots \int_{t_0}^{s_{n-1}} h(s_1, s_2, \cdots, s_n) \Delta s_n\right]^{\frac{1}{1-\xi}}.$$

从而有

$$r(t) \leqslant \left[z^{1-\xi}(t_0) + (1-\xi)\int_{t_0}^t \Delta s_1 \int_{t_0}^{s_1} \Delta s_2 \int_{t_0}^{s_2} \cdots \int_{t_0}^{s_{n-1}} h(s_1, s_2, \cdots, s_n) \Delta s_n\right]^{\frac{1}{1-\xi}}.$$

接下来的证明与定理 4.5 相似, 故有

$$x(\delta(t)) \leqslant \left[d^{1-\gamma} + (1-\gamma)\alpha \int_{t_0}^{\delta(t)} \frac{\Delta s_1}{a_1(s_1)} \right.$$
$$\left. \times \int_{t_0}^{s_1} \frac{\Delta s_2}{a_2(s_2)} \cdots \int_{t_0}^{s_{n-2}} \frac{\Delta s_{n-1}}{a_{n-1}(s_{n-1})} \int_{t_0}^{s_{n-1}} |u(s_n)| \Delta s_n \right]^{\frac{1}{1-\gamma}}.$$

因此方程 (4.10) 的每个振荡解都是有界的, 并且由定理 4.4 知, 当 $t \to \infty$ 时, $x(t)$ 收敛于 0. □

定理 4.8 设 (H_1)—(H_3) 成立, 且 $g(0) = 0$. 若存在 $N > 0$, 使得对足够大的 T, 有

$$\liminf_{t \to \infty} \int_T^t [R(s) - N|u(s)|] \Delta s > 0 \tag{4.26}$$

或者

$$\limsup_{t \to \infty} \int_T^t [R(s) + N|u(s)|] \Delta s < 0, \tag{4.27}$$

则方程 (4.10) 的每个解都是非振荡的.

证明 用反证法. 假设 $x(t)$ 是方程 (4.10) 的一个振荡解, 则 $R_{n-2}(t, x(t))$ 也是振荡的. 由定理 4.6 和定理 4.7 知

$$\lim_{t \to \infty} x(t) = 0.$$

因此, 存在 $T_0 \geqslant t_0$, 使得当 $t \geqslant T_0$ 时, 有 $|g(x(\delta(t)))| \leqslant N$. 由 (4.10) 有

$$R(t) - N|u(t)| \leqslant R_{n-1}^\Delta(t, x(t)) \leqslant R(t) + N|u(t)|. \tag{4.28}$$

若 (4.26) 成立, 则可以取 $T \geqslant T_0$, 使得当 $\delta(t) \geqslant T_0(t \geqslant T)$ 时, 有

$$R_{n-1}(T, x(T))R_{n-1}(\sigma(T), x(\sigma(T))) \leqslant 0, \quad R_{n-1}(T, x(T)) \geqslant 0, \tag{4.29}$$

对 (4.28) 左边不等式从 T 到 t 积分可得

$$R_{n-1}(T, x(T)) + \int_T^t [R(s) - N|u(s)|] \Delta s \leqslant R_{n-1}(t, x(t)).$$

这说明 $R_{n-1}(t, x(t))$ 是非振荡的, 矛盾.

若 (4.27) 成立, 则可以取 T, 使得 (4.29) 第二个不等式是相反的. 对 (4.28) 右边不等式从 T 到 t 积分可得

$$R_{n-1}(T, x(T)) + \int_T^t [R(s) + N|u(s)|] \Delta s \geqslant R_{n-1}(t, x(t)).$$

这说明 $R_{n-1}(t, x(t))$ 是非振荡的, 矛盾. □

例子 4.2　设 $\mathbf{T} = \{q^n : n \in \mathbf{Z}\} \cup \{0\}$ 且 $q > 1$. 考虑高阶动力方程

$$R_{n-1}^{\Delta}(t, x(t)) + \frac{1}{t^{1+k\gamma+\frac{1}{\gamma}}} \left| x\left(\frac{t}{q}\right) \right|^{\gamma} \mathrm{sgn}\left(x\left(\frac{t}{q}\right) \right) = \frac{1}{t^{1+\frac{1}{\gamma}}}, \tag{4.30}$$

其中 $t \in [q, \infty)_{\mathbf{T}}$, $\gamma > 0$, $k \geqslant 0$, 且

$$a_1(t) = t^{2+\frac{1}{\gamma}}, \quad a_i(t) = t \quad (2 \leqslant i \leqslant n-1),$$

$$u(t) = \frac{1}{t^{1+k\gamma+\frac{1}{\gamma}}},$$

$$\delta(t) = \frac{t}{q},$$

$$R(t) = \frac{1}{t^{1+\frac{1}{\gamma}}},$$

$$g(u) = |u|^{\gamma}\mathrm{sgn}(u).$$

易证 $R(t)$, $u(t)$ 满足条件 (4.28). 若 $s = q^n t > t \geqslant q$, 则

$$\int_t^s \frac{1}{\tau}\Delta\tau = \int_t^{qt} \frac{1}{\tau}\Delta\tau + \int_{qt}^{q^2 t} \frac{1}{\tau}\Delta\tau + \cdots + \int_{q^{n-1}t}^{q^n t} \frac{1}{\tau}\Delta\tau$$

$$= \frac{qt - t}{t} + \frac{q^2 t - qt}{qt} + \cdots + \frac{q^n t - q^{n-1}t}{q^{n-1}t}$$

$$= n(q-1) \leqslant q^{n+1}$$

$$\leqslant q^n t = s.$$

应用引理 4.5 和上述不等式, 有

$$\int_q^{\infty} \frac{\Delta s_1}{a_1(s_1)} \int_q^{s_1} \frac{\Delta s_2}{a_2(s_2)} \cdots \int_q^{s_{n-2}} \frac{\Delta s_{n-1}}{a_{n-1}(s_{n-1})} \int_q^{s_{n-1}} |u(s_n)|\Delta s_n$$

$$\leqslant \int_q^{\infty} \frac{\Delta s_1}{a_1(s_1)} \int_q^{s_1} \frac{\Delta s_2}{a_2(s_2)} \cdots \int_q^{s_{n-2}} \frac{\Delta s_{n-1}}{a_{n-1}(s_{n-1})} \int_q^{s_{n-1}} |R(s_n)|\Delta s_n$$

$$= \int_q^{\infty} \frac{\Delta s_1}{s_1^{2+\frac{1}{\gamma}}} \int_q^{s_1} \frac{\Delta s_2}{s_2} \cdots \int_q^{s_{n-2}} \frac{\Delta s_{n-1}}{s_{n-1}} \int_q^{s_{n-1}} \frac{1}{s_n^{1+\frac{1}{\gamma}}}\Delta s_n$$

$$= \int_q^{\infty} \frac{\Delta s_1}{s_1^{2+\frac{1}{\gamma}}} \int_q^{s_1} \frac{\Delta s_2}{s_2} \cdots \left[\int_q^{s_{n-2}} \Delta s_{n-1} \int_q^{s_{n-1}} \frac{1}{s_{n-1}} \frac{1}{s_n^{1+\frac{1}{\gamma}}}\Delta s_n \right]$$

$$\leqslant \int_q^\infty \frac{\Delta s_1}{s_1^{2+\frac{1}{\gamma}}} \int_q^{s_1} \frac{\Delta s_2}{s_2} \cdots \left[\int_q^{s_{n-2}} \Delta s_{n-1} \int_q^{\sigma(s_{n-1})} \frac{1}{s_{n-1}} \frac{1}{s_n^{1+\frac{1}{\gamma}}} \Delta s_n \right]$$

$$= \int_q^\infty \frac{\Delta s_1}{s_1^{2+\frac{1}{\gamma}}} \int_q^{s_1} \frac{\Delta s_2}{s_2} \cdots \left[\int_q^{s_{n-2}} \frac{\Delta s_n}{s_n^{1+\frac{1}{\gamma}}} \int_{s_n}^{s_{n-2}} \frac{1}{s_{n-1}} \Delta s_{n-1} \right]$$

$$\leqslant \int_q^\infty \frac{\Delta s_1}{s_1^{2+\frac{1}{\gamma}}} \int_q^{s_1} \frac{\Delta s_2}{s_2} \cdots \int_q^{s_{n-3}} \frac{\Delta s_{n-2}}{s_{n-2}} \int_q^{s_{n-2}} \frac{s_{n-2}}{s_n^{1+\frac{1}{\gamma}}} \Delta s_n$$

$$= \int_q^\infty \frac{\Delta s_1}{s_1^{2+\frac{1}{\gamma}}} \int_q^{s_1} \frac{\Delta s_2}{s_2} \cdots \left[\int_q^{s_{n-3}} \Delta s_n \int_{s_n}^{s_{n-3}} \frac{1}{s_n^{1+\frac{1}{\gamma}}} \Delta s_{n-2} \right]$$

$$\leqslant \int_q^\infty \frac{\Delta s_1}{s_1^{2+\frac{1}{\gamma}}} \int_q^{s_1} \frac{\Delta s_2}{s_2} \cdots \int_q^{s_{n-3}} \frac{s_{n-3}}{s_n^{1+\frac{1}{\gamma}}} \Delta s_n$$

$$\leqslant \cdots$$

$$\leqslant \int_q^\infty \frac{\Delta s_1}{s_1^{2+\frac{1}{\gamma}}} \int_q^{s_1} \frac{s_1}{s_n^{1+\frac{1}{\gamma}}} \Delta s_n$$

$$\leqslant \int_q^\infty \frac{\Delta s_1}{s_1^{1+\frac{1}{\gamma}}} \int_q^{\sigma(s_1)} \frac{1}{s_n^{1+\frac{1}{\gamma}}} \Delta s_n$$

$$= \int_q^\infty \frac{\Delta s_n}{s_n^{1+\frac{1}{\gamma}}} \int_{s_n}^\infty \frac{1}{s_1^{1+\frac{1}{\gamma}}} \Delta s_1$$

$$\leqslant \int_q^\infty \frac{\Delta s_n}{s_n^{1+\frac{1}{\gamma}}} \int_q^\infty \frac{1}{s_1^{1+\frac{1}{\gamma}}} \Delta s_1$$

$$= \left(\frac{1}{q^{\frac{1}{\gamma}} - 1} \right)^2 < \infty.$$

因此, 条件 (H_1)—(H_3) 和 (4.10) 成立, 由定理 4.8 知方程 (4.30) 的每个解 $x(t)$ 是非振荡的.

4.3 时标上中性动力方程系统的非振荡解

在这一节, 我们研究时标上中性动力方程系统

$$[x_1(t) - a(t)x_1(g(t))]^\Delta = p_1(t)x_2(t),$$
$$x_i^\Delta(t) = p_i(t)x_{i+1}(t) \quad (2 \leqslant i \leqslant n-1), \tag{4.31}$$
$$x_n^\Delta(t) = \iota p_n(t)f(x_1(h(t)))$$

的非振荡解, 其中 $n \geqslant 3$, $|\iota| = 1$, $a : \mathbf{T} \to \mathbf{R}_+$ 是连续的. 本节还假定下面条件成立:

(1) $g : \mathbf{T} \to \mathbf{T}$ 是连续递增的, $\lim\limits_{t\to\infty} g(t) = \infty$ 且 $[t_0, \infty)_{\mathbf{T}} \subset g(\mathbf{T})$ (对某个 $t_0 \in \mathbf{T}$).

(2) $p_i : \ \mathbf{T} \to \mathbf{R}_0^+ \ (i \in \mathbf{N}_n)$ 是连续递增的, $p_n \neq 0$, 且对任意 $t \in \mathbf{T}$, $\int_t^\infty p_k(\tau)\Delta\tau = \infty \ (k \in \mathbf{N}_{n-1})$.

(3) $h : \mathbf{T} \to \mathbf{R}$ 是连续递增的且 $\lim\limits_{t\to\infty} h(t) = \infty$.

(4) $f : \mathbf{R} \to \mathbf{R}$ 是连续的且对任意 $u \neq 0$, $f(u)/u \geqslant K$, 其中 K 是个正常数. 记

$$\varsigma(t) = x_1(t) - a(t)x_1(g(t)).$$

引理 4.7　设 $x(t)$ 是系统 (4.31) 在 $[t_0, \infty)_{\mathbf{T}}$ 上满足 $x_1 \neq 0$ 的解, 则存在 $T \in [t_0, \infty)_{\mathbf{T}}$, 使得在 $[T, \infty)_{\mathbf{T}}$ 上, $x(t)$ 是非振荡的且 $\varsigma(t), x_2(t), \cdots, x_n(t)$ 均为单调函数.

证明　因为在 $[t_0, \infty)_{\mathbf{T}}$ 上 $x_1 \neq 0$, 根据条件 (1) 和 (2) 可得, 存在 $T_1 \in [t_0, \infty)_{\mathbf{T}}$, 使得 $x_n^\Delta(t)$ 在 $[T_1, \infty)_{\mathbf{T}}$ 上不变号且不恒等于零, 从而 $x_n(t)$ 是单调函数且对某个 $T_2 \in [T_1, \infty)_{\mathbf{T}}$, 在 $[T_2, \infty)_{\mathbf{T}}$ 上 $x_n \neq 0$. 继续上述步骤, 引理可证. □

引理 4.8　假设 (1) 成立, 且对任意 $t \in [t_0, \infty)_{\mathbf{T}}$, $g(t) > t$. 设 $y(t)$ 是函数不等式

$$y(t)[y(t) - a(t)y(g(t))] > 0 \quad (t \in [t_0, \infty)_{\mathbf{T}})$$

的非振荡解, 其中 $a : \mathbf{T} \to [0, \infty)$ 是连续函数.

(1) 若对任意 $t \in [t_0, \infty)_{\mathbf{T}}$, $1 \leqslant a(t)$, 则 $y(t)$ 在 $[t_0, \infty)_{\mathbf{T}}$ 上有界.

(2) 若存在 $\lambda > 1$, 使得对任意 $t \in [t_0, \infty)_{\mathbf{T}}$, $\lambda \leqslant a(t)$, 则 $\lim\limits_{t\to\infty} y(t) = 0$.

证明　首先我们断言: 对任意 $t \in [t_0, \infty)_{\mathbf{T}}$, 存在 $\tau \in [g^{-1}(t), t_0)_{\mathbf{T}}$ 及 $n_t \in \mathbf{N}$, 使得 $t = g^{n_t}(\tau)$. 事实上, 若非如此, 则存在 $T \in [t_0, \infty)_{\mathbf{T}}$, 使得对任意 $n \in \mathbf{N}$,

$$g^{-n}(T) \notin [g^{-1}(t_0), t_0)_{\mathbf{T}}.$$

此时有如下两种情形.

情形 1　对任意 $n \in \mathbf{N}$, $g^{-n}(T) \in [t_0, T)_{\mathbf{T}}$, 则存在 $b \in [t_0, T)_{\mathbf{T}}$, 使得

$$\lim\limits_{n\to\infty} g^{-n}(T) = b,$$

这蕴含着 $g(b) = b$, 矛盾.

情形 2　存在 $n \in \mathbf{N}$, 使得

$$g^{-(n+1)}(T) < g^{-1}(t_0) < t_0 < g^{-n}(T),$$

则由 g 的单调性可得

$$g^{-n}(T) = g(g^{-(n+1)}(T)) \leqslant g(g^{-1}(t_0)) = t_0,$$

矛盾.

不失一般性, 假设 $y(t)$ 是函数不等式

$$y(t)[y(t) - a(t)y(g(t))] > 0$$

在 $[t_0, \infty)_{\mathbf{T}}$ 上的正解, 则对任意 $t \in [t_0, \infty)_{\mathbf{T}}$, $y(t) > a(t)y(g(t))$.

若对任意 $t \in [t_0, \infty)_{\mathbf{T}}$, $1 \leqslant a(t)$, 则对任意 $t \in [t_0, T)_{\mathbf{T}}$ 和 $n \in \mathbf{N}$,

$$y(t) > y(g(t)) \geqslant y(g^n(t)).$$

根据上述断言, 对任意 $t \in [t_0, \infty)_{\mathbf{T}}$, 可设 $t = g^{n_t}(\tau_t)$, 其中 $\tau_t \in [g^{-1}(t_0), t_0)_{\mathbf{T}}$, $n_t \in \mathbf{N}$, 则

$$y(t) = y(g^{n_t}(\tau_t)) \leqslant y(g(\tau_t))$$
$$\leqslant M := \max\{y(s) \mid s \in [g^{-1}(t_0), t_0)_{\mathbf{T}}\}.$$

因此, $y(t)$ 在 $[t_0, \infty)_{\mathbf{T}}$ 上有界.

若对任意 $t \in [t_0, \infty)_{\mathbf{T}}$, $1 < \lambda \leqslant a(t)$, 则对任意 $t \in [t_0, \infty)_{\mathbf{T}}$ 和 $n \in \mathbf{N}$,

$$y(t) > \lambda y(g(t)) \geqslant \lambda^n y(g^n(t)).$$

根据上述断言, 对任意 $t \in [t_0, \infty)_{\mathbf{T}}$, 可设 $t = g^{n_t}(\tau_t)$, 其中 $\tau_t \in [g^{-1}(t_0), t_0)_{\mathbf{T}}$, $n_t \in \mathbf{N}$, 则

$$0 < y(t) \leqslant \frac{1}{\lambda^n} y(\tau_t) \leqslant \frac{1}{\lambda^n} M,$$

从而 $\lim\limits_{t \to \infty} y(t) = 0$. $\square$

类似于引理 4.8, 可以得到如下引理.

引理 4.9 假设 (1) 成立, 且对任意 $t \in [t_0, \infty)_{\mathbf{T}}$, $g(t) < t$. 设 $y(t)$ 是函数不等式

$$y(t)[y(t) - a(t)y(g(t))] < 0 \quad (t \in [t_0, \infty)_{\mathbf{T}})$$

的非振荡解, 其中 $a : \mathbf{T} \to [0, \infty)$ 是连续函数.

(1) 若对任意 $t \in [t_0, \infty)_{\mathbf{T}}$, $0 < a(t) \leqslant 1$, 则 $y(t)$ 在 $[t_0, \infty)_{\mathbf{T}}$ 上有界.

(2) 若存在 $0 < \lambda < 1$, 使得对任意 $t \in [t_0, \infty)_{\mathbf{T}}$, $0 < a(t) \leqslant \lambda$, 则 $\lim\limits_{t \to \infty} y(t) = 0$.

引理 4.10 假设 $q : \mathbf{T} \to \mathbf{R}_+$ 和 $\delta : \mathbf{T} \to \mathbf{T}$ 均为连续函数, 且对任意 $t \in \mathbf{T}$, $\delta(t) > \sigma(t)$. 如果

$$\liminf_{t \to \infty} \int_{\sigma(t)}^{\delta(t)} q(s) \Delta s > \frac{1}{e},$$

那么如下两个结论成立:

(i) 函数不等式

$$x^\Delta(t) - q(t)x(\delta(t)) \geqslant 0 \quad (t \in \mathbf{T}) \tag{4.32}$$

没有终于正解.

(ii) 函数不等式

$$x^\Delta(t) - q(t)x(\delta(t)) \leqslant 0 \quad (t \in \mathbf{T})$$

没有终于负解.

证明　我们只证明 (i), (ii) 的证明类似. 假设函数不等式 (4.32) 具有终于正解 $x(t)$. 不失一般性, 假设对任意 $t \in \mathbf{T}$, $x(t) > 0$. 由不等式 (4.32) 可得, 对任意 $t \in \mathbf{T}$, $x^\Delta(t) \geqslant 0$, 因而 $x(t)$ 在 $\mathbf{T}$ 上是非递减的.

设 $X : \mathbf{R} \to \mathbf{R}$ 为函数 x 的线性扩张, 则函数 $X : \mathbf{R} \to \mathbf{R}$ 是连续的, 函数 $X : \mathbf{T} \to \mathbf{R}$ 是 Δ-可微的, 且在 $\mathbf{T}^\kappa$ 上有 $X^\Delta \equiv x^\Delta$. 由文献 [3, 定理 1.87] 可知, 对任意 $t \in \mathbf{T}^\kappa$, 存在 $\xi_t \in [t, \sigma(t)]$, 使得

$$[\ln x(t)]^\Delta = \frac{x^\Delta(t)}{X(\xi_t)}.$$

因为对任意 $t \in \mathbf{T}^\kappa$, $\delta(t) > \sigma(t) \geqslant \xi_t \geqslant t$, 所以对任意 $t \in \mathbf{T}^\kappa$,

$$x(\delta(t)) \geqslant x(\sigma(t)) \geqslant X(\xi_t) \geqslant x(t) > 0.$$

因此

$$[\ln x(t)]^\Delta \geqslant \frac{x^\Delta(t)}{x(\sigma(t))} \geqslant \frac{x^\Delta(t)}{x(\delta(t))} \quad (t \in \mathbf{T}^\kappa). \tag{4.33}$$

由 (4.32) 可得

$$[\ln x(t)]^\Delta \geqslant q(t) \quad (t \in \mathbf{T}^\kappa).$$

将上式在 $\mathbf{T}$ 上从 $\sigma(t)$ 到 $\delta(t)$ 积分可得, 对任意 $t \in \mathbf{T}^\kappa$,

$$x(\delta(t)) \geqslant x(\sigma(t)) \exp\left[\int_{\sigma(t)}^{\delta(t)} q(s)\Delta s\right].$$

由引理假设, 存在 $t_1 \in \mathbf{T}$ 及正常数 c, 使得对任意 $t \in [t_1, \infty)_{\mathbf{T}}$,

$$\int_{\sigma(t)}^{\delta(t)} q(s)\Delta s \geqslant c > \frac{1}{e}.$$

所以对任意 $t \in [t_1, \infty)_{\mathbf{T}}$,

$$x(\delta(t)) \geqslant e^c x(\sigma(t)) \geqslant ec \cdot x(\sigma(t)),$$

其中最后一个不等式利用了不等式 $e^y \geqslant ey$ $(y \in \mathbf{R})$. 由 (4.32) 及 (4.33) 可得

$$[\ln x(t)]^{\Delta} \geqslant ec \cdot q(t) \quad (t \in [t_1, \infty)_{\mathbf{T}}).$$

将上式在 $\mathbf{T}$ 上从 $\sigma(t)$ 到 $\delta(t)$ 积分可得, 对任意 $t \in [t_1, \infty)_{\mathbf{T}}$,

$$\begin{aligned} x(\delta(t)) &\geqslant x(\sigma(t)) \exp \left[\int_{\sigma(t)}^{\delta(t)} ec \cdot q(s) \Delta s \right] \\ &\geqslant e^{ec^2} x(\sigma(t)) \\ &\geqslant (ec)^2 \cdot x(\sigma(t)). \end{aligned}$$

类似上述过程, 归纳可证, 对任意自然数 $n \in \mathbf{N}$,

$$x(\delta(t)) \geqslant (ec)^n(x(\sigma(t))) \quad (t \in [t_1, \infty)_{\mathbf{T}}).$$

因为 $ec > 1$, 所以对任意 $t \in [t_1, \infty)_{\mathbf{T}}$, $x(\delta(t)) = \infty$, 矛盾. 引理 4.10 得证. $\square$

设 $x(t)$ 为系统 (4.31) 的非振荡解, 根据引理 4.7, $\varsigma(t)$ 终于常符号. 因此, 对充分大的 $t \in \mathbf{T}$,

$$x_1(t)\varsigma(t) > 0$$

或者

$$x_1(t)\varsigma(t) < 0.$$

引理 4.11 设 $x(t)$ 为系统 (4.31) 的非振荡解, 且对任意 $t \in [t_0, \infty)_{\mathbf{T}}$, $x_1(t)\varsigma(t) > 0$, 则存在 $t_1 \in [t_0, \infty)_{\mathbf{T}}$ 及 $l \in \mathbf{N}_n$, 满足 $\iota \cdot (-1)^{n+l+1} = 1$ 或 $l = n$, 使得对任意 $t \in [t_1, \infty)_{\mathbf{T}}$,

$$x_i(t)\varsigma(t) > 0 \quad (i \in \mathbf{N}_l), \quad (-1)^{i+l} x_i(t)\varsigma(t) > 0 \quad (l+1 \leqslant i \leqslant n). \tag{4.34}$$

证明 记

$$A = \{k \in \mathbf{N}_n : x_i(t)\varsigma(t) > 0, \ t \in [t_0, \infty)_{\mathbf{T}}, \ i \in \mathbf{N}_k\}.$$

显然 $A \neq \varnothing$. 取 $l = \max\{k : k \in A\}$, 显然 $1 \leqslant l \leqslant n$. 不失一般性, 假设对任意 $t \in [t_0, \infty)_{\mathbf{T}}$, $x_1(t) > 0$. 注意此时对任意 $t \in [t_0, \infty)_{\mathbf{T}}$, $\varsigma(t) > 0$. 显然当 $l = n$ 时, (4.34) 成立. 接下来假设当 $1 \leqslant l < n$ 时, 对任意 $t \in [t_0, \infty)_{\mathbf{T}}$, $x_l(t) > 0$, $x_{l+1}(t) < 0$.

首先证明对任意 $t \in [t_0, \infty)_{\mathbf{T}}$, $x_{l+2}(t) > 0$. 否则, 对任意 $t \in [t_0, \infty)_{\mathbf{T}}$, $x_{l+2}(t) < 0$. 由 (4.31) 及 (2) 知, 对任意 $t \in [t_0, \infty)_{\mathbf{T}}$,

$$x_{l+1}(t) \leqslant x_{l+1}(t_0) < 0.$$

再由 (4.31) 及 (2) 可得, 对任意 $t \in [t_0, \infty)_{\mathbf{T}}$,

$$x_l(t_0) > -\int_{t_0}^t p_l(s)x_{l+1}(s)\Delta s$$
$$\geqslant -x_{l+1}(t_0)\int_{t_0}^t p_l(s)\Delta s,$$

这与 (2) 矛盾. 因此, 对任意 $t \in [t_0, \infty)_{\mathbf{T}}$, $x_{l+1}(t) < 0$, $x_{l+2}(t) > 0$.

下证对任意 $t \in [t_0, \infty)_{\mathbf{T}}$, $x_{l+3}(t) < 0$. 否则, 对任意 $t \in [t_0, \infty)_{\mathbf{T}}$, $x_{l+3}(t) > 0$. 由 (4.31) 及 (2) 知, 对任意 $t \in [t_0, \infty)_{\mathbf{T}}$,

$$x_{l+2}(t) \geqslant x_{l+2}(t_0) > 0.$$

再由 (4.31) 及 (2) 可得, 对任意 $t \in [t_0, \infty)_{\mathbf{T}}$,

$$x_{l+1}(t_0) < -\int_{t_0}^t p_{l+1}(s)x_{l+2}(s)\Delta s$$
$$\leqslant -x_{l+2}(t_0)\int_{t_0}^t p_{l+1}(s)\Delta s,$$

这与 (2) 矛盾. 因此, 对任意 $t \in [t_0, \infty)_{\mathbf{T}}$, $x_{l+2}(t) > 0$, $x_{l+3}(t) < 0$.

类似地继续上述证明, 可得 (4.34) 成立. 为了完成引理的证明, 我们只需要证明 $\iota \cdot (-1)^{n+l+1} = 1$. 反证法: 假设 $\iota \cdot (-1)^{n+l} = 1$, 由 (4.31) 及 (4) 知, 存在 $t_2 \in [t_1, \infty)_{\mathbf{T}}$, 使得对任意 $t \in [t_2, \infty)_{\mathbf{T}}$,

$$(-1)^{n+l+1}x_n^\Delta(t) < 0.$$

因对任意 $t \in [t_2, \infty)_{\mathbf{T}}$,

$$(-1)^{n-1+l}x_{n-1}(t) > 0, \quad (-1)^{n+l}x_n(t) > 0,$$

故对任意 $t \in [t_2, \infty)_{\mathbf{T}}$,

$$|x_n(t)| \geqslant |x_n(t_2)| > 0.$$

但此时对任意 $t \in [t_2, \infty)_{\mathbf{T}}$,

$$|x_{n-1}(t_2)| > \left|\int_{t_2}^t p_{n-1}(s)x_n(s)\Delta s\right|$$
$$= \int_{t_2}^t p_{n-1}(s)|x_n(s)|\Delta s$$
$$\geqslant |x_n(t_2)|\int_{t_2}^t p_{n-1}(s)\Delta s,$$

这与 (2) 矛盾. 引理得证. □

引理 4.12 设 $x(t)$ 是系统 (4.31) 的非振荡解, 且对任意 $t \in [t_0, \infty)_{\mathbf{T}}$, $x_1(t) \cdot \varsigma(t) < 0$, 则存在 $t_1 \in [t_0, \infty)_{\mathbf{T}}$ 及 $l \in \mathbf{N}_n$, 满足 $\iota \cdot (-1)^{n+l} = 1$ 或 $l = n$, 使得对任意 $t \in [t_1, \infty)_{\mathbf{T}}$,

$$x_1(t)\varsigma(t) < 0 \quad \text{且} \quad (-1)^i x_i(t)\varsigma(t) > 0 \quad (i = 2, 3, \cdots, n) \tag{4.35}$$

或者

$$x_1(t)\varsigma(t) < 0, \quad x_i(t)\varsigma(t) > 0 \quad (2 \leqslant i \leqslant l),$$
$$(-1)^{i+l} x_i(t)\varsigma(t) > 0 \quad (l+1 \leqslant i \leqslant n). \tag{4.36}$$

证明 不失一般性, 假设对任意 $t \in [t_0, \infty)_{\mathbf{T}}$, $x_1(t) > 0$, 则对任意 $t \in [t_0, \infty)_{\mathbf{T}}$, $\varsigma(t) < 0$. 考虑如下两种情况:

(I) 对任意 $t \in [t_0, \infty)_{\mathbf{T}}$, $x_2(t) > 0$.

首先证明对任意 $t \in [t_0, \infty)_{\mathbf{T}}$, $x_3(t) < 0$. 否则, 对任意 $t \in [t_0, \infty)_{\mathbf{T}}$, $x_3(t) > 0$, 由 (4.31) 及 (2) 易知, 对任意 $t \in [t_0, \infty)_{\mathbf{T}}$,

$$x_2(t) \leqslant x_2(t_0) < 0.$$

再由 (4.31) 及 (2) 可得, 对任意 $t \in [t_0, \infty)_{\mathbf{T}}$,

$$\varsigma(t_0) < -\int_{t_0}^t p_l(s) x_2(s) \Delta s$$
$$\leqslant -x_2(t_0) \int_{t_0}^t p_l(s) \Delta s,$$

这与 (2) 矛盾. 因此, 对任意 $t \in [t_0, \infty)_{\mathbf{T}}$, $x_2(t) > 0$, $x_3(t) < 0$. 类似继续下去, 可得 (4.35).

(II) 对任意 $t \in [t_0, \infty)_{\mathbf{T}}$, $x_2(t) < 0$.

类似引理 4.11 的证明, 可以证明 (4.36) 成立. 引理得证. □

为方便表述, 本小节接下来部分利用符号 N_l^+, N_1^- 及 N_l^- 分别表示 (4.31) 满足 (4.34), (4.35) 及 (4.36) 的所有非振荡解. 利用符号 N 表示 (4.31) 的所有非振荡解. 根据引理 4.11 和引理 4.12, 系统 (4.31) 非振荡解的分类情况如下:

(1) 当 n 为奇数且 $\iota = 1$ 时,

$$N = N_2^+ \cup N_4^+ \cup \cdots \cup N_n^+ \cup N_1^- \cup N_3^- \cup \cdots \cup N_n^-. \tag{4.37}$$

(2) 当 n 为奇数且 $\iota = -1$ 时,

$$N = N_1^+ \cup N_3^+ \cup \cdots \cup N_n^+ \cup N_2^- \cup N_4^- \cup \cdots \cup N_{n-1}^-. \tag{4.38}$$

(3) 当 n 为偶数且 $\iota = 1$ 时,

$$N = N_1^+ \cup N_3^+ \cup \cdots \cup N_{n-1}^+ \cup N_n^+ \cup N_2^- \cup N_4^- \cup \cdots \cup N_n^-. \tag{4.39}$$

(4) 当 n 为偶数且 $\iota = -1$ 时,

$$N = N_2^+ \cup N_4^+ \cup \cdots \cup N_n^+ \cup N_1^- \cup N_3^- \cup \cdots \cup N_{n-1}^- \cup N_n^-. \tag{4.40}$$

注记 4.2　若对任意 $t \in [t_0, \infty)_{\mathbf{T}}$, $g(t) < t$ 且 $0 < a(t) \leqslant \lambda < 1$, 其中 λ 为常数, 则对任意 $k \in \{2, 3, \cdots, n\}$, $N_k^- = \varnothing$. 事实上, 若存在 $k \in \{2, 3, \cdots, n\}$, 使得 $N_k^- \neq \varnothing$, 则可取 $x \in N_k^-$, 不妨设对任意 $t \in [t_0, \infty)_{\mathbf{T}}$, $x_1(t) > 0$. 因对任意 $t \in [t_0, \infty)_{\mathbf{T}}$, $\varsigma(t) < 0$ 且 $x_2(t) > 0$, 故对任意 $t \in [t_0, \infty)_{\mathbf{T}}$,

$$\varsigma(t) \leqslant \varsigma(t_0) < 0.$$

另一方面, 对任意 $t \in [t_0, \infty)_{\mathbf{T}}$,

$$0 > \varsigma(t) \geqslant -a(t)x_1(g(t)) \geqslant -\lambda x_1(g(t)).$$

由引理 4.9 知 $\lim\limits_{t \to \infty} x_1(t) = 0$, 从而 $\lim\limits_{t \to \infty} \varsigma(t) = 0$, 矛盾.

引理 4.13　设 $x(t)$ 为系统 (4.31) 的非振荡解, $\lim\limits_{t \to \infty} |\varsigma(t)| = L_1$ 且 $\lim\limits_{t \to \infty} |x_k(t)| = L_k$ $(2 \leqslant k \leqslant n)$.

(1) 若

$$L_k > 0 \quad (2 \leqslant k \leqslant n),$$

则

$$L_i = \infty \quad (i \in \mathbf{N}_{n-1}). \tag{4.41}$$

(2) 若

$$L_k < \infty \quad (k \in \mathbf{N}_{n-1}),$$

则

$$L_i = 0 \quad (k+1 \leqslant i \leqslant n). \tag{4.42}$$

证明　假设 $L_k > 0$ $(2 \leqslant k \leqslant n)$, 则存在正数 M_k, 使得对任意 $t \in [t_0, \infty)_{\mathbf{T}}$, $|x_k(t)| \geqslant M_k$. 由 (4.31) 及 (2) 可知

$$\begin{aligned}
|x_{k-1}(t)| &> \left| \int_{t_0}^t p_{k-1}(s)x_k(s)\Delta s \right| \\
&\geqslant \int_{t_0}^t p_{k-1}(s)|x_k(s)|\Delta s \\
&\geqslant M_k \int_{t_0}^t p_{k-1}(s)\Delta s.
\end{aligned}$$

再由 (2) 可得 $L_{k-1} = \infty$. 显然存在正数 M_{k-1}, 使得对任意 $t \in [t_0, \infty)_{\mathbf{T}}$,

$$|x_{k-1}(t)| \geqslant M_{k-1}.$$

类似可证 $L_{k-2} = \infty$. 继续下去可证 (4.41) 成立. 利用 (4.41) 易证 (4.42) 成立, 引理得证. □

为方便表述, 本小节接下来部分引入符号 I_k 和 J_k 如下:

$$I_0(s,t) \equiv 1,$$
$$I_k(s,t;h_1,h_2,\cdots,h_k) = \int_t^s h_1(x)I_{k-1}(x,t;h_2,h_3,\cdots,h_k)\Delta x,$$
$$J_0(s,t) \equiv 1,$$
$$J_k(s,t;h_1,h_2,\cdots,h_k) = \int_t^s h_k(x)J_{k-1}(s,x;h_1,h_2,\cdots,h_{k-1})\Delta x,$$

其中 $h_k : \mathbf{T} \to \mathbf{R}$ $(k \in \mathbf{N}_n)$ 均为连续函数且 $s,t \in \mathbf{T}$.

注记 4.3 根据 I_k 和 J_k 的定义, 很容易得出如下性质:

(i) 若对任意 $i \in \mathbf{N}_k$, $h_i \geqslant 0$, 则对任意 $s \geqslant u \geqslant v \geqslant t$ $(s,u,v,t \in \mathbf{T})$,

$$I_k(s,t;h_1,h_2,\cdots,h_k) \geqslant I_k(u,v;h_1,h_2,\cdots,h_k) \geqslant 0.$$

(ii) 若对任意 $i \in \mathbf{N}_k$, $h_i \geqslant 0$ 且 $h_l \geqslant f_l$ (对某个 $l \in \mathbf{N}_k$), 则对任意 $s > t$ $(s,t \in \mathbf{T})$,

$$I_k(s,t;h_1,h_2,\cdots,h_k) \geqslant I_k(s,t;h_1,h_2,\cdots,h_{l-1},f_l,h_{l+1},\cdots,h_k).$$

定理 4.9 设 n 为奇数且 $\iota = -1$. 如果下列条件成立:

(1) 存在常数 λ, 使得对任意 $t \in [t_0, \infty)_{\mathbf{T}}$,

$$1 < \lambda \leqslant a(t). \tag{4.43}$$

(2) 对任意 $t \in [t_0, \infty)_{\mathbf{T}}$,

$$\sigma(t) < g(t) < h(t). \tag{4.44}$$

(3) 存在连续函数 $\alpha : [t_0, \infty)_{\mathbf{T}} \to [t_0, \infty)_{\mathbf{T}}$, 使得

$$t < \alpha(t) \tag{4.45}$$

且

$$\liminf_{t\to\infty} \int_{\sigma(t)}^{g^{-1}(h(t))} Kp_1(v)J_{n-1}\left(\alpha(v),v;\frac{p_n}{a(g^{-1}(h))},p_{n-1},\cdots,p_2\right)\Delta v > \frac{1}{e}. \tag{4.46}$$

(4) 对任意偶数 l $(4 \leqslant l \leqslant n)$,

$$\limsup_{t \to \infty} K I_{l-1} \left(t, h^{-1}(g(t)); p_1, \cdots, p_{l-2}, p_{l-1}(*) \right.$$

$$\left. \times J_{n-l+1} \left(t, *; \frac{p_n}{a(g^{-1}(h))}, p_{n-1}, \cdots, p_l \right) \right) > 1. \tag{4.47}$$

(5)

$$\limsup_{t \to \infty} K I_n \left(t, h^{-1}(g(t)); p_1, p_2, \cdots, p_{n-1}, \frac{p_n}{a(g^{-1}(h))} \right) > 1. \tag{4.48}$$

则系统 (4.31) 的任意一个非振荡解 $x(t)$ 都满足 $\lim_{t \to \infty} x_i(t) = 0$ $(i \in \mathbf{N}_n)$.

证明   设 $x(t)$ 为系统 (4.31) 的非振荡解. 不失一般性, 假设对任意 $t \in [t_0, \infty)_{\mathbf{T}}$, $x_1(t) > 0$. 因为 n 为奇数且 $\iota = -1$, 所以 (4.38) 成立. 现考虑如下五种情形:

(I) $x \in N_1^+$. 此时, 对任意 $t \in [t_0, \infty)_{\mathbf{T}}$,

$$\varsigma(t) > 0, \ x_2(t) < 0, \ x_3(t) > 0, \cdots, x_n(t) > 0. \tag{4.49}$$

由引理 4.8 知

$$\lim_{t \to \infty} x_1(t) = 0.$$

由 (4.31) 及 (4.49) 可得, $\varsigma(t)$ 为非递增正函数, 从而

$$\lim_{t \to \infty} |\varsigma(t)| = L_1 < \infty.$$

再由引理 4.13 可知 $\lim_{t \to \infty} x_i(t) = 0$ $(i \in \mathbf{N}_n)$.

(II) $x \in N_3^+ \cup N_5^+ \cup \cdots \cup N_n^+$. 此时, 对任意 $t \in [t_0, \infty)_{\mathbf{T}}$,

$$\varsigma(t) > 0, \quad x_2(t) > 0, \quad x_3(t) > 0. \tag{4.50}$$

由 (4.31) 及 (4.50) 可知, 存在正数 M, 使得对任意 $t \in [t_0, \infty)_{\mathbf{T}}$, $x_2(t) \geqslant M$. 将 (4.31) 的第一个等式两端在 $[t_0, t]_{\mathbf{T}}$ 上积分可得

$$\varsigma(t) \geqslant \varsigma(t_0) + M \int_{t_0}^{t} p_1(\tau) \Delta \tau \quad (t \in [t_0, \infty)_{\mathbf{T}}).$$

由条件 (2) 知

$$\lim_{t \to \infty} \varsigma(t) = \infty.$$

条件 (4.43), (4.44) 及 (4.50) 蕴含 $x_1(t)$ 在 $[t_0, \infty)_{\mathbf{T}}$ 上有界, 这与对任意 $t \in [t_0, \infty)_{\mathbf{T}}$, $\varsigma(t) < x_1(t)$ 矛盾. 因此, 有

$$N_3^+ \cup N_5^+ \cup \cdots \cup N_n^+ = \varnothing.$$

(III) $x \in N_2^-$. 此时, 对任意 $t \in [t_0, \infty)_{\mathbf{T}}$,

$$\varsigma(t) < 0, \ x_2(t) < 0, \ x_3(t) > 0, \cdots, x_n(t) > 0. \tag{4.51}$$

将 (4.31) 的第二个等式两端从 t 到 s 积分可得, 当 $s \geqslant t \ (s, t \in [t_0, \infty)_{\mathbf{T}})$ 时,

$$x_2(t) \leqslant -\int_t^s p_2(u_2) x_3(u_2) \Delta u_2.$$

将 (4.31) 的第三个等式两端从 u_2 到 s 积分可得, 对任意 $s \geqslant u_2 \geqslant t \ (s, u_2, t \in [t_0, \infty)_{\mathbf{T}})$,

$$-x_3(u_2) \leqslant \int_{u_2}^s p_3(u_3) x_4(u_3) \Delta u_3.$$

继续下去可得, 当 $s \geqslant u_{n-1} \geqslant \cdots \geqslant u_2 \geqslant t$ 且 $s, u_i, t \in [t_0, \infty)_{\mathbf{T}} \ (2 \leqslant i \leqslant n-1)$ 时,

$$(-1)^k x_k(u_{k-1}) \leqslant (-1)^{k+1} \int_{u_{k-1}}^s p_k(u_k) x_{k+1}(u_k) \Delta u_k \quad (3 \leqslant k \leqslant n-1),$$

且

$$-x_n(u_{n-1}) \leqslant \int_{u_{n-1}}^s x_n^\Delta(u_n) \Delta u_n.$$

联合上述 $n-1$ 个不等式可得, 若 $s \geqslant t \ (s, t \in [t_0, \infty)_{\mathbf{T}})$, 则有

$$x_2(t) \leqslant \int_t^s p_2(u_2) \int_{u_2}^s p_3(u_3) \cdots \int_{u_{n-2}}^s p_{n-1}(u_{n-1}) \int_{u_{n-1}}^s x_n^\Delta(u_n) \Delta u_n \cdots \Delta u_2$$
$$= J_{n-1}(s, t; x_n^\Delta, p_{n-1}, \cdots, p_2). \tag{4.52}$$

由 (4.31), (2), (4) 及 (4.51) 可得, 对任意 $s \geqslant u_n \geqslant t \ (s, u_n, t \in [t_0, \infty)_{\mathbf{T}})$,

$$x_n^\Delta(u_n) \leqslant -K p_n(u_n) x_1(h(u_n)). \tag{4.53}$$

将 (4.53) 代入 (4.52) 可得

$$x_2(t) \leqslant K J_{n-1}(s, t; -p_n x_1(h), p_{n-1}, \cdots, p_2). \tag{4.54}$$

由于 $t \in [t_0, \infty)_{\mathbf{T}}$ 时, $x_1(t) > 0$, 所以

$$-x_1(h(t)) < \frac{\varsigma(g^{-1}(h(t)))}{a(g^{-1}(h(t)))} \quad (t \in [t_0, \infty)_{\mathbf{T}}).$$

由 $\varsigma(g^{-1}(h(t)))$ 的单调性可知

$$-x_1(h(u_n)) \leqslant \frac{\varsigma(g^{-1}(h(t)))}{a(g^{-1}(h(u_n)))}. \tag{4.55}$$

联合 (4.54) 和 (4.55) 可得

$$x_2(t) \leqslant \left[KJ_{n-1}\left(s,t; \frac{p_n}{a(g^{-1}(h))}, p_{n-1}, \cdots, p_2 \right) \right] \varsigma(g^{-1}(h(t))).$$

上述不等式的两端分别乘以 $p_1(t)$, 并记 $s = \alpha(t)$ 可得, 对任意 $t \in [t_0, \infty)_{\mathbf{T}}$,

$$\varsigma^{\Delta}(t) - \left[Kp_1(t)J_{n-1}\left(\alpha(t),t; \frac{p_n}{a(g^{-1}(h))}, p_{n-1}, \cdots, p_2 \right) \right] \varsigma(g^{-1}(h(t))) \leqslant 0.$$

由引理 4.10 可知, 上述不等式没有终于负解, 矛盾. 因此 $N_2^- = \varnothing$.

(IV) $x \in N_l^-$, $l = 4, 6, \cdots, n-1$. 此时, 对任意 $t \in [t_0, \infty)_{\mathbf{T}}$,

$$\varsigma(t) < 0, \ x_2(t) < 0, \cdots, \ x_l(t) < 0, x_{l+1}(t) > 0, \ x_{l+2}(t) < 0, \cdots, x_n(t) > 0.$$

将 (4.31) 的第一个等式两端从 s 到 t 积分可得, 对任意 $s \leqslant t$ $(s, t \in [t_0, \infty)_{\mathbf{T}})$,

$$\varsigma(t) \leqslant \int_s^t p_1(u_1)x_2(u_1)\Delta u_1.$$

分别将 (4.31) 的第 2 至 $l-1$ 个等式两端积分可得, 当 $t \geqslant u_1 \geqslant \cdots \geqslant u_{l-2} \geqslant s$ 且 $s, u_k, t \in [t_0, \infty)_{\mathbf{T}}$ $(1 \leqslant k \leqslant l-2)$ 时,

$$x_k(u_{k-1}) \leqslant \int_s^{u_{k-1}} p_k(u_k)x_{k+1}(u_k)\Delta u_k \quad (2 \leqslant k \leqslant l-1).$$

分别将 (4.31) 的第 l 个至 $n-1$ 个等式的两端积分可得, 当 $t \geqslant u_{n-1} \geqslant \cdots \geqslant u_{l-1} \geqslant s$ 且 $s, u_k, t \in [t_0, \infty)_{\mathbf{T}}$ $(l-1 \leqslant k \leqslant n-1)$ 时,

$$(-1)^k x_k(u_{k-1}) \leqslant (-1)^{k+1} \int_{u_{k-1}}^t p_k(u_k)x_{k+1}(u_k)\Delta u_k \quad (l \leqslant k \leqslant n-1).$$

联合上述 $n-1$ 个不等式可得

$$\varsigma(t) \leqslant - \int_s^t p_1(u_1) \int_s^{u_1} p_2(u_2) \cdots \int_s^{u_{l-2}} p_{l-1}(u_{l-1})$$

$$\times \int_{u_{l-1}}^t p_l(u_l) \cdots \int_{u_{n-2}}^t p_{n-1}(u_{n-1})x_n(u_{n-1})\, \Delta u_{n-1} \cdots \Delta u_1$$

$$= -I_{l-1}(t, s; p_1, \cdots, p_{l-2}, p_{l-1}(*)) \times J_{n-l}(t, *; p_{n-1}x_n, p_{n-2}, \cdots, p_l)). \quad (4.56)$$

如果对任意 $t \in [t_0, \infty)_{\mathbf{T}}$,

$$x_1(t) > 0, \quad \varsigma(t) < 0, \quad x_2(t) < 0, \cdots, x_n(t) > 0,$$

那么 (4.55) 成立, 所以对任意 $t \geqslant u_{n-1} \geqslant s\ (s, u_{n-1}, t \in [t_0, \infty)_{\mathbf{T}})$,

$$-x_n(u_{n-1}) < -K\left[\int_{u_{n-1}}^t \frac{p_n(u_n)}{a(g^{-1}(h(u_n)))}\Delta u_n\right]\varsigma(g^{-1}(h(s))).$$

记 $s = h^{-1}(g(t)) \in [t_0, \infty)_{\mathbf{T}}$, 则

$$-x_n(u_{n-1}) < -K\left[\int_{u_{n-1}}^t \frac{p_n(u_n)}{a(g^{-1}(h(u_n)))}\Delta u_n\right]\varsigma(t). \tag{4.57}$$

将 (4.57) 代入 (4.56) 可得, 存在充分大的 $t_1 \in \mathbf{T}$, 使得当 $t \in [t_1, \infty)_{\mathbf{T}}$ 时,

$$\varsigma(t) \leqslant \big[KI_{l-1}\big(t, h^{-1}(g(t)); p_1, \cdots, p_{l-2}, p_{l-1}(*) \\ \times J_{n-l}(t, *; p_{n-1}x_n, p_{n-2}, \cdots, p_l))\big]\varsigma(t),$$

所以当 $t \in [t_1, \infty)_{\mathbf{T}}$ 时,

$$KI_{l-1}\big(t, h^{-1}(g(t)); p_1, \cdots, p_{l-2}, p_{l-1}(*) \times J_{n-l}(t, *; p_{n-1}x_n, p_{n-2}, \cdots, p_l)) \leqslant 1,$$

这与 (4.47) 矛盾. 因此 $N_4^- \cup N_6^- \cup \cdots \cup N_{n-1}^- = \varnothing$.

(V) $x \in N_n^-$. 此时, 对任意 $t \in [t_0, \infty)_{\mathbf{T}}$,

$$\varsigma(t) < 0,\ x_2(t) < 0,\ x_3(t) < 0, \cdots,\ x_n(t) < 0.$$

类似于本定理证明中的情况 (IV) 的证明, 可以证明: 存在充分大的 $t_2 \in [t_0, \infty)_{\mathbf{T}}$, 使得当 $t \in [t_2, \infty)_{\mathbf{T}}$ 时,

$$\varsigma(t) \leqslant KI_n\left(t, s; p_1, \cdots, p_{n-1}, \frac{p_n\varsigma(g^{-1}(h))}{a(g^{-1}(h))}\right).$$

利用 $\varsigma(g^{-1}(h(t)))$ 的单调性可得, 对任意 $t \in [t_2, \infty)_{\mathbf{T}}$,

$$\varsigma(t) \leqslant \left[KI_n\left(t, s; p_1, \cdots, p_{n-1}, \frac{p_n}{a(g^{-1}(h))}\right)\right]\varsigma(t) \quad (t \in [t_2, \infty)_{\mathbf{T}}),$$

所以当 $t \in [t_2, \infty)_{\mathbf{T}}$ 时,

$$KI_n\left(t, s; p_1, \cdots, p_{n-1}, \frac{p_n}{a(g^{-1}(h))}\right) \leqslant 1,$$

这与 (4.48) 矛盾. 因此 $N_n^- = \varnothing$. □

定理 4.10 设 n 为偶数, $\iota = 1$ 且条件 (4.43)—(4.47) 成立, 则系统 (4.31) 的任意一个非振荡解 $x(t)$ 都满足 $\lim_{t\to\infty} x_i(t) = 0\ (i \in \mathbf{N}_n)$.

证明　设 $x(t)$ 为 (4.31) 的非振荡解且 (4.39) 成立. 不失一般性, 假设当 $t \in [t_0, \infty)_{\mathbf{T}}$ 时, $x_1(t) > 0$. 考虑如下五种情况.

(I) $x \in N_1^+$. 类似于定理 4.9 证明中的 (I) 可以证明 $\lim\limits_{t \to \infty} x_i(t) = 0$ $(i \in \mathbf{N}_n)$.

(II) $x \in N_3^+ \cup N_5^+ \cup \cdots \cup N_{n-1}^+ \cup N_n^+$. 类似于定理 4.9 证明中的 (II) 可以证明 $N_3^+ \cup N_5^+ \cup \cdots \cup N_{n-1}^+ \cup N_n^+ = \varnothing$.

(III) $x \in N_2^-$. 此时, 对任意 $t \in [t_0, \infty)_{\mathbf{T}}$,

$$\varsigma(t) < 0, \ x_2(t) < 0, \ x_3(t) > 0, \cdots, x_n(t) < 0. \tag{4.58}$$

类似于定理 4.9 证明中的 (III) 可得, 对任意 $s \geqslant t$ $(s, t \in [t_0, \infty)_{\mathbf{T}})$,

$$x_2(t) \leqslant -\int_t^s p_2(u_2) \int_{u_2}^s p_3(u_3) \cdots \int_{u_{n-2}}^s p_{n-1}(u_{n-1}) \int_{u_{n-1}}^s x_n^\Delta(u_n) \Delta u_n \cdots \Delta u_2$$
$$= -J_{n-1}(s, t; x^\Delta, p_{n-1}, \cdots, p_2). \tag{4.59}$$

由 (4.31), (2), (4) 及 (4.58) 可知, 对任意 $s \geqslant u_n \geqslant t$ $(s, u_n, t \in [t_0, \infty)_{\mathbf{T}})$,

$$-x_n^\Delta(u_n) \leqslant -Kp_n(u_n)x_1(h(u_n)). \tag{4.60}$$

将 (4.60) 代入 (4.59) 可得, 对任意 $s \geqslant u_n \geqslant t$ $(s, u_n, t \in [t_0, \infty)_{\mathbf{T}})$,

$$x_2(t) \leqslant KJ_{n-1}(s, t; -p_nx_1(h), p_{n-1}, \cdots, p_2).$$

类似于定理 4.9 证明中的 (III) 可证 $N_2^- = \varnothing$.

(IV) $x \in N_l^-$, $l = 4, 6, \cdots, n-2$. 此时, 当 $t \in [t_0, \infty)_{\mathbf{T}}$ 时,

$$\varsigma(t) < 0, \ x_2(t) < 0, \cdots, \ x_l(t) < 0, \ x_{l+1}(t) > 0, \ x_{l+2}(t) < 0, \cdots, x_n(t) < 0. \tag{4.61}$$

类似于定理 4.9 证明中的 (IV) 可得, 对任意 $t \geqslant s$ $(s, t \in [t_0, \infty)_{\mathbf{T}})$,

$$\varsigma(t) \leqslant I_{l-1}\big(t, s; p_1, \cdots, p_{l-2}, p_{l-1}(*) \times J_{n-l}(t, *; p_{n-1}x_n, p_{n-2}, \cdots, p_l)\big).$$

由 (4.31), (2), (4) 及 (4.61) 可得, 对任意 $s \geqslant u_{n-1} \geqslant t$ $(s, u_{n-1}, t \in [t_0, \infty)_{\mathbf{T}})$,

$$x_n(u_{n-1}) \leqslant -K\int_{u_{n-1}}^s p_n(u_n)x_1(h(u_n)) \, \Delta u_n,$$

所以

$$\varsigma(t) \leqslant -KI_{l-1}\big(t, s; p_1, \cdots, p_{l-2}, p_{l-1}(*) \times J_{n-l+1}(t, *; p_nx_1(h), p_{n-1}, \cdots, p_l)\big).$$

类似于定理 4.9 证明中的 (IV) 可证 $N_4^- \cup N_6^- \cup \cdots \cup N_{n-2}^- = \varnothing$.

(V) $x \in N_n^-$. 类似于本定理证明中的 (IV) 可得, 对任意 $t \geqslant s$ $(s, t \in [t_0, \infty)_{\mathbf{T}})$,

$$\varsigma(t) \leqslant -KI_{n-1}\big(t, s; p_1, \cdots, p_{n-2}, p_{n-1}(*) \times J_1(t, *; p_n x_1(h))\big),$$

类似可得出当 $l = n$ 时与 (4.47) 矛盾. 因此 $N_n^- = \varnothing$. □

定理 4.11 设 n 为奇数且 $\iota = 1$. 如果下列条件成立:

(1) 存在常数 λ, 使得当 $t \in [t_0, \infty)_{\mathbf{T}}$ 时,

$$0 < a(t) \leqslant \lambda < 1. \tag{4.62}$$

(2) 当 $t \in [t_0, \infty)_{\mathbf{T}}$ 时,

$$g(t) < t < h(t). \tag{4.63}$$

(3) 存在连续函数 $\alpha(t)$ 满足 (4.45) 及

$$\limsup_{t \to \infty} \int_{\sigma(t)}^{h(t)} K p_1(v) J_{n-1}\big(\alpha(v), v; p_n, p_{n-1}, \cdots, p_2\big) \Delta v > \frac{1}{e}. \tag{4.64}$$

(4) 对任意偶数 l $(4 \leqslant l \leqslant n)$,

$$\limsup_{t \to \infty} KI_{l-1}\Big(t, h^{-1}(t); p_1, \cdots, p_{l-2}, p_{l-1}(*)$$
$$\times J_{n-l+1}\big(t, *; p_n, \cdots, p_l\big)\Big) > 1. \tag{4.65}$$

(5)

$$\limsup_{t \to \infty} KI_n\big(t, h^{-1}(t); p_1, \cdots, p_n\big) > 1. \tag{4.66}$$

则系统 (4.31) 的任意一个非振荡解 $x(t)$ 都满足 $\lim\limits_{t \to \infty} x_i(t) = 0$ $(i \in \mathbf{N}_n)$.

证明 设 $x(t)$ 为系统 (4.31) 的非振荡解. 不失一般性, 假设当 $t \in [t_0, \infty)_{\mathbf{T}}$ 时, $x_1(t) > 0$. 由 (4.37) 及注记 4.2 可得

$$N = N_2^+ \cup N_4^+ \cup \cdots \cup N_{n-1}^+ \cup N_n^+ \cup N_1^-.$$

考虑如下四种情况.

(I) $x \in N_2^+$. 此时, 当 $t \in [t_0, \infty)_{\mathbf{T}}$ 时,

$$\varsigma(t) > 0, \ x_2(t) > 0, \ x_3(t) < 0, \cdots, x_n(t) < 0. \tag{4.67}$$

将 (4.31) 的第二个等式两端从 t 到 s 积分可得, 对任意 $s \geqslant t$ $(s, t \in [t_0, \infty)_{\mathbf{T}})$,

$$x_2(t) \geqslant -\int_t^s p_2(u_2) x_3(u_2) \Delta u_2.$$

将 (4.31) 的第 k 个等式两端从 u_{k-1} 到 s 积分可得, 对任意 $s \geqslant u_{k-1} \geqslant t$ ($s, u_{k-1}, t \in [t_0, \infty)_{\mathbf{T}}$),

$$(-1)^k x_k(u_{k-1}) \geqslant (-1)^{k+1} \int_{u_{k-1}}^s p_k(u_k) x_{k+1}(u_k) \Delta u_k \quad (3 \leqslant k \leqslant k-1)$$

且

$$-x_n(u_{n-1}) \geqslant \int_{u_{n-1}}^s x_n^\Delta(u_n) \Delta u_n.$$

联合上述 $n-1$ 个不等式可得

$$x_2(t) \geqslant \int_t^s p_2(u_2) \int_{u_2}^s p_3(u_3) \cdots \int_{u_{n-2}}^s p_{n-1}(u_{n-1}) \int_{u_{n-1}}^s x_n^\Delta(u_n) \Delta u_n \cdots \Delta u_2$$

$$= J_{n-1}(s, t; x_n^\Delta, p_{n-1}, \cdots, p_2). \tag{4.68}$$

由 (4.31), (2), (4) 及 (4.67) 可得, 对任意 $s \geqslant u_n \geqslant t$ ($s, u_n, t \in [t_0, \infty)_{\mathbf{T}}$),

$$x_n^\Delta(u_n) \geqslant K p_n(u_n) x_1(h(u_n)). \tag{4.69}$$

将 (4.69) 代入 (4.68) 并利用不等式 $x_1(h(t)) \geqslant \varsigma(h(t))$ ($t \in [t_0, \infty)_{\mathbf{T}}$) 可得, 对任意 $s \geqslant t$ ($s, t \in [t_0, \infty)_{\mathbf{T}}$),

$$x_2(t) \geqslant K J_{n-1}(s, t; p_n \varsigma(h), p_{n-1}, \cdots, p_2)$$

$$\geqslant K J_{n-1}(s, t; p_n, p_{n-1}, \cdots, p_2) \varsigma(h(t)).$$

上述不等式两端分别乘以 $p_1(t)$ 并记 $s = \alpha(t)$ 可得, 当 $t \in [t_0, \infty)_{\mathbf{T}}$ 时,

$$\varsigma^\Delta(t) - [K p_1(t) J_{n-1}(\alpha(t), t; p_n, p_{n-1}, \cdots, p_2)] \varsigma(h(t)) \geqslant 0.$$

由引理 4.10 知, 上述不等式没有终于正解, 矛盾. 因此 $N_2^+ = \varnothing$.

(II) $x \in N_l^+$, $l = 4, 6, \cdots, n-1$. 此时, 当 $t \in [t_0, \infty)_{\mathbf{T}}$ 时,

$$\varsigma(t) > 0, \ x_2(t) > 0, \cdots, \ x_l(t) > 0, \ x_{l+1}(t) < 0, \ x_{l+2}(t) > 0, \cdots, \ x_n(t) < 0.$$

将 (4.31) 的第一个等式两端在 $[s, t]_{\mathbf{T}}$ 上积分可得, 对任意 $s \leqslant t$ ($s, t \in [t_0, \infty)_{\mathbf{T}}$),

$$\varsigma(t) \geqslant \int_s^t p_1(u_1) \Delta u_1. \tag{4.70}$$

类似地, 将 (4.31) 的第 2 至 $l-1$ 个等式积分, 并将所得的不等式依次代入 (4.70) 可得

$$\varsigma(t) \geqslant \int_s^t p_1(u_1) \int_s^{u_1} p_2(u_2) \cdots \int_s^{u_{l-2}} p_{l-1}(u_{l-1}) x_l(u_{l-1}) \Delta u_{l-1} \cdots \Delta u_1$$

$$= I_{l-1}(t, s; p_1, \cdots, p_{l-2}, p_{l-1} x_l). \tag{4.71}$$

将 (4.31) 的第 l 至 n 个等式积分可得, 当 $t \geqslant u_{n-1} \geqslant \cdots \geqslant u_{l-1} \geqslant s \geqslant t_0$ 且 $s, u_k, t \in [t_0, \infty)_{\mathbf{T}}(l-1 \leqslant k \leqslant n-1)$ 时,

$$(-1)^k x_k(u_{k-1}) \geqslant (-1)^{k+1} \int_{u_{k-1}}^t p_k(u_k) x_{k+1}(u_k) \Delta u_k \quad (l \leqslant k \leqslant n-1)$$

且

$$-x_n(u_{n-1}) \geqslant \int_{u_{n-1}}^t x_n^\Delta(u_n) \Delta u_n.$$

联合上述 $n-l+1$ 个不等式及 (4.71) 可得

$$\varsigma(t) \geqslant \int_s^t p_1(u_1) \int_s^{u_1} p_2(u_2) \cdots \int_s^{u_{l-2}} p_{l-1}(u_{l-1})$$
$$\times \int_{u_{l-1}}^t p_l(u_l) \cdots \int_{u_{n-2}}^t p_{n-1}(u_{n-1}) x_n(u_{n-1}) \int_{u_{n-1}}^t x_n^\Delta(u_n) \Delta u_n \cdots \Delta u_1$$
$$= I_{l-1}(t, s; p_1, \cdots, p_{l-2}, p_{l-1}(*) \times J_{n-l+1}(t, *; x_n^\Delta, p_{n-1}, \cdots, p_l)).$$

注意到不等式 (4.69) 和 $x_1(h(t)) \geqslant \varsigma(h(t))$ 成立, 所以

$$\varsigma(t) \geqslant K I_{l-1}(t, s; p_1, \cdots, p_{l-2}, p_{l-1}(*) \times J_{n-l+1}(t, *; p_n \varsigma(h), p_{n-1}, \cdots, p_l)).$$

记 $s = h^{-1}(t) \in [t_0, \infty)_{\mathbf{T}}$, 利用 $\varsigma(h(t))$ 的单调性可得, 存在充分大的 $t_1 \in [t_0, \infty)_{\mathbf{T}}$, 使得当 $t \in [t_1, \infty)_{\mathbf{T}}$ 时,

$$\varsigma(t) \geqslant [K I_{l-1}(t, h^{-1}(t); p_1, \cdots, p_{l-2}, p_{l-1}(*) \times J_{n-l+1}(t, *; p_n, \cdots, p_l))] \varsigma(t).$$

所以当 $t \in [t_1, \infty)_{\mathbf{T}}$ 时,

$$K I_{l-1}(t, s; p_1, \cdots, p_{l-2}, p_{l-1}(*) \times J_{n-l}(t, *; p_{n-1} x_n, p_{n-2}, \cdots, p_l)) \leqslant 1.$$

这与 (4.65) 矛盾. 因此 $N_4^+ \cup N_6^+ \cup \cdots \cup N_{n-1}^+ = \varnothing$.

(III) $x \in N_n^+$. 此时, 当 $t \in [t_0, \infty)_{\mathbf{T}}$ 时,

$$x_1(t) > 0, \ \varsigma(t) > 0, \ x_2(t) > 0, \ x_3(t) > 0, \cdots, \ x_n(t) > 0.$$

类似于本定理证明的 (II) 可以证明, 对任意 $t \geqslant s \ (s, t \in [t_0, \infty)_{\mathbf{T}})$,

$$\varsigma(t) \geqslant I_n(t, s; p_1, \cdots, p_{n-1}, x_n^\Delta).$$

记 $s = h^{-1}(t)$, 则有

$$K I_n(t, h^{-1}(t); p_1, \cdots, p_n) \leqslant 1 \quad (t \in [t_0, \infty)_{\mathbf{T}}),$$

这与 (4.66) 矛盾. 因此 $N_n^+ = \varnothing$.

(IV) $x \in N_1^-$. 此时, 当 $t \in [t_0, \infty)_{\mathbf{T}}$ 时,

$$x_1(t) > 0,\ \varsigma(t) < 0,\ x_2(t) > 0,\ x_3(t) < 0, \cdots, x_n(t) < 0. \qquad (4.72)$$

由引理 4.9 知 $\lim\limits_{t \to \infty} x_1(t) = 0$. 由 (4.31) 及 (4.72) 可得

$$\lim_{t \to \infty} |\varsigma(t)| = L_1 < \infty.$$

再由引理 4.13 可知 $\lim\limits_{t \to \infty} x_i(t) = 0\ (i = 2, 3, \cdots, n)$. $\square$

类似于定理 4.11, 我们还可以证明如下定理.

定理 4.12   设 n 为偶数, $\iota = -1$ 且条件 (4.62)—(4.66) 成立, 则系统 (4.31) 的任意一个非振荡解 $x(t)$ 都满足 $\lim\limits_{t \to \infty} x_i(t) = 0\ (i \in \mathbf{N}_n)$.

例子 4.3   考虑时标 $\mathbf{T} = \{1, q, q^2, \cdots\}$ 上的动力系统. 为简化计算, 假设

$$q = 2,\quad n = 5,\quad \iota = -1,$$
$$a(t) = 8,\quad g(t) = 16t,\quad h(t) = 512t,$$
$$p_1(t) = \frac{1}{4}t,\quad p_2(t) = \frac{7}{8}t,\quad p_3(t) = \frac{31}{32}t,$$
$$p_4(t) = \frac{127}{128}t,\quad p_5(t) = \frac{511}{t^9},$$
$$f(y) = y,\quad K = 1,\quad \alpha(t) = 2t,$$

即考虑如下系统

$$
\begin{aligned}
[x_1(t) - 8x_1(16t)]^\Delta &= \frac{1}{4}tx_2(t),\\
x_2^\Delta(t) &= \frac{7}{8}tx_3(t),\\
x_3^\Delta(t) &= \frac{31}{32}tx_4(t),\\
x_4^\Delta(t) &= \frac{127}{128}tx_5(t),\\
x_5^\Delta(t) &= -\frac{511}{t^9}x_1(512t),\quad t \in \mathbf{T}.
\end{aligned}
\qquad (4.73)
$$

下面验证定理 4.9 中条件:

$$\int_{2t}^{32t} \frac{1}{4}v \int_v^{2v} \frac{7}{8}x_1 \int_{x_1}^{2v} \frac{31}{32}x_2 \int_{x_2}^{2v} \frac{127}{128}x_3 \int_{x_3}^{2v} \frac{511}{8x_4^9}\, \Delta x_4 \Delta x_3 \Delta x_2 \Delta x_1 \Delta v$$
$$\approx 234.05 > \frac{1}{e},$$

$$\int_{2^{-5}t}^{t}\frac{1}{4}x_1\int_{2^{-5}t}^{x_1}\frac{7}{8}x_2\int_{2^{-5}t}^{x_2}\frac{31}{32}x_3\int_{x_3}^{t}\frac{127}{128}x_4\int_{x_4}^{t}\frac{511}{8x_5^9}\,\Delta x_5\Delta x_4\Delta x_3\Delta x_2\Delta x_1$$

$$\approx 332233.05 > 1,$$

$$\int_{2^{-5}t}^{t}\frac{1}{4}x_1\int_{2^{-5}t}^{x_1}\frac{7}{8}x_2\int_{2^{-5}t}^{x_2}\frac{31}{32}x_3\int_{2^{-5}t}^{x_3}\frac{127}{128}x_4\int_{2^{-5}t}^{x_4}\frac{511}{8x_5^9}\,\Delta x_5\Delta x_4\Delta x_3\Delta x_2\Delta x_1$$

$$\approx 3431.69 > 1.$$

根据定理 4.9 可知, 系统 (4.73) 的任意一个非振荡解 $x(t)$ 都满足 $\lim\limits_{t\to\infty} x_i(t)=0$ $(i=1,2,3,4,5)$. 事实上, 系统 (4.73) 的这些解的基分量为

$$x_1(t)=\frac{1}{t},\quad x_2(t)=-\frac{1}{t^3},$$

$$x_3(t)=\frac{1}{t^5},\quad x_4(t)=-\frac{1}{t^7},$$

$$x_5(t)=\frac{1}{t^9}.$$

例子 4.4   仍然考虑时标 $\mathbf{T}=\{1,q,q^2,\cdots\}$ 上的动力系统, 并设

$$q=2,\quad \iota=1,\quad n=4,$$

$$a(t)=2,\quad g(t)=4t,\quad h(t)=128t,$$

$$p_1(t)=\frac{1}{8}t,\quad p_2(t)=\frac{1}{4}t,$$

$$p_3(t)=\frac{7}{32}t,\quad p_4(t)=\frac{31}{t^7},$$

$$f(y)=127y,\quad K=127,\quad \alpha(t)=16t,$$

即考虑如下系统

$$[x_1(t)-2x_1(4t)]^{\Delta}=\frac{1}{8}tx_2(t),$$

$$x_2^{\Delta}(t)=\frac{1}{4}tx_3(t),$$

$$x_3^{\Delta}(t)=\frac{7}{32}tx_4(t),$$
(4.74)

$$x_4^{\Delta}(t)=\frac{31}{t^7}\cdot 127\cdot x_1(128t),\quad t\in\mathbf{T}.$$

下面验证定理 4.10 中的条件:

$$\int_{2t}^{32t}\frac{127}{2^3}v\int_{v}^{2^4v}\frac{1}{4}x_1\int_{x_1}^{2^4v}\frac{7}{32}x_2\int_{x_2}^{2^4v}\frac{31}{2x_3^7}\,\Delta x_3\Delta x_2\Delta x_1\Delta v\approx 77.39 > \frac{1}{e},$$

$$127\int_{2^{-5}t}^{t}\frac{1}{8}x_1\int_{2^{-5}t}^{x_1}\frac{1}{4}x_2\int_{2^{-5}t}^{x_2}\frac{7}{32}x_3\int_{x_3}^{t}\frac{31}{2x_4^7}\,\Delta x_4\Delta x_3\Delta x_2\Delta x_1\approx 331582.88 > 1.$$

由定理 4.10 可知, 系统 (4.74) 的任意非振荡解 $x(t)$ 都满足 $\lim\limits_{t\to\infty} x_i(t) = 0$ ($i = 1,2,3,4$). 事实上, 系统 (4.74) 的这些解的基分量为

$$x_1(t) = \frac{1}{t}, \quad x_2(t) = -\frac{2}{t^3},$$

$$x_3(t) = \frac{7}{t^5}, \quad x_4(t) = -\frac{31}{t^7}.$$

4.4　高阶动力方程 $S_n^\Delta(t, x(t)) + f(t, x(h(t))) = 0$ 非振荡解的存在性

本节主要讨论 $\mathbf{T}$ 上高阶中立型动力方程

$$S_n^\Delta(t, x(t)) + f(t, x(h(t))) = 0 \tag{4.75}$$

非振荡解的存在性, 其中

$$S_k(t, x(t)) = \begin{cases} x(t) + p(t)x(\tau(t)), & k = 0, \\ a_k(t)|S_{k-1}^\Delta(t, x(t))|^{\alpha_k - 1} S_{k-1}^\Delta(t, x(t)), & k \in \mathbf{N}_n, \end{cases}$$

$\alpha_k (k \in \mathbf{N}_n)$ 为正奇数的商, $a_1 \in C_{\mathrm{rd}}(\mathbf{T}, [L, \infty))$ ($L > 0$), $a_k \in C_{\mathrm{rd}}(\mathbf{T}, \mathbf{R}_+)$ ($2 \leqslant k \leqslant n$), $p \in C_{\mathrm{rd}}([t_0, \infty)_\mathbf{T}, \mathbf{R})$, $\tau, h \in C_{\mathrm{rd}}(\mathbf{T}, \mathbf{T})$ 且 $\lim\limits_{t\to\infty} \tau(t) = \lim\limits_{t\to\infty} h(t) = \infty$. 同时我们也假设以下条件成立:

(H_1)

$$\int_{t_0}^\infty \left(\frac{1}{a_k(t)}\right)^{\frac{1}{\alpha_k}} \Delta t = \infty \quad (k \in \mathbf{N}_n).$$

(H_2) $f \in C(\mathbf{T} \times \mathbf{R}, \mathbf{R})$, $f(t, x)$ 关于 x 是非减的, 且当 $t \in [t_0, \infty)_\mathbf{T}$ 及 $x \neq 0$ 时, $xf(t, x) > 0$.

引理 4.14　无论 $S_{k-1}^\Delta(t, x(t)) > 0$ 或者 $S_{k-1}^\Delta(t, x(t)) < 0$, 都有

$$S_k(t, x(t)) = a_k(t)(S_{k-1}^\Delta(t, x(t)))^{\alpha_k} \quad (k \in \mathbf{N}_n). \tag{4.76}$$

证明　当 $S_{k-1}^\Delta(t, x(t)) > 0$ ($k \in \mathbf{N}_n$) 时, 显然有

$$\begin{aligned} S_k(t, x(t)) &= a_k(t)|S_{k-1}^\Delta(t, x(t))|^{\alpha_k - 1} S_{k-1}^\Delta(t, x(t)) \\ &= a_k(t)(S_{k-1}^\Delta(t, x(t)))^{\alpha_k - 1} S_{k-1}^\Delta(t, x(t)) \\ &= a_k(t)(S_{k-1}^\Delta(t, x(t)))^{\alpha_k}. \end{aligned}$$

当 $S_{k-1}^\Delta(t, x(t)) < 0 (k \in \mathbf{N}_n)$ 时,

$$
\begin{aligned}
S_k(t, x(t)) &= a_k(t)|S_{k-1}^\Delta(t, x(t))|^{\alpha_k - 1} S_{k-1}^\Delta(t, x(t)) \\
&= a_k(t)(-1)^{\alpha_k - 1}(S_{k-1}^\Delta(t, x(t)))^{\alpha_k - 1} S_{k-1}^\Delta(t, x(t)) \\
&= a_k(t)(-1)^{\alpha_k - 1}(S_{k-1}^\Delta(t, x(t)))^{\alpha_k} \\
&= a_k(t)(S_{k-1}^\Delta(t, x(t)))^{\alpha_k}. \qquad\qquad \square
\end{aligned}
$$

引理 4.15 设 $x(t)$ 为 (4.75) 的有界终于正解. 若存在 $t_1 \in [t_0, \infty)_\mathbf{T}$, 使得当 $t \geqslant t_1$ 时, $S_n^\Delta(t, x(t)) < 0$, 则当 $t \geqslant t_1$ 时,

$$
(-1)^{n-k} S_k(t, x(t)) > 0 \quad (k \in \mathbf{N}_n) \tag{4.77}
$$

且

$$
\lim_{t \to \infty} S_k(t, x(t)) = 0 \quad (k \in \mathbf{N}_n). \tag{4.78}
$$

证明 因为 $S_n^\Delta(t, x(t)) < 0$, 所以 $S_n(t, x(t))$ 在 $[t_1, \infty)_\mathbf{T}$ 上为单调递减的. 我们断言

$$
S_n(t, x(t)) > 0 \quad (t \in [t_1, \infty)_\mathbf{T}). \tag{4.79}
$$

否则, 存在 $t_2 \in [t_1, \infty)_\mathbf{T}$, 使得当 $t \in [t_2, \infty)_\mathbf{T}$ 时, $S_n(t, x(t)) < 0$. 因而存在常数 $c < 0$ 及 $t_3 \in [t_2, \infty)_\mathbf{T}$, 使得当 $t \in [t_3, \infty)_\mathbf{T}$ 时, $S_n(t, x(t)) \leqslant c$, 这表明

$$
S_{n-1}^\Delta(t, x(t)) \leqslant \left(\frac{c}{a_n(t)}\right)^{\frac{1}{\alpha_n}} \quad (t \in [t_3, \infty)_\mathbf{T}). \tag{4.80}
$$

对 (4.80) 从 t_3 到 $t \in [\sigma(t_3), \infty)_\mathbf{T}$ 积分得到

$$
\begin{aligned}
S_{n-1}(t, x(t)) &\leqslant S_{n-1}(t_3, x(t_3)) + \int_{t_3}^t \left(\frac{c}{a_n(s)}\right)^{\frac{1}{\alpha_n}} \Delta s \\
&= S_{n-1}(t_3, x(t_3)) + c^{\frac{1}{\alpha_n}} \int_{t_3}^t \left(\frac{1}{a_n(s)}\right)^{\frac{1}{\alpha_n}} \Delta s.
\end{aligned}
$$

设 $t \to \infty$, 由 (H_1) 可知 $S_{n-1}(t, x(t)) \to -\infty$. 由归纳法得 $S_0(t, x(t)) \to -\infty$, 这表明 $x(t) \to -\infty$, 与 $x(t)$ 为有界矛盾. 故 (4.79) 成立. 设

$$
\lim_{t \to \infty} S_n(t, x(t)) = l_1 \geqslant 0,
$$

因为 $S_n^\Delta(t, x(t)) < 0$, 所以

$$
S_n(t, x(t)) \geqslant l_1 \quad (t \in [t_1, \infty)_\mathbf{T}).
$$

如果 $l_1 > 0$, 同理可证 $\lim\limits_{t \to \infty} x(t) = \infty$, 与 $x(t)$ 为有界矛盾. 因此 $l = 0$, 即

$$\lim\limits_{t \to \infty} S_n(t, x(t)) = 0.$$

因为 $S_n(t, x(t)) > 0$, 所以 $S_{n-1}(t, x(t))$ 在 $[t_1, \infty)_{\mathbf{T}}$ 上单调递增, 这表明

$$S_{n-1}(t, x(t)) < 0 \quad (t \in [t_1, \infty)_{\mathbf{T}}), \tag{4.81}$$

或者存在 $t_4 \geqslant t_1$, 使得

$$S_{n-1}(t, x(t)) \geqslant S_{n-1}(t_4, x(t_4)) > 0 \quad (t \in [t_4, \infty)_{\mathbf{T}}) \tag{4.82}$$

成立.

如果 (4.82) 成立, 则可得 $\lim\limits_{t \to \infty} x(t) = \infty$, 与 $x(t)$ 有界矛盾. 因此 (4.81) 成立. 设

$$\lim\limits_{t \to \infty} S_n(t, x(t)) = l_2 \leqslant 0,$$

则有

$$S_{n-1}(t, x(t)) \leqslant l_2 \quad (t \in [t_1, \infty)_{\mathbf{T}}).$$

若 $l_2 < 0$, 同理可证 $\lim\limits_{t \to \infty} x(t) = -\infty$, 与 $x(t)$ 为有界矛盾. 因此 $l_2 = 0$, 即

$$\lim\limits_{t \to \infty} S_{n-1}(t, x(t)) = 0.$$

因为 $S_{n-1}(t, x(t)) < 0$, 所以 $S_{n-2}(t, x(t))$ 在 $[t_1, \infty)_{\mathbf{T}}$ 上严格单调递减, 这表明

$$S_{n-2}(t, x(t)) > 0 \quad (t \geqslant t_1) \tag{4.83}$$

或者存在 $t_5 \geqslant t_1$, 使得

$$S_{n-1}(t, x(t)) \leqslant S_{n-1}(t_5, x(t_5)) < 0 \quad (t \geqslant t_5). \tag{4.84}$$

如果 (4.84) 成立, 则可得 $\lim\limits_{t \to \infty} x(t) = -\infty$, 与 $x(t)$ 有界矛盾. 因此 (4.83) 成立.

重复上述的论证过程可得, 对任意的 $k \in \mathbf{Z}_n$, 有

$$\lim\limits_{t \to \infty} S_k(t, x(t)) = 0. \qquad \square$$

定理 4.13　假设存在常数 β_1, $\gamma_1 \in [0, 1)$ 满足 $\beta_1 + \gamma_1 < 1$, 使得对任意的 $t \in [t_0, \infty)_{\mathbf{T}}$, 有 $-\beta_1 \leqslant p(t) \leqslant \gamma_1$, 则 (4.75) 有非振荡有界解 $x(t)$ 且满足 $\liminf\limits_{t \to \infty} |x(t)| > 0$ 当且仅当存在常数 $M \neq 0$, 使得

$$\int_{t_0}^{\infty} A_1(u_1) \Delta u_1 < \infty, \tag{4.85}$$

其中

$$A_i(u_i)=\begin{cases}\left[\dfrac{1}{a_n(u_n)}\displaystyle\int_{u_n}^\infty f(u_0,|M|)\Delta u_0\right]^{\frac{1}{\alpha_n}},&i=n,\\[4mm]\left[\dfrac{1}{a_i(u_i)}\displaystyle\int_{u_i}^\infty A_{i+1}(u_{i+1})\Delta u_{i+1}\right]^{\frac{1}{\alpha_i}},&i\in\mathbf{N}_{n-1}.\end{cases}$$

证明　必要性　设 (4.75) 有非振荡有界解 $x(t)$, 且满足 $\liminf\limits_{t\to\infty}|x(t)|>0$. 不失一般性, 设存在常数 $M>0$ 及 $t_1\in[t_0,\infty)_{\mathbf{T}}$, 使得当 $t\geqslant t_1$ 时, $x(t)>M$ 且 $x(h(t))>M$. 由假设知 $x(t)$ 为有界的, 则 $S_0(t,x(t))$ 为有界的. 再由 (4.75) 有

$$S_n^\Delta(t,x(t))=-f(t,x(h(t)))<0\quad(t\geqslant t_1),\tag{4.86}$$

对 (4.86) 从 t 到 ∞ 积分得到

$$S_n(t,x(t))=\int_t^\infty f(u_0,x(h(u_0)))\Delta u_0.$$

由 (4.76) 可知, 当 $t\geqslant t_2$ 时,

$$\begin{aligned}a_n(t)(S_{n-1}^\Delta(t,x(t)))^{\alpha_n}&=S_n(t,x(t))\\&=\int_t^\infty f(u_0,x(h(u_0)))\Delta u_0\geqslant\int_t^\infty f(u_0,M)\Delta u_0.\end{aligned}\tag{4.87}$$

由 (4.87) 可得, 当 $u_n\geqslant t_2$ 时,

$$S_{n-1}^\Delta(u_n,x(u_n))\geqslant\left[\frac{1}{a_n(u_n)}\int_{u_n}^\infty f(u_0,M)\Delta u_0\right]^{\frac{1}{\alpha_n}}=:A_n(u_n).$$

对上述不等式积分得

$$\begin{aligned}(-1)^{n-(n-1)}S_{n-1}(u_{n-1},x(u_{n-1}))&=\int_{u_{n-1}}^\infty S_{n-1}^\Delta(u_n,x(u_n))\Delta u_n\\&\geqslant\int_{u_{n-1}}^\infty A_n(u_n)\Delta u_n\end{aligned}$$

或者

$$\begin{aligned}(-1)^{n-(n-1)}S_{n-2}^\Delta(u_{n-1},x(u_{n-1}))&\geqslant\left[\frac{1}{a_{n-1}(u_{n-1})}\int_{u_{n-1}}^\infty A_n(u_n)\Delta u_n\right]^{\frac{1}{\alpha_{n-1}}}\\&=:A_{n-1}(u_{n-1}).\end{aligned}$$

再次对上述不等式积分得

$$\begin{aligned}(-1)^{n-(n-2)}S_{n-2}(u_{n-2},x(u_{n-2}))&=\int_{u_{n-2}}^\infty S_{n-2}^\Delta(u_{n-1},x(u_{n-1}))\Delta u_{n-1}\\&\geqslant\int_{u_{n-2}}^\infty A_{n-1}(u_{n-1})\Delta u_{n-1}\end{aligned}$$

或者

$$(-1)^{n-(n-3)} S_{n-3}^{\Delta}(u_{n-2}, x(u_{n-2})) \geqslant \left[\frac{1}{a_{n-2}(u_{n-2})} \int_{u_{n-2}}^{\infty} A_{n-1}(u_{n-1}) \Delta u_{n-1} \right]^{\frac{1}{\alpha_{n-2}}}$$
$$=: A_{n-2}(u_{n-2}).$$

由归纳法易得

$$(-1)^{n} S_{0}^{\Delta}(u_1, x(u_1)) \geqslant \left[\frac{1}{a_1(u_1)} \int_{u_1}^{\infty} A_2(u_2) \Delta u_2 \right]^{\frac{1}{\alpha_1}}$$
$$=: A_1(u_1).$$

对上述不等式从 t 到 ∞ 积分有

$$(-1)^{n+1} S_0(t, x(t)) = \int_t^{\infty} S_0^{\Delta}(u_1, x(u_1)) \Delta u_1$$
$$\geqslant \int_t^{\infty} A_1(u_1) \Delta u_1.$$

由 $S_0(t, x(t))$ 的有界性可得 (4.85) 成立.

充分性　设存在常数 $M > 0$, 使得

$$\int_{t_0}^{\infty} A_1(u_1) \Delta u_1 < \infty.$$

则选择 $t_1 \geqslant t_0$, 使得当 $t \geqslant t_1$ 时,

$$\int_t^{\infty} A_1(u_1) \Delta u_1 < \frac{1 - \beta_1 - \gamma_1}{3} M$$

且有 $\min\{\tau(t), h(t)\} \geqslant t_0$. 设

$$\Omega = \left\{ x \in \mathrm{BC_{rd}}([t_0, \infty)_{\mathbf{T}}, \mathbf{R}) : \frac{1 - \beta_1 - \gamma_1}{3} M \leqslant x(t) \leqslant M, \quad t \geqslant t_0 \right\}.$$

易证 Ω 为 $\mathrm{BC_{rd}}([t_0, \infty)_{\mathbf{T}}, \mathbf{R})$ 上的有界闭凸子集.

现定义两个算子 U 和 V: $\Omega \to \mathrm{BC_{rd}}([t_0, \infty)_{\mathbf{T}}, \mathbf{R})$ 如下:

$$(Ux)(t) = p(t^*) x(\tau(t^*)) \tag{4.88}$$

及

$$(Vx)(t) = \frac{2 - 2\gamma_1 + \beta_1}{3} M + (-1)^n \int_{t^*}^{\infty} A_1(u_1, x) \Delta u_1, \tag{4.89}$$

其中 $t^* = \max\{t, t_1\}$ 且

$$
A_i(u_i, x) = \begin{cases} \left[\dfrac{1}{a_n(u_n)} \displaystyle\int_{u_n}^{\infty} f(u_0, x(h(u_0))) \Delta u_0 \right]^{\frac{1}{\alpha_n}}, & i = n, \\[4mm] \left[\dfrac{1}{a_i(u_i)} \displaystyle\int_{u_i}^{\infty} A_{i+1}(u_{i+1}, x) \Delta u_{i+1} \right]^{\frac{1}{\alpha_i}}, & i \in \mathbf{N}_{n-1}. \end{cases}
$$

现证明 U 和 V 满足引理 4.4 中的条件.

(i) 对任意的 x, $y \in \Omega$, 有 $Ux + Vy \in \Omega$.

对任意的 x, $y \in \Omega$, $t \geqslant t_0, x(t), y(t) \in \left[\dfrac{1 - \beta_1 - \gamma_1}{3} M, M \right]$. 则由 (4.88) 和 (4.89) 可得

$$
\begin{aligned}
&(Ux)(t) + (Vy)(t) \\
&= p(t^*) x(\tau(t^*)) + \frac{2 - 2\gamma_1 + \beta_1}{3} M + (-1)^n \int_{t^*}^{\infty} A_1(u_1, y) \Delta u_1 \\
&\leqslant \gamma_1 M + \frac{2 - 2\gamma_1 + \beta_1}{3} M + \frac{1 - \beta_1 - \gamma_1}{3} M \\
&= M
\end{aligned}
$$

及

$$
\begin{aligned}
&(Ux)(t) + (Vy)(t) \\
&= p(t^*) x(\tau(t^*)) + \frac{(1 - \gamma_1)(1 + \beta_1 + \gamma_1)}{2} M + (-1)^n \int_{t^*}^{\infty} A_1(u_1, y) \Delta u_1 \\
&\geqslant -\beta_1 M + \frac{2 - 2\gamma_1 + \beta_1}{3} M - \frac{1 - \beta_1 - \gamma_1}{3} M \\
&= \frac{1 - \beta_1 - \gamma_1}{3} M,
\end{aligned}
$$

因此可得 $Ux + Vy \in \Omega$.

(ii) U 为压缩映射.

事实上, 对任意的 x, $y \in \Omega$ 及 $t \geqslant t_0$, 有

$$
\begin{aligned}
|(Ux)(t) - (Uy)(t)| &= |p(t^*)(x(\tau(t^*)) - y(\tau(t^*)))| \\
&\leqslant \max\{\beta_1, \gamma_1\} \|x - y\|.
\end{aligned}
$$

所以 U 为压缩映射.

(iii) V 为完全连续映射.

首先, 当 $t \geqslant t_0$ 时, 有

$$
\begin{aligned}
(Vx)(t) &= \frac{2 - 2\gamma_1 + \beta_1}{3} M + (-1)^n \int_{t^*}^{\infty} A_1(u_1, x) \Delta u_1 \\
&\geqslant \frac{2 - 2\gamma_1 + \beta_1}{3} M - \frac{1 - \beta_1 - \gamma_1}{3} M
\end{aligned}
$$

$$= \frac{1 - \gamma_1 + 2\beta_1}{3} M$$

$$\geqslant \frac{1 - \beta_1 - \gamma_1}{3} M$$

及

$$(Vx)(t) = \frac{2 - 2\gamma_1 + \beta_1}{3} M + (-1)^n \int_{t^*}^{\infty} A_1(u_1, x) \Delta u_1$$

$$\leqslant \frac{2 - 2\gamma_1 + \beta_1}{3} M + \frac{1 - \beta_1 - \gamma_1}{3} M$$

$$= (1 - \gamma_1) M$$

$$\leqslant M,$$

即 V 为 Ω 到 Ω 的映射.

其次证明 V 的连续性. 当 $x \in \Omega$ 及 $t \geqslant t_0$ 时, 设 $x_n \in \Omega$ 且当 $n \to \infty$ 时, $\|x_n - x\| \to 0$, 有

$$|f(t, x_n(h(t))) - f(t, x(h(t)))| \to 0$$

及

$$|f(t, x_n(h(t))) - f(t, x(h(t)))| \leqslant 2f(t, M).$$

因此, 由 $A_n(u_n)$ 的定义, 对任意的 $t \geqslant t_0$, 当 $n \to \infty$ 时,

$$|A_n(u_n, x_n) - A_n(u_n, x)| \to 0$$

及

$$|A_1(u_1, x_n) - A_1(u_1, x)| \to 0.$$

此外还可得

$$\|(Vx_n)(t) - (Vx)(t)\| \leqslant \int_{t^*}^{\infty} |A_1(u_1, x_n) - A_1(u_1, x)| \Delta u_1.$$

由 Lebesgue 控制收敛定理可得

$$\lim_{n \to \infty} \|(Vx_n)(t) - (Vx)(t)\| = 0,$$

即 V 为连续的.

再次证明 V 为一致柯西的. 事实上, 对任意的 $\varepsilon > 0$, 存在足够大的 $t_2 > t_1$, 使得

$$\int_{t_2}^{\infty} A_1(u_1) \Delta u_1 < \frac{\varepsilon}{2}.$$

从而对 $x \in \Omega$ 及 $T_1, T_2 \in [t_2, \infty)_{\mathbf{T}}$, 有

$$|Vx(T_1) - Vx(T_2)| < \varepsilon,$$

这就表明 V 为一致柯西的.

最后证明: 对任意的 $t_2 \in [t_0, \infty)_{\mathbf{T}}$, $V\Omega$ 在 $[t_0, t_2]_{\mathbf{T}}$ 上是等度连续的. 不失一般性, 假设 $t_2 \geqslant t_1$, 注意 $L \leqslant a_1(t)$, 对任意的 $\varepsilon > 0$, 取

$$\delta = \frac{L^{\frac{1}{\alpha_1}} \varepsilon}{1 + \left(\displaystyle\int_{t_0}^{\infty} A_2(u_2) \Delta u_2 \right)^{\frac{1}{\alpha_1}}}.$$

则当 $T_1, T_2 \in [t_0, t_2]_{\mathbf{T}}$ 且 $|T_1 - T_2| < \delta$ 时, 对任意的 $x \in \Omega$, 有

$$\begin{aligned}
|Vx(T_1) - Vx(T_2)| &= \left| \int_{T_1^*}^{T_2^*} A_1(u_1) \Delta u_1 \right| \\
&\leqslant \left| \frac{1}{L^{\frac{1}{\alpha_1}}} \int_{T_1^*}^{T_2^*} \left(\int_{t_0}^{\infty} A_2(u_2) \Delta u_2 \right)^{\frac{1}{\alpha_1}} \Delta u_1 \right| \\
&\leqslant \frac{1}{L^{\frac{1}{\alpha_1}}} |T_1^* - T_2^*| \left(\int_{t_0}^{\infty} A_2(u_2) \Delta u_2 \right)^{\frac{1}{\alpha_1}} \\
&< \varepsilon,
\end{aligned}$$

即 $V\Omega$ 在 $[t_0, t_2]_{\mathbf{T}}$ 上是等度连续的.

根据引理 4.3 知, V 为完全连续映射. 由引理 4.4 知, 存在 $x \in \Omega$, 使得 $(U + V)x = x$, 这就表明 $x(t)$ 为 (4.75) 的满足 $\liminf\limits_{t \to \infty} |x(t)| > 0$ 的解. $\square$

定理 4.14 设 τ 有逆映射 $\tau^{-1} \in C(\mathbf{T}, \mathbf{T})$. 若存在常数 $M > 0$, 使得 (4.85) 成立, 且存在常数 $\beta_2, \gamma_2 \in (1, \infty)$, 使得对任意的 $t \in [t_0, \infty)_{\mathbf{T}}$, $-\beta_2 \leqslant p(t) \leqslant -\gamma_2$, 则 (4.75) 有非振荡解 $x(t)$ 且 $\liminf\limits_{t \to \infty} |x(t)| > 0$.

证明 设存在常数 $M > 0$, 使得 (4.85) 成立. 选择 $t_1 \geqslant t_0$, 使得当 $t \geqslant t_1$ 时,

$$\int_t^{\infty} A_1(u_1) \Delta u_1 < \frac{\gamma_2 - 1}{4} M,$$

且 $\min\{\tau^{-1}(t), h(\tau^{-1}(t))\} \geqslant t_0$. 设

$$\Omega = \left\{ x \in \mathrm{BC}_{\mathrm{rd}}([t_0, \infty)_{\mathbf{T}}, \mathbf{R}) : \frac{\gamma_2 - 1}{2\beta_2} M \leqslant x(t) \leqslant M, \ t \geqslant t_0 \right\}.$$

易证 Ω 为 $\mathrm{BC}_{\mathrm{rd}}([t_0, \infty)_{\mathbf{T}}, \mathbf{R})$ 的有界闭凸子集.

现定义两个算子 U 和 V: $\Omega \to \mathrm{BC}_{\mathrm{rd}}([t_0, \infty)_{\mathbf{T}}, \mathbf{R})$ 如下:

$$(Ux)(t) = \frac{x(\tau^{-1}(t^*))}{p(\tau^{-1}(t^*))} - \frac{3\gamma_2 + 1}{4p(\tau^{-1}(t^*))} M$$

及

$$(Vx)(t) = \frac{1}{p(\tau^{-1}(t^*))}(-1)^{n+1}\int_{\tau^{-1}(t^*)}^{\infty} A_1(u_1, x)\Delta u_1,$$

其中 $t^* = \max\{t, t_1\}$ 及 $A_1(u_1, x)$ 与定理 4.13 中相同. 证明 U 和 V 满足引理 4.4 中的条件.

现证明对任意的 $x, y \in \Omega$, $Ux + Vy \in \Omega$. 对任意的 $x, y \in \Omega, t \geqslant t_0, x(t), y(t) \in \left[\frac{\gamma_2 - 1}{2\beta_2}M, M\right]$, 有

$$
\begin{aligned}
&(Ux)(t) + (Vy)(t)\\
&= \frac{x(\tau^{-1}(t^*))}{p(\tau^{-1}(t^*))} - \frac{3\gamma_2 + 1}{4p(\tau^{-1}(t^*))}M + (-1)^{n+1}\frac{1}{p(\tau^{-1}(t^*))}\int_{t^*}^{\infty} A_1(u_1, y)\Delta u_1\\
&= -\frac{1}{p(\tau^{-1}(t^*))}\left[-x(\tau^{-1}(t^*)) + \frac{3\gamma_2 + 1}{4}M + (-1)^n\int_{\tau^{-1}(t^*)}^{\infty} A_1(u_1, y)\Delta u_1\right]\\
&\leqslant -\frac{1}{p(\tau^{-1}(t^*))}\left[\frac{3\gamma_2 + 1}{4}M + \int_{\tau^{-1}(t^*)}^{\infty} A_1(u_1, x)\Delta u_1\right]\\
&\leqslant \frac{1}{\gamma_2}\left[\frac{3\gamma_2 + 1}{4}M + \frac{\gamma_2 - 1}{4}M\right]\\
&= M
\end{aligned}
$$

且

$$
\begin{aligned}
&(Ux)(t) + (Vy)(t)\\
&= \frac{x(\tau^{-1}(t^*))}{p(\tau^{-1}(t^*))} - \frac{3\gamma_2 + 1}{4p(\tau^{-1}(t^*))}M + \frac{1}{p(\tau^{-1}(t^*))}(-1)^{n+1}\int_{\tau^{-1}(t^*)}^{\infty} A_1(u_1, y)\Delta u_1\\
&= -\frac{1}{p(\tau^{-1}(t^*))}\left[-x(\tau^{-1}(t^*)) + \frac{3\gamma_2 + 1}{4p(\tau^{-1}(t^*))}M + (-1)^n\int_{\tau^{-1}(t^*)}^{\infty} A_1(u_1, y)\Delta u_1\right]\\
&\geqslant \frac{1}{\beta_2}\left[-M + \frac{3\gamma_2 + 1}{4}M - \frac{\gamma_2 - 1}{4}M\right]\\
&= \frac{\gamma_2 - 1}{2\beta_2}M,
\end{aligned}
$$

这表明对任意的 $x, y \in \Omega$, 有 $Ux + Vy \in \Omega$.

其余的证明和定理 4.13 中的充分性证明相似.　$\Box$

定理 4.15　设 τ 有逆映射 $\tau^{-1} \in C(\mathbf{T}, \mathbf{T})$. 若存在常数 $M > 0$ 使得 (4.85) 成立, 且存在常数 $\beta_3, \gamma_3 \in (1, \infty)$, 使得对任意的 $t \in [t_0, \infty)_{\mathbf{T}}$, 有 $\beta_3 \leqslant p(t) \leqslant \gamma_3$, 则 (4.75) 有非振荡解 $x(t)$ 且 $\liminf\limits_{t\to\infty} |x(t)| > 0$.

证明　设存在常数 $M > 0$ 使得 (4.85) 成立. 选择 $t_1 \geqslant t_0$, 使得当 $t \in [t_1,\infty)_{\mathbf{T}}$ 时,

$$\int_t^\infty A_1(u_1)\Delta u_1 < \frac{\beta_3 - 1}{4} M$$

且 $\min\{\tau^{-1}(t), h(\tau^{-1}(t))\} > t_0$. 定义

$$\Omega = \left\{ x \in \mathrm{BC}_{\mathrm{rd}}([t_0,\infty)_{\mathbf{T}},\mathbf{R}) : \frac{\beta_3}{2(\gamma_3 - 1)} M \leqslant x(t) \leqslant M, \ \ t \geqslant t_0 \right\},$$

易证 Ω 为 $\mathrm{BC}_{\mathrm{rd}}([t_0,\infty)_{\mathbf{T}},\mathbf{R})$ 上的有界闭凸子集.

在 Ω 上定义两个算子 U 和 V 如下:

$$(Ux)(t) = \frac{x(\tau^{-1}(t^*))}{p(\tau^{-1}(t^*))} + \frac{3\beta_3 - 3}{4p(\tau^{-1}(t^*))} M$$

和

$$(Vx)(t) = \frac{1}{p(\tau^{-1}(t^*))}(-1)^{n+1} \int_{\tau^{-1}(t^*)}^\infty A_1(u_1,x)\Delta u_1,$$

其中 $t^* = \max\{t,t_1\}$ 及 $A_1(u_1,x)$ 和定理 4.13 中的相同.

我们将证明 $(U + V)\Omega \in \Omega$. 事实上, 对任意的 $x, y \in \Omega$ 及 $t \in [t_0,\infty)_{\mathbf{T}}$, 有

$$
\begin{aligned}
&(Ux)(t) + (Vy)(t) \\
&= \frac{x(\tau^{-1}(t^*))}{p(\tau^{-1}(t^*))} + \frac{3\beta_3 - 3}{4p(\tau^{-1}(t^*))} M + \frac{1}{p(\tau^{-1}(t^*))}(-1)^{n+1} \int_{\tau^{-1}(t^*)}^\infty A_1(u_1,y)\Delta u_1 \\
&= \frac{1}{p(\tau^{-1}(t^*))} \left[x(\tau^{-1}(t^*)) + \frac{3\beta_3 - 3}{4} M + (-1)^n \int_{\tau^{-1}(t^*)}^\infty A_1(u_1,y)\Delta u_1 \right] \\
&\geqslant \frac{1}{\gamma_3} \left[\frac{\beta_3}{2(\gamma_3 - 1)} M + \frac{3\beta_3 - 3}{4} M - \frac{\beta_3 - 1}{4} M \right] \\
&= \frac{\beta_3 - 1}{2(\gamma_3 - 1)} M
\end{aligned}
$$

且

$$
\begin{aligned}
&(Ux)(t) + (Vy)(t) \\
&= \frac{x(\tau^{-1}(t^*))}{p(\tau^{-1}(t^*))} + \frac{3\beta_3 - 3}{4p(\tau^{-1}(t^*))} M + \frac{1}{p(\tau^{-1}(t^*))}(-1)^{n+1} \int_{\tau^{-1}(t^*)}^\infty A_1(u_1,y)\Delta u_1 \\
&= \frac{1}{p(\tau^{-1}(t^*))} \left[x(\tau^{-1}(t^*)) + \frac{3\beta_3 - 3}{4} M + (-1)^n \int_{t^*}^\infty A_1(u_1,y)\Delta u_1 \right] \\
&\leqslant \frac{1}{\beta_3} \left[M + \frac{3\beta_3 - 3}{4} M + \frac{\beta_3 - 1}{4} M \right] \\
&= M.
\end{aligned}
$$

因此 $(U+V)\Omega \in \Omega$. 其余的证明和定理 4.13 中的充分性证明相似. □

例子 4.5   考虑方程

$$S_n^{\Delta}(t, x(t)) + \frac{x(3t)}{t^{\alpha^{n+1}+1}} = 0 \quad (t \in \mathbf{T}), \tag{4.90}$$

其中 $\mathbf{T} = [1, \infty)_{\mathbf{R}}, n \geqslant 2$ 及 $m = 1, 2, 3$. α 为正奇数的商且 $\alpha > 1$.

$$S_k(t, x(t)) = \begin{cases} x(t) + \dfrac{(-1)^m m^3 - 2(-1)^n}{5} x(t-1), & k = 0, \\[2mm] t^{\alpha}|S_{k-1}^{\Delta}(t, x(t))|^{\alpha-1} S_{k-1}^{\Delta}(t, x(t)), & k \in \mathbf{N}_n. \end{cases}$$

可以验证:

$$\frac{-3}{5} \leqslant p_1(t) \leqslant \frac{1}{5},$$

因此 $p_1(t)$ 满足定理 4.13 中的条件.

$$\frac{6}{5} \leqslant p_2(t) \leqslant \frac{10}{5},$$

因此 $p_2(t)$ 满足定理 4.15 中的条件.

$$\frac{-29}{5} \leqslant p_3(t) \leqslant \frac{-25}{5},$$

因此 $p_3(t)$ 满足定理 4.14 中的条件. 另一方面

$$\int_1^{\infty} \left(\frac{1}{a_k(t)}\right)^{\frac{1}{\alpha_k}} \Delta t = \int_1^{\infty} \left(\frac{1}{t^{\alpha_k}}\right)^{\frac{1}{\alpha_k}} \Delta t = \infty \quad (k \in \mathbf{N}_n),$$

$$A_n(u_n) = \left[\frac{1}{a_n(u_n)} \int_{u_n}^{\infty} f(u_0, M) \Delta u_0\right]^{\frac{1}{\alpha_n}}$$

$$= \frac{1}{u_n} \left[\int_{u_n}^{\infty} \frac{M}{u_0^{\alpha^{n+1}+1}} \Delta u_0\right]^{\frac{1}{\alpha}}$$

$$= M^{\frac{1}{\alpha}} \left(\frac{1}{\alpha^{n+1}}\right)^{\frac{1}{\alpha}} \frac{1}{u_n^{\alpha^{n+1}}},$$

$$A_{n-1}(u_{n-1}) = \left[\frac{1}{a_{n-1}(u_{n-1})} \int_{u_{n-1}}^{\infty} A_n(u_n) \Delta u_n\right]^{\frac{1}{\alpha_{n-1}}}$$

$$= \frac{1}{u_{n-1}} M^{\frac{1}{\alpha^2}} \left(\frac{1}{\alpha^{(n+1)n}}\right)^{\frac{1}{\alpha}} \left[\int_{u_{n-1}}^{\infty} \frac{1}{u_n^{\alpha^{n+1}}} \Delta u_n\right]^{\frac{1}{\alpha}}$$

$$= M^{\frac{1}{\alpha^2}} \left(\frac{1}{\alpha^{(n+1)n}}\right)^{\frac{1}{\alpha}} \frac{1}{u_{n-1}^{\alpha^{n-1}+1}},$$

$$A_{n-2}(u_{n-2}) = \left[\frac{1}{a_{n-2}(u_{n-2})} \int_{u_{n-2}}^{\infty} A_{n-1}(u_{n-1}) \Delta u_{n-1}\right]^{\frac{1}{\alpha_{n-2}}}$$

$$= \frac{1}{u_{n-2}} M^{\frac{1}{\alpha^3}} \left(\frac{1}{\alpha^{(n+1)n(n-1)}} \right)^{\frac{1}{\alpha}} \left[\int_{u_{n-2}}^\infty \frac{1}{u_{n-1}^{\alpha^{n-1}+1}} \Delta u_{n-1} \right]^{\frac{1}{\alpha}}$$

$$= M^{\frac{1}{\alpha^3}} \left(\frac{1}{\alpha^{(n+1)n(n-1)}} \right)^{\frac{1}{\alpha}} \frac{1}{u_{n-2}^{\alpha^{n-2}+1}},$$

由归纳法易得

$$A_1(u_1) = M^{\frac{1}{\alpha^n}} \left(\frac{1}{\alpha^{(n+1)!}} \right)^{\frac{1}{\alpha}} \frac{1}{u_1^{\alpha+1}},$$

则

$$\int_1^\infty A_1(u_1) \Delta u_1 = M^{\frac{1}{\alpha^n}} \left(\frac{1}{\alpha^{(n+1)!}} \right)^{\frac{1}{\alpha}} \int_1^\infty \frac{1}{u_1^{\alpha+1}} \Delta u_1$$

$$= M^{\frac{1}{\alpha^n}} \left(\frac{1}{\alpha^{(n+1)!}} \right)^{\frac{1}{\alpha}} \frac{1}{\alpha}$$

$$< \infty.$$

由定理 4.13—定理 4.15 知, (4.90) 有非振荡有界解 $x(t)$ 且 $\liminf\limits_{t\to\infty} |x(t)| > 0$.

第5章 动力方程的 Lyapunov 不等式

5.1 高阶动力方程 $S_n^\Delta(t, x(t)) + u(t)x^p(t) = 0$ 的 Lyapunov 不等式

这一节研究任意时标 $\mathbf{T}$ 上的高阶动力方程

$$S_n^\Delta(t, x(t)) + u(t)x^p(t) = 0 \tag{5.1}$$

的 Lyapunov 不等式, 其中

(1) $n \in \mathbf{N}$, $a, b \in \mathbf{T}$ 并满足 $a < b$, $p \geqslant 1$ 是两个正奇数的商, $u \in C_{\mathrm{rd}}(\mathbf{T}, \mathbf{R})$, $a_k \in C_{\mathrm{rd}}(\mathbf{T}, (-\infty, 0) \cup (0, \infty))$ $(k \in \mathbf{N}_n)$ 使得 $a_n(a) = a_n(b)$ 成立.

(2)

$$S_k(t, x(t)) = \begin{cases} x(t), & k = 0, \\ a_k(t)S_{k-1}^\Delta(t, x(t)), & k \in \mathbf{N}_{n-1}, \\ a_n(t)[S_{n-1}^\Delta(t, x(t))]^p, & k = n. \end{cases}$$

进一步, 假设 (5.1) 至少存在一个解 $x(t)$ 满足

$$S_k(a, x(a)) + S_k(b, x(b)) = 0 \quad (k \in \mathbf{Z}_{n-1}). \tag{5.2}$$

引理 5.1[3] 设 $a, b \in \mathbf{T}(a < b)$, $\sum_{i=1}^n 1/p_i = 1$ 且 $p_i > 1$ $(i \in \mathbf{N}_n)$, 则对任意函数 $f_i \in C_{\mathrm{rd}}([a,b]_\mathbf{T}, \mathbf{R})$ $(i \in \mathbf{N}_n)$, 有

$$\int_a^b \prod_{i=1}^n |f_i(t)| \Delta t \leqslant \prod_{i=1}^n \left\{ \int_a^b |f_i(t)|^{p_i} \Delta t \right\}^{\frac{1}{p_i}}.$$

引理 5.2 设 $a, b \in \mathbf{T}(a < b)$. 若 $\alpha_i^j \in \mathbf{R}$, $p_i \in (1, \infty)$ 满足

$$\sum_{i=1}^n \frac{\alpha_i^j}{p_i} = \sum_{i=1}^n \frac{1}{p_i} = 1 \quad (i \in \mathbf{N}_n, j \in \mathbf{N}_m),$$

则对任意函数 $f_j \in C_{\mathrm{rd}}([a,b]_\mathbf{T}, (-\infty, 0) \cup (0, \infty))$ $(j \in \mathbf{N}_m)$, 有

$$\int_a^b \prod_{j=1}^m |f_j(t)| \Delta t \leqslant \prod_{i=1}^n \left\{ \int_a^b \prod_{j=1}^m |f_j(t)|^{\alpha_i^j} \Delta t \right\}^{\frac{1}{p_i}}.$$

证明 令 $F_i(t) = (\prod_{j=1}^m |f_j(t)|^{\alpha_i^j})^{\frac{1}{p_i}}$, 则由引理 5.1 得

$$\int_a^b \prod_{j=1}^m |f_j(t)| \Delta t = \int_a^b \prod_{i=1}^n F_i(t) \Delta t$$

$$\leqslant \prod_{i=1}^n \left\{ \int_a^b F_i^{p_i} \Delta t \right\}^{\frac{1}{p_i}}$$

$$= \prod_{i=1}^n \left\{ \int_a^b \prod_{j=1}^m |f_j(t)|^{\alpha_i^j} \Delta t \right\}^{\frac{1}{p_i}}. \qquad \Box$$

注记 5.1 当 $i = j$ 时, $\alpha_i^i = p_i$; 当 $i \neq j$ 时, $\alpha_i^j = 0$. 这时引理 5.2 就是引理 5.1.

定理 5.1 设 $\alpha_i \in \mathbf{R}$ $(i \in \mathbf{N}_n)$, $p_1 = p + 1$, $p_j \in (1, \infty)$ $(2 \leqslant j \leqslant n)$ 满足

$$\sum_{i=1}^n \frac{\alpha_i}{p_i} = \sum_{i=1}^n \frac{1}{p_i} = 1.$$

若 (5.1) 有一个解 $x(t) \not\equiv 0$ $(t \in [a, b]_\mathbf{T})$ 满足 (5.2), 则

$$\int_a^b |u(t)|^{\frac{p+1}{p}} \Delta t \geqslant \frac{2^{\frac{[(n-1)p+1](p+1)}{p}}}{(b-a)^{\frac{1}{p}} \left[\int_a^b \frac{\Delta t}{|a_n(t)|^{\frac{1}{p}}} \right]^{p+1} \prod_{i=1}^{n-1} \left\{ \prod_{j=1}^n \left[\int_a^b \frac{\Delta t}{|a_i(t)|^{\alpha_i}} \right]^{\frac{1}{p_j}} \right\}^{p+1}}.$$

证明 对任意的 $i \in \mathbf{N}_{n-1}$, 记

$$w_i = \prod_{j=1}^n \left[\int_a^b \frac{\Delta t}{|a_i(t)|^{\alpha_i}} \right]^{\frac{1}{p_j}}$$

和

$$u_i = \prod_{j=1}^n \left[\int_a^b \frac{|S_i(t, x(t))|}{|a_i(t)|^{\alpha_j}} \Delta t \right]^{\frac{1}{p_j}}.$$

因为 $x(t)$ 满足 $S_i(a, x(a)) + S_i(b, x(b)) = 0$ $(i \in \mathbf{Z}_{n-1})$, 所以有

$$S_i(t) = S_i(a, x(a)) + \int_a^t \frac{S_{i+1}(\tau, x(\tau))}{a_{i+1}(\tau)} \Delta\tau$$

$$= S_i(b, x(b)) - \int_t^b \frac{S_{i+1}(\tau, x(\tau))}{a_{i+1}(\tau)} \Delta\tau \quad (t \in [a, b]_\mathbf{T}).$$

由引理 5.2 知, 当 $i \in \mathbf{Z}_{n-2}$ 时,

$$|S_i(t, x(t))|$$
$$= \frac{1}{2}\left| S_i(a, x(a)) + \int_a^t \frac{S_{i+1}(\tau, x(\tau))}{a_{i+1}(\tau)}\Delta\tau + S_i(b, x(b)) - \int_t^b \frac{S_{i+1}(\tau, x(\tau))}{a_{i+1}(\tau)}\Delta\tau \right|$$
$$\leqslant \frac{1}{2}\int_a^b \left| \frac{S_{i+1}(t, x(t))}{a_{i+1}(t)} \right| \Delta t \leqslant \frac{1}{2}u_{i+1}, \tag{5.3}$$
$$|S_{n-1}(t, x(t))|$$
$$\leqslant \frac{1}{2}\int_a^b \frac{|a_n(t)|^{\frac{1}{p_1}}}{|a_n(t)|^{\frac{1}{p_1}}}|S_{n-1}^{\Delta}(t, x(t))|\Delta t$$
$$\leqslant \frac{1}{2}\left[\int_a^b \frac{\Delta t}{|a_n(t)|^{\frac{1}{p}}}\right]^{\frac{p}{p_1}}\left[\int_a^b |a_n(t)||S_{n-1}^{\Delta}(t, x(t))|^{p_1}\Delta t\right]^{\frac{1}{p_1}} \quad (t \in [a, b]_{\mathbf{T}})$$

和

$$|S_{n-1}(\sigma(t), x(\sigma(t)))|$$
$$\leqslant \frac{1}{2}\left[\int_a^b \frac{\Delta t}{|a_n(t)|^{\frac{1}{p}}}\right]^{\frac{p}{p_1}}\left[\int_a^b |a_n(t)||S_{n-1}^{\Delta}(t, x(t))|^{p_1}\Delta t\right]^{\frac{1}{p_1}} \quad (t \in [a, b)_{\mathbf{T}}).$$

即

$$u_i = \prod_{j=1}^n \left[\int_a^b \frac{|S_i(t, x(t))|}{|a_i(t)|^{\alpha_j}}\Delta t\right]^{\frac{1}{p_j}} \leqslant \frac{1}{2}u_{i+1}w_i \quad (i \in \mathbf{N}_{n-2}), \tag{5.4}$$
$$|S_{n-1}(t, x(t))|^{p_1}$$
$$\leqslant \frac{1}{2^{p_1}}\left[\int_a^b \frac{\Delta t}{|a_n(t)|^{\frac{1}{p}}}\right]^p \int_a^b |a_n(t)||S_{n-1}^{\Delta}(t, x(t))|^{p_1}\Delta t \quad (t \in [a, b]_{\mathbf{T}}) \tag{5.5}$$

和

$$|S_{n-1}(\sigma(t), x(\sigma(t)))|^{p_1}$$
$$\leqslant \frac{1}{2^{p_1}}\left[\int_a^b \frac{\Delta t}{|a_n(t)|^{\frac{1}{p}}}\right]^p \int_a^b |a_n(t)||S_{n-1}^{\Delta}(t, x(t))|^{p_1}\Delta t \quad (t \in [a, b)_{\mathbf{T}}). \tag{5.6}$$

由 (5.3)—(5.5), 有

$$|x(t)| \leqslant M \equiv \frac{\prod\limits_{i=1}^{n-1}w_i}{2^{n-1}}\left[\int_a^b \frac{\Delta t}{|a_n(t)|^{\frac{1}{p}}}\right]^{\frac{p}{p_1}}\left[\int_a^b |a_n(t)||S_{n-1}^{\Delta}(t, x(t))|^{p_1}\Delta t\right]^{\frac{1}{p_1}}. \tag{5.7}$$

由 (5.1) 可得

$$S_n^\Delta(t, x(t)) = -u(t)x^p(t).$$

因此

$$S_n^\Delta(t, x(t))S_{n-1}^\sigma(t, x(t)) = -u(t)x^p(t)S_{n-1}^\sigma(t, x(t)). \tag{5.8}$$

对 (5.8) 从 a 到 b 积分, 有

$$\int_a^b S_n^\Delta(t, x(t))S_{n-1}^\sigma(t, x(t))\Delta t = \int_a^b -u(t)x^p(t)S_{n-1}^\sigma(t, x(t))\Delta t. \tag{5.9}$$

根据 (5.6)—(5.8), 得到

$$\int_a^b a_n(t)|S_{n-1}^\Delta(t, x(t))|^{p+1}\Delta t$$

$$= \int_a^b a_n(t)(S_{n-1}^\Delta(t, x(t)))^{p+1}\Delta t$$

$$= \int_a^b [(S_n(t, x(t))S_{n-1}(t, x(t)))^\Delta - S_n^\Delta(t, x(t))S_{n-1}^\sigma(t, x(t))]\Delta t$$

$$= a_n(b)S_{n-1}^p(b, x(b))S_{n-1}(b, x(b)) - a_n(a)S_{n-1}^p(a, x(a))S_{n-1}(a, x(a))$$

$$\quad - \int_a^b S_n^\Delta(t, x(t))S_{n-1}^\sigma(t, x(t))\Delta t$$

$$\leqslant \int_a^b |u(t)x^p(t)S_{n-1}^\sigma(t, x(t))|\Delta t$$

$$\leqslant M^p \int_a^b |u(t)||S_{n-1}(\sigma(t), x(\sigma(t)))|\Delta t$$

$$\leqslant M^p \left[\int_a^b |u(t)|^{\frac{p_1}{p}}\Delta t\right]^{\frac{p}{p_1}} \left[\int_a^b |S_{n-1}(\sigma(t), x(\sigma(t)))|^{p_1}\Delta t\right]^{\frac{1}{p_1}}$$

$$\leqslant M^p \left[\int_a^b |u(t)|^{\frac{p_1}{p}}\Delta t\right]^{\frac{p}{p_1}} \frac{(b-a)^{\frac{1}{p_1}}}{2} \left[\int_a^b \frac{\Delta t}{|a_n(t)|^{\frac{1}{p}}}\right]^{\frac{p}{p_1}}$$

$$\quad \times \left[\int_a^b |a_n(t)||S_{n-1}^\Delta(t, x(t))|^{p_1}\Delta t\right]^{\frac{1}{p_1}}$$

$$= \left\{\frac{\prod_{i=1}^{n-1} w_i}{2^{n-1}} \left[\int_a^b \frac{\Delta t}{|a_n(t)|^{\frac{1}{p}}}\right]^{\frac{p}{p_1}} \left[\int_a^b |a_n(t)||S_{n-1}^\Delta(t, x(t))|^{p_1}\Delta t\right]^{\frac{1}{p_1}}\right\}^p$$

$$
\times \left[\int_a^b |u(t)|^{\frac{p_1}{p}} \Delta t\right]^{\frac{p}{p_1}} \frac{(b-a)^{\frac{1}{p_1}}}{2} \left[\int_a^b \frac{\Delta t}{|a_n(t)|^{\frac{1}{p}}}\right]^{\frac{p}{p_1}}
$$

$$
\times \left[\int_a^b |a_n(t)||S_{n-1}^\Delta(t,x(t))|^{p_1} \Delta t\right]^{\frac{1}{p_1}}
$$

$$
= \frac{\left[\prod\limits_{i=1}^{n-1} w_i\right]^p}{2^{(n-1)p+1}} (b-a)^{\frac{1}{p_1}} \left[\int_a^b |u(t)|^{\frac{p_1}{p}} \Delta t\right]^{\frac{p}{p_1}} \left[\int_a^b \frac{\Delta t}{|a_n(t)|^{\frac{1}{p}}}\right]^p
$$

$$
\times \left[\int_a^b |a_n(t)||S_{n-1}^\Delta(t,x(t))|^{p+1} \Delta t\right]^{\frac{p+1}{p+1}}.
$$

因为 $x(t) \not\equiv 0$ $(t \in [a,b]_\mathbf{T})$, 由 (5.7) 可推出

$$
\int_a^b |a_n(t)||S_{n-1}^\Delta(t,x(t))|^{p+1} \Delta t > 0.
$$

从而

$$
\int_a^b |u(t)|^{\frac{p+1}{p}} \Delta t \geqslant \frac{2^{\frac{[(n-1)p+1](p+1)}{p}}}{(b-a)^{\frac{1}{p}} \left[\int_a^b \frac{\Delta t}{|a_n(t)|^{\frac{1}{p}}}\right]^{p+1} \prod\limits_{i=1}^{n-1}\left\{\prod\limits_{j=1}^{n}\left[\int_a^b \frac{\Delta t}{|a_i(t)|^{\alpha_i}}\right]^{\frac{1}{p_j}}\right\}^{p+1}}. \qquad \square
$$

特别地, 若定理 5.1 中 $\alpha_i = 1 + r_i p_i$ $(i \in \mathbf{N}_n)$, 则可得到推论 5.1.

推论 5.1　设 $r_i \in \mathbf{R}$ $(1 \leqslant i \leqslant n)$, $p_1 = p+1$, $p_j \in (1, +\infty)$ $(2 \leqslant j \leqslant n)$ 满足

$$
\sum_{i=1}^{n} \frac{1}{p_i} = 1, \quad \sum_{i=1}^{n} r_i = 0.
$$

若 (5.1) 有一个解 $x(t) \not\equiv 0$ $(t \in [a,b]_\mathbf{T})$ 满足 (5.2), 则

$$
\int_a^b |u(t)|^{\frac{p+1}{p}} \Delta t \geqslant \frac{2^{\frac{[(n-1)p+1](p+1)}{p}}}{(b-a)^{\frac{1}{p}} \left[\int_a^b \frac{\Delta t}{|a_n(t)|^{\frac{1}{p}}}\right]^{p+1} \prod\limits_{i=1}^{n-1}\left\{\prod\limits_{j=1}^{n}\left[\int_a^b \frac{\Delta t}{|a_i^{1+r_i p_i}(t)|}\right]^{\frac{1}{p_j}}\right\}^{p+1}}.
$$

若定理 5.1 中 $\alpha_i = 1$ $(i \in \mathbf{N}_n)$, 则得到推论 5.2.

推论 5.2　若 (5.1) 有一个解 $x(t) \not\equiv 0$ $(t \in [a,b]_\mathbf{T})$ 满足 (5.2), 则

$$
\int_a^b |u(t)|^{\frac{p+1}{p}} \Delta t \geqslant \frac{2^{\frac{[(n-1)p+1](p+1)}{p}}}{(b-a)^{\frac{1}{p}} \left[\int_a^b \frac{\Delta t}{|a_n(t)|^{\frac{1}{p}}}\right]^{p+1} \prod\limits_{i=1}^{n-1}\left[\int_a^b \frac{\Delta t}{|a_i(t)|}\right]^{p+1}}.
$$

例子 5.1 设 $\alpha_i \in \mathbf{R}$ $(i \in \mathbf{N}_n)$, $p_1 = p + 1$ 且 $p_j \in (1, +\infty)$ $(2 \leqslant j \leqslant n)$ 满足

$$\sum_{i=1}^{n} \frac{\alpha_i}{p_i} = \sum_{i=1}^{n} \frac{1}{p_i} = 1.$$

设 $\mathbf{T} = [-2, -1] \cup [1, \infty)$, $a_k(t) = t$ $(k \in \mathbf{N}_{n-1})$, $a_n = t^{2m}$ $(m \in \mathbf{N})$, 且

$$u(t) = \begin{cases} -\dfrac{(2m+1)2m(p+1)}{t^{p+1-2m}}, & t \neq -1, \\[4mm] \dfrac{(2m+1)^{np} - \left[\dfrac{1}{2^{n-1}} + \displaystyle\sum_{i=1}^{n-1} \dfrac{(2m+1)^{n-i}}{2^i}\right]^p}{2}, & t = -1. \end{cases}$$

取 $x(t) = t^{2m+1}$, 则:

(1) 当 $t \neq -1$ 时, 有

$$S_k(t, x(t)) = (2m+1)^k t^{2m+1} \quad (k \in \mathbf{Z}_{n-1}),$$
$$S_n(t, x(t)) = (2m+1)^{np} t^{2m(p+1)},$$
$$S_n^\Delta(t, x(t)) = (2m+1)^{np} 2m(p+1) t^{2m(p+1)-1}.$$

(2)

$$S_0(-1, x(-1)) = S_1(-1, x(-1)) = -1,$$
$$S_k(-1, x(-1)) = -\left[\frac{1}{2^{k-1}} + \sum_{i=1}^{k-1} \frac{(2m+1)^{k-i}}{2^i}\right] \quad (2 \leqslant k \leqslant n-1),$$
$$S_n(-1, x(-1)) = \left[\frac{1}{2^{n-1}} + \sum_{i=1}^{n-1} \frac{(2m+1)^{n-i}}{2^i}\right]^p,$$
$$S_n^\Delta(-1, x(-1)) = \frac{(2m+1)^{np} - \left[\dfrac{1}{2^{n-1}} + \displaystyle\sum_{i=1}^{n-1} \dfrac{(2m+1)^{n-i}}{2^i}\right]^p}{2}.$$

取 $a = -2$, $b = 2$, 则 $x(t) \not\equiv 0$ 是 (5.1) 的一个解且满足条件 (5.2), 由定理 5.1 知

$$\int_{-2}^{2} |u(t)|^{\frac{p+1}{p}} \Delta t \geqslant \frac{2^{(n-1)(p+1)+1-\frac{1}{p}}}{\left[\displaystyle\int_{-2}^{2} \frac{\Delta t}{|t|^{\frac{2m}{p}}}\right]^{p+1} \displaystyle\prod_{i=1}^{n-1} \left\{\displaystyle\prod_{j=1}^{n} \left[\displaystyle\int_{-2}^{2} \frac{\Delta t}{|t|^{\alpha_i}}\right]^{\frac{1}{p_j}}\right\}^{p+1}}.$$

例子 5.2 设 $\alpha_i \in \mathbf{R}$ $(i \in \mathbf{N}_n)$, $p_1 = p + 1$ 且 $p_j \in (1, \infty)$ $(2 \leqslant j \leqslant n)$ 满足

$$\sum_{i=1}^{n} \frac{\alpha_i}{p_i} = \sum_{i=1}^{n} \frac{1}{p_i} = 1.$$

设 $\mathbf{T} = \{\pm 2^n : n = 0, 1, 2, \cdots\}$, $a_k(t) = t$ $(k \in \mathbf{N}_{n-1})$, $a_n = t^2$ 且

$$u(t) = -\frac{\sigma(t) + t}{t^p}.$$

取 $x(t) = t$, 有

$$S_k(t, x(t)) = t \ (k \in \mathbf{Z}_{n-1}), \quad S_n(t, x(t)) = t^2, \quad S_n^{\Delta}(t, x(t)) = \sigma(t) + t.$$

设 $a = -2^r$ 和 $b = 2^r$ $(r \in \mathbf{N})$, 则 $x(t) \not\equiv 0$ 是 (5.1) 的一个解且满足条件 (5.2), 由定理 5.1 知

$$\int_{-2^r}^{2^r} \left| \frac{\sigma(t) + t}{t^p} \right|^{\frac{p+1}{p}} \Delta t \geqslant \frac{2^{(n-1)(p+1)+1-\frac{r}{p}}}{\left[\int_{-2^r}^{2^r} \frac{\Delta t}{|t|^{\frac{2}{p}}} \right]^{p+1} \prod_{i=1}^{n-1} \left\{ \prod_{j=1}^{n} \left[\int_{-2^r}^{2^r} \frac{\Delta t}{|t|^{\alpha_i}} \right]^{\frac{1}{p_j}} \right\}^{p+1}}.$$

在本节最后, 给出定理 5.1 的一个应用. 考虑时标 $[a, b]_{\mathbf{T}}$ 上的特征值问题

$$S_n^{\Delta}(t, x(t)) + ru(t)x^p(t) = 0, \tag{5.10}$$

其中 $a < b$, $u \in C_{\mathrm{rd}}([a, b]_{\mathbf{T}}, \mathbf{R})$, p 是两个正奇数的比值, $S_0(t, x(t)) = x(t)$, $S_k(t, x(t)) = a_k(t)S_{k-1}^{\Delta}(t, x(t))$ $(k \in \mathbf{N}_{n-1})$, $S_n(t, x(t)) = a_n(t)[S_{n-1}^{\Delta}(t, x(t))]^p$, $a_k \in C_{\mathrm{rd}}([a, b]_{\mathbf{T}}, (-\infty, 0) \cup (0, \infty))$ $(k \in \mathbf{N}_n)$ 满足 $a_n(a) = a_n(b)$. 这时 (5.10) 的特征值 r 满足

$$|r| \geqslant \frac{2^{(n-1)p+1}}{\left[\int_a^b |u(t)|^{\frac{p+1}{p}} \Delta t \right]^{\frac{p}{p+1}} (b-a)^{\frac{1}{p+1}} \left[\int_a^b \frac{\Delta t}{|a_n(t)|^{\frac{1}{p}}} \right]^p \prod_{i=1}^{n-1} \left\{ \prod_{j=1}^{n} \left[\int_a^b \frac{\Delta t}{|a_i(t)|^{\alpha_i}} \right]^{\frac{1}{p_j}} \right\}^p},$$

其中 $\alpha_i \in \mathbf{R}$ $(i \in \mathbf{N}_n)$, $p_1 = p + 1$ 且 $p_j \in (1, \infty)$ $(2 \leqslant j \leqslant n)$ 满足

$$\sum_{i=1}^{n} \frac{\alpha_i}{p_i} = \sum_{i=1}^{n} \frac{1}{p_i} = 1.$$

5.2　向量方程 $\Phi_p(S_n^{\Delta}(t, X(t))) + B(t)\Phi_p(X(t)) = 0$ 的 Lyapunov 不等式

这一节研究任意时标 $[a, b]_{\mathbf{T}}$ 上的高阶动力向量方程

$$\Phi_p(S_n^{\Delta}(t, X(t))) + B(t)\Phi_p(X(t)) = 0 \tag{5.11}$$

的 Lyapunov 不等式, 其中

(1) $n\in\mathbf{N}$, $p\in(1,\infty)$, $A_k(t)$ $(k\in\mathbf{N}_n)$ 是 $\mathbf{T}$ 上的 n 阶实正定矩阵值函数, $B(t)$ 是 $\mathbf{T}$ 上的 n 阶实矩阵值函数且 $I+\mu(t)B(t)$ 可逆, $X(t)$ 是 $\mathbf{T}$ 上的 n 维向量值函数.

(2) $\Phi_p(Y)=|Y|^{p-2}Y$ $(Y\in\mathbf{R}^n)$, 且

$$S_k(t,X(t))=\begin{cases} X(t), & k=0, \\ A_k(t)S_{k-1}^\Delta(t,X(t)), & k\in\mathbf{N}_n. \end{cases}$$

假定 (5.11) 中至少存在一个解 $X(t)$ 满足

$$S_k(a,X(a))+S_k(b,X(b))=0\ (k\in\mathbf{Z}_n),\quad \max_{t\in[a,b]_\mathbf{T}}|X(t)|>0.$$

在 $[a,b)_\mathbf{T}$ 上任取一个划分 $P=\{t_0,t_1,\cdots,t_n\}\subset[a,b]_\mathbf{T}$, 使得 $a=t_0<t_1<\cdots<t_n=b$. 对 $\delta>0$, 记 $\mathcal{P}_\delta([a,b)_\mathbf{T})$ 为满足下面条件的划分 P 的集合:

$$P=\{a=t_0<t_1<\cdots<t_n=b:t_i-t_{i-1}\leqslant\delta \text{ 或 } t_i-t_{i-1}>\delta \text{ 且 } \rho(t_i)=t_{i-1}\}.$$

设 g 是 $[a,b)_\mathbf{T}$ 上的有界函数, 取 $[a,b)_\mathbf{T}$ 上的一个划分 $P:a=t_0<t_1<\cdots<t_n=b$, 在区间 $[t_{i-1},t_i)_\mathbf{T}$ $(i\in\mathbf{Z}_n)$ 上任选一点 ξ_i, 记和

$$S(P,g)=\sum_{i=1}^n g(\xi_i)(t_i-t_{i-1}).$$

若存在常数 I 满足: 对任意 $\varepsilon>0$, 存在 $\delta>0$, 使得当 $P\in\mathcal{P}_\delta([a,b)_\mathbf{T})$ 时,

$$|S(P,g)-I|<\varepsilon,$$

则称 g 在 $[a,b)_\mathbf{T}$ 上 Δ-可积.

引理 5.3 (Hölder 不等式) 设 $a,b\in\mathbf{T}$, $f,g\in C_{\mathrm{rd}}(\mathbf{T},\mathbf{R})$, 则

$$\int_a^b|f(t)g(t)|\Delta(t)\leqslant\left(\int_a^b|f(t)|^p\Delta(t)\right)^{\frac{1}{p}}\left(\int_a^b|g(t)|^q\Delta(t)\right)^{\frac{1}{q}},$$

其中 $p>1$, $q=p/(p-1)$.

引理 5.4 设 $a_i,b_i,c_i\in\mathbf{T}$ $(i\in\mathbf{N}_n)$ 且 $c_i\geqslant0$, 则

$$\left(\sum_{i=1}^n a_ic_i\right)^2+\left(\sum_{i=1}^n b_ic_i\right)^2\leqslant\left[\sum_{i=1}^n\sqrt{a_i^2+b_i^2}c_i\right]^2. \tag{5.12}$$

证明　因为对任意的 $i, j \in \mathbf{N}_n$, 恒有 $2a_i b_i a_j b_j \leqslant b_i^2 a_j^2 + b_j^2 a_i^2$, 从而

$$a_i c_i a_j c_j + b_i c_i b_j c_j \leqslant \sqrt{a_i^2 + b_i^2}\, c_i \sqrt{a_j^2 + b_j^2}\, c_j,$$

即

$$\sum_{i=1}^{n} \sum_{j=1}^{n} (a_i c_i a_j c_j + b_i c_i b_j c_j) \leqslant \sum_{i=1}^{n} \sum_{j=1}^{n} \sqrt{a_i^2 + b_i^2}\, c_i \sqrt{a_j^2 + b_j^2}\, c_j,$$

也就是

$$\left(\sum_{i=1}^{n} a_i c_i \right)^2 + \left(\sum_{i=1}^{n} b_i c_i \right)^2 \leqslant \left[\sum_{i=1}^{n} \sqrt{a_i^2 + b_i^2}\, c_i \right]^2. \qquad \square$$

引理 5.5　设 $f, h, f^2 + h^2$ 在 $[a,b]_{\mathbf{T}}$ 上是 Δ 可积的, 则

$$\left[\int_a^b f(t) \Delta t \right]^2 + \left[\int_a^b h(t) \Delta t \right]^2 \leqslant \left[\int_a^b \sqrt{f^2(t) + h^2(t)}\, \Delta t \right]^2. \qquad (5.13)$$

证明　对任意的 $\varepsilon > 0$, 存在 $\delta_i > 0$ $(i \in \mathbf{N}_3)$ 和划分 $P_i \in \mathcal{P}_{\delta_i}([a,b)_{\mathbf{T}})$ 满足

$$\left| S(P_1, f) - \int_a^b f(t) \Delta t \right| < \varepsilon, \qquad (5.14)$$

$$\left| S(P_2, h) - \int_a^b h(t) \Delta t \right| < \varepsilon \qquad (5.15)$$

和

$$\left| S(P_3, \sqrt{f^2(t) + h^2(t)}) - \int_a^b \sqrt{f^2(t) + h^2(t)}\, \Delta t \right| < \varepsilon. \qquad (5.16)$$

取 $P = P_1 \cup P_2 \cup P_3 (\in \cap_{i=1}^3 \mathcal{P}_{\delta_i}([a,b)_{\mathbf{T}})) : a = t_0 < t_1 < \cdots < t_n = b$, 任取 $\xi_i \in [t_{i-1}, t_i)$, 则

$$\left[\int_a^b f(t) \Delta t \right]^2 + \left[\int_a^b h(t) \Delta t \right]^2$$

$$\leqslant [|S(P,f)| + \varepsilon]^2 + [|S(P,h)| + \varepsilon]^2$$

$$= \left[\left| \sum_{i=1}^{n} f(\xi_i)(t_i - t_{i-1}) \right| + \varepsilon \right]^2 + \left[\left| \sum_{i=1}^{n} h(\xi_i)(t_i - t_{i-1}) \right| + \varepsilon \right]^2$$

$$\leqslant \left[\sum_{i=1}^{n} f(\xi_i)(t_i - t_{i-1}) \right]^2 + \left[\sum_{i=1}^{n} h(\xi_i)(t_i - t_{i-1}) \right]^2$$

$$+2\varepsilon\left[\left|\int_a^b f(t)\Delta t\right| + \left|\int_a^b h(t)\Delta t\right| + 3\varepsilon\right]$$

$$\leqslant \left[\sum_{i=1}^n \sqrt{f^2(\xi_i) + h^2(\xi_i)}(t_i - t_{i-1})\right]^2$$

$$+2\varepsilon\left[\left|\int_a^b f(t)\Delta t\right| + \left|\int_a^b h(t)\Delta t\right| + 3\varepsilon\right]$$

$$\leqslant \left[\int_a^b \sqrt{f^2(t) + h^2(t)}\Delta t + \varepsilon\right]^2$$

$$+2\varepsilon\left[\left|\int_a^b f(t)\Delta t\right| + \left|\int_a^b h(t)\Delta t\right| + 3\varepsilon\right].$$

令 $\varepsilon \to 0$, 引理 5.5 得证. $\square$

引理 5.6 设 $A \in \mathbf{R}_s^{n\times n}$, 则对任意满足 $A_1 \geqslant A$ (即 $A_1 - A \geqslant 0$) 的 $A_1 \in \mathbf{R}_s^{n\times n}$ 和 $x \in \mathbf{R}^n$, 有

$$(x^\sigma)^{\mathrm{T}} A x^\sigma \leqslant |A_1||x^\sigma|^2. \tag{5.17}$$

证明 对任意的 $x \in \mathbf{R}^n$, 恒有 $(x^\sigma)^{\mathrm{T}}(A_1 - A)x^\sigma \geqslant 0$, 则

$$(x^\sigma)^{\mathrm{T}} A x^\sigma \leqslant (x^\sigma)^{\mathrm{T}} A_1 x^\sigma \leqslant |x^\sigma||A_1 x^\sigma|$$
$$\leqslant |x^\sigma||A_1||x^\sigma| = |A_1||x^\sigma|^2. \qquad \square$$

引理 5.7 设 $a, b \in \mathbf{T}$ 满足 $a < b$, 且 $g_1(t), g_2(t), \cdots, g_n(t)$ 在 $[a, b]_{\mathbf{T}}$ 上 Δ 可积. 记 $x(t) = (g_1(t), g_2(t), \cdots, g_n(t))$, 则

$$\left|\int_a^b x(t)\Delta t\right| = \left\{\sum_{i=1}^n \left(\int_a^b g_i(t)\Delta t\right)^2\right\}^{\frac{1}{2}} \leqslant \int_a^b \left\{\sum_{i=1}^n g_i^2(t)\right\}^{\frac{1}{2}}\Delta t = \int_a^b |x(t)|\Delta t. \tag{5.18}$$

证明 由引理 5.5 易证, 当 $n = 2$ 时, (5.18) 成立. 下设当 $n = k \geqslant 2$ 时, (5.18) 也成立, 即有

$$\sum_{i=1}^k \left(\int_a^b g_i(t)\Delta t\right)^2 \leqslant \left[\int_a^b \left\{\sum_{i=1}^k g_i^2(t)\right\}^{\frac{1}{2}}\Delta t\right]^2.$$

从而

$$
\left[\int_a^b \left\{ \sum_{i=1}^{k+1} g_i^2(t) \right\}^{\frac{1}{2}} \Delta t \right]^2
$$

$$
= \left\{ \int_a^b \left\{ g_{k+1}^2(t) + \left[\left(\sum_{i=1}^k g_i^2(t) \right)^{\frac{1}{2}} \right]^2 \right\}^{\frac{1}{2}} \Delta t \right\}^2
$$

$$
\geqslant \left(\int_a^b g_{k+1}(t) \Delta t \right)^2 + \left(\int_a^b \left\{ \sum_{i=1}^k g_i^2(t) \right\}^{\frac{1}{2}} \Delta t \right)^2
$$

$$
\geqslant \sum_{i=1}^{k+1} \left(\int_a^b g_i(t) \Delta t \right)^2 .
$$

引理 5.7 得证. $\square$

定理 5.2　设 $a, b \in \mathbf{T}$ 满足 $\sigma(a) < b$. 若 (5.11) 有一个解 $X(t)$ 满足

$$
S_k(a, X(a)) + S_k(b, X(b)) = 0 \ (k \in \mathbf{Z}_n), \qquad \max_{t \in [a,\, b]_\mathbf{T}} |X(t)| > 0,
$$

则下面不等式

$$
\int_a^b |B(t)|^{\frac{p}{p-1}} \Delta t \geqslant \frac{2^{p(n+1)}}{(b-a)^{n+p-1} \prod\limits_{i=1}^n \left(\int_a^b |A_i^{-1}(t)|^{\frac{p}{p-1}} \Delta t \right)^{p-1}}
$$

成立.

证明　对任意 $t \in [a, b]_\mathbf{T}$, 恒有

$$
\begin{aligned}
X(t) &= S_0(t, x(t)) \\
&= S_0(a, X(a)) + \int_a^t A_1^{-1}(s) S_1(s, X(s)) \Delta s \\
&= S_0(b, X(b)) - \int_t^b A_1^{-1}(s) S_1(s, X(s)) \Delta s.
\end{aligned}
$$

取 $q = p/(p-1)$. 由引理 5.3 和引理 5.6, 得到

$$
\begin{aligned}
&|X(t)| \\
&= \frac{1}{2} \Bigg| S_0(a, X(a)) + \int_a^t A_1^{-1}(s) S_1(s, X(s)) \Delta s \\
&\quad + S_0(b, X(b)) - \int_t^b A_1^{-1}(s) S_1(s, X(s)) \Delta s \Bigg|
\end{aligned}
$$

$$= \frac{1}{2}\left| \int_a^t A_1^{-1}(s)S_1(s, X(s))\Delta s - \int_t^b A_1^{-1}(s)S_1(s, X(s))\Delta s \right|$$

$$\leqslant \frac{1}{2}\left[\left| \int_a^t A_1^{-1}(s)S_1(s, X(s))\Delta s \right| + \left| \int_t^b A_1^{-1}(s)S_1(s, X(s))\Delta s \right| \right]$$

$$\leqslant \frac{1}{2}\left[\int_a^t |A_1^{-1}(s)S_1(s, X(s))|\Delta s + \int_t^b |A_1^{-1}(s)S_1(s, X(s))|\Delta s \right]$$

$$= \frac{1}{2}\int_a^b |A_1^{-1}(s)S_1(s, X(s))|\Delta s$$

$$\leqslant \frac{1}{2}\int_a^b |A_1^{-1}(s)||S_1(s, X(s))|\Delta s$$

$$\leqslant \frac{1}{2}\left(\int_a^b |A_1^{-1}(s)|^q\Delta s \right)^{\frac{1}{q}} \left(\int_a^b |S_1(s, X(s))|^p\Delta s \right)^{\frac{1}{p}},$$

即

$$|X(t)| \leqslant \frac{1}{2}\left(\int_a^b |A_1^{-1}(s)|^q\Delta s \right)^{\frac{1}{q}} \left(\int_a^b |S_1(s, X(s))|^p\Delta s \right)^{\frac{1}{p}}. \tag{5.19}$$

当 $k \in \mathbf{N}_n$ 时, 同理得到

$$|S_k(t, X(t))|$$

$$\leqslant \frac{1}{2}\int_a^b |A_{k+1}^{-1}(s)S_{k+1}(s, X(s))|\Delta s$$

$$\leqslant \frac{1}{2}\int_a^b |A_{k+1}^{-1}(s)||S_{k+1}(s, X(s))|\Delta s$$

$$\leqslant \frac{1}{2}\left(\int_a^b |A_{k+1}^{-1}(s)|^q\Delta s \right)^{\frac{1}{q}} \left(\int_a^b |S_{k+1}(s, X(s))|^p\Delta s \right)^{\frac{1}{p}}$$

和

$$|S_n(t, X(t))|$$

$$= \frac{1}{2}\left| \int_a^t S_n^\Delta(s, X(s))\Delta s - \int_t^b S_n^\Delta(s, X(s))\Delta s \right|$$

$$\leqslant \frac{1}{2}\left(\left| \int_a^t S_n^\Delta(s, X(s))\Delta s \right| + \left| \int_t^b S_n^\Delta(s, X(s))\Delta s \right| \right)$$

$$\leqslant \frac{1}{2}(b-a)^{\frac{1}{q}}\left(\int_a^b |S_n^\Delta(s, X(s))|^p\Delta s \right)^{\frac{1}{p}}.$$

对上式两边同时 p 次方后得

$$|S_k(t, X(t))|^p \leqslant \left(\frac{1}{2}\right)^p \left(\int_a^b |A_{k+1}^{-1}(s)|^q \Delta s\right)^{\frac{p}{q}} \int_a^b |S_{k+1}(s, X(s))|^p \Delta s \qquad (5.20)$$

和

$$|S_n(t, X(t))|^p \leqslant \left(\frac{1}{2}\right)^p (b-a)^{\frac{p}{q}} \int_a^b |S_n^\Delta(s, X(s))|^p \Delta s. \qquad (5.21)$$

分别对 (5.20) 和 (5.21) 从 a 到 b 积分得

$$\int_a^b |S_k(t, X(t))|^p \Delta t \leqslant \left(\frac{1}{2}\right)^p (b-a) \left(\int_a^b |A_{k+1}^{-1}(s)|^q \Delta s\right)^{\frac{p}{q}} \int_a^b |S_{k+1}(s, X(s))|^p \Delta s$$

和

$$\int_a^b |S_n(t, X(t))|^p \Delta t \leqslant \left(\frac{1}{2}\right)^p (b-a)^{\frac{p}{q}+1} \int_a^b |S_n^\Delta(s, X(s))|^p \Delta s,$$

即

$$\left(\int_a^b |S_k(t, X(t))|^p \Delta t\right)^{\frac{1}{p}}$$

$$\leqslant \frac{(b-a)^{\frac{1}{p}}}{2} \left(\int_a^b |A_{k+1}^{-1}(s)|^q \Delta s\right)^{\frac{1}{q}} \left(\int_a^b |S_{k+1}(s, X(s))|^p \Delta s\right)^{\frac{1}{p}} \qquad (5.22)$$

和

$$\left(\int_a^b |S_n(t, X(t))|^p \Delta t\right)^{\frac{1}{p}} \leqslant \frac{b-a}{2} \left(\int_a^b |S_n^\Delta(s, X(s))|^p \Delta s\right)^{\frac{1}{p}}. \qquad (5.23)$$

由 (5.19), (5.22) 和 (5.23) 可得

$$|X(t)|$$

$$\leqslant \frac{(b-a)^{\frac{n-1}{p}}}{2^n} \prod_{i=1}^n \left(\int_a^b |A_i^{-1}(s)|^q \Delta s\right)^{\frac{1}{q}} \left(\int_a^b |S_n(s, X(s))|^p \Delta s\right)^{\frac{1}{p}}$$

$$\leqslant \frac{(b-a)^{\frac{n}{p}+\frac{1}{q}}}{2^{n+1}} \prod_{i=1}^n \left(\int_a^b |A_i^{-1}(s)|^q \Delta s\right)^{\frac{1}{q}} \left(\int_a^b |S_n^\Delta(s, X(s))|^p \Delta s\right)^{\frac{1}{p}}. \qquad (5.24)$$

由 (5.11) 得到

$$|S_n^\Delta(t, X(t))|^{p-2} (S_n^\Delta(t, X(t)))^{\mathrm{T}} S_n^\Delta(t, X(t)) = -(S_n^\Delta(t, X(t)))^{\mathrm{T}} B(t) |X(t)|^{p-2} X(t).$$

则

$$|S_n^\Delta(t, X(t))|^p$$
$$= |-(S_n^\Delta(t, X(t)))^{\mathrm{T}} B(t)|X(t)|^{p-2} X(t)|$$
$$\leqslant |S_n^\Delta(t, X(t))||B(t)||X(t)|^{p-1}. \tag{5.25}$$

对 (5.25) 从 a 到 b 积分得

$$\int_a^b |S_n^\Delta(t, X(t))|^p \Delta t$$

$$\leqslant \int_a^b (|S_n^\Delta(t, X(t))||B(t)||X(t)|^{p-1}) \Delta t$$

$$\leqslant \int_a^b \left(|S_n^\Delta(t, X(t))||B(t)| \left[\frac{(b-a)^{\frac{n}{p}+\frac{1}{q}}}{2^{n+1}} \prod_{i=1}^n \left(\int_a^b |A_i^{-1}(s)|^q \Delta s \right)^{\frac{1}{q}} \right. \right.$$

$$\left. \left. \times \left(\int_a^b |S_n^\Delta(t, X(t))|^p \Delta s \right)^{\frac{1}{p}} \right]^{p-1} \right) \Delta t$$

$$= \int_a^b |S_n^\Delta(t, X(t))||B(t)| \Delta t \left[\frac{(b-a)^{\frac{n}{p}+\frac{1}{q}}}{2^{n+1}} \right.$$

$$\left. \times \prod_{i=1}^n \left(\int_a^b |A_i^{-1}(s)|^q \Delta s \right)^{\frac{1}{q}} \left(\int_a^b |S_n^\Delta(t, X(t))|^p \Delta s \right)^{\frac{1}{p}} \right]^{p-1}$$

$$\leqslant \int_a^b |S_n^\Delta(t, X(t))|^p \Delta t \left(\int_a^b |B(t)|^q \Delta t \right)^{\frac{1}{q}}$$

$$\times \left[\frac{(b-a)^{\frac{n}{p}+\frac{1}{q}}}{2^{n+1}} \prod_{i=1}^n \left(\int_a^b |A_i^{-1}(s)|^q \Delta s \right)^{\frac{1}{q}} \right]^{p-1}.$$

又因为 $\max_{t\in[a,b]_{\mathbf{T}}} |X(t)| > 0$, 所以

$$\int_a^b |S_n^\Delta(t, X(t))|^p \Delta t > 0,$$

从而有

$$\left(\int_a^b |B(t)|^q \Delta t \right)^{\frac{1}{q}} \geqslant \left[\frac{(b-a)^{\frac{n}{p}+\frac{1}{q}}}{2^{n+1}} \prod_{i=1}^n \left(\int_a^b |A_i^{-1}(s)|^q \Delta s \right)^{\frac{1}{q}} \right]^{1-p},$$

即

$$\int_a^b |B(t)|^q \Delta t \geqslant \frac{2^{p(n+1)}}{(b-a)^{n+p-1} \prod_{i=1}^n \left(\int_a^b |A_i^{-1}(t)|^{\frac{p}{p-1}} \Delta t \right)^{p-1}}. \qquad \square$$

5.3　Hamiltonian 系统的 Lyapunov 不等式

这一节研究任意时标 $[a,b]_{\mathbf{T}}$ 上的 Hamiltonian 系统

$$\begin{cases} x^{\Delta}(t) = -A(t)x(\sigma(t)) - B(t)y(t), \\ y^{\Delta}(t) = C(t)x(\sigma(t)) + A^{\mathrm{T}}(t)y(t) \end{cases} \tag{5.26}$$

的 Lyapunov 不等式, 其中 $a,b \in \mathbf{T}$, $\sigma(a) < b$, $A(t)$ 是 $\mathbf{T}$ 上的 n 阶实矩阵值函数且 $I + \mu(t)A(t)$ 可逆, $B(t)$ 和 $C(t)$ 是 $\mathbf{T}$ 上的 n 阶实对称矩阵值函数, 且 $B(t)$ 是正定的, $x(t), y(t)$ 是 $\mathbf{T}$ 上的 n 维实向量值函数. 假定 (5.26) 至少存在一个解 $(x(t), y(t))$ 满足

$$x(a) = x(b) = 0, \qquad \max_{t \in [a,b]_{\mathbf{T}}} |x(t)| > 0.$$

引理 5.8[3]　设 $A(t) \in C_{\mathrm{rd}}(\mathbf{T}, \mathbf{R}^{n \times n})$ 且 $I + \mu(t)A(t)$ 可逆, $f \in C_{\mathrm{rd}}(\mathbf{T}, \mathbf{R}^n)$. 取 $t_0 \in \mathbf{T}$, $x_0 \in \mathbf{R}^n$, 那么初值问题

$$\begin{cases} x^{\Delta}(t) = -A(t)x(\sigma(t)) + f(t), \\ x(t_0) = x_0 \end{cases}$$

有唯一解 $x : \mathbf{T} \to \mathbf{R}^n$, 这个解可以表示为

$$x(t) = e_{\ominus A}(t, t_0)x_0 + \int_{t_0}^{t} e_{\ominus A}(t, \tau)f(\tau)\Delta\tau,$$

其中 $(\ominus A)(t) = -[I + \mu(t)A(t)]^{-1}A(t)$ 且 $e_{\ominus A}(t, t_0)$ 是初值问题

$$\begin{cases} Y^{\Delta}(t) = (\ominus A)(t)Y(t), \\ Y(t_0) = I \end{cases}$$

的唯一矩阵值解.

定义

$$\varphi(\sigma(t)) = \int_{a}^{\sigma(t)} |B(s)||e_{\ominus A}(\sigma(t), s)|^2 \Delta s \tag{5.27}$$

和

$$\omega(\sigma(t)) = \int_{\sigma(t)}^{b} |B(s)||e_{\ominus A}(\sigma(t), s)|^2 \Delta s. \tag{5.28}$$

定理 5.3　设 $a,b \in \mathbf{T}$ 满足 $\sigma(a) < b$. 若 (5.26) 有一个解 $(x(t), y(t))$ 满足

$$x(a) = x(b) = 0, \qquad \max_{t \in [a,b]_{\mathbf{T}}} |x(t)| > 0,$$

则对任意满足 $C_1(t) \geqslant C(t)$ 的 $C_1 \in \mathbf{R}_s^{n \times n}$, 下面不等式

$$\int_a^b \frac{\varphi(\sigma(t))\omega(\sigma(t))}{\varphi(\sigma(t)) + \omega(\sigma(t))} |C_1(t)| \Delta t \geqslant 1 \tag{5.29}$$

成立.

证明 易知 (5.26) 的解 $(x(t), y(t))$ 满足

$$
\begin{aligned}
(y^{\mathrm{T}}(t)x(t))^{\Delta} &= (y^{\mathrm{T}}(t))^{\Delta} x^{\sigma}(t) + y^{\mathrm{T}}(t)x^{\Delta}(t) \\
&= (x^{\sigma}(t))^{\mathrm{T}} y^{\Delta}(t) + y^{\mathrm{T}}(t)x^{\Delta}(t) \\
&= (x^{\sigma}(t))^{\mathrm{T}} C(t)x^{\sigma}(t) - y^{\mathrm{T}}(t)B(t)y(t).
\end{aligned}
\tag{5.30}
$$

对 (5.30) 从 a 到 b 积分, 由条件 $x(a) = x(b) = 0$ 得

$$\int_a^b y^{\mathrm{T}}(t)B(t)y(t)\Delta t = \int_a^b (x^{\sigma}(t))^{\mathrm{T}} C(t)x^{\sigma}(t)\Delta t.$$

因为 $B(t) > 0$, 易知 $y^{\mathrm{T}}(t)B(t)y(t) \geqslant 0$ $(t \in [a,b]_{\mathbf{T}})$.

我们断言 $y^{\mathrm{T}}(t)B(t)y(t) \not\equiv 0$ $(t \in [a,b]_{\mathbf{T}})$. 否则, 若 $y^{\mathrm{T}}(t)B(t)y(t) \equiv 0$ $(t \in [a,b]_{\mathbf{T}})$, 则

$$|\sqrt{B(t)}y(t)|^2 = y^{\mathrm{T}}(t)B(t)y(t) \equiv 0,$$

即 $B(t)y(t) \equiv 0$ $(t \in [a,b]_{\mathbf{T}})$. 由 (5.26) 的第一个式子有

$$
\begin{cases}
x^{\Delta}(t) = -A(t)x(\sigma(t)), \\
x(a) = 0.
\end{cases}
$$

由引理 5.8 知

$$x(t) = e_{\ominus A}(t, a) \cdot 0 = 0,$$

故得到矛盾. 因此

$$\int_a^b y^{\mathrm{T}}(t)B(t)y(t)\Delta t = \int_a^b (x^{\sigma})^{\mathrm{T}}(t)C(t)x^{\sigma}(t)\Delta t > 0. \tag{5.31}$$

分别取 $t_0 = a$, $t_0 = b$, 由引理 5.8 得

$$
\begin{aligned}
x(t) &= -\int_a^t e_{\ominus A}(t, \tau)B(\tau)y(\tau)\Delta\tau \\
&= -\int_b^t e_{\ominus A}(t, \tau)B(\tau)y(\tau)\Delta\tau.
\end{aligned}
\tag{5.32}
$$

当 $t \in [a,b)_{\mathbf{T}}$ 时,

$$x^{\sigma}(t) = -\int_a^{\sigma(t)} e_{\ominus A}(\sigma(t),\tau)B(\tau)y(\tau)\Delta\tau$$

$$= \int_{\sigma(t)}^b e_{\ominus A}(\sigma(t),\tau)B(\tau)y(\tau)\Delta\tau. \tag{5.33}$$

对于 $a \leqslant \tau \leqslant \sigma(t) \leqslant b$, 有

$$|e_{\ominus A}(\sigma(t),\tau)B(\tau)y(\tau)|$$
$$\leqslant |e_{\ominus A}(\sigma(t),\tau)||B(\tau)y(\tau)|$$
$$= |e_{\ominus A}(\sigma(t),\tau)|\{y^{\mathrm{T}}(\tau)B^{\mathrm{T}}(\tau)B(\tau)y(\tau)\}^{\frac{1}{2}}$$
$$= |e_{\ominus A}(\sigma(t),\tau)|\{(\sqrt{B(\tau)}y(\tau))^{\mathrm{T}}B(\tau)\sqrt{B(\tau)}y(\tau)\}^{\frac{1}{2}}$$
$$\leqslant |e_{\ominus A}(\sigma(t),\tau)|\{|\sqrt{B(\tau)}y(\tau)||B(\tau)||\sqrt{B(\tau)}y(\tau)|\}^{\frac{1}{2}}$$
$$= |e_{\ominus A}(\sigma(t),\tau)||B(\tau)|^{\frac{1}{2}}(y^{\mathrm{T}}(\tau)B(\tau)y(\tau))^{\frac{1}{2}},$$

由引理 5.3 和引理 5.7, 得到

$$|x^{\sigma}(t)| = \left|\int_a^{\sigma(t)} e_{\ominus A}(\sigma(t),\tau)B(\tau)y(\tau)\Delta\tau\right|$$
$$\leqslant \int_a^{\sigma(t)} |e_{\ominus A}(\sigma(t),\tau)B(\tau)y(\tau)|\Delta\tau$$
$$\leqslant \int_a^{\sigma(t)} |e_{\ominus A}(\sigma(t),\tau)||B(\tau)|^{\frac{1}{2}}(y^{\mathrm{T}}(\tau)B(\tau)y(\tau))^{\frac{1}{2}}\Delta\tau$$
$$\leqslant \left(\int_a^{\sigma(t)} |e_{\ominus A}(\sigma(t),\tau)|^2|B(\tau)|\Delta\tau\right)^{\frac{1}{2}}\left(\int_a^{\sigma(t)} y^{\mathrm{T}}(\tau)B(\tau)y(\tau)\Delta\tau\right)^{\frac{1}{2}},$$

即

$$|x^{\sigma}(t)|^2 \leqslant \varphi(\sigma(t))\int_a^{\sigma(t)} y^{\mathrm{T}}(\tau)B(\tau)y(\tau)\Delta\tau. \tag{5.34}$$

由 (5.28) 同理可得, 对于 $a \leqslant \sigma(t) \leqslant \tau \leqslant b$, 有

$$|x^{\sigma}(t)|^2 \leqslant \omega(\sigma(t))\int_{\sigma(t)}^b y^{\mathrm{T}}(\tau)B(\tau)y(\tau)\Delta\tau. \tag{5.35}$$

由 (5.34) 和 (5.35), 有

$$\omega(\sigma(t))\varphi(\sigma(t))\int_a^{\sigma(t)} y^{\mathrm{T}}(\tau)B(\tau)y(\tau)\Delta\tau \geqslant |x^{\sigma}(t)|^2\omega(\sigma(t))$$

及

$$\omega(\sigma(t))\varphi(\sigma(t)) \int_{\sigma(t)}^{b} y^{\mathrm{T}}(\tau)B(\tau)y(\tau)\Delta\tau \geqslant |x^{\sigma}(t)|^2 \varphi(\sigma(t)).$$

故有

$$|x^{\sigma}(t)|^2 \leqslant \frac{\varphi(\sigma(t))\omega(\sigma(t))}{\varphi(\sigma(t)) + \omega(\sigma(t))} \int_a^b y^{\mathrm{T}}(\tau)B(\tau)y(\tau)\Delta\tau.$$

由引理 5.3 可推出

$$\int_a^b |C_1(t)||x^{\sigma}(t)|^2 \Delta t$$
$$\leqslant \int_a^b \left(|C_1(t)| \frac{\varphi(\sigma(t))\omega(\sigma(t))}{\varphi(\sigma(t)) + \omega(\sigma(t))} \int_a^b y^{\mathrm{T}}(\tau)B(\tau)y(\tau)\Delta\tau \right) \Delta t$$
$$= \int_a^b |C_1(t)| \frac{\varphi(\sigma(t))\omega(\sigma(t))}{\varphi(\sigma(t)) + \omega(\sigma(t))} \Delta t \int_a^b y^{\mathrm{T}}(\tau)B(\tau)y(\tau)\Delta\tau$$
$$= \int_a^b |C_1(t)| \frac{\varphi(\sigma(t))\omega(\sigma(t))}{\varphi(\sigma(t)) + \omega(\sigma(t))} \Delta t \int_a^b (x^{\sigma}(t))^{\mathrm{T}}C(t)x^{\sigma}(t)\Delta t$$
$$\leqslant \int_a^b |C_1(t)| \frac{\varphi(\sigma(t))\omega(\sigma(t))}{\varphi(\sigma(t)) + \omega(\sigma(t))} \Delta t \int_a^b |C_1(t)||x^{\sigma}(t)|^2 \Delta t.$$

又因为

$$\int_a^b |C_1(t)||x^{\sigma}(t)|^2 \Delta t \geqslant \int_a^b (x^{\sigma})^{\mathrm{T}}(t)C(t)x^{\sigma}(t)\Delta t$$
$$= \int_a^b y^{\mathrm{T}}(t)B(t)y(t)\Delta t > 0,$$

所以

$$\int_a^b \frac{\varphi(\sigma(t))\omega(\sigma(t))}{\varphi(\sigma(t)) + \omega(\sigma(t))} |C_1(t)|\Delta t \geqslant 1. \qquad \square$$

推论 5.3 设 $a, b \in \mathbf{T}$ 满足 $\sigma(a) < b$. 若 (5.26) 有一个解 $(x(t), y(t))$ 满足

$$x(a) = x(b) = 0, \qquad \max_{t \in [a,b]_{\mathbf{T}}} |x(t)| > 0,$$

则对任意满足 $C_1(t) \geqslant C(t)$ 的 $C_1 \in \mathbf{R}_s^{n \times n}$, 下面不等式

$$\int_a^b |C_1(t)| \left\{ \int_a^b |B(s)||e_{\Theta A}(\sigma(t), s)|^2 \Delta s \right\} \Delta t \geqslant 4 \qquad (5.36)$$

成立.

证明 因为

$$\frac{\varphi(\sigma(t))\omega(\sigma(t))}{\varphi(\sigma(t)) + \omega(\sigma(t))} \leqslant \frac{\varphi(\sigma(t)) + \omega(\sigma(t))}{4},$$

故由式 (5.29) 得

$$\int_a^b \frac{\varphi(\sigma(t)) + \omega(\sigma(t))}{4} |C_1(t)| \Delta t \geqslant 1.$$

结合 (5.27) 和 (2.28) 可推出

$$\int_a^b \left(\int_a^b |B(s)| |e_{\Theta A}(\sigma(t), s)|^2 \Delta s |C_1(t)| \right) \Delta t \geqslant 4,$$

即

$$\int_a^b |C_1(t)| \left\{ \int_a^b |B(s)| |e_{\Theta A}(\sigma(t), s)|^2 \Delta s \right\} \Delta t \geqslant 4. \qquad \square$$

定理 5.4　设 $a, b \in \mathbf{T}$ 满足 $\sigma(a) < b$. 若 (5.26) 有一个解 $(x(t), y(t))$ 满足

$$x(a) = x(b) = 0, \qquad \max_{t \in [a,b]_{\mathbf{T}}} |x(t)| > 0,$$

则对任意满足 $C_1(t) \geqslant C(t)$ 的 $C_1 \in \mathbf{R}_s^{n \times n}$, 下面不等式

$$\int_a^b |A(t)| \Delta t + \left(\int_a^b |\sqrt{B(t)}|^2 \Delta t \right)^{1/2} \left(\int_a^b |C_1(t)| \Delta t \right)^{1/2} \geqslant 2 \qquad (5.37)$$

成立.

　　证明　由定理 5.3 的证明得到

$$\int_a^b y^{\mathrm{T}}(t) B(t) y(t) \Delta t = \int_a^b (x^\sigma(t))^{\mathrm{T}} C(t) x^\sigma(t) \Delta t.$$

根据 (5.26) 的第一个式子可得, 当 $a \leqslant t \leqslant b$ 时,

$$x(t) = \int_a^t (-A(\tau) x^\sigma(\tau) - B(\tau) y(\tau)) \Delta \tau$$

和

$$x(t) = \int_t^b (A(\tau) x^\sigma(\tau) + B(\tau) y(\tau)) \Delta \tau.$$

由引理 5.3、引理 5.6 和引理 5.7 可得

$$|x(t)| = \frac{1}{2} \left[\left| \int_a^t (A(\tau) x^\sigma(\tau) + B(\tau) y(\tau)) \Delta \tau \right| \right. $$
$$\left. + \left| \int_t^b (A(\tau) x^\sigma(\tau) + B(\tau) y(\tau)) \Delta \tau \right| \right]$$

$$\leqslant \frac{1}{2}\left[\int_a^t |A(\tau)x^\sigma(\tau) + B(\tau)y(\tau)|\Delta\tau\right.$$

$$\left. + \int_t^b |A(\tau)x^\sigma(\tau) + B(\tau)y(\tau)|\Delta\tau\right]$$

$$\leqslant \frac{1}{2}\left[\int_a^b (|A(\tau)x^\sigma(\tau)| + |B(\tau)y(\tau)|)\Delta\tau\right]$$

$$\leqslant \frac{1}{2}\left[\int_a^b |A(\tau)||x^\sigma(\tau)|\Delta\tau + \int_a^b |\sqrt{B(\tau)}||\sqrt{B(\tau)}y(\tau)|\Delta\tau\right]$$

$$\leqslant \frac{1}{2}\left[\int_a^b |A(t)||x^\sigma(t)|\Delta t + \left(\int_a^b |\sqrt{B(t)}|^2\Delta t\right)^{1/2}\right.$$

$$\left. \times \left(\int_a^b |\sqrt{B(t)}y(t)|^2\Delta t\right)^{1/2}\right]$$

$$= \frac{1}{2}\left[\int_a^b |A(t)||x^\sigma(t)|\Delta t + \left(\int_a^b |\sqrt{B(t)}|^2\Delta t\right)^{1/2}\right.$$

$$\left. \times \left(\int_a^b (\sqrt{B(t)}y(t))^{\mathrm{T}}\sqrt{B(t)}y(t)\Delta t\right)^{1/2}\right]$$

$$= \frac{1}{2}\left[\int_a^b |A(t)||x^\sigma(t)|\Delta t + \left(\int_a^b |\sqrt{B(t)}|^2\Delta t\right)^{1/2}\right.$$

$$\left. \times \left(\int_a^b (x^\sigma)^T(t)C(t)(x^\sigma(t))\Delta t\right)^{1/2}\right]$$

$$\leqslant \frac{1}{2}\left[\int_a^b |A(t)||x^\sigma(t)|\Delta t + \left(\int_a^b |\sqrt{B(t)}|^2\Delta t\right)^{1/2}\right.$$

$$\left. \times \left(\int_a^b |C_1(t)||x^\sigma(t)|^2\Delta t\right)^{1/2}\right].$$

记 $M = \max_{t\in[a,b]_{\mathbf{T}}} |x(t)| > 0$, 则

$$M \leqslant \frac{1}{2}\left[\int_a^b |A(t)|M\Delta t + \left(\int_a^b |\sqrt{B(t)}|^2\Delta t\right)^{1/2}\left(\int_a^b |C_1(t)|M^2\Delta t\right)^{1/2}\right],$$

从而有

$$\int_a^b |A(t)|\Delta t + \left(\int_a^b |\sqrt{B(t)}|^2\Delta t\right)^{1/2}\left(\int_a^b |C_1(t)|\Delta t\right)^{1/2} \geqslant 2. \qquad \Box$$

5.4　拟 Hamiltonian 系统的 Lyapunov 不等式

在这一节, 我们研究任意时标 $[a,b]_{\mathbf{T}}$ 上的拟 Hamiltonian 系统

$$\begin{cases} x^{\Delta}(t) = -A(t)x(\sigma(t)) - B(t)|y(t)|^{p-2}y(t), \\ y^{\Delta}(t) = C(t)|x(\sigma(t))|^{q-2}x(\sigma(t)) + A^T(t)y(t) \end{cases} \tag{5.38}$$

的 Lyapunov 不等式, 其中

(1) $p, q > 1$ $(1/p + 1/q = 1)$, $a, b \in \mathbf{T}$ $(\sigma(a) < b)$.

(2) $A(t)$ 是 $\mathbf{T}$ 上的 n 阶实矩阵值函数且 $I + \mu(t)A(t)$ 可逆, $B(t)$ 和 $C(t)$ 是 $\mathbf{T}$ 上的 n 阶实对称矩阵值函数且 $B(t)$ 是正定的, $x(t), y(t)$ 是 $\mathbf{T}$ 上的 n 维向量值函数.

假定 (5.38) 至少存在一个解 $(x(t), y(t))$ 满足

$$x(a) = x(b) = 0, \quad \max_{t \in [a,b]_{\mathbf{T}}} |x(t)| > 0.$$

引理 5.9　设 $A(t)$ 是 $\mathbf{T}$ 上的 n 阶实矩阵值函数且 $A \geqslant 0$, 则 $|A| \leqslant |\sqrt{A}|^2$.

证明　因为对任意的 $B, C \in \mathbf{R}^{n \times n}$, 恒有 $|BC| \leqslant |B||C|$. 取 $B = C = \sqrt{A}$, 有

$$|\sqrt{A}\sqrt{A}| \leqslant |\sqrt{A}||\sqrt{A}| = |\sqrt{A}|^2,$$

引理 5.9 得证. □

定义

$$\varphi(\sigma(t))) = \begin{cases} \left(\displaystyle\int_a^{\sigma(t)} |e_{\ominus A}(\sigma(t), s)|^p |\sqrt{B(s)}|^{p(p-2)+2} \right. \\ \qquad \left. \times |(\sqrt{B(s)})^{-1}|^{p(p-2)} \Delta s \right)^{\frac{q}{p}}, \qquad 1 < q < 2, \\ \left(\displaystyle\int_a^{\sigma(t)} |e_{\ominus A}(\sigma(t), s)|^p |\sqrt{B(s)}|^2 \Delta s \right)^{\frac{q}{p}}, \quad q \geqslant 2 \end{cases} \tag{5.39}$$

和

$$\omega(\sigma(t)) = \begin{cases} \left(\displaystyle\int_{\sigma(t)}^b |e_{\ominus A}(\sigma(t), s)|^p |\sqrt{B(s)}|^{p(p-2)+2} \right. \\ \qquad \left. \times |(\sqrt{B(s)})^{-1}|^{p(p-2)} \Delta s \right)^{\frac{q}{p}}, \qquad 1 < q < 2, \\ \left(\displaystyle\int_{\sigma(t)}^b |e_{\ominus A}(\sigma(t), s)|^p |\sqrt{B(s)}|^2 \Delta s \right)^{\frac{q}{p}}, \quad q \geqslant 2. \end{cases} \tag{5.40}$$

定理 5.5 设 $a, b \in \mathbf{T}$ 满足 $\sigma(a) < b$. 若 (5.38) 有一个解 $(x(t), y(t))$ 满足

$$x(a) = x(b) = 0, \quad \max_{t \in [a,b]_\mathbf{T}} |x(t)| > 0,$$

则对任意满足 $C_1(t) \geqslant C(t)$ 的 $C_1 \in \mathbf{R}_s^{n \times n}$, 下面不等式

$$\int_a^b \frac{\varphi(\sigma(t)) \omega(\sigma(t))}{\varphi(\sigma(t)) + \omega(\sigma(t))} |C_1(t)| \Delta t \geqslant 1 \tag{5.41}$$

成立.

证明 易知 (5.38) 的解 $(x(t), y(t))$ 满足

$$(y^\mathrm{T}(t) x(t))^\Delta = |x^\sigma(t)|^{q-2} (x^\sigma(t))^\mathrm{T} C(t) x^\sigma(t) - |y(t)|^{p-2} y^\mathrm{T}(t) B(t) y(t). \tag{5.42}$$

对 (5.42) 从 a 到 b 积分, 由条件 $x(a) = x(b) = 0$ 得

$$\int_a^b |y(t)|^{p-2} y^\mathrm{T}(t) B(t) y(t) \Delta t = \int_a^b |x^\sigma(t)|^{q-2} (x^\sigma(t))^\mathrm{T} C(t) x^\sigma(t) \Delta t.$$

因为 $B(t) > 0$, 易知 $y^\mathrm{T}(t) B(t) y(t) \geqslant 0$, $t \in [a, b]_\mathbf{T}$.

我们断言 $y^\mathrm{T}(t) B(t) y(t) \not\equiv 0$ $(t \in [a, b]_\mathbf{T})$. 否则, 若 $y^\mathrm{T}(t) B(t) y(t) \equiv 0$ $(t \in [a, b]_\mathbf{T})$, 则有

$$|\sqrt{B(t)} y(t)|^2 = y^\mathrm{T}(t) B(t) y(t) \equiv 0,$$

即 $B(t) y(t) \equiv 0$ $(t \in [a, b]_\mathbf{T})$. 由 (5.38) 的第一个式子有

$$\begin{cases} x^\Delta(t) = -A(t) x(\sigma(t)), \\ x(a) = 0. \end{cases}$$

由引理 5.8 得

$$x(t) = e_{\ominus A}(t, a) \cdot 0 = 0,$$

这是矛盾的, 因此

$$\int_a^b |y(t)|^{p-2} y^\mathrm{T}(t) B(t) y(t) \Delta t = \int_a^b |x^\sigma(t)|^{q-2} (x^\sigma(t))^\mathrm{T} C(t) x^\sigma(t) \Delta t > 0. \tag{5.43}$$

分别取 $t_0 = a$, $t_0 = b$, 由引理 5.8 得

$$x(t) = -\int_a^t |y(\tau)|^{p-2} e_{\ominus A}(t, \tau) B(\tau) y(\tau) \Delta \tau$$

$$= -\int_b^t |y(\tau)|^{p-2} e_{\ominus A}(t, \tau) B(\tau) y(\tau) \Delta \tau.$$

当 $t \in [a,b)_{\mathbf{T}}$ 时,

$$x^\sigma(t) = -\int_a^{\sigma(t)} |y(\tau)|^{p-2} e_{\ominus A}(\sigma(t),\tau) B(\tau) y(\tau) \Delta\tau$$

$$= +\int_{\sigma(t)}^b |y(\tau)|^{p-2} e_{\ominus A}(\sigma(t),\tau) B(\tau) y(\tau) \Delta\tau.$$

情形 1　$q \geqslant 2$. 因为 $a \leqslant \tau \leqslant \sigma(t) \leqslant b$, 有

$$\||y(\tau)|^{p-2} e_{\ominus A}(\sigma(t),\tau) B(\tau) y(\tau)|$$

$$\leqslant |y(\tau)|^{p-2} |e_{\ominus A}(\sigma(t),\tau)| |B(\tau)y(\tau)|$$

$$= |y(\tau)|^{p-2} |e_{\ominus A}(\sigma(t),\tau)| \{y^{\mathrm{T}}(\tau) B^{\mathrm{T}}(\tau) B(\tau) y(\tau)\}^{\frac{1}{2}}$$

$$\leqslant |y(\tau)|^{p-2} |e_{\ominus A}(\sigma(t),\tau)| \{|\sqrt{B(\tau)}\,y(\tau)| |B(\tau)| |\sqrt{B(\tau)}\,y(\tau)|\}^{\frac{1}{2}}$$

$$= |y(\tau)|^{p-2} |e_{\ominus A}(\sigma(t),\tau)| |B(\tau)|^{\frac{1}{2}} (y^{\mathrm{T}}(\tau) B(\tau) y(\tau))^{\frac{1}{2}}$$

$$= |y(\tau)|^{p-2} |e_{\ominus A}(\sigma(t),\tau)| |B(\tau)|^{\frac{1}{2}} (y^{\mathrm{T}}(\tau) B(\tau) y(\tau))^{\frac{1}{q}} (y^{\mathrm{T}}(\tau) B(\tau) y(\tau))^{\frac{1}{2}-\frac{1}{q}}$$

$$= |y(\tau)|^{p-2} |e_{\ominus A}(\sigma(t),\tau)| |B(\tau)|^{\frac{1}{2}} (y^{\mathrm{T}}(\tau) B(\tau) y(\tau))^{\frac{1}{q}} |\sqrt{B(\tau)}\,y(\tau)|^{2(\frac{1}{2}-\frac{1}{q})}$$

$$\leqslant |e_{\ominus A}(\sigma(t),\tau)| |B(\tau)|^{\frac{1}{2}} (y^{\mathrm{T}}(\tau) B(\tau) y(\tau))^{\frac{1}{q}} |\sqrt{B(\tau)}|^{1-\frac{2}{q}} |y(\tau)|^{p-1-\frac{2}{q}}$$

$$\leqslant |e_{\ominus A}(\sigma(t),\tau)| |B(\tau)|^{1-\frac{1}{q}} (y^{\mathrm{T}}(\tau) B(\tau) y(\tau))^{\frac{1}{q}} |y(\tau)|^{p-1-\frac{2}{q}}.$$

由引理 5.3、引理 5.7 和引理 5.9, 得到

$$|x^\sigma(t)|^q$$

$$= \left| \int_a^{\sigma(t)} |y(\tau)|^{p-2} e_{\ominus A}(\sigma(t),\tau) B(\tau) y(\tau) \Delta\tau \right|^q$$

$$\leqslant \left(\int_a^{\sigma(t)} \||y(\tau)|^{p-2} e_{\ominus A}(\sigma(t),\tau) B(\tau) y(\tau)| \Delta\tau \right)^q$$

$$\leqslant \left(\int_a^{\sigma(t)} |y(\tau)|^{p-1-\frac{2}{q}} |e_{\ominus A}(\sigma(t),\tau)| |B(\tau)|^{1-\frac{1}{q}} (y^{\mathrm{T}}(\tau) B(\tau) y(\tau))^{\frac{1}{q}} \Delta\tau \right)^q$$

$$\leqslant \left(\int_a^{\sigma(t)} |e_{\ominus A}(\sigma(t),\tau)|^p |B(\tau)| \Delta\tau \right)^{\frac{q}{p}} \left(\int_a^{\sigma(t)} y^{\mathrm{T}}(\tau) B(\tau) y(\tau) |y(\tau)|^{p-2} \Delta\tau \right)$$

$$\leqslant \left(\int_a^{\sigma(t)} |e_{\ominus A}(\sigma(t),\tau)|^p |\sqrt{B(\tau)}|^2 \Delta\tau \right)^{\frac{q}{p}} \left(\int_a^{\sigma(t)} y^{\mathrm{T}}(\tau) B(\tau) y(\tau) |y(\tau)|^{p-2} \Delta\tau \right),$$

即

$$|x^\sigma(t)|^q \leqslant \varphi(\sigma(t)) \int_a^{\sigma(t)} y^{\mathrm{T}}(\tau) B(\tau) y(\tau) |y(\tau)|^{p-2} \Delta\tau. \tag{5.44}$$

由 (5.40), 同样可知, 当 $a \leqslant \sigma(t) \leqslant \tau \leqslant b$ 时, 有

$$|x^\sigma(t)|^q \leqslant \omega(\sigma(t)) \int_{\sigma(t)}^b y^{\mathrm{T}}(\tau) B(\tau) y(\tau) |y(\tau)|^{p-2} \Delta \tau. \tag{5.45}$$

由 (5.44) 和 (5.45) 可推出

$$\omega(\sigma(t)) \varphi(\sigma(t)) \int_a^{\sigma(t)} y^{\mathrm{T}}(\tau) B(\tau) y(\tau) |y(\tau)|^{p-2} \Delta \tau \geqslant |x^\sigma(t)|^q \, \omega(\sigma(t))$$

和

$$\omega(\sigma(t)) \varphi(\sigma(t)) \int_{\sigma(t)}^b y^{\mathrm{T}}(\tau) B(\tau) y(\tau) |y(\tau)|^{p-2} \Delta \tau \geqslant |x^\sigma(t)|^q \varphi(\sigma(t)).$$

故有

$$|x^\sigma(t)|^q \leqslant \frac{\varphi(\sigma(t)) \omega(\sigma(t))}{\varphi(\sigma(t)) + \omega(\sigma(t))} \int_a^b y^{\mathrm{T}}(\tau) B(\tau) y(\tau) |y(\tau)|^{p-2} \Delta \tau.$$

由引理 5.6 和 (5.43), 有

$$\int_a^b |C_1(t)| |x^\sigma(t)|^q \Delta t$$

$$\leqslant \int_a^b \left(|C_1(t)| \frac{\varphi(\sigma(t)) \omega(\sigma(t))}{\varphi(\sigma(t)) + \omega(\sigma(t))} \int_a^b y^{\mathrm{T}}(\tau) B(\tau) y(\tau) |y(\tau)|^{p-2} \Delta \tau \right) \Delta t$$

$$= \int_a^b |C_1(t)| \frac{\varphi(\sigma(t)) \omega(\sigma(t))}{\varphi(\sigma(t)) + \omega(\sigma(t))} \Delta t \int_a^b y^{\mathrm{T}}(\tau) B(\tau) y(\tau) |y(\tau)|^{p-2} \Delta \tau$$

$$= \int_a^b |C_1(t)| \frac{\varphi(\sigma(t)) \omega(\sigma(t))}{\varphi(\sigma(t)) + \omega(\sigma(t))} \Delta t \int_a^b |x^\sigma(t)|^{q-2} (x^\sigma(t))^{\mathrm{T}} C(t) x^\sigma(t) \Delta t$$

$$\leqslant \int_a^b |C_1(t)| \frac{\varphi(\sigma(t)) \omega(\sigma(t))}{\varphi(\sigma(t)) + \omega(\sigma(t))} \Delta t \int_a^b |C_1(t)| |x^\sigma(t)|^q \Delta t.$$

又因为

$$\int_a^b |x^\sigma(t)|^q |C_1(t)| \Delta t$$

$$\geqslant \int_a^b (x^\sigma(t))^{\mathrm{T}} C(t) x^\sigma(t) |x^\sigma(t)|^{q-2} \Delta t$$

$$= \int_a^b y^{\mathrm{T}}(t) B(t) y(t) |y(t)|^{p-2} \Delta t > 0,$$

所以

$$\int_a^b \frac{\varphi(\sigma(t)) \omega(\sigma(t))}{\varphi(\sigma(t)) + \omega(\sigma(t))} |C_1(t)| \Delta t \geqslant 1.$$

情形 1 得证.

情形 2　$1 < q < 2$. 这时有 $p > 2$. 因为 $a \leqslant \tau \leqslant \sigma(t) \leqslant b$, 所以

$$||y(\tau)|^{p-2}e_{\ominus A}(\sigma(t),\tau)B(\tau)y(\tau)|$$

$$\leqslant |y(\tau)|^{p-2}|e_{\ominus A}(\sigma(t),\tau)||B(\tau)y(\tau)|$$

$$= |y(\tau)|^{p-2}|e_{\ominus A}(\sigma(t),\tau)|\{y^{\mathrm{T}}(\tau)B^{\mathrm{T}}(\tau)B(\tau)y(\tau)\}^{\frac{1}{2}}$$

$$= |y(\tau)|^{p-2}|e_{\ominus A}(\sigma(t),\tau)|\{(\sqrt{B(\tau)}y(\tau))^{\mathrm{T}}B(\tau)\sqrt{B(\tau)}y(\tau)\}^{\frac{1}{2}}$$

$$\leqslant |(\sqrt{B(\tau)})^{-1}\sqrt{B(\tau)}y(\tau)|^{p-2}\{|\sqrt{B(\tau)}y(\tau)||B(\tau)||\sqrt{B(\tau)}y(\tau)|\}^{\frac{1}{2}}|e_{\ominus A}(\sigma(t),\tau)|$$

$$\leqslant |(\sqrt{B(\tau)})^{-1}|^{p-2}|\sqrt{B(\tau)}y(\tau)|^{p-2}|B(\tau)|^{\frac{1}{2}}|\sqrt{B(\tau)}y(\tau)||e_{\ominus A}(\sigma(t),\tau)|$$

$$= |(\sqrt{B(\tau)})^{-1}|^{p-2}|B(\tau)|^{\frac{1}{2}}|\sqrt{B(\tau)}y(\tau)|^{p-1}|e_{\ominus A}(\sigma(t),\tau)|$$

$$= |(\sqrt{B(\tau)})^{-1}|^{p-2}|B(\tau)|^{\frac{1}{2}}|\sqrt{B(\tau)}y(\tau)|^{\frac{2}{q}}|\sqrt{B(\tau)}y(\tau)|^{p-1-\frac{2}{q}}|e_{\ominus A}(\sigma(t),\tau)|$$

$$\leqslant |(\sqrt{B(\tau)})^{-1}|^{p-2}|B(\tau)|^{\frac{1}{2}}|\sqrt{B(\tau)}y(\tau)|^{\frac{2}{q}}|\sqrt{B(\tau)}|^{\frac{(p-1)(p-2)}{p}}|y(\tau)|^{p-1-\frac{2}{q}}|e_{\ominus A}(\sigma(t),\tau)|$$

$$= |(\sqrt{B(\tau)})^{-1}|^{p-2}|B(\tau)|^{\frac{1}{2}}(y^{T}(\tau)B(\tau)y(\tau))^{\frac{1}{q}}|\sqrt{B(\tau)}|^{\frac{(p-1)(p-2)}{p}}$$

$$|y(\tau)|^{p-1-\frac{2}{q}}|e_{\ominus A}(\sigma(t),\tau)|$$

且

$$|x^{\sigma}(t)|^{q}$$

$$= \left|\int_{a}^{\sigma(t)}|y(\tau)|^{p-2}e_{\ominus A}(\sigma(t),\tau)B(\tau)y(\tau)\Delta\tau\right|^{q}$$

$$\leqslant \left(\int_{a}^{\sigma(t)}||y(\tau)|^{p-2}e_{\ominus A}(\sigma(t),\tau)B(\tau)y(\tau)|\Delta\tau\right)^{q}$$

$$\leqslant \left(\int_{a}^{\sigma(t)}|e_{\ominus A}(\sigma(t),\tau)||y(\tau)|^{p-1-\frac{2}{q}}|(\sqrt{B(\tau)})^{-1}|^{p-2}\right.$$

$$\left.\times|B(\tau)|^{\frac{1}{2}}(y^{T}(\tau)B(\tau)y(\tau))^{\frac{1}{q}}|\sqrt{B(\tau)}|^{\frac{(p-1)(p-2)}{p}}\Delta\tau\right)^{q}$$

$$\leqslant \left(\int_{a}^{\sigma(t)}|(\sqrt{B(\tau)})^{-1}|^{p-2}|\sqrt{B(\tau)}|^{\frac{(p-1)(p-2)}{p}+1}\right.$$

$$\left.\times(y^{T}(\tau)B(\tau)y(\tau))^{\frac{1}{q}}|y(\tau)|^{p-1-\frac{2}{q}}|e_{\ominus A}(\sigma(t),\tau)|\Delta\tau\right)^{q}$$

$$\leqslant \left(\int_{a}^{\sigma(t)}|(\sqrt{B(\tau)})^{-1}|^{p(p-2)}|\sqrt{B(\tau)}|^{(p-1)(p-2)+p}|e_{\ominus A}(\sigma(t),\tau)|^{p}\Delta\tau\right)^{\frac{q}{p}}$$

$$\times\left(\int_{a}^{\sigma(t)}y^{T}(\tau)B(\tau)y(\tau)|y(\tau)|^{p-2}\Delta\tau\right),$$

即

$$|x^{\sigma}(t)|^q \leqslant \varphi(\sigma(t)) \int_a^{\sigma(t)} y^{\mathrm{T}}(\tau) B(\tau) y(\tau) |y(\tau)|^{p-2} \Delta \tau. \tag{5.46}$$

由 (5.40) 同样可得, 当 $a \leqslant \sigma(t) \leqslant \tau \leqslant b$ 时, 有

$$|x^{\sigma}(t)|^q \leqslant \omega(\sigma(t)) \int_{\sigma(t)}^b y^{\mathrm{T}}(\tau) B(\tau) y(\tau) |y(\tau)|^{p-2} \Delta \tau. \tag{5.47}$$

剩余的步骤参照情形 1, 得到

$$\int_a^b \frac{\varphi(\sigma(t)) \omega(\sigma(t))}{\varphi(\sigma(t)) + \omega(\sigma(t))} |C_1(t)| \Delta t \geqslant 1. \qquad \square$$

推论 5.4　设 $a, b \in \mathbf{T}$ 满足 $\sigma(a) < b$. 若 (5.38) 有一个解 $(x(t), y(t))$ 满足

$$x(a) = x(b) = 0, \quad \max_{t \in [a,b]_{\mathbf{T}}} |x(t)| > 0,$$

则对任意满足 $C_1(t) \geqslant C(t)$ 的 $C_1 \in \mathbf{R}_s^{n \times n}$, 下面不等式

$$\int_a^b (\varphi(\sigma(t)) + \omega(\sigma(t)))) |C_1(t)| \Delta t \geqslant 4 \tag{5.48}$$

成立.

　　证明　由

$$\frac{\varphi(\sigma(t)) \omega(\sigma(t))}{\varphi(\sigma(t)) + \omega(\sigma(t))} \leqslant \frac{\varphi(\sigma(t)) + \omega(\sigma(t))}{4}$$

和 (5.41), 可推出

$$\int_a^b \frac{\varphi(\sigma(t)) + \omega(\sigma(t))}{4} |C_1(t)| \Delta t \geqslant 1,$$

即

$$\int_a^b (\varphi(\sigma(t)) + \omega(\sigma(t))) |C_1(t)| \Delta t \geqslant 4. \qquad \square$$

推论 5.5　设 $a, b \in \mathbf{T}$ 满足 $\sigma(a) < b$. 若 (5.38) 有一个解 $(x(t), y(t))$ 满足

$$x(a) = x(b) = 0, \quad \max_{t \in [a,b]_{\mathbf{T}}} |x(t)| > 0,$$

则对任意满足 $C_1(t) \geqslant C(t)$ 的 $C_1 \in \mathbf{R}_s^{n \times n}$, 下面不等式

$$\int_a^b (\varphi(\sigma(t)) \omega(\sigma(t)))^{\frac{1}{2}} |C_1(t)| \Delta t \geqslant 2 \tag{5.49}$$

成立.

证明　由

$$\varphi(\sigma(t)) + \omega(\sigma(t)) \geqslant 2(\varphi(\sigma(t))\omega(\sigma(t)))^{\frac{1}{2}}$$

和 (5.41) 可推出

$$\int_a^b \frac{(\varphi(\sigma(t))\omega(\sigma(t)))^{\frac{1}{2}}}{2} |C_1(t)|\Delta t \geqslant 1,$$

即

$$\int_a^b (\varphi(\sigma(t))\omega(\sigma(t)))^{\frac{1}{2}} |C_1(t)|\Delta t \geqslant 2. \qquad \square$$

定理 5.6　设 $a, b \in \mathbf{T}$ 满足 $\sigma(a) < b$. 若 (5.38) 有一个解 $(x(t), y(t))$ 满足

$$x(a) = x(b) = 0, \quad \max_{t \in [a,b]_{\mathbf{T}}} |x(t)| > 0,$$

则对任意满足 $C_1(t) \geqslant C(t)$ 的 $C_1 \in \mathbf{R}_s^{n \times n}$, 存在 $c \in (a,b)_{\mathbf{T}}$, 使得下面不等式

$$\int_a^{\sigma(c)} \varphi(\sigma(t))|C_1(t)|\Delta t \geqslant 1, \quad \int_c^b \omega(\sigma(t))|C_1(t)|\Delta t \geqslant 1 \tag{5.50}$$

成立.

证明　记

$$F(t) = \int_a^t \varphi(\sigma(s))|C_1(s)|\Delta s - \int_t^b \omega(\sigma(s))|C_1(s)|\Delta s,$$

易知 $F(a) < 0, F(b) > 0$, 故可选取 $c \in (a,b)_{\mathbf{T}}$, 使得 $F(c) \leqslant 0, F(\sigma(c)) \geqslant 0$, 即

$$\int_a^c \varphi(\sigma(s))|C_1(s)|\Delta s \leqslant \int_c^b \omega(\sigma(s))|C_1(s)|\Delta s, \tag{5.51}$$

$$\int_a^{\sigma(c)} \varphi(\sigma(s))|C_1(s)|\Delta s \geqslant \int_{\sigma(c)}^b \omega(\sigma(s))|C_1(s)|\Delta s. \tag{5.52}$$

由 (5.44) 和 (5.46) 可得

$$|C_1(t)||x^\sigma(t)|^q \leqslant \varphi(\sigma(t))|C_1(t)| \int_a^{\sigma(t)} y^{\mathrm{T}}(\tau)B(\tau)y(\tau)|y(\tau)|^{p-2}\Delta\tau. \tag{5.53}$$

对 (5.53) 从 a 到 $\sigma(c)$ 积分, 并注意到 $a \leqslant \tau \leqslant \sigma(t) \leqslant \sigma(c) \leqslant b$, 可得

$$\int_a^{\sigma(c)} |C_1(t)||x^\sigma(t)|^q \Delta t$$

$$\leqslant \int_a^{\sigma(c)} \varphi(\sigma(t))|C_1(t)| \left(\int_a^{\sigma(t)} y^{\mathrm{T}}(\tau)B(\tau)y(\tau)|y(\tau)|^{p-2}\Delta\tau \right) \Delta t$$

$$\leqslant \int_a^{\sigma(c)} \varphi(\sigma(t))|C_1(t)|\Delta t \int_a^{\sigma(c)} y^{\mathrm{T}}(\tau)B(\tau)y(\tau)|y(\tau)|^{p-2}\Delta\tau.$$

同理, 对于 $a \leqslant \sigma(c) \leqslant \sigma(t) \leqslant \tau \leqslant b$, 由 (5.45), (5.47) 和 (5.52), 得到

$$\int_{\sigma(c)}^{b} |C_1(t)||x^\sigma(t)|^q \Delta t$$
$$\leqslant \int_{\sigma(c)}^{b} \omega(\sigma(t))|C_1(t)|\Delta t \int_{\sigma(c)}^{b} y^{\mathrm{T}}(\tau)B(\tau)y(\tau)|y(\tau)|^{p-2}\Delta \tau$$
$$\leqslant \int_{a}^{\sigma(c)} \varphi(\sigma(t))|C_1(t)|\Delta t \int_{\sigma(c)}^{b} y^{\mathrm{T}}(\tau)B(\tau)y(\tau)|y(\tau)|^{p-2}\Delta \tau.$$

故有

$$\int_{a}^{b} |C_1(t)||x^\sigma(t)|^q \Delta t$$
$$\leqslant \int_{a}^{\sigma(c)} \varphi(\sigma(t))|C_1(t)|\Delta t \int_{a}^{b} y^{\mathrm{T}}(\tau)B(\tau)y(\tau)|y(\tau)|^{p-2}\Delta t$$
$$= \int_{a}^{\sigma(c)} \varphi(\sigma(t))|C_1(t)|\Delta t \int_{a}^{b} |x^\sigma(t)|^{q-2}(x^\sigma(t))^{\mathrm{T}}C(t)x^\sigma(t)\Delta t$$
$$\leqslant \int_{a}^{\sigma(c)} \varphi(\sigma(t))|C_1(t)|\Delta t \int_{a}^{b} |C_1(t)||x^\sigma(t)|^q \Delta t.$$

又因为

$$\int_{a}^{b} |C_1(t)||x^\sigma(t)|^q \Delta t$$
$$\geqslant \int_{a}^{b} (x^\sigma(t))^{\mathrm{T}}C(t)x^\sigma(t)|x^\sigma(t)|^{q-2}\Delta t$$
$$= \int_{a}^{b} y^{\mathrm{T}}(t)B(t)y(t)|y(t)|^{p-2}\Delta t > 0,$$

所以

$$\int_{a}^{\sigma(c)} \varphi(\sigma(t))|C_1(t)|\Delta t \geqslant 1.$$

由 (5.45) 和 (5.47) 可得

$$|x^\sigma(t)|^q|C_1(t)| \leqslant \omega(\sigma(t))|C_1(t)| \int_{\sigma(t)}^{b} y^{\mathrm{T}}(\tau)B(\tau)y(\tau)|y(\tau)|^{p-2}\Delta \tau. \tag{5.54}$$

对 (5.54) 从 c 到 b 积分, 并注意 $a \leqslant c \leqslant t \leqslant \sigma(t) \leqslant \tau \leqslant b$, 有

$$\int_{c}^{b} |C_1(t)||x^\sigma(t)|^q \Delta t$$
$$\leqslant \int_{c}^{b} \omega(\sigma(t))|C_1(t)| \left(\int_{\sigma(t)}^{b} y^{\mathrm{T}}(\tau)B(\tau)y(\tau)|y(\tau)|^{p-2}\Delta \tau \right) \Delta t$$

$$\leqslant \int_c^b \omega(\sigma(t))|C_1(t)|\Delta t \int_{\sigma(c)}^b y^{\mathrm{T}}(\tau)B(\tau)y(\tau)|y(\tau)|^{p-2}\Delta\tau.$$

类似地, 对于 $a \leqslant \tau \leqslant \sigma(t) \leqslant \sigma(c) \leqslant b$, 由 (5.44), (5.46) 和 (5.51), 得到

$$\int_a^c |x^\sigma(t)|^q |C_1(t)|\Delta t$$

$$\leqslant \int_a^c \varphi(\sigma(t))|C_1(t)|\Delta t \int_a^{\sigma(c)} y^T(\tau)B(\tau)y(\tau)|y(\tau)|^{p-2}\Delta\tau$$

$$\leqslant \int_c^b \omega(\sigma(t))|C_1(t)|\Delta t \int_a^{\sigma(c)} y^T(\tau)B(\tau)y(\tau)|y(\tau)|^{p-2}\Delta\tau,$$

故有

$$\int_a^b |C_1(t)||x^\sigma(t)|^q \Delta t$$

$$\leqslant \int_c^b \omega(\sigma(t))|C_1(t)|\Delta t \int_a^b y^{\mathrm{T}}(\tau)B(\tau)y(\tau)|y(\tau)|^{p-2}\Delta\tau$$

$$= \int_c^b \omega(\sigma(t))|C_1(t)|\Delta t \int_a^b |x^\sigma(t)|^{q-2}(x^\sigma(t))^{\mathrm{T}}C(t)x^\sigma(t)\Delta t$$

$$\leqslant \int_c^b \omega(\sigma(t))|C_1(t)|\Delta t \int_a^b |C_1(t)||x^\sigma(t)|^q \Delta t.$$

因此

$$\int_c^b \omega(\sigma(t))|C_1(t)|\Delta t \geqslant 1. \qquad\qquad\qquad \square$$

定理 5.7　设 $a, b \in \mathbf{T}$ 满足 $\sigma(a) < b$. 若 (5.38) 有一个解 $(x(t), y(t))$ 满足

$$x(a) = x(b) = 0, \quad \max_{t\in[a,b]_{\mathbf{T}}} |x(t)| > 0,$$

则对任意满足 $C_1(t) \geqslant C(t)$ 的 $C_1 \in \mathbf{R}_s^{n\times n}$, 下面不等式

$$\int_a^b |A(t)|\Delta t + \left(\int_a^b |B(t)|\Delta t\right)^{\frac{1}{p}} \left(\int_a^b |C_1(t)|\Delta t\right)^{\frac{1}{q}} \geqslant 2 \quad (q \geqslant 2)$$

和

$$\int_a^b |A(t)|\Delta t + \left(\int_a^b |\sqrt{B(t)}|^{p(p-2)+2}|(\sqrt{B(t)})^{-1}|^{p(p-2)}\Delta t\right)^{\frac{1}{p}}$$

$$\times \left(\int_a^b |C_1(t)|\Delta t\right)^{\frac{1}{q}} \geqslant 2 \quad (q \in (1,2))$$

成立.

证明 由定理 5.5, 得到

$$\int_a^b y^{\mathrm{T}}(t)B(t)y(t)|y(t)|^{p-2}\Delta t = \int_a^b (x^\sigma(t))^{\mathrm{T}}C(t)x^\sigma(t)|x^\sigma(t)|^{q-2}\Delta t.$$

由 (5.38) 的第一个式子得到, 当 $a \leqslant t \leqslant b$ 时,

$$x(t) = \int_a^t (-A(\tau)x^\sigma(\tau) - |y(\tau)|^{p-2}B(\tau)y(\tau))\Delta\tau,$$

$$x(t) = \int_t^b (A(\tau)x^\sigma(\tau) + |y(\tau)|^{p-2}B(\tau)y(\tau))\Delta\tau.$$

情形 1 $q \geqslant 2$. 我们有

$$|x(t)|$$
$$= \left|\int_a^t (-A(\tau)x^\sigma(\tau) - |y(\tau)|^{p-2}B(\tau)y(\tau))\Delta\tau\right|$$
$$\leqslant \int_a^t |A(\tau)x^\sigma(\tau) + |y(\tau)|^{p-2}B(\tau)y(\tau)|\Delta\tau$$
$$\leqslant \int_a^t |A(\tau)x^\sigma(\tau)|\Delta\tau + \int_a^t ||y(\tau)|^{p-2}B(\tau)y(\tau)|\Delta\tau$$
$$\leqslant \int_a^t |A(\tau)||x^\sigma(\tau)|\Delta\tau + \int_a^t |y(\tau)|^{p-1-\frac{2}{q}}|B(\tau)|^{1-\frac{1}{q}}(y^{\mathrm{T}}(\tau)B(\tau)y(\tau))^{\frac{1}{q}}\Delta\tau.$$

同理可得

$$|x(t)| \leqslant \int_t^b |A(\tau)||x^\sigma(\tau)|\Delta\tau + \int_t^b |y(\tau)|^{p-1-\frac{2}{q}}|B(\tau)|^{1-\frac{1}{q}}(y^{\mathrm{T}}(\tau)B(\tau)y(\tau))^{\frac{1}{q}}\Delta\tau.$$

由引理 5.3 和引理 5.6, 有

$$|x(t)|$$
$$\leqslant \frac{1}{2}\left[\int_a^b |x^\sigma(t)||A(t)|\Delta t + \int_a^b |y(\tau)|^{p-1-\frac{2}{q}}|B(\tau)|^{1-\frac{1}{q}}(y^{\mathrm{T}}(\tau)B(\tau)y(\tau))^{\frac{1}{q}}\Delta\tau\right]$$
$$\leqslant \frac{1}{2}\left[\int_a^b |x^\sigma(t)||A(t)|\Delta t + \left(\int_a^b |B(t)|\Delta t\right)^{\frac{1}{p}}\left(\int_a^b |y(t)|^{p-2}y^{\mathrm{T}}(t)B(t)y(t)\Delta t\right)^{\frac{1}{q}}\right]$$
$$= \frac{1}{2}\left[\int_a^b |x^\sigma(t)||A(t)|\Delta t + \left(\int_a^b |B(t)|\Delta t\right)^{\frac{1}{p}}\right.$$

$$\times \left(\int_a^b (x^\sigma(t))^{\mathrm{T}} C(t) x^\sigma(t) |x^\sigma(t)|^{q-2} \Delta t \right)^{\frac{1}{q}} \Bigg]$$

$$\leqslant \frac{1}{2} \left[\int_a^b |x^\sigma(t)||A(t)|\Delta t + \left(\int_a^b |B(t)|\Delta t \right)^{\frac{1}{p}} \left(\int_a^b |x^\sigma(t)|^q |C_1(t)|\Delta t \right)^{\frac{1}{q}} \right].$$

记

$$I = \max_{a \leqslant t \leqslant b} |x(t)| > 0,$$

则

$$I \leqslant \frac{1}{2} \left[\int_a^b I|A(t)|\Delta t + \left(\int_a^b |B(t)|\Delta t \right)^{\frac{1}{p}} \left(\int_a^b |C_1(t)|I^q \Delta t \right)^{\frac{1}{q}} \right],$$

从而有

$$\int_a^b |A(t)|\Delta t + \left(\int_a^b |B(t)|\Delta t \right)^{\frac{1}{p}} \left(\int_a^b |C_1(t)|\Delta t \right)^{\frac{1}{q}} \geqslant 2.$$

情形 1 得证.

情形 2　$1 < q < 2$. 这时 $p \geqslant 2$, 从而有

$$|x(t)|$$

$$\leqslant \int_a^t |A(\tau)x^\sigma(\tau) + |y(\tau)|^{p-2} B(\tau)y(\tau)|\Delta \tau$$

$$\leqslant \int_a^t |A(\tau)x^\sigma(\tau)|\Delta \tau + \int_a^t ||y(\tau)|^{p-2} B(\tau)y(\tau)|\Delta \tau$$

$$\leqslant \int_a^t |A(\tau)||x^\sigma(\tau)|\Delta \tau + \int_a^t |y(\tau)|^{p-1-\frac{2}{q}}|(\sqrt{B(\tau)})^{-1}|^{p-2}|B(\tau)|^{\frac{1}{2}}$$

$$\times (y^{\mathrm{T}}(\tau)B(\tau)y(\tau))^{\frac{1}{q}}|\sqrt{B(\tau)}|^{\frac{(p-1)(p-2)}{p}}\Delta \tau.$$

同理得到

$$|x(t)|$$

$$\leqslant \int_t^b |x^\sigma(\tau)||A(\tau)|\Delta \tau + \int_t^b |y(\tau)|^{p-1-\frac{2}{q}}|(\sqrt{B(\tau)})^{-1}|^{p-2}|B(\tau)|^{\frac{1}{2}}$$

$$\times (y^{\mathrm{T}}(\tau)B(\tau)y(\tau))^{\frac{1}{q}}|\sqrt{B(\tau)}|^{\frac{(p-1)(p-2)}{p}}\Delta \tau.$$

从而有

$$|x(t)|$$

$$\leqslant \frac{1}{2}\left[\int_a^b |x^\sigma(t)||A(t)|\Delta t + \int_a^b |(\sqrt{B(\tau)})^{-1}|^{p-2}|B(\tau)|^{\frac{1}{2}}\right.$$

$$\left.\times (y^{\mathrm{T}}(\tau)B(\tau)y(\tau))^{\frac{1}{q}}|\sqrt{B(\tau)}|^{\frac{(p-1)(p-2)}{p}}|y(\tau)|^{p-1-\frac{2}{q}}\Delta\tau\right]$$

$$\leqslant \frac{1}{2}\left[\int_a^b |A(\tau)||x^\sigma(\tau)|\Delta\tau + \left(\int_a^b (|(\sqrt{B(\tau)})^{-1}|^{p-2}|\sqrt{B(\tau)}|^{\frac{(p-1)(p-2)}{p}+1})^p\Delta\tau\right)^{\frac{1}{p}}\right.$$

$$\left.\times \left(\int_a^b (|y(\tau)|^{p-1-\frac{2}{q}}(y^{\mathrm{T}}(\tau)B(\tau)y(\tau))^{\frac{1}{q}})^q\Delta\tau\right)^{\frac{1}{q}}\right]$$

$$= \frac{1}{2}\left[\int_a^b |A(\tau)||x^\sigma(\tau)|\Delta\tau + \left(\int_a^b |x^\sigma(t)|^{q-2}(x^\sigma(t))^{\mathrm{T}}C(t)x^\sigma(t)\Delta t\right)^{\frac{1}{q}}\right.$$

$$\left.\times \left(\int_a^b |\sqrt{B(\tau)}|^{p(p-2)+2}|(\sqrt{B(\tau)})^{-1}|^{p(p-2)}\Delta\tau\right)^{\frac{1}{p}}\right]$$

$$\leqslant \frac{1}{2}\left[\int_a^b |x^\sigma(t)||A(t)|\Delta t + \left(\int_a^b |C_1(t)||x^\sigma(t)|^q\Delta t\right)^{\frac{1}{q}}\right.$$

$$\left.\times \left(\int_a^b |\sqrt{B(\tau)}|^{p(p-2)+2}|(\sqrt{B(\tau)})^{-1}|^{p(p-2)}\Delta\tau\right)^{\frac{1}{p}}\right].$$

记

$$M = \max_{a\leqslant t\leqslant b}|x(t)| > 0,$$

则

$$\int_a^b |A(t)|\Delta t + \left(\int_a^b |\sqrt{B(t)}|^{p(p-2)+2}|(\sqrt{B(t)})^{-1}|^{p(p-2)}\Delta t\right)^{\frac{1}{p}}\left(\int_a^b |C_1(t)|\Delta t\right)^{\frac{1}{q}} \geqslant 2,$$

定理 5.7 得证. □

5.5 时标上非线性系统的 Lyapunov 不等式

这一节研究任意时标 $[a,b]_{\mathbf{T}}$ 上的非线性系统

$$\begin{cases} x^\Delta(t) = -A(t)x(\sigma(t)) - B(t)y(t)|\sqrt{B(t)}y(t)|^{p-2}, \\ y^\Delta(t) = C(t)x(\sigma(t))|x(\sigma(t))|^{q-2} + A^{\mathrm{T}}(t)y(t) \end{cases} \tag{5.55}$$

的 Lyapunov 不等式, 其中

(1) $p, q \in (1, \infty)$, $1/p + 1/q = 1$, $a, b \in \mathbf{T}$ ($\sigma(a) < b$);

(2) $A(t)$ 是 $\mathbf{T}$ 上的 n 阶实矩阵值函数且 $I + \mu(t)A(t)$ 可逆, $B(t)$ 和 $C(t)$ 是 $\mathbf{T}$ 上的 n 阶实对称矩阵值函数且 $B(t)$ 是正定的, $x(t), y(t)$ 是 $[a, b]_{\mathbf{T}}$ 上的 n 维向量值函数.

引理 5.10   设 $a, b \in \mathbf{T}$ 满足 $a < b$. 若 $\alpha, \beta, \gamma, \delta \in \mathbf{R}$ 和 $p, q \in (1, \infty)$ 满足

$$\frac{\alpha}{p} + \frac{\beta}{q} = \frac{\gamma}{p} + \frac{\delta}{q} = \frac{1}{p} + \frac{1}{q} = 1,$$

则 $f, g \in C_{\mathrm{rd}}([a, b]_{\mathbf{T}}, (-\infty, 0) \cup (0, \infty))$ 满足

$$\int_a^b |f(t)g(t)| \Delta t \leqslant \left(\int_a^b |f(t)|^{\alpha} |g(t)|^{\gamma} \Delta t \right)^{\frac{1}{p}} \left(\int_a^b |f(t)|^{\beta} |g(t)|^{\delta} \Delta t \right)^{\frac{1}{q}}.$$

证明   记 $M(t) = (|f(t)|^{\alpha} |g(t)|^{\gamma})^{\frac{1}{p}}$ 和 $N(t) = (|f(t)|^{\beta} |g(t)|^{\delta})^{\frac{1}{q}}$. 由引理 5.3 得到

$$\int_a^b |f(t)g(t)| \Delta t$$

$$= \int_a^b M(t)N(t) \Delta t$$

$$\leqslant \left(\int_a^b M^p(t) \Delta t \right)^{\frac{1}{p}} \left(\int_a^b N^q(t) \Delta t \right)^{\frac{1}{q}}$$

$$= \left(\int_a^b |f(t)|^{\alpha} |g(t)|^{\gamma} \Delta t \right)^{\frac{1}{p}} \left(\int_a^b |f(t)|^{\beta} |g(t)|^{\delta} \Delta t \right)^{\frac{1}{q}}. \qquad \Box$$

注记 5.2   在引理 5.10 中设 $\gamma = 0$, 则对任意的 $f, g \in C_{\mathrm{rd}}([a, b]_{\mathbf{T}}, (-\infty, 0) \cup (0, \infty))$, 有

$$\int_a^b |f(t)g(t)| \Delta t \leqslant \left\{ \max_{t \in [a,b]_{\mathbf{T}}} |f(t)|^{\beta} \right\}^{\frac{1}{q}} \left(\int_a^b |f(t)|^{\alpha} \Delta t \right)^{\frac{1}{p}} \left(\int_a^b |g(t)|^q \Delta t \right)^{\frac{1}{q}}.$$

设 $\alpha, \beta \in \mathbf{R}$ 且 $p, q \in (1, \infty)$ 满足

$$\frac{\alpha}{p} + \frac{\beta}{q} = \frac{1}{p} + \frac{1}{q} = 1.$$

对任意的 $t, \tau \in [a, b]_{\mathbf{T}}$, 记

$$F(t, \tau) = |e_{\ominus A}(\sigma(t), \tau)| |\sqrt{B(\tau)}|,$$

$$G(t) = |\sqrt{B(t)} y(t)|^{p-2} y^{\mathrm{T}}(t) B(t) y(t) = |\sqrt{B(t)} y(t)|^p,$$

$$\Phi(\sigma(t)) = \left(\int_a^{\sigma(t)} F^{\alpha}(t, s) \Delta s \right)^{\frac{q}{p}},$$

$$\Psi(\sigma(t)) = \left(\int_{\sigma(t)}^{b} F^{\alpha}(t,s)\Delta s \right)^{\frac{q}{p}},$$

$$P(t) = \Phi(\sigma(t))\Psi(\sigma(t)) \max_{a \leqslant \tau \leqslant \sigma(t)} F^{\beta}(t,\tau) \max_{\sigma(t) \leqslant \tau \leqslant b} F^{\beta}(t,\tau),$$

$$Q(t) = \Phi(\sigma(t)) \max_{a \leqslant \tau \leqslant \sigma(t)} F^{\beta}(t,\tau) + \Psi(\sigma(t)) \max_{\sigma(t) \leqslant \tau \leqslant b} F^{\beta}(t,\tau).$$

定理 5.8 设 $a,b \in \mathbf{T}$ 满足 $\sigma(a) < b$, $C_1 \in \mathbf{R}_s^{n \times n}$ 且有 $C_1(t) - C(t) \geqslant 0$. 若 (5.55) 有一个解 $(x(t), y(t))$ 满足 $x(t), y(t) \in C_{\mathrm{rd}}(\mathbf{T}, \mathbf{R}^n)$ 和

$$x(a) = x(b) = 0, \quad \max_{t \in [a,b]_{\mathbf{T}}} |x(t)| > 0,$$

则下面不等式

$$\int_a^b \frac{P(t)}{Q(t)} |C_1(t)| \Delta t \geqslant 1 \tag{5.56}$$

成立.

证明 因为 $(x(t), y(t))$ 是 (5.55) 的一个解, 有

$$(y^{\mathrm{T}}(t)x(t))^{\Delta} = (x^{\sigma}(t))^{\mathrm{T}} C(t) x^{\sigma}(t) |x^{\sigma}(t)|^{q-2} - G(t). \tag{5.57}$$

考虑到 $x(a) = x(b) = 0$, 对 (5.57) 从 a 到 b 积分, 有

$$\int_a^b G(t)\Delta t = \int_a^b |x^{\sigma}(t)|^{q-2} (x^{\sigma}(t))^{\mathrm{T}} C(t) x^{\sigma}(t) \Delta t.$$

因为 $B(t) > 0$, 易知 $y^{\mathrm{T}}(t)B(t)y(t) \geqslant 0$ $(t \in [a,b]_{\mathbf{T}})$.

我们断言 $y^{\mathrm{T}}(t)B(t)y(t) \not\equiv 0$ $(t \in [a,b]_{\mathbf{T}})$. 否则, 若 $y^{\mathrm{T}}(t)B(t)y(t) \equiv 0$ $(t \in [a,b]_{\mathbf{T}})$, 则

$$|\sqrt{B(t)}y(t)|^2 = y^{\mathrm{T}}(t)B(t)y(t) \equiv 0,$$

即 $B(t)y(t) \equiv 0$ $(t \in [a,b]_{\mathbf{T}})$. 由 (5.55) 的第一个式子有

$$\begin{cases} x^{\Delta}(t) = -A(t)x(\sigma(t)), \\ x(a) = 0. \end{cases}$$

由引理 5.8 知

$$x(t) = e_{\ominus A}(t,a) \cdot 0 = 0,$$

故得到矛盾. 因此

$$\int_a^b |x^{\sigma}(t)|^{q-2} (x^{\sigma}(t))^{\mathrm{T}} C(t) x^{\sigma}(t) \Delta t = \int_a^b G(t)\Delta t > 0, \tag{5.58}$$

从而当 $t \in [a, b]_{\mathbf{T}}$ 时，

$$
\begin{aligned}
x(t) &= -\int_a^t e_{\ominus A}(t, \tau) B(\tau) y(\tau) |\sqrt{B(\tau)} y(\tau)|^{p-2} \Delta \tau \\
&= -\int_b^t e_{\ominus A}(t, \tau) B(\tau) y(\tau) |\sqrt{B(\tau)} y(\tau)|^{p-2} \Delta \tau.
\end{aligned}
$$

当 $t \in [a, b)_{\mathbf{T}}$ 时，

$$
\begin{aligned}
x^\sigma(t) &= -\int_a^{\sigma(t)} e_{\ominus A}(\sigma(t), \tau) B(\tau) y(\tau) |\sqrt{B(\tau)} y(\tau)|^{p-2} \Delta \tau \\
&= \int_{\sigma(t)}^b e_{\ominus A}(\sigma(t), \tau) B(\tau) y(\tau) |\sqrt{B(\tau)} y(\tau)|^{p-2} \Delta \tau.
\end{aligned}
$$

由于当 $a \leqslant \sigma(t) \leqslant b$ 时，

$$
\begin{aligned}
&|e_{\ominus A}(\sigma(t), \tau) B(\tau) y(\tau) |\sqrt{B(\tau)} y(\tau)|^{p-2}| \\
&\leqslant |e_{\ominus A}(\sigma(t), \tau)| |B(\tau) y(\tau)| |\sqrt{B(\tau)} y(\tau)|^{p-2} \\
&\leqslant F(t, \tau) |\sqrt{B(\tau)} y(\tau)| |\sqrt{B(\tau)} y(\tau)|^{p-2} \\
&= F(t, \tau) G^{\frac{1}{q}}(\tau).
\end{aligned}
$$

由注记 5.2 和引理 5.3 知

$$
\begin{aligned}
&|x^\sigma(t)|^q \\
&= \left| \int_a^{\sigma(t)} e_{\ominus A}(\sigma(t), \tau) B(\tau) y(\tau) |\sqrt{B(\tau)} y(\tau)|^{p-2} \Delta \tau \right|^q \\
&\leqslant \left[\int_a^{\sigma(t)} |e_{\ominus A}(\sigma(t), \tau) B(\tau) y(\tau) |\sqrt{B(\tau)} y(\tau)|^{p-2}| \Delta \tau \right]^q \\
&\leqslant \left[\int_a^{\sigma(t)} F(t, \tau) G^{\frac{1}{q}}(\tau) \Delta \tau \right]^q \\
&\leqslant \left(\int_a^{\sigma(t)} F^\alpha(t, \tau) \Delta \tau \right)^{\frac{q}{p}} \int_a^{\sigma(t)} F^\beta(t, \tau) G(\tau) \Delta \tau \\
&\leqslant \max_{a \leqslant \tau \leqslant \sigma(t)} F^\beta(t, \tau) \left(\int_a^{\sigma(t)} F^\alpha(t, \tau) \Delta \tau \right)^{\frac{q}{p}} \int_a^{\sigma(t)} G(\tau) \Delta \tau,
\end{aligned}
$$

即

$$
|x^\sigma(t)|^q \leqslant \max_{a \leqslant \tau \leqslant \sigma(t)} F^\beta(t, \tau) \Phi(\sigma(t)) \int_a^{\sigma(t)} G(\tau) \Delta \tau. \tag{5.59}
$$

同理, 当 $a \leqslant \sigma(t) \leqslant b$ 时, 可得

$$|x^\sigma(t)|^q \leqslant \max_{\sigma(t) \leqslant \tau \leqslant b} F^\beta(t, \tau) \Psi(\sigma(t)) \int_{\sigma(t)}^b G(\tau)\Delta\tau. \tag{5.60}$$

由式 (5.59) 和 (5.60) 可推出

$$|x^\sigma(t)|^q \leqslant \frac{P(t)}{Q(t)} \int_a^b G(\tau)\Delta\tau.$$

根据式 (5.58) 和引理 5.3, 可以得到

$$\int_a^b |C_1(t)||x^\sigma(t)|^q \Delta t$$

$$\leqslant \int_a^b |C_1(t)|\frac{P(t)}{Q(t)}\Delta t \int_a^b G(t)\Delta t$$

$$= \int_a^b |C_1(t)|\frac{P(t)}{Q(t)}\Delta t \int_a^b |x^\sigma(t)|^{q-2}(x^\sigma(t))^{\mathrm{T}} C(t)x^\sigma(t)\Delta t$$

$$\leqslant \int_a^b |C_1(t)|\frac{P(t)}{Q(t)}\Delta t \int_a^b |C_1(t)||x^\sigma(t)|^q \Delta t.$$

因为

$$\int_a^b |C_1(t)||x^\sigma(t)|^q \Delta t \geqslant \int_a^b |x^\sigma(t)|^{q-2}(x^\sigma(t))^{\mathrm{T}} C(t)x^\sigma(t)\Delta t$$

$$= \int_a^b G(t)\Delta t > 0,$$

所以有

$$\int_a^b \frac{P(t)}{Q(t)}|C_1(t)|\Delta t \geqslant 1. \qquad \square$$

推论 5.6 设 $a, b \in \mathbf{T}$, $\sigma(a) < b$, $C_1 \in \mathbf{R}_s^{n \times n}$ 满足 $C_1(t) - C(t) \geqslant 0$. 若 (5.55) 有一个解 $(x(t), y(t))$ 满足 $x(t), y(t) \in C_{\mathrm{rd}}(\mathbf{T}, \mathbf{R}^n)$ 和

$$x(a) = x(b) = 0, \quad \max_{t \in [a,b]_{\mathbf{T}}} |x(t)| > 0,$$

则下面不等式

$$\int_a^b Q(t)|C_1(t)|\Delta t \geqslant 4 \tag{5.61}$$

成立.

证明 由

$$\frac{P(t)}{Q(t)} \leqslant \frac{Q(t)}{4}$$

和 (5.56) 可得

$$\int_a^b \frac{Q(t)}{4}|C_1(t)|\Delta t \geqslant 1,$$

即

$$\int_a^b Q(t)|C_1(t)|\Delta t \geqslant 4. \qquad\qquad \square$$

推论 5.7 设 $a, b \in \mathbf{T}$ 满足 $\sigma(a) < b$ 且 $C_1 \in \mathbf{R}_s^{n \times n}$ 满足 $C_1(t) - C(t) \geqslant 0$. 若 (5.55) 有一个解 $(x(t), y(t))$ 满足 $x(t), y(t) \in C_{\mathrm{rd}}(\mathbf{T}, \mathbf{R}^n)$ 和

$$x(a) = x(b) = 0, \qquad \max_{t \in [a,b]_{\mathbf{T}}} |x(t)| > 0,$$

则下面不等式

$$\int_a^b \sqrt{P(t)}|C_1(t)|\Delta t \geqslant 2 \qquad\qquad (5.62)$$

成立.

证明 由

$$Q(t) \geqslant 2\sqrt{P(t)}$$

和 (5.56), 有

$$\int_a^b \sqrt{P(t)}|C_1(t)|\Delta t \geqslant \int_a^b 2\frac{P(t)}{Q(t)}|C_1(t)|\Delta t \geqslant 2. \qquad \square$$

定理 5.9 设 $a, b \in \mathbf{T}$ 满足 $\sigma(a) < b$ 且 $C_1 \in \mathbf{R}_s^{n \times n}$ 满足 $C_1(t) - C(t) \geqslant 0$. 若 (5.55) 有一个解 $(x(t), y(t))$ 满足 $x(t), y(t) \in C_{\mathrm{rd}}(\mathbf{T}, \mathbf{R}^n)$ 和

$$x(a) = x(b) = 0, \qquad \max_{t \in [a,b]_{\mathbf{T}}} |x(t)| > 0,$$

则存在一点 $c \in (a, b)$, 使得下面不等式成立:

$$\int_a^{\sigma(c)} \Phi(\sigma(t)) \max_{a \leqslant \tau \leqslant \sigma(t)} F^\beta(t, \tau)|C_1(t)|\Delta t \geqslant 1,$$

$$\int_c^b \Psi(\sigma(t)) \max_{\sigma(t) \leqslant \tau \leqslant b} F^\beta(t, \tau)|C_1(t)|\Delta t \geqslant 1. \qquad\qquad (5.63)$$

证明 设

$$U(t) = \Phi(\sigma(t)) \max_{a \leqslant \tau \leqslant \sigma(t)} F^\beta(t, \tau)$$

和

$$V(t) = \Psi(\sigma(t)) \max_{\sigma(t) \leqslant \tau \leqslant b} F^\beta(t, \tau).$$

记

$$f(t) = \int_a^t U(s)|C_1(s)|\Delta s - \int_t^b V(s)|C_1(s)|\Delta s,$$

则有 $f(a) < 0$ 和 $f(b) > 0$. 选取一点 $c \in (a,b)$, 使得 $f(c) \leqslant 0$ 和 $f(\sigma(c)) \geqslant 0$, 则

$$\int_a^c U(s)|C_1(s)|\Delta s \leqslant \int_c^b V(s)|C_1(s)|\Delta s \tag{5.64}$$

和

$$\int_a^{\sigma(c)} U(s)|C_1(s)|\Delta s \geqslant \int_{\sigma(c)}^b V(s)|C_1(s)|\Delta s. \tag{5.65}$$

由 (5.59) 可知

$$|C_1(t)||x^\sigma(t)|^q \leqslant U(t)|C_1(t)| \int_a^{\sigma(t)} G(\tau)\Delta\tau. \tag{5.66}$$

对 (5.66) 从 a 到 $\sigma(c)$ 积分可得

$$\int_a^{\sigma(c)} |C_1(t)||x^\sigma(t)|^q \Delta t$$
$$\leqslant \int_a^{\sigma(c)} U(t)|C_1(t)| \left(\int_a^{\sigma(t)} G(\tau)\Delta\tau \right) \Delta t$$
$$\leqslant \int_a^c U(t)|C_1(t)|\Delta t \int_a^{\sigma(c)} G(\tau)\Delta\tau + U(c)|C_1(c)|(\sigma(c)-c) \int_a^{\sigma(c)} G(\tau)\Delta\tau$$
$$= \int_a^{\sigma(c)} U(t)|C_1(t)|\Delta t \int_a^{\sigma(c)} G(\tau)\Delta\tau.$$

类似地, 由 (5.59) 和 (5.65) 也有

$$\int_{\sigma(c)}^b |C_1(t)||x^\sigma(t)|^q \Delta t$$
$$\leqslant \int_{\sigma(c)}^b V(t)|C_1(t)|\Delta t \int_{\sigma(c)}^b G(\tau)\Delta\tau$$
$$\leqslant \int_a^{\sigma(c)} U(t)|C_1(t)|\Delta t \int_{\sigma(c)}^b G(\tau)\Delta\tau,$$

即

$$\int_a^b |C_1(t)||x^\sigma(t)|^q \Delta t$$

$$\leqslant \int_a^{\sigma(c)} U(t)|C_1(t)|\Delta t \int_a^b G(t)\Delta t$$

$$= \int_a^{\sigma(c)} U(t)|C_1(t)|\Delta t \int_a^b |x^\sigma(t)|^{q-2}(x^\sigma(t))^{\mathrm{T}} C(t) x^\sigma(t)\Delta t$$

$$\leqslant \int_a^{\sigma(c)} U(t)|C_1(t)|\Delta t \int_a^b |C_1(t)||x^\sigma(t)|^q \Delta t.$$

又

$$\int_a^b |C_1(t)||x^\sigma(t)|^q \Delta t$$

$$\geqslant \int_a^b |x^\sigma(t)|^{q-2}(x^\sigma(t))^{\mathrm{T}} C(t) x^\sigma(t)\Delta t$$

$$= \int_a^b G(t)\Delta t > 0,$$

则

$$\int_a^{\sigma(c)} U(t)|C_1(t)|\Delta t \geqslant 1.$$

另一方面, 由 (5.60) 有

$$|x^\sigma(t)|^q |C_1(t)| \leqslant V(t)|C_1(t)| \int_{\sigma(t)}^b G(\tau)\Delta\tau. \tag{5.67}$$

对 (5.67) 从 c 到 b 积分得

$$\int_c^b |C_1(t)||x^\sigma(t)|^q \Delta t$$

$$\leqslant \int_c^b V(t)|C_1(t)| \left(\int_{\sigma(t)}^b G(\tau)\Delta\tau \right) \Delta t$$

$$\leqslant \int_c^b V(t)|C_1(t)|\Delta t \int_{\sigma(c)}^b G(\tau)\Delta\tau.$$

从而

$$\int_a^c |C_1(t)||x^\sigma(t)|^q \Delta t$$

$$\leqslant \int_a^c U(t)|C_1(t)|\Delta t \int_a^{\sigma(c)} G(\tau)\Delta\tau$$

$$\leqslant \int_c^b V(t)|C_1(t)|\Delta t \int_a^{\sigma(c)} G(\tau)\Delta\tau,$$

即

$$\int_a^b |C_1(t)||x^\sigma(t)|^q \Delta t$$

$$\leqslant \int_c^b V(t)|C_1(t)|\Delta t \int_a^b G(\tau)\Delta t$$

$$= \int_c^b V(t)|C_1(t)|\Delta t \int_a^b |x^\sigma(t)|^{q-2}(x^\sigma(t))^{\mathrm{T}} C(t)x^\sigma(t)\Delta t$$

$$\leqslant \int_c^b V(t)|C_1(t)|\Delta t \int_a^b |C_1(t)||x^\sigma(t)|^q \Delta t.$$

因此

$$\int_c^b V(t)|C_1(t)|\Delta t \geqslant 1. \qquad \square$$

定理 5.10 设 $a,b \in \mathbf{T}$ 满足 $\sigma(a) < b$ 且 $C_1 \in \mathbf{R}_s^{n\times n}$ 满足 $C_1(t) - C(t) \geqslant 0$. 若 (5.55) 有一个解 $(x(t), y(t))$ 满足 $x(t), y(t) \in C_{\mathrm{rd}}(\mathbf{T}, \mathbf{R}^n)$ 和

$$x(a) = x(b) = 0, \qquad \max_{t\in[a,b]_{\mathbf{T}}} |x(t)| > 0,$$

则下面不等式

$$\int_a^b |A(t)|\Delta t + \{\max_{a\leqslant t\leqslant b}|\sqrt{B(t)}|^\beta\}^{\frac{1}{q}} \left(\int_a^b |\sqrt{B(t)}|^\alpha \Delta t\right)^{\frac{1}{p}} \left(\int_a^b |C_1(t)|\Delta t\right)^{\frac{1}{q}} \geqslant 2$$

成立.

证明 由 $x(a) = x(b) = 0$ 可得

$$\int_a^b G(t)\Delta t = \int_a^b |x^\sigma(t)|^{q-2}(x^\sigma(t))^{\mathrm{T}} C(t)x^\sigma(t)\Delta t.$$

由 (5.55) 的第一个式子知, 当 $a \leqslant t \leqslant b$ 时,

$$x(t) = \int_a^t (-A(\tau)x^\sigma(\tau) - B(\tau)|\sqrt{B(\tau)}y(\tau)|^{p-2}y(\tau))\Delta\tau$$

$$= \int_t^b (A(\tau)x^\sigma(\tau) + B(\tau)|\sqrt{B(\tau)}y(\tau)|^{p-2}y(\tau))\Delta\tau,$$

即

$$|x(t)| = \left|\int_a^t (-A(\tau)x^\sigma(\tau) - B(\tau)y(\tau))|\sqrt{B(\tau)}y(\tau)|^{p-2}\Delta\tau\right|$$

$$\leqslant \int_a^t |A(\tau)x^\sigma(\tau) + B(\tau)y(\tau)|\sqrt{B(\tau)}y(\tau)|^{p-2}|\Delta\tau$$

$$\leqslant \int_a^t |A(\tau)x^\sigma(\tau)|\Delta\tau + \int_a^t |B(\tau)y(\tau)||\sqrt{B(\tau)}y(\tau)|^{p-2}\Delta\tau$$

$$\leqslant \int_a^t |A(\tau)||x^\sigma(\tau)|\Delta\tau + \int_a^t |\sqrt{B(\tau)}|G^{\frac{1}{q}}(\tau)\Delta\tau.$$

从而

$$|x(t)| \leqslant \int_t^b |A(\tau)||x^\sigma(\tau)|\Delta\tau + \int_t^b |\sqrt{B(\tau)}|G^{\frac{1}{q}}(\tau)\Delta\tau.$$

这样有

$$|x(t)|$$

$$\leqslant \frac{1}{2}\left[\int_a^b |A(t)||x^\sigma(t)|\Delta t + \int_a^b |\sqrt{B(\tau)}|G^{\frac{1}{q}}(\tau)\Delta\tau \right]$$

$$\leqslant \frac{1}{2}\left[\int_a^b |A(t)||x^\sigma(t)|\Delta t + \{\max_{a\leqslant t\leqslant b}|\sqrt{B(t)}|^\beta\}^{\frac{1}{q}} \right.$$

$$\left. \times \left(\int_a^b |\sqrt{B(t)}|^\alpha \Delta t \right)^{\frac{1}{p}} \left(\int_a^b G(t)\Delta t \right)^{\frac{1}{q}} \right]$$

$$= \frac{1}{2}\left[\int_a^b |A(t)||x^\sigma(t)|\Delta t + \{\max_{a\leqslant t\leqslant b}|\sqrt{B(t)}|^\beta\}^{\frac{1}{q}} \right.$$

$$\left. \times \left(\int_a^b |\sqrt{B(t)}|^\alpha \Delta t \right)^{\frac{1}{p}} \left(\int_a^b |x^\sigma(t)|^{q-2}(x^\sigma(t))^{\mathrm{T}}C(t)x^\sigma(t)\Delta t \right)^{\frac{1}{q}} \right]$$

$$\leqslant \frac{1}{2}\left[\int_a^b |A(t)||x^\sigma(t)|\Delta t + \{\max_{a\leqslant t\leqslant b}|\sqrt{B(t)}|^\beta\}^{\frac{1}{q}} \right.$$

$$\left. \times \left(\int_a^b |\sqrt{B(t)}|^\alpha \Delta t \right)^{\frac{1}{p}} \left(\int_a^b |C_1(t)||x^\sigma(t)|^q \Delta t \right)^{\frac{1}{q}} \right].$$

记

$$M = \max_{a\leqslant t\leqslant b}|x(t)| > 0,$$

则有

$$M \leqslant \frac{1}{2}\left[\int_a^b |A(t)|M\Delta t + \{\max_{a\leqslant t\leqslant b}|\sqrt{B(t)}|^\beta\}^{\frac{1}{q}} \right.$$

$$\left. \times \left(\int_a^b |\sqrt{B(t)}|^\alpha \Delta t \right)^{\frac{1}{p}} \left(\int_a^b |C_1(t)|M^q \Delta t \right)^{\frac{1}{q}} \right].$$

因此

$$\int_a^b |A(t)|\Delta t + \{\max_{a \leqslant t \leqslant b} |\sqrt{B(t)}|^\beta\}^{\frac{1}{q}} \left(\int_a^b |\sqrt{B(t)}|^\alpha \Delta t\right)^{\frac{1}{p}} \left(\int_a^b |C_1(t)|\Delta t\right)^{\frac{1}{q}} \geqslant 2.$$

定理 5.10 得证. □

5.6   时标上 (p,q)-拉普拉斯系统的 Lyapunov 不等式

这一节研究任意时标 $[a,b]_{\mathbf{T}}$ 上的 (p,q)-拉普拉斯系统

$$\begin{cases} F(t)|x(t)|^{\alpha-2}|y(t)|^\beta x(\sigma(t)) + (|x^\Delta(t)|^{p_1-2}x^\Delta(t))^\Delta + (|x^\Delta(t)|^{q_1-2}x^\Delta(t))^\Delta = 0, \\ G(t)|x(t)|^\alpha|y(t)|^{\beta-2}y(\sigma(t)) + (|y^\Delta(t)|^{p_2-2}y^\Delta(t))^\Delta + (|y^\Delta(t)|^{q_2-2}y^\Delta(t))^\Delta = 0 \end{cases}$$

(5.68)

在条件

$$x(a) = x(b) = y(a) = y(b) = 0 \tag{5.69}$$

下的 Lyapunov 不等式, 其中

(1) $\alpha, \beta \in [2,\infty), p_1, p_2, q_1, q_2 \in (1,\infty), a, b \in \mathbf{T}$ $(\sigma(a) < b)$.

(2) $2\alpha/(p_1+q_1) + 2\beta/(p_2+q_2) = 1$.

(3) $F, G \in C_{\mathrm{rd}}^1([a,b]_{\mathbf{T}}, \mathbf{R}_+)$.

定理 5.11   设 $a, b \in \mathbf{T}$ 满足 $\sigma(a) < b$. 若 (5.68) 有一个解 $(x(t), y(t))$ 满足 $x(t), y(t) \in C_{\mathrm{rd}}^2([a,b]_{\mathbf{T}}, \mathbf{R})$ 和

$$x(a) = x(b) = y(a) = y(b) = 0, \quad \max_{t \in [a,b]_{\mathbf{T}}} |x(t)| > 0, \quad \max_{t \in [a,b]_{\mathbf{T}}} |y(t)| > 0,$$

则下面不等式

$$\left(\int_a^b F(t)\Delta t\right)^{\alpha(p_2+q_2)} \left(\int_a^b G(t)\Delta t\right)^{\beta(p_1+q_1)} \geqslant \frac{2^{\frac{(\alpha+\beta+1)(p_1+q_1)(p_2+q_2)}{2}}}{(b-a)^{\frac{(\alpha+\beta-1)(p_1+q_1)(p_2+q_2)}{2}}}$$

成立.

证明   设 x, y 是满足题设条件的解且

$$S = \max\{|x(t)| : t \in [a,b]_{\mathbf{T}}\}, \quad M = \max\{|y(t)| : t \in [a,b]_{\mathbf{T}}\}.$$

则由 $x(a) = x(b) = 0$ 可得

$$2x(t) = \int_a^t x^\Delta(t)\Delta t - \int_t^b x^\Delta(t)\Delta t,$$

从而有

$$2|x(t)| \leqslant \int_a^b |x^\Delta(t)| \Delta t.$$

由 Hölder 不等式可得

$$2|x(t)| \leqslant (b-a)^{\frac{p_1-1}{p_1}} \left(\int_a^b |x^\Delta(t)|^{p_1} \Delta t \right)^{\frac{1}{p_1}},$$

即

$$\frac{(2|x(t)|)^{p_1}}{(b-a)^{p_1-1}} \leqslant \int_a^b |x^\Delta(t)|^{p_1} \Delta t. \tag{5.70}$$

同理可得

$$\frac{(2|x(t)|)^{q_1}}{(b-a)^{q_1-1}} \leqslant \int_a^b |x^\Delta(t)|^{q_1} \Delta t. \tag{5.71}$$

重复上面的做法, 也有

$$\frac{(2|y(t)|)^{p_2}}{(b-a)^{p_2-1}} \leqslant \int_a^b |y^\Delta(t)|^{p_2} \Delta t \tag{5.72}$$

和

$$\frac{(2|y(t)|)^{q_2}}{(b-a)^{q_2-1}} \leqslant \int_a^b |y^\Delta(t)|^{q_2} \Delta t. \tag{5.73}$$

在 (5.68) 的第一个式子两边乘 $x(\sigma(t))$ 并积分得

$$\int_a^b |x^\Delta(t)|^{p_1} \Delta t + \int_a^b |x^\Delta(t)|^{q_1} \Delta t = \int_a^b F(t)|x(t)|^{\alpha-2}|y(t)|^\beta x^2(\sigma(t)) \Delta t. \tag{5.74}$$

在 (5.68) 的第二个式子两边乘 $y(\sigma(t))$ 并积分得

$$\int_a^b |y^\Delta(t)|^{p_2} \Delta t + \int_a^b |y^\Delta(t)|^{q_2} \Delta t = \int_a^b G(t)|y(t)|^{\beta-2}|x(t)|^\alpha y^2(\sigma(t)) \Delta t. \tag{5.75}$$

由 (5.70), (5.71), (5.74) 可得

$$S^\alpha M^\beta \int_a^b F(t) \Delta t \geqslant \frac{(2|x(t)|)^{p_1}}{(b-a)^{p_1-1}} + \frac{(2|x(t)|)^{q_1}}{(b-a)^{q_1-1}} \quad (t \in [a,b]_{\mathbf{T}}).$$

从而有

$$S^\alpha M^\beta \int_a^b F(t) \Delta t \geqslant 2 \frac{(2|x(t)|)^{\frac{p_1+q_1}{2}}}{(b-a)^{\frac{p_1+q_1}{2}-1}},$$

显然也有

$$S^\alpha M^\beta \int_a^b F(t) \Delta t \geqslant 2 \frac{(2S)^{\frac{p_1+q_1}{2}}}{(b-a)^{\frac{p_1+q_1}{2}-1}},$$

即

$$S^{\alpha-\frac{p_1+q_1}{2}}M^\beta\int_a^b F(t)\Delta t \geqslant \frac{2^{\frac{p_1+q_1}{2}+1}}{(b-a)^{\frac{p_1+q_1}{2}-1}}. \tag{5.76}$$

同理由 (5.72), (5.73), (5.75) 可得

$$S^\alpha M^{\beta-\frac{p_2+q_2}{2}}\int_a^b G(t)\Delta t \geqslant \frac{2^{\frac{p_2+q_2}{2}+1}}{(b-a)^{\frac{p_2+q_2}{2}-1}}. \tag{5.77}$$

由 (5.76) 和 (5.77) 有

$$\left(S^{\alpha-\frac{p_1+q_1}{2}}M^\beta\int_a^b F(t)\Delta t\right)^\alpha \left(S^\alpha M^{\beta-\frac{p_2+q_2}{2}}\int_a^b G(t)\Delta t\right)^{\frac{\beta(p_1+q_1)}{p_2+q_2}}$$

$$\geqslant \left(\frac{2^{\frac{p_1+q_1}{2}+1}}{(b-a)^{\frac{p_1+q_1}{2}-1}}\right)^\alpha \left(\frac{2^{\frac{p_2+q_2}{2}+1}}{(b-a)^{\frac{p_2+q_2}{2}-1}}\right)^{\frac{\beta(p_1+q_1)}{p_2+q_2}}.$$

将 $2\alpha/(p_1+q_1)+2\beta/(p_2+q_2)=1$ 代入上式得

$$\left(\int_a^b F(t)\Delta t\right)^{\alpha(p_2+q_2)} \left(\int_a^b G(t)\Delta t\right)^{\beta(p_1+q_1)} \geqslant \frac{2^{\frac{(\alpha+\beta+1)(p_1+q_1)(p_2+q_2)}{2}}}{(b-a)^{\frac{(\alpha+\beta-1)(p_1+q_1)(p_2+q_2)}{2}}}. \qquad \square$$

本节最后给出定理 5.11 的一个应用. 考虑时标 $[a,b]_{\mathbf{T}}$ $(\sigma(a)<b)$ 上的特征值问题

$$\begin{cases} \lambda\alpha w(t)|x(t)|^{\alpha-2}|y(t)|^\beta x(\sigma(t))+(|x^\Delta(t)|^{p_1-2}x^\Delta(t))^\Delta+(|x^\Delta(t)|^{q_1-2}x^\Delta(t))^\Delta=0,\\ \mu\beta w(t)|x(t)|^\alpha|y(t)|^{\beta-2}y(\sigma(t))+(|y^\Delta(t)|^{p_2-2}y^\Delta(t))^\Delta+(|y^\Delta(t)|^{q_2-2}y^\Delta(t))^\Delta=0,\\ x(a)=x(b)=y(a)=y(b)=0, \end{cases}$$

其中 $x,y\in C_{rd}^2([a,b]_{\mathbf{T}},\mathbf{R})$, $\alpha,\beta\in[2,\infty)$, $p_1,p_2,q_1,q_2\in(1,\infty)$, $2\alpha/(p_1+q_1)+2\beta/(p_2+q_2)=1$, $w\in C_{rd}^1([a,b]_{\mathbf{T}},\mathbf{R}^+)$. 这时上面方程的特征值 (λ,μ) 满足

$$\left(\int_a^b \lambda\alpha w(t)\Delta t\right)^{\alpha(p_2+q_2)} \left(\int_a^b \mu\beta w(t)\Delta t\right)^{\beta(p_1+q_1)} \geqslant \frac{2^{\frac{(\alpha+\beta+1)(p_1+q_1)(p_2+q_2)}{2}}}{(b-a)^{\frac{(\alpha+\beta-1)(p_1+q_1)(p_2+q_2)}{2}}},$$

即

$$|\lambda| \geqslant \frac{2^{\frac{(\alpha+\beta+1)(p_1+q_1)}{2\alpha}}}{\alpha|\mu|^{\frac{\beta(p_1+q_1)}{\alpha(p_2+q_2)}}\beta^{\frac{\beta(p_1+q_1)}{\alpha(p_2+q_2)}}\left(\int_a^b w(t)\Delta t\right)^{\frac{p_1+q_1}{2\alpha}}(b-a)^{\frac{(\alpha+\beta-1)(p_1+q_1)}{2\alpha}}}.$$

5.7　高阶动力方程 $S_n^{\Delta}(t, x(t)) + u(t)x^p(t) = 0$ 的 Lyapunov 不等式 (续)

在这一节, 我们研究任意时标 $\mathbf{T}$ 上的高阶动力方程

$$S_n^{\Delta}(t, x(t)) + u(t)x^p(t) = 0 \tag{5.78}$$

的其他 Lyapunov 不等式, 其中

(1) $n \in \mathbf{N}$, $a, b \in \mathbf{T}$ 并满足 $a < b$, $p \geqslant 1$ 是两个正奇数的商, $u \in C_{\mathrm{rd}}(\mathbf{T}, \mathbf{R})$, $a_k \in C_{\mathrm{rd}}(\mathbf{T}, (0, \infty))$ $(k \in \mathbf{N}_n)$.

(2)

$$S_k(t, x(t)) = \begin{cases} x(t), & k = 0, \\ a_k(t)S_{k-1}^{\Delta}(t, x(t)), & k \in \mathbf{N}_{n-1}, \\ a_n(t)[S_{n-1}^{\Delta}(t, x(t))]^p, & k = n. \end{cases}$$

引理 5.11　设 $u, v \in [a, b]_{\mathbf{T}}$ ($u < v$), $q \in C_{\mathrm{rd}}(\mathbf{T}, (0, \infty))$, $q(t)(x^{\Delta}(t))^2$ 在 $[u, v]_{\mathbf{T}}$ 上可积, 则

$$\int_u^v q(t)(x^{\Delta}(t))^2 \Delta t \geqslant \frac{[x(v) - x(u)]^2}{\displaystyle\int_u^v \frac{\Delta t}{q(t)}}.$$

证明　记

$$W = \frac{x(v) - x(u)}{\displaystyle\int_u^v \frac{\Delta t}{q(t)}},$$

则

$$\int_u^v \left[\sqrt{q(t)}x^{\Delta}(t) - \frac{W}{\sqrt{q(t)}}\right]^2 \Delta t \geqslant 0.$$

从而

$$\int_u^v q(t)(x^{\Delta}(t))^2 \Delta t - 2W \int_u^v x^{\Delta}(t)\Delta t + \int_u^v \frac{W^2}{q(t)}\Delta t \geqslant 0,$$

即

$$\int_u^v q(t)(x^\Delta(t))^2 \Delta t \geqslant 2W \int_u^v x^\Delta(t)\Delta t - \int_u^v \frac{W^2}{q(t)}\Delta t$$

$$= 2W \int_u^v x^\Delta(t)\Delta t - W^2 \frac{x(v)-x(u)}{\displaystyle\int_u^v \frac{\Delta t}{q(t)}} \int_u^v \frac{1}{q(t)}\Delta t$$

$$= W[x(v) - x(u)]$$

$$= \frac{[x(v)-x(u)]^2}{\displaystyle\int_u^v \frac{\Delta t}{q(t)}}. \qquad \square$$

定理 5.12　设 $n=1$, $x(t)$ 是 (5.78) 的一个解且满足

$$x(a) = x(b) = 0, \quad x(t) \not\equiv 0 \quad (t \in [a,b]_{\mathbf{T}}),$$

则有

$$\int_a^b |u(t)|\Delta t \geqslant \left[\frac{\displaystyle\int_a^b \frac{\Delta t}{a_1(t)}}{f(d)} \right]^{\frac{1+p}{2}} \left[\frac{1}{\displaystyle\int_a^b a_1(t)\Delta t} \right]^{\frac{p-1}{2}}, \tag{5.79}$$

其中 $f(d) = \max\left\{ \displaystyle\int_a^c \frac{\Delta t}{a_1(t)} \int_c^b \frac{\Delta t}{a_1(t)} : c \in (a,b)_{\mathbf{T}} \right\}.$

证明　当 $n=1$ 时, (5.78) 变为下面边值问题:

$$\begin{cases} (a_1(t)(x^\Delta(t))^p)^\Delta + u(t)x^p(t) = 0, \\ x(a) = x(b) = 0. \end{cases}$$

记

$$M = \max\{|x(t)| : t \in [a,b]_{\mathbf{T}}\},$$

则存在 $c \in (a,b)_{\mathbf{T}}$, 使得 $|x(c)| = M > 0$.

情形 1　若 $p > 1$, 则

$$M^{1+p} \int_a^b |u(t)|\Delta t = \int_a^b MM^p|u(t)|\Delta t$$

$$\geqslant \int_a^b |x(\sigma(t))||x^p(t)||u(t)|\Delta t$$

$$\geqslant \int_a^b x(\sigma(t))x^p(t)u(t)\Delta t$$

$$= -\int_a^b x(\sigma(t))(a_1(t)(x^\Delta(t))^p)^\Delta \Delta t$$

$$= -x(t)(a_1(t)(x^\Delta(t))^p)|_a^b + \int_a^b a_1(t)(x^\Delta(t))^{1+p} \Delta t$$

$$= \int_a^b a_1(t)(x^\Delta(t))^{1+p} \Delta t.$$

由引理 5.11 及 Hölder 不等式得

$$\left[\int_a^b ((a_1(t))^{\frac{2}{1+p}}(x^\Delta(t))^2)^{\frac{1+p}{2}} \Delta t\right]^{\frac{2}{1+p}} \left[\int_a^b [(a_1(t))^{\frac{p-1}{1+p}}]^{\frac{1+p}{p-1}} \Delta t\right]^{\frac{p-1}{1+p}}$$

$$\geqslant \int_a^b (a_1(t))^{\frac{2}{1+p}}(x^\Delta(t))^2 (a_1(t))^{\frac{p-1}{1+p}} \Delta t$$

$$= \int_a^b a_1(t)(x^\Delta(t))^2 \Delta t$$

$$= \int_a^c a_1(t)(x^\Delta(t))^2 \Delta t + \int_c^b a_1(t)(x^\Delta(t))^2 \Delta t$$

$$\geqslant \frac{M^2}{\int_a^c \dfrac{\Delta t}{a_1(t)}} + \frac{M^2}{\int_c^b \dfrac{\Delta t}{a_1(t)}}$$

$$= \frac{M^2 \displaystyle\int_a^b \dfrac{\Delta t}{a_1(t)}}{\displaystyle\int_a^c \dfrac{\Delta t}{a_1(t)} \int_c^b \dfrac{\Delta t}{a_1(t)}}.$$

从而

$$\int_a^b a_1(t)(x^\Delta(t))^{1+p} \Delta t \geqslant \left[\frac{M^2 \displaystyle\int_a^b \dfrac{\Delta t}{a_1(t)}}{\displaystyle\int_a^c \dfrac{\Delta t}{a_1(t)} \int_c^b \dfrac{\Delta t}{a_1(t)} \left(\displaystyle\int_a^b a_1(t)\Delta t\right)^{\frac{p-1}{p+1}}}\right]^{\frac{1+p}{2}}$$

$$= \frac{M^{1+p} \left[\displaystyle\int_a^b \dfrac{\Delta t}{a_1(t)}\right]^{\frac{1+p}{2}}}{\left[\displaystyle\int_a^c \dfrac{\Delta t}{a_1(t)} \int_c^b \dfrac{\Delta t}{a_1(t)}\right]^{\frac{1+p}{2}} \left[\displaystyle\int_a^b a_1(t)\Delta t\right]^{\frac{p-1}{2}}},$$

从上面容易得到

$$\int_a^b |u(t)|\Delta t \geqslant \frac{\displaystyle\int_a^b a_1(t)(x^\Delta(t))^{1+p}\Delta t}{M^{1+p}}$$

$$\geqslant \frac{M^{1+p}\left[\displaystyle\int_a^b \frac{\Delta t}{a_1(t)}\right]^{\frac{1+p}{2}}}{M^{1+p}\left[\displaystyle\int_a^c \frac{\Delta t}{a_1(t)}\int_c^b \frac{\Delta t}{a_1(t)}\right]^{\frac{1+p}{2}}\left[\displaystyle\int_a^b a_1(t)\Delta t\right]^{\frac{p-1}{2}}}$$

$$= \left[\frac{\displaystyle\int_a^b \frac{\Delta t}{a_1(t)}}{f(d)}\right]^{\frac{1+p}{2}}\left[\frac{1}{\displaystyle\int_a^b a_1(t)\Delta t}\right]^{\frac{p-1}{2}}.$$

情形 2 若 $p = 1$, 则由情形 1 的证明知

$$M^2\int_a^b |u(t)|\Delta t \geqslant \int_a^b a_1(t)(x^\Delta(t))^2\Delta t$$

$$= \int_a^c a_1(t)(x^\Delta(t))^2\Delta t + \int_c^b a_1(t)(x^\Delta(t))^2\Delta t$$

$$\geqslant \frac{M^2}{\displaystyle\int_a^c \frac{\Delta t}{a_1(t)}} + \frac{M^2}{\displaystyle\int_c^b \frac{\Delta t}{a_1(t)}}$$

$$\geqslant \frac{M^2\displaystyle\int_a^b \frac{\Delta t}{a_1(t)}}{f(d)},$$

可推出

$$\int_a^b |u(t)|\Delta t \geqslant \frac{\displaystyle\int_a^b \frac{\Delta t}{a_1(t)}}{f(d)}. \qquad \square$$

定理 5.13 设 $n > 1$, $x(t)$ 是 (5.78) 的一个解且满足

$$S_n(a, x(a)) = \cdots = S_2(a, x(a)) = x(a) = x(b) = 0, \quad x(t) \not\equiv 0 \quad (t \in [a,b]_\mathbf{T}),$$

则下面不等式

$$\int_a^b \frac{\Delta t}{a_2(t)}\int_a^t \frac{\Delta\tau_3}{a_3(\tau_3)}\int_a^{\tau_3} \frac{\Delta\tau_4}{a_4(\tau_4)}$$

$$\cdots \int_a^{\tau_{n-1}} \left[\frac{\Delta\tau_n}{a_n(\tau_n)}\int_a^{\tau_n} |u(\tau)|\Delta\tau\right]^{\frac{1}{p}} \geqslant \frac{\displaystyle\int_a^b \frac{\Delta t}{a_1(t)}}{f(d)} \qquad (5.80)$$

成立, 其中 $f(d) = \max\left\{\int_a^c \frac{\Delta t}{a_1(t)} \int_c^b \frac{\Delta t}{a_1(t)} : c \in (a, b)_{\mathbf{T}}\right\}$.

证明　通过对 (5.78) 由 a 到 t 积分, 并使用

$$S_n(a, x(a)) = \cdots = S_2(a, x(a)) = x(a) = x(b) = 0,$$

可得

$$\int_a^t S_n^\Delta(\tau, x(\tau))\Delta\tau + \int_a^t u(\tau)x^p(\tau)\Delta\tau = 0,$$

即是

$$S_{n-1}^\Delta(t, x(t)) = -\left[\frac{1}{a_n(t)} \int_a^t u(\tau)x^p(\tau)\Delta\tau\right]^{\frac{1}{p}}. \tag{5.81}$$

积分 (5.81)(从 a 到 t), 同样有

$$S_{n-1}(t, x(t)) = -\int_a^t \left[\frac{1}{a_n(\tau)} \int_a^\tau u(s)x^p(s)\Delta s\right]^{\frac{1}{p}} \Delta\tau.$$

继续下去可得

$$(a_1(t)x^\Delta(t))^\Delta + \frac{1}{a_2(t)} \int_a^t \frac{\Delta\tau_3}{a_3(\tau_3)} \int_a^{\tau_3} \frac{\Delta\tau_4}{a_4(\tau_4)}$$

$$\cdots \int_a^{\tau_{n-1}} \left[\frac{\Delta\tau_n}{a_n(\tau_n)} \int_a^{\tau_n} u(\tau)x^p(\tau)\Delta\tau\right]^{\frac{1}{p}} = 0, \tag{5.82}$$

故有

$$M^2 \int_a^b \frac{\Delta t}{a_2(t)} \int_a^t \frac{\Delta\tau_3}{a_3(\tau_3)} \int_a^{\tau_3} \frac{\Delta\tau_4}{a_4(\tau_4)} \cdots \int_a^{\tau_{n-1}} \left[\frac{\Delta\tau_n}{a_n(\tau_n)} \int_a^{\tau_n} |u(\tau)|\Delta\tau\right]^{\frac{1}{p}}$$

$$= \int_a^b M \frac{\Delta t}{a_2(t)} \int_a^t \frac{\Delta\tau_3}{a_3(\tau_3)} \int_a^{\tau_3} \frac{\Delta\tau_4}{a_4(\tau_4)} \cdots \int_a^{\tau_{n-1}} \left[\frac{\Delta\tau_n}{a_n(\tau_n)} \int_a^{\tau_n} |u(\tau)|M^p\Delta\tau\right]^{\frac{1}{p}}$$

$$\geqslant \int_a^b |x(\sigma(t))| \frac{\Delta t}{a_2(t)} \int_a^t \frac{\Delta\tau_3}{a_3(\tau_3)} \int_a^{\tau_3} \frac{\Delta\tau_4}{a_4(\tau_4)} \cdots \int_a^{\tau_{n-1}} \left[\frac{\Delta\tau_n}{a_n(\tau_n)} \int_a^{\tau_n} |u(\tau)||x(\tau)|^p\Delta\tau\right]^{\frac{1}{p}}$$

$$\geqslant \int_a^b x(\sigma(t)) \frac{\Delta t}{a_2(t)} \int_a^t \frac{\Delta\tau_3}{a_3(\tau_3)} \int_a^{\tau_3} \frac{\Delta\tau_4}{a_4(\tau_4)} \cdots \int_a^{\tau_{n-1}} \left[\frac{\Delta\tau_n}{a_n(\tau_n)} \int_a^{\tau_n} u(\tau)x(\tau)^p\Delta\tau\right]^{\frac{1}{p}}$$

$$= -\int_a^b x(\sigma(t))(a_1(t)x^\Delta(t))^\Delta \Delta t$$

$$= -x(t)a_1(t)x^\Delta(t)\big|_a^b + \int_a^b a_1(t)(x^\Delta(t))^2 \Delta t$$

$$= \int_a^c a_1(t)(x^\Delta(t))^2 \Delta t + \int_c^b a_1(t)(x^\Delta(t))^2 \Delta t$$

$$\geqslant \frac{M^2}{\displaystyle\int_a^c \frac{\Delta t}{a_1(t)}} + \frac{M^2}{\displaystyle\int_c^b \frac{\Delta t}{a_1(t)}}$$

$$= \frac{M^2 \displaystyle\int_a^b \frac{\Delta t}{a_1(t)}}{\displaystyle\int_a^c \frac{\Delta t}{a_1(t)} \int_c^b \frac{\Delta t}{a_1(t)}},$$

其中 M 和 c 如定理 5.12 的证明中所述. 从上面可得

$$\int_a^b \frac{\Delta t}{a_2(t)} \int_a^t \frac{\Delta \tau_3}{a_3(\tau_3)} \int_a^{\tau_3} \frac{\Delta \tau_4}{a_4(\tau_4)} \cdots \int_a^{\tau_{n-1}} \left[\frac{\Delta \tau_n}{a_n(\tau_n)} \int_a^{\tau_n} |u(\tau)|\Delta \tau \right]^{\frac{1}{p}} \geqslant \frac{\displaystyle\int_a^b \frac{\Delta t}{a_1(t)}}{f(d)}. \quad \square$$

第6章　几类高阶动力方程的振荡性

6.1　高阶动力方程 $S_n^\Delta(t,x) + p(t)x^\beta(t) = 0$ 的振荡性

这一节主要讨论时标 $\mathbf{T}$ 上的高阶动力方程

$$S_n^\Delta(t,x) + p(t)x^\beta(t) = 0 \tag{6.1}$$

的振荡性, 其中 $n(\in \mathbf{N}) \geqslant 2$, 且

(1) $a_k\ (k \in \mathbf{N}_n),\ p \in C(\mathbf{T}, \mathbf{R}_+)$.

(2) $S_k(t,x) = \begin{cases} x(t), & k = 0, \\ a_k(t)S_{k-1}^\Delta(t,x), & k \in \mathbf{N}_{n-1}, \\ a_n(t)[S_{n-1}^\Delta(t,x)]^\alpha, & k = n. \end{cases}$

(3) α, β 均为两正奇数之比.

引理 6.1　设 (2.3) 成立. 进一步, 假设

$$\int_{t_0}^\infty \frac{\Delta u}{a_{n-1}(u)} \left\{ \int_u^\infty \left[\frac{1}{a_n(s)} \int_s^\infty p(v)\Delta v \right]^{\frac{1}{\alpha}} \Delta s \right\} = \infty. \tag{6.2}$$

若 x 是方程 (6.1) 的一个终于正解, 则存在一个足够大的 $T \geqslant t_0$, 使得

(1) 当 $t \geqslant T$ 时, $S_n^\Delta(t,x) < 0$.

(2) $\lim\limits_{t\to\infty} x(t) = 0$, 或者当 $t \geqslant T$ 时, 对任意的 $i \in \mathbf{Z}_n$, $S_i(t,x) > 0$.

证明　取 $t_1 \geqslant t_0$, 使得当 $t \in [t_1, \infty)_{\mathbf{T}}$ 时, $x(t) > 0$. 由方程 (6.1) 知, 当 $t \geqslant t_1$ 时,

$$S_n^\Delta(t,x) = -p(t)x^\beta(t) < 0.$$

由引理 2.2 知, 存在 $m \in \mathbf{Z}_n$, 且 $m+n$ 为偶数, 使得对任意 $t \geqslant t_1$ 及任意 $m \leqslant i \leqslant n$,

$$(-1)^{m+i}S_i(t,x) > 0,$$

且 $x(t)$ 终于单调.

我们证明: 由 $\lim\limits_{t\to\infty} x(t) \neq 0$ 可推出 $m = n$. 假设不成立, 则

$$S_{n-1}(t,x) < 0, \quad S_{n-2}(t,x) > 0 \quad (t \geqslant t_1),$$

且存在 $t_2 \geqslant t_1$ 及常数 $c > 0$, 使得在 $[t_2, \infty)_{\mathbf{T}}$ 上, $x(t) \geqslant c$. 对方程 (6.1) 从 t $(t \geqslant t_2)$ 到 ∞ 积分得

$$-a_n(t)[S_{n-1}^\Delta(t,x)]^\alpha = -S_n(t,x)$$
$$\leqslant -c^\beta \int_t^\infty p(v)\Delta v.$$

即当 $t \geqslant t_2$ 时,

$$S_{n-1}(t,x) \leqslant -c^{\frac{\beta}{\alpha}} \int_t^\infty \left[\frac{\Delta s}{a_n(s)} \int_s^\infty p(v)\Delta v\right]^{\frac{1}{\alpha}}.$$

再将以上不等式从 t_2 到 t 积分, 可得当 $t \geqslant t_2$ 时,

$$S_{n-2}(t,x) \leqslant S_{n-2}(t_2,x) - c^{\frac{\beta}{\alpha}} \int_{t_2}^t \frac{\Delta u}{a_{n-1}(u)} \int_u^\infty \left[\frac{\Delta s}{a_n(s)} \int_s^\infty p(v)\Delta v\right]^{\frac{1}{\alpha}}.$$

由 (6.2) 得

$$\lim_{t\to\infty} S_{n-2}(t) = -\infty,$$

这与 $S_{n-2}(t,x) > 0$ $(t \geqslant t_1)$ 相矛盾. □

引理 6.2 设 x 是方程 (6.1) 的一个终于正解, 且

(1) 当 $t \geqslant T \geqslant t_0$ 时, $S_n^\Delta(t,x) < 0$.

(2) 当 $t \geqslant T$ 时, 对任意的 $i \in \mathbf{Z}_n$, $S_i(t,x) > 0$.

则当 $i \in \mathbf{Z}_{n-1}$ 且 $t \geqslant T$ 时, 有

$$S_i(t,x) \geqslant S_n^{\frac{1}{\alpha}}(t,x)B_{i+1}(t,T), \tag{6.3}$$

且存在 $T_1 > T$ 及常数 $c > 0$, 使得当 $t \geqslant T_1$ 时,

$$x(t) \leqslant cB_1(t,T), \tag{6.4}$$

其中

$$B_i(t,T) = \begin{cases} \int_T^t \left[\frac{1}{a_n(s)}\right]^{\frac{1}{\alpha}} \Delta s, & i = n, \\ \int_T^t \frac{B_{i+1}(s,T)}{a_i(s)} \Delta s, & i \in \mathbf{N}_{n-1}. \end{cases} \tag{6.5}$$

证明 由 $S_n^\Delta(t,x) < 0$ $(t \geqslant T)$ 知 $S_n(t,x)$ 在 $[T,\infty)_{\mathbf{T}}$ 上严格递减, 则当 $t \geqslant T$ 时,

$$S_{n-1}(t,x) \geqslant S_{n-1}(t,x) - S_{n-1}(T,x)$$

$$
\begin{aligned}
&= \int_T^t \left[\frac{S_n(s,x)}{a_n(s)}\right]^{\frac{1}{\alpha}} \Delta s \\
&\geqslant S_n^{\frac{1}{\alpha}}(t,x) B_n(t,T).
\end{aligned}
$$

$$
\begin{aligned}
S_{n-2}(t,x) &\geqslant S_{n-2}(t,x) - S_{n-2}(T,x) \\
&= \int_T^t \frac{S_{n-1}(s,x)}{a_{n-1}(s)} \Delta s \\
&\geqslant S_n^{\frac{1}{\alpha}}(t,x) B_{n-1}(t,T).
\end{aligned}
$$

$$
\cdots\cdots
$$

$$
\begin{aligned}
S_1(t,x) &\geqslant S_1(t,x) - S_1(T,x) \\
&= \int_T^t \frac{S_2(s,x)}{a_2(s)} \Delta s \\
&\geqslant S_n^{\frac{1}{\alpha}}(t,x) B_2(t,T).
\end{aligned}
$$

$$
\begin{aligned}
S_0(t,x) &\geqslant x(t) - x(T) \\
&= \int_T^t \frac{S_1(s,x)}{a_1(s)} \Delta s \\
&\geqslant S_n^{\frac{1}{\alpha}}(t,x) B_1(t,T).
\end{aligned}
$$

另一方面, 当 $t \geqslant T$ 时, 有

$$
\begin{aligned}
S_{n-1}(t,x) &= \int_T^t \left[\frac{S_n(s,x)}{a_n(s)}\right]^{\frac{1}{\alpha}} \Delta s + S_{n-1}(T,x) \\
&\leqslant S_{n-1}(T,x) + S_n^{\frac{1}{\alpha}}(T,x) B_n(t,T),
\end{aligned}
$$

即存在 $T_1 > T$ 及常数 $b_1 > 0$, 使得当 $t \geqslant T_1$ 时,

$$
S_{n-1}(t,x) \leqslant b_1 B_n(t,T),
$$

则

$$
\begin{aligned}
S_{n-2}(t,x) &\leqslant S_{n-2}(T_1,x) + \int_{T_1}^t \frac{S_{n-1}(s,x)}{a_{n-1}(s)} \Delta s \\
&\leqslant S_{n-2}(T_1,x) + b_1 \int_T^t \frac{B_n(s,T)}{a_{n-1}(s)} \Delta s,
\end{aligned}
$$

即存在常数 $b_2 > 0$, 使得当 $t \geqslant T_1$ 时,

$$
S_{n-2}(t,x) \leqslant b_2 \int_T^t \frac{B_n(s,T)}{a_{n-1}(s)} \Delta s
$$

$$= b_2 B_{n-1}(t,T),$$

则

$$S_{n-3}(t,x) \leqslant S_{n-3}(T_1,x) + \int_{T_1}^t \frac{S_{n-2}(s,x)}{a_{n-2}(s)} \Delta s$$

$$\leqslant S_{n-3}(T_1,x) + b_2 \int_T^t \frac{B_{n-1}(s,T)}{a_{n-2}(s)} \Delta s,$$

即存在常数 $b_3 > 0$, 使得当 $t \geqslant T_1$ 时,

$$S_{n-3}(t,x) \leqslant b_3 \int_T^t \frac{B_{n-1}(s,T)}{a_{n-2}(s)} \Delta s$$

$$= b_3 B_{n-2}(t,T).$$

重复上述步骤, 即得结论. □

引理 6.3[14]   设 $A, B \in \mathbf{R}_0^+$, $\lambda > 1$, 则

$$A^\lambda - \lambda A B^{\lambda-1} + (\lambda - 1)B^\lambda \geqslant 0.$$

定理6.1   设 (2.3) 和 (6.2) 成立. 若存在一个非减的正 Δ 可微函数 θ, 使得对任意大的 $T \in [t_0, \infty)_\mathbf{T}$, 都存在一个 $T_1 > T$, 使

$$\limsup_{t \to \infty} \int_{T_1}^t \left[\theta(s)p(s) - \frac{\theta^\Delta(s)}{B_1^\alpha(s,T)} \delta_1(s,T) \right] \Delta s = \infty, \tag{6.6}$$

其中

$$\delta_1(t,T) = \begin{cases} c_1, \ c_1 \text{ 是一个任意的正常数}, & \alpha < \beta, \\ 1, & \alpha = \beta, \\ c_2 B_1^{\alpha-\beta}(t,T), \ c_2 \text{ 是一个任意的正常数}, & \alpha > \beta, \end{cases} \tag{6.7}$$

$B_1(t,T)$ 如引理 6.2 所述, 则方程 (6.1) 的每一个解是振荡的或者趋于零.

证明   设方程 (6.1) 在 $[t_0, \infty)_\mathbf{T}$ 上存在非振荡解 x. 不失一般性, 不妨设存在一个足够大的 $t_1 \geqslant t_0$, 使得当 $t \geqslant t_1$ 时, $x(t) > 0$. 由引理 6.1 知, 存在 $t_2 \geqslant t_1$, 使得

(i) 当 $t \geqslant t_2 \geqslant t_1$ 时, $S_n^\Delta(t,x) < 0$.

(ii) $\lim\limits_{t \to \infty} x(t) = 0$, 或者当 $t \geqslant t_2$ 且 $i \in \mathbf{Z}_n$ 时, $S_i(t,x) > 0$.

若当 $t \geqslant t_2$ 且 $i \in \mathbf{Z}_n$ 时, $S_i(t,x) > 0$ 成立. 考虑

$$w(t) = \theta(t) \frac{S_n(t,x)}{x^\beta(t)} \quad (t \geqslant t_2), \tag{6.8}$$

由定理 1.3 得

$$(x^\beta)^\Delta = \beta x^\Delta \int_0^1 (hx + (1-h)x^\sigma)^{\beta-1} dh > 0,$$

则

$$
\begin{aligned}
w^\Delta &= \left[\frac{\theta}{x^\beta}\right]^\Delta S_n^\sigma + \frac{\theta}{x^\beta} S_n^\Delta \\
&= \left[\frac{\theta^\Delta}{(x^\beta)^\sigma} - \frac{\theta(x^\beta)^\Delta}{x^\beta(x^\beta)^\sigma}\right] S_n^\sigma - \theta p \\
&\leqslant \frac{\theta^\Delta}{x^\beta} S_n - \theta p.
\end{aligned}
\tag{6.9}
$$

由上式及 (6.3), 得当 $t \geqslant t_2$ 时,

$$
w^\Delta(t) \leqslant \frac{\theta^\Delta(t)}{B_1^\alpha(t, t_2)} x^{\alpha-\beta}(t) - \theta(t)p(t).
$$

下面分三种情况讨论.

情形 1　若 $\alpha = \beta$, 则当 $t \geqslant t_2$ 时,

$$
x^{\alpha-\beta}(t) = 1.
\tag{6.10}
$$

情形 2　若 $\alpha > \beta$, 则由 (6.4) 知, 存在 $t_3 > t_2$ 及常数 $c_2 > 0$, 使得当 $t \geqslant t_3$ 时,

$$
x^{\alpha-\beta}(t) \leqslant c_2 B_1^{\alpha-\beta}(t, t_2).
\tag{6.11}
$$

情形 3　若 $\alpha < \beta$, 则当 $t \geqslant t_2$ 时,

$$
x(t) \geqslant x(t_2),
$$

即当 $t \geqslant t_2$ 时,

$$
x^{\alpha-\beta}(t) \leqslant c_1 = x^{\alpha-\beta}(t_2).
\tag{6.12}
$$

综上可知, 当 $t \geqslant t_3$ 时,

$$
w^\Delta(t) \leqslant \frac{\theta^\Delta(t)}{B_1^\alpha(t, t_2)} \delta_1(t, t_2) - \theta(t)p(t).
$$

将上式从 t_3 到 $t(\geqslant t_3)$ 积分得

$$
\int_{t_3}^t \left[\theta(s)p(s) - \frac{\theta^\Delta(s)}{B_1^\alpha(s, t_2)} \delta_1(s, t_2)\right] \Delta s \leqslant w(t_3) < \infty,
$$

这与 (6.6) 式相矛盾. □

　　定理 6.2　设 (2.3) 和 (6.2) 成立. 若存在一个非递减的正 Δ 可微函数 θ, 使得对任意大的 $T \in [t_0, \infty)_{\mathbf{T}}$, 都存在一个 $T_1 > T$, 使

$$
\limsup_{t \to \infty} \int_{T_1}^t \left[\theta(s)p(s) - \frac{(\alpha/\beta)^\alpha(\theta^\Delta(s))^{\alpha+1}a_1^\alpha(s)}{(\alpha+1)^{\alpha+1}(B_2(s, T)\theta(s)\delta_2(s, T))^\alpha}\right] \Delta s = \infty,
\tag{6.13}
$$

其中

$$
\delta_2(t,T) = \begin{cases}
c_1, \ c_1 \ \text{是一个任意的正常数}, & \alpha < \beta, \\
1, & \alpha = \beta, \\
c_2 B_1^{\frac{\beta}{\alpha}-1}(\sigma(t),T), \ c_2 \ \text{是一个任意的正常数}, & \alpha > \beta,
\end{cases}
\tag{6.14}
$$

$B_1(t,T), B_2(t,T)$ 如引理 6.2 所述. 则方程 (6.1) 的每一个解是振荡的或者趋于零.

证明　设方程 (6.1) 在 $[t_0,\infty)_\mathbf{T}$ 上存在非振荡解 x. 不失一般性, 不妨设存在一个足够大的 $t_1 \geqslant t_0$, 使得当 $t \geqslant t_1$ 时, $x(t) > 0$. 由引理 6.1 知, 存在 $t_2 \geqslant t_1$, 使得

(i) 当 $t \geqslant t_2 \geqslant t_1$ 时, $S_n^\Delta(t,x) < 0$.

(ii) $\lim\limits_{t\to\infty} x(t) = 0$, 或者当 $t \geqslant t_2$ 且 $i \in \mathbf{Z}_n$ 时, $S_i(t,x) > 0$.

若当 $t \geqslant t_2$ 且 $i \in \mathbf{Z}_n$ 时, $S_i(t,x) > 0$ 成立, 则有

$$
\begin{aligned}
(x^\beta)^\Delta &= \beta x^\Delta \int_0^1 (hx + (1-h)x^\sigma)^{\beta-1}\mathrm{d}h \\
&= \beta x^\Delta \int_0^1 \frac{(hx + (1-h)x^\sigma)^\beta}{hx + (1-h)x^\sigma}\mathrm{d}h \\
&\geqslant \beta x^\Delta \frac{x^\beta}{x^\sigma}.
\end{aligned}
$$

由 (6.3) 可得

$$
\begin{aligned}
\frac{(x^\beta)^\Delta}{x^\beta} &\geqslant \beta \frac{x^\Delta}{x^\sigma} \\
&\geqslant \beta \frac{S_n^{\frac{1}{\alpha}} B_2(\cdot,t_2)}{a_1 x^\sigma} \\
&\geqslant \beta \frac{(S_n^\sigma)^{\frac{1}{\alpha}} B_2(\cdot,t_2)}{a_1 x^\sigma} \\
&= \beta \frac{(w^\sigma)^{\frac{1}{\alpha}}}{a_1(\theta^\sigma)^{\frac{1}{\alpha}}}(x^\sigma)^{\frac{\beta}{\alpha}-1} B_2(\cdot,t_2).
\end{aligned}
$$

由 (6.9) 可知, 当 $t \geqslant t_2$ 时,

$$
\begin{aligned}
w^\Delta &= \left[\frac{\theta}{x^\beta}\right]^\Delta S_n^\sigma + \frac{\theta}{x^\beta}S_n^\Delta \\
&= \left[\frac{\theta^\Delta}{(x^\beta)^\sigma} - \frac{\theta(x^\beta)^\Delta}{x^\beta(x^\beta)^\sigma}\right]S_n^\sigma - \theta p \\
&\leqslant \theta^\Delta \frac{w^\sigma}{\theta^\sigma} - \beta \frac{B_2(\cdot,t_2)\theta}{a_1}\frac{(w^\sigma)^{1+\frac{1}{\alpha}}}{(\theta^\sigma)^{1+\frac{1}{\alpha}}}(x^\sigma)^{\frac{\beta}{\alpha}-1} - \theta p.
\end{aligned}
\tag{6.15}
$$

下面分三种情形讨论.

情形 1　若 $\alpha = \beta$, 则当 $t \geqslant t_2$ 时,

$$(x^\sigma)^{\frac{\beta}{\alpha}-1}(t) = 1. \tag{6.16}$$

情形 2　若 $\alpha > \beta$, 则由 (6.4) 知, 存在 $t_3 > t_2$ 及常数 $c > 0$, 使得当 $t \geqslant t_3$ 时,

$$x(t) \leqslant cB_1(t, t_2),$$

即

$$(x^\sigma)^{\frac{\beta}{\alpha}-1}(t) \geqslant c_2 B_1^{\frac{\beta}{\alpha}-1}(\sigma(t), t_2), \tag{6.17}$$

其中 $c_2 = c^{\frac{\beta}{\alpha}-1}$.

情形 3　若 $\alpha < \beta$, 则当 $t \geqslant t_2$ 时,

$$x(t) \geqslant x(t_2),$$

即

$$(x^\sigma)^{\frac{\beta}{\alpha}-1}(t) \geqslant c_1 = x^{\frac{\beta}{\alpha}-1}(t_2). \tag{6.18}$$

综上可得, 当 $t \geqslant t_3$ 时,

$$
\begin{aligned}
w^\Delta &\leqslant \frac{w^\sigma}{\theta^\sigma}\theta^\Delta - \frac{\beta B_2(\cdot, t_2)\theta\delta_2(\cdot, t_2)}{a_1}\frac{(w^\sigma)^{1+\frac{1}{\alpha}}}{(\theta^\sigma)^{1+\frac{1}{\alpha}}} - \theta p \\
&= -\frac{\beta B_2(\cdot, t_2)\theta\delta_2(\cdot, t_2)}{a_1}\left\{\frac{(w^\sigma)^{1+\frac{1}{\alpha}}}{(\theta^\sigma)^{1+\frac{1}{\alpha}}} - \frac{w^\sigma}{\theta^\sigma}\frac{a_1\theta^\Delta}{\beta B_2(\cdot, t_2)\theta\delta_2(\cdot, t_2)}\right\} - \theta p.
\end{aligned}
$$

记

$$
\begin{aligned}
A &= \frac{w^\sigma}{\theta^\sigma}, \\
B &= \left[\frac{\alpha a_1\theta^\Delta}{(\alpha + 1)\beta B_2(\cdot, t_2)\theta\delta_2(\cdot, t_2)}\right]^\alpha, \\
\lambda &= 1 + 1/\alpha,
\end{aligned}
$$

则由引理 6.3 可得

$$w^\Delta \leqslant \frac{(\alpha/\beta)^\alpha(\theta^\Delta)^{\alpha+1}a_1^\alpha}{(\alpha + 1)^{\alpha+1}(B_2(\cdot, t_2)\theta\delta_2(\cdot, t_2))^\alpha} - \theta p.$$

将上式从 t_3 到 $t(\geqslant t_3)$ 积分得

$$\int_{t_3}^t \left[\theta(s)p(s) - \frac{(\alpha/\beta)^\alpha(\theta^\Delta(s))^{\alpha+1}a_1^\alpha(s)}{(\alpha + 1)^{\alpha+1}(B_2(s, t_2)\theta(s)\delta_2(s, t_2))^\alpha}\right]\Delta s \leqslant w(t_3) < \infty,$$

这与 (6.13) 相矛盾. □

定理 6.3　设 (2.3) 和 (6.2) 成立. 若对任一足够大的 $T \in [t_0, \infty)_{\mathbf{T}}$, 有

$$\int_T^\infty p(u) \left[\int_T^u \frac{\Delta s}{a_1(s)} \right]^\beta \Delta u = \infty, \tag{6.19}$$

则方程 (6.1) 的每一个解是振荡的或者趋于零.

证明　设方程 (6.1) 在 $[t_0, \infty)_{\mathbf{T}}$ 上存在非振荡解 x. 不失一般性, 不妨设存在一个足够大的 $t_1 \geqslant t_0$, 使得当 $t \geqslant t_1$ 时, $x(t) > 0$. 由引理 6.1 知, 存在 $t_2 \geqslant t_1$, 使得

(i) 当 $t \geqslant t_2 \geqslant t_1$ 时, $S_n^\Delta(t,x) < 0$.

(ii) $\lim\limits_{t\to\infty} x(t) = 0$, 或者当 $t \geqslant t_2$ 且 $i \in \mathbf{Z}_n$ 时, $S_i(t,x) > 0$.

若当 $t \geqslant t_2$ 且 $i \in \mathbf{Z}_n$ 时, $S_i(t,x) > 0$ 成立, 则当 $t \geqslant t_2$ 时, 有

$$\begin{aligned} x(t) &= x(t_2) + \int_{t_2}^t \frac{S_1(s,x)}{a_1(s)} \Delta s \\ &\geqslant S_1(t_2,x) \int_{t_2}^t \frac{\Delta s}{a_1(s)}. \end{aligned}$$

由 (6.1) 得

$$-S_n^\Delta(t,x) \geqslant p(t) \left[S_1(t_2,x) \int_{t_2}^t \frac{\Delta s}{a_1(s)} \right]^\beta.$$

将上式从 t_2 到 ∞ 积分得

$$S_n(t_2,x) \geqslant S_1^\beta(t_2,x) \int_{t_2}^\infty p(u) \left[\int_{t_2}^u \frac{\Delta s}{a_1(s)} \right]^\beta \Delta u,$$

这与 (6.19) 相矛盾. □

定理 6.4　设 (2.3) 和 (6.2) 成立. 若对任一足够大的 $T \in [t_0, \infty)_{\mathbf{T}}$, 有

$$\limsup_{t\to\infty} B_1^\alpha(t,T) \delta_3(t,T) \int_t^\infty p(s)\Delta s > 1, \tag{6.20}$$

其中

$$\delta_3(t,T) = \begin{cases} c_1, \ c_1 \text{ 是一个任意的正常数}, & \alpha < \beta, \\ 1, & \alpha = \beta, \\ c_2 B_1^{\beta-\alpha}(t,T), \ c_2 \text{ 是一个任意的正常数}, & \alpha > \beta, \end{cases} \tag{6.21}$$

$B_1(t,T)$ 如引理 6.2 所述, 则方程 (6.1) 的每一个解是振荡的或者趋于零.

证明　设方程 (6.1) 在 $[t_0, \infty)_{\mathbf{T}}$ 上存在非振荡解 x. 不失一般性, 不妨设存在一个足够大的 $t_1 \geqslant t_0$, 使得当 $t \geqslant t_1$ 时, $x(t) > 0$. 由引理 6.1 知, 存在 $t_2 \geqslant t_1$, 使得

(i) 当 $t \geqslant t_2 \geqslant t_1$ 时, $S_n^\Delta(t,x) < 0$.

(ii) $\lim\limits_{t \to \infty} x(t) = 0$, 或者当 $t \geqslant t_2$ 且 $i \in \mathbf{Z}_n$ 时, $S_i(t,x) > 0$.

若当 $t \geqslant t_2$ 且 $i \in \mathbf{Z}_n$ 时, $S_i(t,x) > 0$ 成立, 则由 (6.1) 与 (6.3) 可知, 当 $t \geqslant t_2$ 时,

$$\int_t^\infty p(s) x^\beta(s) \Delta s \leqslant S_n(t,x)$$
$$\leqslant \left[\frac{x(t)}{B_1(t,t_2)} \right]^\alpha.$$

由于 x 在 $[t_2, \infty)_{\mathbf{T}}$ 上严格递增, 因此

$$x^\beta(t) \int_t^\infty p(s) \Delta s \leqslant \left[\frac{x(t)}{B_1(t,t_2)} \right]^\alpha,$$

即

$$B_1^\alpha(t,t_2) x^{\beta-\alpha}(t) \int_t^\infty p(s) \Delta s \leqslant 1. \tag{6.22}$$

下面考虑三种情形.

情形 1　若 $\alpha = \beta$, 则当 $t \geqslant t_2$ 时,

$$x^{\beta-\alpha}(t) = 1. \tag{6.23}$$

情形 2　若 $\alpha > \beta$, 则由 (6.4) 可知, 存在 $t_3 > t_2$ 及常数 $c > 0$, 使得当 $t \geqslant t_3$ 时,

$$x(t) \leqslant cB_1(t,t_2),$$

即

$$x^{\beta-\alpha}(t) \geqslant c_2 B_1^{\beta-\alpha}(t,t_2), \tag{6.24}$$

其中 $c_2 = c^{\beta-\alpha}$.

情形 3　若 $\alpha < \beta$, 则当 $t \geqslant t_2$ 时,

$$x(t) \geqslant x(t_2),$$

即

$$x^{\beta-\alpha}(t) \geqslant c_1 = x^{\beta-\alpha}(t_2). \tag{6.25}$$

综上可知, 当 $t \geqslant t_3$ 时,

$$B_1^\alpha(t,t_2) \delta_3(t,t_2) \int_t^\infty p(s) \Delta s \leqslant 1,$$

这与 (6.20) 相矛盾. $\quad \square$

例子 6.1　设 $\mathbf{T} = \{2^n : n \in \mathbf{Z}\} \cup \{0\}$. 考虑时标 $\mathbf{T}$ 上的动力方程

$$S_n^\Delta(t,x) + t^\gamma x^\beta(t) = 0, \tag{6.26}$$

其中 $n \geqslant 2$, α, β 及 $S_k(t,x)$ $(k \in \mathbf{Z}_n)$ 如方程 (6.1) 中所述, $a_n(t) = t^{\alpha-1}$, $a_{n-1}(t) = \cdots = a_1(t) = t$, $\gamma > -1$. 容易验证

$$\int_{t_0}^\infty \left[\frac{1}{a_n(s)}\right]^{\frac{1}{\alpha}} \Delta s = \int_{t_0}^\infty \left[\frac{1}{s^{\alpha-1}}\right]^{\frac{1}{\alpha}} \Delta s = \infty,$$

$$\int_{t_0}^\infty \frac{\Delta s}{a_i(s)} = \int_{t_0}^\infty \frac{\Delta s}{s} = \infty \quad (i \in \mathbf{N}_{n-1}),$$

$$\int_{t_0}^\infty p(s)\Delta s = \int_{t_0}^\infty s^\gamma \Delta s = \infty.$$

取 $t_1 > t_0$, 使得

$$\int_{t_0}^{t_1} \frac{\Delta u}{a_{n-1}(u)} \int_u^{t_1} \left[\frac{1}{a_n(s)}\right]^{\frac{1}{\alpha}} \Delta s > 0,$$

则

$$\int_{t_0}^\infty \frac{\Delta u}{a_{n-1}(u)} \left\{ \int_u^\infty \left[\frac{\Delta s}{a_n(s)} \int_s^\infty p(v)\Delta v \right]^{\frac{1}{\alpha}} \right\}$$

$$\geqslant \left[\int_{t_1}^\infty p(v)\Delta v \right]^{\frac{1}{\alpha}} \int_{t_0}^{t_1} \frac{\Delta u}{a_{n-1}(u)} \left(\int_u^{t_1} \left[\frac{\Delta s}{a_n(s)}\right]^{\frac{1}{\alpha}} \right)$$

$$= \infty.$$

取足够大的 $T \in [t_0, \infty)_{\mathbf{T}}$ 及 $u_1 > T$, 使得

$$\int_T^{u_1} \frac{1}{a_1(s)} \Delta s > 1,$$

则

$$\int_T^\infty p(u) \left[\int_T^u \frac{1}{a_1(s)} \Delta s\right]^\beta \Delta u$$

$$\geqslant \int_{u_1}^\infty p(u) \left[\int_T^u \frac{1}{a_1(s)} \Delta s\right]^\beta \Delta u$$

$$\geqslant \int_{u_1}^\infty p(u)\Delta u = \infty,$$

即条件 (2.3), (6.2) 和 (6.19) 都成立. 由定理 6.3 知, 方程 (6.26) 的每一个解都是振荡的或者趋于零.

例子 6.2　设 $\mathbf{T} = \{2^n : n \in \mathbf{Z}\} \cup \{0\}$. 考虑时标 $\mathbf{T}$ 上的动力方程

$$S_n^\Delta(t,x) + \frac{1}{t^{1+\gamma}} x^\beta(t) = 0, \tag{6.27}$$

其中 $n \geqslant 2, \alpha, \beta$ 及 $S_k(t,x)$ $(k \in \mathbf{Z}_n)$ 如方程 (6.1) 中所述, $\alpha \geqslant 1, 0 < \gamma < \min\{1,\beta\}$,

$$a_n(t) = 1, \quad a_{n-1}(t) = t^{\frac{1}{\alpha}},$$
$$a_{n-2}(t) = \cdots = a_1(t) = t.$$

显然

$$\int_{t_0}^\infty \left[\frac{1}{a_n(s)}\right]^{\frac{1}{\alpha}} \Delta s = \int_{t_0}^\infty \Delta s = \infty,$$
$$\int_{t_0}^\infty \frac{1}{a_{n-1}(s)} \Delta s = \int_{t_0}^\infty \frac{1}{s^{\frac{1}{\alpha}}} \Delta s = \infty,$$
$$\int_{t_0}^\infty \frac{1}{a_i(s)} \Delta s = \int_{t_0}^\infty \frac{1}{s} \Delta s = \infty \quad (i \in \mathbf{N}_{n-2}).$$

取 $t_1 > t_0$, 使得

$$\int_{t_0}^{t_1} \frac{\Delta u}{u^{\frac{1}{\alpha}}} > 0,$$

则

$$\int_{t_0}^\infty \frac{\Delta u}{a_{n-1}(u)} \left\{ \int_u^\infty \left[\frac{\Delta s}{a_n(s)} \int_s^\infty p(v)\Delta v\right]^{\frac{1}{\alpha}} \Delta s \right\}$$

$$= \int_{t_0}^\infty \frac{\Delta u}{u^{\frac{1}{\alpha}}} \left\{ \int_u^\infty \left[\int_s^\infty \frac{1}{v^{\gamma+1}}\Delta v\right]^{\frac{1}{\alpha}} \Delta s \right\}$$

$$\geqslant \frac{1}{\gamma} \int_{t_0}^\infty \frac{\Delta u}{u^{\frac{1}{\alpha}}} \left\{ \int_u^\infty \left[\int_s^\infty \frac{(v^\gamma)^\Delta}{v^\gamma(v^\gamma)^\sigma}\Delta v\right]^{\frac{1}{\alpha}} \Delta s \right\}$$

$$= \frac{1}{\gamma} \int_{t_0}^\infty \frac{\Delta u}{u^{\frac{1}{\alpha}}} \left[\int_u^\infty \left(\frac{1}{s^\gamma}\right)^{\frac{1}{\alpha}} \Delta s\right]$$

$$\geqslant \frac{1}{\gamma} \int_{t_0}^{t_1} \frac{\Delta u}{u^{\frac{1}{\alpha}}} \left[\int_{t_1}^\infty \left(\frac{1}{s^\gamma}\right)^{\frac{1}{\alpha}} \Delta s\right]$$

$$= \frac{1}{\gamma} \left[\int_{t_1}^\infty \left(\frac{1}{s^\gamma}\right)^{\frac{1}{\alpha}} \Delta s\right] \int_{t_0}^{t_1} \frac{\Delta u}{u^{\frac{1}{\alpha}}}$$

$$= \infty.$$

令 $M = \max\{c_1, 1, c_2\}$, c_1, c_2 如定理 6.1 中所述, $\rho = \min\{\alpha, \beta\}$, $\gamma < \tau < \min\{1, \beta\}$.

取 $T_1 > T > 0$, 使得当 $t \geqslant T_1$ 时,

$$\frac{1}{t^\gamma} \geqslant \frac{2}{t^\tau} \geqslant \frac{2M}{\left[\left(\dfrac{1}{2}\right)^{n+\frac{1}{\alpha}} (t - 2^{n-1}T)\right]^\rho}.$$

设 $\theta(t) = t$, 则

$$B_1(t, T)$$
$$= \int_T^t \frac{1}{a_1(u_1)} \left[\int_T^{u_1} \frac{1}{a_2(u_2)} \left[\cdots \left[\int_T^{u_{n-2}} \frac{1}{a_{n-1}(u_{n-1})}\right.\right.\right.$$
$$\times \left.\left.\left. \left[\int_T^{u_{n-1}} \Delta u_n\right]^{\frac{1}{\alpha}} \Delta u_{n-1}\right]\cdots\right]\Delta u_2\right]\Delta u_1$$
$$= \int_{2^{n-1}T}^t \frac{1}{u_1}\left[\int_{2^{n-2}T}^{u_1} \frac{1}{u_2}\left[\cdots\left[\int_{2T}^{u_{n-2}}\left[\frac{1}{u_{n-1}}\int_T^{u_{n-1}}\Delta u_n\right]^{\frac{1}{\alpha}}\Delta u_{n-1}\right]\cdots\right]\Delta u_2\right]\Delta u_1$$
$$\geqslant \left(\frac{1}{2}\right)^{n+\frac{1}{\alpha}}(t - 2^{n-1}T)$$

且

$$\int_{T_1}^t \left[\theta(s)p(s) - \frac{\theta^\Delta(s)}{B_1^\alpha(s, T)}\delta_1(s, T)\right]\Delta s$$
$$= \int_{T_1}^t \left[\frac{1}{s^\gamma} - \frac{1}{B_1^\alpha(s,T)}\delta_1(s, T)\right]\Delta s$$
$$\geqslant \int_{T_1}^t \left[\frac{2}{t^\tau} - \frac{M}{\left[\left(\dfrac{1}{2}\right)^{n+\frac{1}{\alpha}}(t - 2^{n-1}T)\right]^\rho}\right]\Delta s$$
$$\geqslant \int_{T_1}^t \frac{1}{t^\tau}\Delta s,$$

即

$$\limsup_{t\to\infty} \int_{T_1}^t \left[\theta(s)p(s) - \frac{\theta^\Delta(s)}{B_1^\alpha(s, T)}\delta_1(s, T)\right]\Delta s = \infty,$$

即条件 (2.3), (6.2), (6.6) 都成立. 由定理 6.1 知, 方程 (6.27) 的每个解都是振荡的或者趋于零.　□

6.2　高阶动力方程 $S_n^\Delta(t,x) + g(t, x(\tau(t))) = 0$ 的振荡性

这一节主要讨论时标 **T** 上的高阶动力方程

$$S_n^{\Delta}(t,x) + g(t, x(\tau(t))) = 0 \tag{6.28}$$

的振荡性准则, 其中

(1) $\alpha \geqslant 1, \beta \geqslant 1$ 均为两个正奇数之比, 自然数 $n \geqslant 2$.

(2) $a_k(k \in \mathbf{N}_n)$ 与 $S_k(t,x)(k \in \mathbf{Z}_n)$ 如方程 (6.1) 中定义.

(3) $\tau \in C_{\mathrm{rd}}(\mathbf{T}, \mathbf{T})$ 是连续递增的可微函数, $\tau(t) \leqslant t$, 且 $\lim\limits_{t \to \infty} \tau(t) = \infty$.

(4) $g \in C(\mathbf{T} \times \mathbf{R}, \mathbf{R})$, 且存在 $q(t) \in C_{\mathrm{rd}}(\mathbf{T}, \mathbf{R}_+)$, 使得当 $x \neq 0$ 时,

$$\frac{g(t, x(\tau(t)))}{x^{\beta}(\tau(t))} \geqslant q(t).$$

容易证明下面三个引理.

引理 6.4　设 (2.3) 成立. 进一步, 假设

$$\int_{t_0}^{\infty} \frac{\Delta u}{a_{n-1}(u)} \int_u^{\infty} \left[\frac{\Delta s}{a_n(s)} \int_s^{\infty} q(v) \Delta v \right]^{\frac{1}{\alpha}} = \infty. \tag{6.29}$$

若 x 是方程 (6.28) 的一个终于正解, 则存在一个足够大的 $T \geqslant t_0$, 使得

(1) 当 $t \geqslant T$ 时, $S_n^{\Delta}(t,x) < 0$.

(2) $\lim\limits_{t \to \infty} x(t) = 0$, 或者当 $t \geqslant T$ 时, 对任意的 $i \in \mathbf{Z}_n$, $S_i(t,x) > 0$.

引理 6.5　设 x 是方程 (6.28) 的一个终于正解. 若存在 $T \geqslant t_0$, 使得

(1) 当 $t \geqslant T$ 时, $S_n^{\Delta}(t,x) < 0$;

(2) 当 $t \geqslant T$ 时, 对任意的 $i \in \mathbf{Z}_n$, $S_i(t,x) > 0$.

则当 $t \geqslant T$ 时, 对任意的 $i \in \mathbf{Z}_n$,

$$S_i(t,x) \geqslant S_n^{\frac{1}{\alpha}}(t,x) B_{i+1}(t,T) \tag{6.30}$$

且存在某个 $T_1 > T$ 和常数 $c > 0$, 使得当 $t \geqslant T_1$ 时

$$x(t) \leqslant c B_1(t,T), \tag{6.31}$$

其中

$$B_i(t,T) = \begin{cases} \displaystyle\int_T^t \left[\frac{1}{a_n(s)} \right]^{\frac{1}{\alpha}} \Delta s, & i = n, \\[3mm] \displaystyle\int_T^t \frac{B_{i+1}(s,T)}{a_i(s)} \Delta s, & i \in \mathbf{N}_{n-1}. \end{cases} \tag{6.32}$$

引理 6.6[15]　U, V 为常数, $\gamma \geqslant 1$ 是两个正奇数之比, 则

$$(U-V)^{1+\frac{1}{\gamma}} \geqslant U^{1+\frac{1}{\gamma}} + \frac{1}{\gamma} V^{1+\frac{1}{\gamma}} - \left(1 + \frac{1}{\gamma} V^{\frac{1}{\gamma}} U \right).$$

本节总假设:

(1) $\tau \circ \sigma = \sigma \circ \tau$.

(2) $\Phi(t)$, $\phi(t)$ 是任意给定的函数, $\Phi(t) > 0$, $\phi(t) \geqslant 0$, 且 $\Phi(t)$ 和 $a(t)\phi(t)$ 可微.

记

$$h_1(t,T) = \frac{B_2(t,T)}{a_1(t)},$$

$$h_2(t,T) = h_1(t,T)B_1^{\alpha-1}(\sigma(t),T) = h_1(t,T)(B_1^{\alpha-1}(t,T))^\sigma,$$

$$\delta_1(t,T) = \begin{cases} c_1, \ c_1 \text{ 是任意的正常数}, & \alpha < \beta, \\ 1, & \alpha = \beta, \\ c_2 B_1^{\beta-\alpha}(\sigma(t),T), \ c_2 \text{ 是任意的正常数}, & \alpha > \beta, \end{cases} \tag{6.33}$$

$$\delta_2(t,T) = \begin{cases} c_1, \ c_1 \text{ 是任意的正常数}, & \alpha < \beta, \\ 1, & \alpha = \beta, \\ c_2 B_1^{\frac{\beta}{\alpha}-1}(\sigma(t),T), \ c_2 \text{ 是任意的正常数}, & \alpha > \beta, \end{cases} \tag{6.34}$$

$$g_1(t,T) = \Phi^\Delta(t) + 2\beta\Phi(t)\tau^\Delta(t)h_2(\tau(t),T)\delta_1(\tau(t),T)(a_n(t)\phi(t))^\sigma,$$

$$g_2(t,T) = \Phi^\Delta(t) + \left(1+\frac{1}{\alpha}\right)\beta\Phi(t)\tau^\Delta(t)h_1(\tau(t),T)\delta_2(\tau(t),T)((a_n(t)\phi(t))^\sigma)^{\frac{1}{\alpha}},$$

$$G_1(t,T) = \Phi(t)q(t) - \Phi(t)(a_n(t)\phi(t))^\Delta$$
$$+\beta\Phi(t)\tau^\Delta(t)h_2(\tau(t),T)\delta_1(\tau(t),T)((a_n(t)\phi(t))^\sigma)^2,$$

$$G_2(t,T) = \Phi(t)q(t) - \Phi(t)(a_n(t)\phi(t))^\Delta$$
$$+\frac{\beta}{\alpha}\Phi(t)\tau^\Delta(t)h_1(\tau(t),T)\delta_2(\tau(t),T)((a_n(t)\phi(t))^\sigma)^{1+\frac{1}{\alpha}},$$

$$g_+ = \max\{0,g\}, \quad g_- = \min\{0,-g\},$$

$$X(t) = \left\{a_n(t)\left[\frac{[S_{n-1}^\Delta(t,x)]^\alpha}{x^\beta(\tau(t))} + \phi(t)\right]\right\}^\sigma.$$

定理 6.5 设 (2.3) 和 (6.29) 成立. 若对任一足够大的 $T \in [t_0,\infty)_\mathbf{T}$, 都存在一个 $T_1 > T$, 使得 $\tau(T_1) > T$, 且

$$\limsup_{t\to\infty} \int_{T_1}^t \left[G_1(s,T) - \frac{g_1^2(s,T)}{4\beta\Phi(s)\tau^\Delta(s)h_2(\tau(s),T)\delta_1(\tau(s),T)}\right]\Delta s = \infty, \tag{6.35}$$

则方程 (6.28) 的每一个解是振荡的或者趋于零.

证明 设方程 (6.25) 在 $[t_0,\infty)$ 上存在非振荡解 x. 不失一般性, 假设存在 $t_1 \geqslant t_0$, 使得当 $t \geqslant t_1$ 时, $x(t) > 0$, 则由引理 6.4 知, 存在 $T \geqslant t_1$, 使得

(1) 当 $t \geqslant T$ 时, $S_n^\Delta(t,x) < 0$.

(2) $\lim\limits_{t\to\infty} x(t) = 0$ 或者当 $t \geqslant T$ 时, 对任意的 $i \in \mathbf{Z}_n$, $S_i(t, x) > 0$.

若 $t \geqslant T$ 时, 对任意的 $i \in \mathbf{Z}_n$, $S_i(t, x) > 0$ 成立, 考虑

$$w(t) = \Phi(t)a_n(t)\left[\frac{(S_{n-1}^{\Delta}(t, x))^{\alpha}}{x^{\beta}(\tau(t))} + \phi(t)\right], \tag{6.36}$$

则

$$X(t) = w^{\sigma}(t)/\Phi^{\sigma}(t),$$

且当 $t \geqslant T$ 时, $w(t) > 0$. 对 (6.36) 式两边同时求微分得

$$\begin{aligned}
w^{\Delta}(t) &= \frac{\Phi(t)}{x^{\beta}(\tau(t))}S_n^{\Delta}(t, x) + \left[\frac{\Phi(t)}{x^{\beta}(\tau(t))}\right]^{\Delta}S_n^{\sigma}(t, x) \\
&\quad + \Phi(t)[a_n(t)\phi(t)]^{\Delta} + \Phi^{\Delta}(t)[a_n(t)\phi(t)]^{\sigma}.
\end{aligned}$$

由

$$\frac{g(t, x(\tau(t)))}{x^{\beta}(\tau(t))} \geqslant q(t) \quad (x(t) > 0)$$

可得

$$\begin{aligned}
w^{\Delta}(t) \leqslant &-\Phi(t)q(t) + \Phi(t)[a_n(t)\phi(t)]^{\Delta} + \Phi^{\Delta}(t)X(t) \\
&- \Phi(t)\left[\frac{(x^{\beta}(\tau(t)))^{\Delta}}{x^{\beta}(\tau(t))}\right]\left[\frac{S_n(t, x)}{x^{\beta}(\tau(t))}\right]^{\sigma}. \tag{6.37}
\end{aligned}$$

因为 x, τ 可微, 且 $\tau \circ \sigma = \sigma \circ \tau$, 所以 $x \circ \tau$ 可微, 且 $(x(\tau(t)))^{\Delta} = x^{\Delta}(\tau(t))\tau^{\Delta}(t)$. 由 $\beta \geqslant 1$ 及定理 1.3 可得

$$(x^{\beta}(\tau(t)))^{\Delta} \geqslant \beta x^{\beta-1}(\tau(t))x^{\Delta}(\tau(t))\tau^{\Delta}(t).$$

从而

$$\begin{aligned}
w^{\Delta}(t) \leqslant &-\Phi(t)q(t) + \Phi(t)[a_n(t)\phi(t)]^{\Delta} \\
&+ \Phi^{\Delta}(t)X(t) - \beta\Phi(t)\tau^{\Delta}(t)\frac{x^{\Delta}(\tau(t))}{x(\tau(t))}\left[\frac{S_n(t, x)}{x^{\beta}(\tau(t))}\right]^{\sigma}. \tag{6.38}
\end{aligned}$$

取 $t_2 \geqslant T$, 使得当 $t \geqslant t_2$ 时, $\tau(t) > T$. 由 (6.30) 式及 $S_n^{\Delta}(t, x) < 0 \, (t \geqslant T)$, 有

$$\begin{aligned}
x^{\Delta}(\tau(t)) &\geqslant S_n^{\frac{1}{\alpha}}(\tau(t), x)\frac{B_2(\tau(t), T)}{a_1(\tau(t))} \\
&\geqslant [S_n^{\frac{1}{\alpha}}(t, x)]^{\sigma}h_1(\tau(t), T) \\
&= h_1(\tau(t), T)(a_n^{\frac{1}{\alpha}}(t)S_{n-1}^{\Delta}(t, x))^{\sigma} \tag{6.39}
\end{aligned}$$

$$= h_1(\tau(t),T)\left[\frac{S_n(t,x)}{x^\beta(\tau(t))}\right]^\sigma\left[\frac{x^\beta(\tau(t))}{S_n^{\frac{\alpha-1}{\alpha}}(\tau(t,x))}\right]^\sigma. \tag{6.40}$$

由 (6.30) 式得

$$x(t) \geqslant S_n^{\frac{1}{\alpha}}(t,x)B_1(t,T),$$

即

$$S_n^{\frac{\alpha-1}{\alpha}}(\tau(t),x) \leqslant \frac{x^{\alpha-1}(\tau(t))}{B_1^{\alpha-1}(\tau(t),T)}.$$

将它代入 (6.40) 式得

$$x^\Delta(\tau(t)) \geqslant h_2(\tau(t),T)\left[\frac{(S_n(t,x))}{x^\beta(\tau(t))}\right]^\sigma\left[\frac{x^\beta(\tau(t))}{x^{\alpha-1}(\tau(t))}\right]^\sigma. \tag{6.41}$$

将 (6.41) 式代入 (6.38) 式, 并由 $x^\sigma(\tau(t))/x(\tau(t)) \geqslant 1$ 可推出

$$w^\Delta(t) \leqslant -\Phi(t)q(t) + \Phi(t)[a_n(t)\phi(t)]^\Delta + \Phi^\Delta(t)X(t)$$
$$-\beta\Phi(t)\tau^\Delta(t)h_2(\tau(t),T)\left[\frac{x^\beta(\tau(t))}{x^\alpha(\tau(t))}\right]^\sigma\left\{\left[\frac{S_n(t,x)}{x^\beta(\tau(t))}\right]^\sigma\right\}^2.$$

下面考虑三种情形.

情形 1 若 $\alpha < \beta$, 则由 $x^\Delta(t) > 0$ $(t \geqslant T)$ 得

$$x(t) \geqslant x(T) = b_1 > 0,$$

即

$$(x^{\beta-\alpha}(\tau(t)))^\sigma \geqslant b_1^{\beta-\alpha} = c_1 > 0 \quad (t \geqslant t_2).$$

情形 2 若 $\alpha = \beta$, 则

$$(x^{\beta-\alpha}(\tau(t)))^\sigma = 1 \quad (t \geqslant t_2).$$

情形 3 若 $\alpha > \beta$, 则由 (6.31) 式知, 存在某个 $t_3 > t_2$ 及常数 $c > 0$, 使得

$$x(t) \leqslant cB_1(t,T) \quad (t \geqslant t_3),$$

从而

$$(x^{\beta-\alpha}(\tau(t)))^\sigma \geqslant c_2(B_1^{\beta-\alpha}(\tau(t),T))^\sigma \quad (t \geqslant t_3),$$

其中 $c_2 = c^{\beta-\alpha} > 0$.

综上所述, 有

$$\left(\frac{x^\beta(\tau(t))}{x^\alpha(\tau(t))}\right)^\sigma \geqslant \delta_1(\tau(t),T),$$

即

$$w^\Delta(t) \leqslant -\Phi(t)q(t) + \Phi(t)[a_n(t)\phi(t)]^\Delta + \Phi^\Delta(t)X(t)$$

$$- \beta\Phi(t)\tau^\Delta(t)h_2(\tau(t),T)\delta_1(\tau(t),T)\left\{\left[\frac{S_n(t)}{x^\beta(\tau(t))}\right]^\sigma\right\}^2. \qquad (6.42)$$

因为

$$\left[\left(\frac{S_n(t)}{x^\beta(\tau(t))}\right)^\sigma\right]^2$$

$$= (X(t) - (a_n(t)\phi(t))^\sigma)^2$$

$$= X^2(t) - 2(a_n(t)\phi(t))^\sigma X(t) + ((a_n(t)\phi(t))^\sigma)^2, \qquad (6.43)$$

所以由 (6.42), (6.43) 以及 $G_1(t,T)$ 和 $g_1(t,T)$ 的定义, 得

$$w^\Delta(t) \leqslant -G_1(t,T) + g_1(t,T)X(t) - \beta\Phi(t)\tau^\Delta(t)h_2(\tau(t),T)\delta_1(\tau(t),T)X^2(t). \quad (6.44)$$

易证

$$w^\Delta(t) \leqslant -G_1(t,T) + \frac{g_1^2(t,T)}{4\beta\Phi(t)\tau^\Delta(t)h_2(\tau(t),T)\delta_1(\tau(t),T)}.$$

将上式从 t_3 到 $t(\geqslant t_3)$ 积分可得

$$\int_{t_3}^t \left[G_1(s,T) - \frac{g_1^2(s,T)}{4\beta\Phi(s)\tau^\Delta(s)h_2(\tau(s),T)\delta_1(\tau(s),T)}\right]\Delta s \leqslant w(t_3) - w(t) \leqslant w(t_3),$$

这与 (6.35) 式相矛盾. □

定理 6.6　设 (2.3) 和 (6.29) 成立. 若对任一足够大的 $T \in [t_0, \infty)_\mathbf{T}$, 都存在一个 $T_1 > T$, 使得 $\tau(T_1) > T$, 且

$$\limsup_{t\to\infty} \int_{T_1}^t \left[G_2(s,T) - \frac{\alpha^\alpha((g_2(s,T))_+)^{1+\alpha}}{(1+\alpha)^{1+\alpha}(\beta\Phi(s)\tau^\Delta(s)h_1(\tau(s),T)\delta_2(\tau(s),T))^\alpha}\right]\Delta s = \infty, \qquad (6.45)$$

则方程 (6.28) 的每一个解是振荡的或者趋于零.

证明　设方程 (6.28) 在 $[t_0, \infty)$ 上存在非振荡解 x. 不失一般性, 假设存在 $t_1 \geqslant t_0$, 使得当 $t \geqslant t_1$ 时, $x(t) > 0$, 则由引理 6.4 知, 存在 $T \geqslant t_1$, 使得

(1) 当 $t \geqslant T$ 时, $S_n^\Delta(t,x) < 0$.

(2) $\lim\limits_{t\to\infty} x(t) = 0$, 或者当 $t \geqslant T$ 时, 对任意的 $i \in \mathbf{Z}_n$, $S_i(t,x) > 0$.

若当 $t \geqslant T$ 时, 对任意的 $i \in \mathbf{Z}_n$, $S_i(t,x) > 0$ 成立, 则由 (6.39) 得

$$x^\Delta(\tau(t)) \geqslant [S_n^{\frac{1}{n}}(t,x)]^\sigma h_1(\tau(t),T)$$

$$= h_1(\tau(t), T)(x^{\frac{\beta}{\alpha}}(\tau(t)))^\sigma \left\{ \left[\frac{S_n(t,x)}{x^\beta(\tau(t))} \right]^\sigma \right\}^{\frac{1}{\alpha}}. \tag{6.46}$$

如 (6.36) 定义 $w(t)$. 取 $t_2 \geqslant T$, 使得当 $t \geqslant t_2$ 时, $\tau(t) > T$. 将 (6.46) 代入 (6.38) 知, 对任意的 $t \in [t_2, \infty)_\mathbf{T}$,

$$w^\Delta(t) \leqslant -\Phi(t)q(t) + \Phi(t)[a_n(t)\phi(t)]^\Delta + \Phi^\Delta(t)X(t)$$
$$-\beta\Phi(t)\tau^\Delta(t)h_1(\tau(t), T) \left\{ \left[\frac{S_n(t,x)}{x^\beta(\tau(t))} \right]^\sigma \right\}^{1+\frac{1}{\alpha}} \frac{(x^{\frac{\beta}{\alpha}}(\tau(t)))^\sigma}{x(\tau(t))}.$$

由 $x^\Delta(t) > 0$ 知

$$x(\tau(t)) \leqslant (x(\tau(t)))^\sigma,$$

从而

$$w^\Delta(t) \leqslant -\Phi(t)q(t) + \Phi(t)[a_n(t)\phi(t)]^\Delta + \Phi^\Delta(t)X(t)$$
$$-\beta\Phi(t)\tau^\Delta(t)h_1(\tau(t), T) \left(\left(\frac{S_n(t,x)}{x^\beta(\tau(t))} \right)^\sigma \right)^{1+\frac{1}{\alpha}} (x^{\frac{\beta-\alpha}{\alpha}}(\tau(t)))^\sigma.$$

下面考虑三种情形.

情形 1   若 $\alpha < \beta$, 则由 $x^\Delta(t) > 0$ ($t \geqslant T$) 得

$$(x^{\frac{\beta-\alpha}{\alpha}}(\tau(t)))^\sigma \geqslant x^{\frac{\beta-\alpha}{\alpha}}(T) = c_1 > 0 \quad (t \geqslant t_2).$$

情形 2   若 $\alpha = \beta$, 则

$$(x^{\frac{\beta-\alpha}{\alpha}}(\tau(t)))^\sigma = 1 \quad (t \geqslant t_2).$$

情形 3   若 $\alpha > \beta$, 则由 (6.36) 知, 存在某个 $t_3 > t_2$ 和常数 $c > 0$, 使得当 $t \geqslant t_3$ 时,

$$x(\tau(t)) \leqslant cB_1(\tau(t), T),$$

从而

$$(x^{\frac{\beta-\alpha}{\alpha}}(\tau(t)))^\sigma \geqslant c_2(B_1^{\frac{\beta-\alpha}{\alpha}}(\tau(t), T))^\sigma \quad (t \geqslant t_3),$$

其中 $c_2 = c^{\frac{\beta-\alpha}{\alpha}} > 0$.

综合上述, 有

$$(x^{\frac{\beta-\alpha}{\alpha}}(\tau(t)))^\sigma \geqslant \delta_2(\tau(t), T).$$

因此

$$w^\Delta(t) \leqslant -\Phi(t)q(t) + \Phi(t)[a_n(t)\phi(t)]^\Delta + \Phi^\Delta(t)X(t)$$

$$- \beta\Phi(t)\tau^\Delta(t)h_1(\tau(t),T)\delta_2(\tau(t),T)\left\{\left[\frac{S_n(t,x)}{x^\beta(\tau(t))}\right]^\sigma\right\}^{1+\frac{1}{\alpha}}. \tag{6.47}$$

由引理 6.6, 得到

$$\left\{\left[\frac{S_n(t,x)}{x^\beta(\tau(t))}\right]^\sigma\right\}^{1+\frac{1}{\alpha}}$$
$$= (X(t) - (a_n(t)\phi(t))^\sigma)^{1+\frac{1}{\alpha}}$$
$$\geqslant X^{1+\frac{1}{\alpha}}(t) + \frac{1}{\alpha}(a_n^\sigma(t)\phi^\sigma(t))^{1+\frac{1}{\alpha}} - \left(1+\frac{1}{\alpha}\right)(a_n^\sigma(t)\phi^\sigma(t))^{\frac{1}{\alpha}}X(t). \tag{6.48}$$

将 (6.48) 代入 (6.47), 再根据 $G_2(t,T)$ 和 $g_2(t,T)$ 的定义, 有

$$w^\Delta(t) \leqslant -G_2(t,T) + g_2(t,T)X(t) - \beta\Phi(t)\tau^\Delta(t)h_1(\tau(t),T)\delta_2(\tau(t),T)X^{1+\frac{1}{\alpha}}(t)$$
$$\leqslant -G_2(t,T) + (g_2(t,T))_+X(t) - \beta\Phi(t)\tau^\Delta(t)h_1(\tau(t),T)\delta_2(\tau(t),T)X^{1+\frac{1}{\alpha}}(t). \tag{6.49}$$

设

$$A^{1+\frac{1}{\alpha}} = \beta\Phi(t)\tau^\Delta(t)h_1(\tau(t),T)\delta_2(\tau(t),T)X^{1+\frac{1}{\alpha}}(t), \tag{6.50}$$
$$B^{\frac{1}{\alpha}} = \frac{\alpha(g_2(t,T))_+}{(1+\alpha)(\beta\Phi(t)\tau^\Delta(t)h_1(\tau(t),T)\delta_2(\tau(t),T))^{\frac{\alpha}{\alpha+1}}}. \tag{6.51}$$

由引理 6.3, 有

$$(g_2(t,T))_+X(t) - \beta\Phi(t)\tau^\Delta(t)h_1(\tau(t),T)\delta_2(\tau(t),T)X^{1+\frac{1}{\alpha}}(t)$$
$$\leqslant \frac{\alpha^\alpha((g_2(t,T))_+)^{1+\alpha}}{(1+\alpha)^{1+\alpha}(\beta\Phi(t)\tau^\Delta(t)h_1(\tau(t),T)\delta_2(\tau(t),T))^\alpha}.$$

从而

$$w^\Delta(t) \leqslant -G_2(t,T) + \frac{\alpha^\alpha((g_2(t,T))_+)^{1+\alpha}}{(1+\alpha)^{1+\alpha}(\beta\Phi(t)\tau^\Delta(t)h_1(\tau(t),T)\delta_2(\tau(t),T))^\alpha}.$$

将上式从 t_3 到 $t\ (\geqslant t_3)$ 积分得

$$\int_{t_3}^t \left[G_2(s,T) - \frac{\alpha^\alpha((g_2(s,T))_+)^{1+\alpha}}{(1+\alpha)^{1+\alpha}(\beta\Phi(s)\tau^\Delta(s)h_1(\tau(s),T)\delta_2(\tau(s),T))^\alpha}\right]\Delta s$$
$$\leqslant w(t_3) - w(t) \leqslant w(t_3),$$

这与 (6.45) 相矛盾. □

　　定理 6.7　设 (2.3) 和 (6.29) 成立. 记

$$I = \{(t,s) : t \geqslant s \geqslant t_0\}.$$

若存在函数 $r, R \in C_{\mathrm{rd}}(I, \mathbf{R})$, 使得

(1) 当 $t > s \geqslant t_0$ 时, $R(t,s) > 0$.

(2) 当 $t \geqslant t_0$ 时, $R(t,t) = 0$.

(3) 函数 R 对第二个变量 s 有连续的偏微分 $R^{\Delta_s}(t,s)$, 且 $R^{\Delta_s}(t,s) \leqslant 0$.

(4) 对任一足够大的 $T \in [t_0, \infty)_{\mathbf{T}}$, 都存在一个 $T_1 > T$, 使得当 $\tau(T_1) > T$ 时,

$$R^{\Delta_s}(t,s) + \frac{R(t,s)g_1(s,T)}{\Phi^\sigma(s)} = \frac{r(t,s)}{\Phi^\sigma(s)}R^{\frac{1}{2}}(t,s) \tag{6.52}$$

且

$$\limsup_{t\to\infty} \frac{1}{R(t,T_1)} \int_{T_1}^t \left[R(t,s)G_1(s,T) - \frac{r^2(t,s)}{4\beta\Phi(s)\tau^\Delta(s)h_2(\tau(s),T)\delta_1(\tau(s),T)} \right]\Delta s = \infty, \tag{6.53}$$

则方程 (6.28) 的每个解都是振荡的或者趋于零.

证明 设方程 (6.28) 在 $[t_0, \infty)$ 上存在非振荡解 x. 不失一般性, 假设存在 $t_1 \geqslant t_0$, 使得当 $t \geqslant t_1$ 时, $x(t) > 0$, 则由引理 6.4 知, 存在 $T \geqslant t_1$, 使得

(1) 当 $t \geqslant T$ 时, $S_n^\Delta(t,x) < 0$.

(2) $\lim_{t\to\infty} x(t) = 0$, 或者当 $t \geqslant T$ 时, 对任意的 $i \in \mathbf{Z}_n$, $S_i(t,x) > 0$.

若 $t \geqslant T$, 对任意的 $i \in \mathbf{Z}_n$, $S_i(t,x) > 0$ 成立, 则如 (6.36) 定义 $w(t)$. 取 $t_2 \geqslant T$, 使得当 $t \geqslant t_2$ 时, (6.44) 成立, 则当 $t \in [t_2, \infty)_{\mathbf{T}}$ 时,

$$G_1(t,T) \leqslant -w^\Delta(t) + g_1(t,T)X(t) - \beta\Phi(t)\tau^\Delta(t)h_2(\tau(t),T)\delta_1(\tau(t),T)X^2(t). \tag{6.54}$$

将 (6.54) 式中的 t 改为 s, 并在不等式两边同时乘以 $R(t,s)$, 再对 s 从 t_2 到 $t(> t_2)$ 积分得

$$\int_{t_2}^t R(t,s)G_1(s,T)\Delta s$$
$$\leqslant -\int_{t_2}^t R(t,s)w^\Delta(s)\Delta s + \int_{t_2}^t R(t,s)g_1(s,T)X(s)\Delta s$$
$$- \int_{t_2}^t R(t,s)\beta\Phi(s)\tau^\Delta(s)h_2(\tau(s),T)\delta_1(\tau(s),T)X^2(s)\Delta s.$$

利用分部积分法, 并将 (6.52) 代入得

$$\int_{t_2}^t R(t,s)G_1(s,T)\Delta s \leqslant R(t,t_2)w(t_2) + \int_{t_2}^t [r(t,s)R^{\frac{1}{2}}(t,s)X(s)$$
$$- R(t,s)\beta\Phi(s)\tau^\Delta(s)h_2(\tau(s),T)\delta_1(\tau(s),T)X^2(s)]\Delta s.$$

因此, 有

$$\int_{t_2}^{t} R(t,s)G_1(s,T)\Delta s \leqslant R(t,t_2)w(t_2) + \int_{t_2}^{t} \frac{r^2(t,s)}{4\beta\Phi(s)\tau^{\Delta}(s)h_2(\tau(s),T)\delta_1(\tau(s),T)}\Delta s,$$

即

$$\frac{1}{R(t,t_2)} \int_{t_2}^{t} \left[R(t,s)G_1(s,T) - \frac{r^2(t,s)}{4\beta\Phi(s)\tau^{\Delta}(s)h_2(\tau(s),T)\delta_1(\tau(s),T)} \right] \Delta s \leqslant w(t_2),$$

这与 (6.53) 相矛盾. □

定理 6.8　设 (2.3) 和 (6.29) 成立. 记

$$I = \{(t,s) : t \geqslant s \geqslant t_0\}.$$

若存在函数 $r, R \in C_{\mathrm{rd}}(I, R)$, 使得

(1) 当 $t > s \geqslant t_0$ 时, $R(t,s) > 0$.

(2) 当 $t \geqslant t_0$ 时, $R(t,t) = 0$.

(3) 函数 R 对第二个变量 s 有连续的偏微分 $R^{\Delta_s}(t,s)$, 且 $R^{\Delta_s}(t,s) \leqslant 0$.

(4) 对任一足够大的 $T \in [t_0, \infty)_{\mathbf{T}}$, 都存在一个 $T_1 > T$, 使得当 $\tau(T_1) > T$ 时,

$$R^{\Delta_s}(t,s) + \frac{R(t,s)g_2(s,T)}{\Phi^{\sigma}(s)} = \frac{r(t,s)}{\Phi^{\sigma}(s)} R^{\frac{\alpha}{1+\alpha}}(t,s), \tag{6.55}$$

且

$$\limsup_{t\to\infty} \frac{1}{R(t,T_1)} \int_{T_1}^{t} \left[R(t,s)G_2(s,T) \right.$$
$$\left. - \frac{\alpha^{\alpha}(r_+(t,s))^{1+\alpha}}{(1+\alpha)^{1+\alpha}(\beta\Phi(s)\tau^{\Delta}(t)h_1(\tau(s),T)\delta_2(\tau(s),T))^{\alpha}} \right] \Delta s = \infty, \tag{6.56}$$

则方程 (6.28) 的每个解都是振荡的或者趋于零.

证明　设方程 (6.28) 在 $[t_0, \infty)$ 上存在非振荡解 x. 不失一般性, 假设存在 $t_1 \geqslant t_0$, 使得当 $t \geqslant t_1$ 时, $x(t) > 0$, 则由引理 6.4 知, 存在 $T \geqslant t_1$, 使得

(1) 当 $t \geqslant T$ 时, $S_n^{\Delta}(t,x) < 0$.

(2) $\lim_{t\to\infty} x(t) = 0$, 或者当 $t \geqslant T$ 时, 对任意的 $i \in \mathbf{Z}_n$, $S_i(t,x) > 0$.

若当 $t \geqslant T$ 时, 对任意的 $i \in \mathbf{Z}_n$, $S_i(t,x) > 0$ 成立, 则如 (6.36) 定义 $w(t)$. 取 $t_2 \geqslant T$, 使得当 $t \geqslant t_2$ 时, (6.49) 成立, 则当 $t \in [t_2, \infty)_{\mathbf{T}}$ 时,

$$G_2(t,T) \leqslant -w^{\Delta}(t) + \frac{g_2(t,T)}{\Phi^{\sigma}(t)} w^{\sigma}(t) - \beta\Phi(t)\tau^{\Delta}(t)h_1(\tau(t),T)\delta_1(\tau(t),T)X^{1+\frac{1}{\alpha}}(t).$$
$$\tag{6.57}$$

将 (6.57) 式中的 t 改为 s, 并在不等式两边同时乘以 $R(t, s)$, 再对 s 从 t_2 到 $t(> t_2)$ 积分得

$$\int_{t_2}^{t} R(t, s) G_2(s, T) \Delta s$$

$$\leqslant - \int_{t_2}^{t} R(t, s) w^\Delta(s) \Delta s + \int_{t_2}^{t} R(t, s) \frac{g_2(s, T)}{\Phi^\sigma(s)} w^\sigma(s) \Delta s$$

$$- \int_{t_2}^{t} R(t, s) \beta \Phi(s) \tau^\Delta(s) h_1(\tau(s), T) \delta_2(\tau(s), T) X^{1+\frac{1}{\alpha}}(s) \Delta s.$$

利用分部积分法, 并将 (6.55) 代入可得

$$\int_{t_2}^{t} R(t, s) G_2(s, T) \Delta s$$

$$\leqslant R(t, t_2) w(t_2) + \int_{t_2}^{t} [r_+(t, s) R^{\frac{\alpha}{1+\alpha}}(t, s) X(s)$$

$$- \beta R(t, s) \Phi(s) \tau^\Delta(s) h_1(\tau(s), T) \delta_2(\tau(s), T) X^{1+\frac{1}{\alpha}}(s)] \Delta s. \tag{6.58}$$

记

$$A^{1+\frac{1}{\alpha}} = \beta R(t, s) \Phi(s) \tau^\Delta(s) h_1(\tau(s), T) \delta_2(\tau(s), T) X^{1+\frac{1}{\alpha}}(s), \tag{6.59}$$

$$B^{\frac{1}{\alpha}} = \frac{\alpha r_+(t, s)}{(1 + \alpha)(\beta \Phi(s) \tau^\Delta(s) h_1(\tau(s), T) \delta_2(\tau(s), T))^{\frac{\alpha}{\alpha+1}}}. \tag{6.60}$$

由引理 6.3, 有

$$\int_{t_2}^{t} [r_+(t, s) R^{\frac{\alpha}{1+\alpha}}(t, s) X(s) - \beta R(t, s) \Phi(s) \tau^\Delta(s) h_1(\tau(s), T) \delta_2(\tau(s), T) X^{1+\frac{1}{\alpha}}(s)] \Delta s$$

$$\leqslant \int_{t_2}^{t} \frac{\alpha^\alpha (r_+(t, s))^{1+\alpha}}{(1 + \alpha)^{1+\alpha} (\beta \Phi(s) \tau^\Delta(s) h_1(\tau(s), T) \delta_2(\tau(s), T))^\alpha} \Delta s,$$

从而

$$\int_{t_2}^{t} \left[R(t, s) G_2(s, T) - \frac{\alpha^\alpha (r_+(t, s))^{1+\alpha}}{(1 + \alpha)^{1+\alpha} (\beta \Phi(s) \tau^\Delta(s) h_1(\tau(s), T) \delta_2(\tau(s), T))^\alpha} \right] \Delta s$$

$$\leqslant R(t, t_2) w(t_2),$$

即

$$\frac{1}{R(t, t_2)} \int_{t_2}^{t} \left[R(t, s) G_2(s, T) - \frac{\alpha^\alpha (r_+(t, s))^{1+\alpha}}{(1 + \alpha)^{1+\alpha} (\beta \Phi(s) \tau^\Delta(s) h_1(\tau(s), T) \delta_2(\tau(s), T))^\alpha} \right] \Delta s$$

$$\leqslant w(t_2),$$

这与 (6.56) 相矛盾. □

例子 6.3   设 $\mathbf{T} = \{2^n : n \in \mathbf{Z}\} \cup \{0\}$. 考虑时标 $\mathbf{T}$ 上的动力方程

$$S_n^\Delta(t, x) + \frac{\gamma}{t^{\beta+1}} x^{\beta+1}(\tau(t)) = 0, \tag{6.61}$$

其中 $n \geqslant 2$, $S_k(t)$ ($k \in \mathbf{Z}_n$) 如方程 (6.28) 中所述, $a_n(t) = t^\alpha$, $a_{n-1}(t) = \cdots = a_1(t) = 1$, $q(t) = \frac{\gamma}{t^{\beta+1}}$, $\gamma > 0$, $0 < \beta < 1$, 则

$$\int_{t_0}^\infty \left(\frac{1}{a_n(s)}\right)^{\frac{1}{\alpha}} \Delta s = \int_{t_0}^\infty \frac{\Delta s}{s} = \infty,$$

$$\int_{t_0}^\infty \frac{\Delta s}{a_i(s)} = \int_{t_0}^\infty \Delta s = \infty,$$

$$\int_{t_0}^\infty \frac{1}{a_{n-1}(t)} \left\{ \int_t^\infty \left[\frac{1}{a_n(s)} \int_s^\infty q(u) \Delta u \right]^{\frac{1}{\alpha}} \Delta s \right\} \Delta t$$

$$= \int_{t_0}^\infty \left\{ \int_t^\infty \left[\frac{1}{s^\alpha} \int_s^\infty \frac{\gamma}{u^{\beta+1}} \Delta u \right]^{\frac{1}{\alpha}} \Delta s \right\} \Delta t$$

$$\geqslant \left(\frac{\gamma}{\beta}\right)^{\frac{1}{\alpha}} \int_{t_0}^\infty \left\{ \int_t^\infty \left[\frac{1}{s^\alpha} \int_s^\infty \frac{(u^\beta)^\Delta}{u^\beta (u^\beta)^\sigma} \Delta u \right]^{\frac{1}{\alpha}} \Delta s \right\} \Delta t$$

$$= \left(\frac{\gamma}{\beta}\right)^{\frac{1}{\alpha}} \int_{t_0}^\infty \left[\int_t^\infty \frac{\Delta s}{s s^{\frac{\beta}{\alpha}}} \right] \Delta t \geqslant \left(\frac{\gamma}{\beta}\right)^{\frac{1}{\alpha}} \int_{t_0}^\infty \left[\int_t^\infty \frac{\Delta s}{s s^\sigma} \right] \Delta t$$

$$= \left(\frac{\gamma}{\beta}\right)^{\frac{1}{\alpha}} \int_{t_0}^\infty \frac{1}{t} \Delta t = \infty,$$

即 (2.3) 和 (6.29) 成立.

由于

$$B_n(t, T) = \int_T^t \left[\frac{1}{a_n(s)} \right]^{\frac{1}{\alpha}} \Delta s = \int_T^t \frac{1}{s} \Delta s,$$

所以

$$\lim_{t \to \infty} B_n(t, T) = \infty.$$

易证

$$\lim_{t \to \infty} B_2(t, T) = \lim_{t \to \infty} B_1(\sigma(t), T) = \infty,$$

即存在一个足够大的 t_1, 使得当 $t \geqslant t_1$ 时,

$$B_2(t, T) > 1 \quad \text{且} \quad B_1(\sigma(t), T) > 1,$$

故当 $t \geqslant t_1$ 时,

$$h_1(\tau(t), T) \geqslant 1 \quad \text{且} \quad h_2(\tau(t), T) \geqslant 1.$$

从而

$$h_2(\tau(t), T)\delta_1(\tau(t), T) = \begin{cases} c_1 h_2(\tau(t), T) \geqslant c_1, \\ \quad c_1 \text{ 是任意的正常数}, & \alpha < \beta + 1, \\ h_2(\tau(t), T) \geqslant 1, & \alpha = \beta + 1, \\ c_2 h_1(\tau(t), T)(B_1^{\beta}(\tau(t), T))^{\sigma} \geqslant c_2, \\ \quad c_2 \text{ 是任意的正常数}, & \alpha > \beta + 1, \end{cases}$$

选取 τ 使得

$$\tau^{\Delta}(t) \geqslant 1, \qquad \sigma(\tau(t)) = \tau(\sigma(t)).$$

取 $\phi(t) = 0, \Phi(t) = t$, 则

$$g_1(t, T) = \Phi^{\Delta}(t) = 1,$$
$$G(t, T) = \Phi(t)q(t) = \frac{\gamma}{t^{\beta}}$$

和

$$\limsup_{t \to \infty} \int_{T_1}^{t} \left[G(s, T) - \frac{g_1^2(s, T)}{4(\beta+1)\Phi(s)\tau^{\Delta}(s)h_2(\tau(s), T)\delta_1(\tau(s), T)} \right] \Delta s$$
$$\geqslant \limsup_{t \to \infty} \int_{T_1}^{t} \left(\frac{\gamma}{s^{\beta}} - \frac{1}{4(\beta+1)\min\{c_1, 1, c_2\}} \frac{1}{s} \right) \Delta s$$
$$\geqslant \limsup_{t \to \infty} \int_{T_1}^{t} \frac{\gamma}{2} \frac{1}{s^{\beta}} \Delta s = \infty,$$

即满足定理 6.5 的条件, 故方程 (6.61) 的每个解是振荡的或者趋于零. □

注记 6.1 当 $\beta = 0$ 时, 定理 6.5 的条件也满足, 这时方程 (6.61) 的每个解是振荡的或者趋于零.

6.3 高阶动力方程 $S_{2n-1}^{\Delta}(t, x(t)) + p(t)x(\tau(t)) = 0$ 的振荡性

在这一节, 我们主要讨论时标 **T** 上的高阶动力方程

$$S_{2n-1}^{\Delta}(t, x(t)) + p(t)x(\tau(t)) = 0 \tag{6.62}$$

的振荡性准则, 其中 $t_0 \in \mathbf{T}$ 是一个常数, 且有

$$S_k(t, x(t)) = \begin{cases} x(t), & k = 0, \\ r_k(t)S_{k-1}^{\Delta}(t, x), & k \in \mathbf{N}_{2n-1} \end{cases}$$

和

(1) $p, r_k \in C_{\mathrm{rd}}([t_0, \infty)_{\mathbf{T}}, \mathbf{R}_+)$ $(k \in \mathbf{N}_{2n-1})$.

(2) $\tau \in C_{\mathrm{rd}}(\mathbf{T}, \mathbf{T}), \tau(t) \leqslant t, \tau(t) \to \infty$ $(t \to \infty)$.

(3) $\displaystyle\int_{t_0}^{\infty} \frac{1}{r_k(s)} \Delta s = \infty$ $(k \in \mathbf{N}_{2n-1})$.

容易得到下面两个引理.

引理 6.7　设 (3) 成立, 且 $k \in \mathbf{N}_{2n-1}$.

(1) 若 $\displaystyle\liminf_{t \to \infty} S_k(t, x(t)) > 0$, 则对任意的 $i \in \mathbf{Z}_{k-1}$, $\displaystyle\lim_{t \to \infty} S_i(t, x(t)) = \infty$.

(2) 若 $\displaystyle\limsup_{t \to \infty} S_k(t, x(t)) < 0$, 则对任意的 $i \in \mathbf{Z}_{k-1}$, $\displaystyle\lim_{t \to \infty} S_i(t, x(t)) = -\infty$.

引理 6.8　设 (3) 成立. 若对任意的 $t \geqslant t_0$,

$$S_{2n-1}^{\Delta}(t, x) < 0, \quad x(t) > 0,$$

则存在 $m \in \mathbf{Z}_{2n-1}$ 且 $m + 2n - 1$ 是偶数, 使得

(1) 对任意的 $t > t_0$ 和 $m \leqslant i \leqslant 2n - 1$, $(-1)^{m+i} S_i(t, x) > 0$;

(2) 若 $m > 1$, 则存在 $T \geqslant t_0$, 使得对任意的 $t \geqslant T$ 和 $i \in \mathbf{N}_{m-1}$, $S_i(t, x) > 0$.

为了方便, 使用下列记号. 对任意的 $m \in \mathbf{N}_{2n-1}$ 和任意充分大的 $T \in [t_0, \infty)_{\mathbf{T}}$ 和 $t \in [T, \infty)_{\mathbf{T}}$, 记

$$f_+(t) = \max\{f(t), 0\},$$
$$g_m(t) = \int_t^{\infty} \frac{\Delta s_{2n-1-m}}{r_{m+1}(s_{2n-1-m})} \cdots \int_{s_2}^{\infty} \frac{\Delta s_1}{r_{2n-1}(s_1)} \int_{s_1}^{\infty} p(s) \frac{\psi_m(\tau(s))}{\psi_m(s)} \Delta s,$$
$$h_m(t) = \prod_{i=1}^{m-1} \left[\frac{1}{\psi_{m-i}(t)} \int_{t_{m-i+1}}^{t} \frac{\psi_{m-i}(s)}{r_i(s)} \Delta s \right].$$

定理 6.9　设 (3) 成立. 若下面两个条件成立:

(i) 对任意 $m \in \mathbf{N}_{2n-1}$, 存在 $\psi_k \in C_{\mathrm{rd}}^1([t_0, \infty)_{\mathbf{T}}, \mathbf{R}_+)(k \in \mathbf{Z}_m)$, $t_k \in [t_{k-1}, \infty)_{\mathbf{T}}$ $(k \in \mathbf{N}_m)$, 使得 $\psi_0(t) = 1$ 和

$$\frac{\psi_k(t)}{\dfrac{r_{m-k+1}(t)}{\psi_{k-1}(t)} \displaystyle\int_{t_k}^{t} \frac{\psi_{k-1}(s)}{r_{m-k+1}(s)} \Delta s} - \psi_k^{\Delta}(t) \leqslant 0. \tag{6.63}$$

(ii) 存在 $\beta \in C_{\mathrm{rd}}^1([t_0, \infty)_{\mathbf{T}}, \mathbf{R})$, 使得对某个常数 $t_{m+1} \in [t_m, \infty)_{\mathbf{T}}$, 有

$$\limsup_{t \to \infty} \int_{t_{m+1}}^{t} \left\{ h_m(\xi) \frac{\psi_1(\xi)}{\psi_1^{\sigma}(t)} \frac{1}{r_m(\xi)} g_m(\xi) - \frac{r_m(\xi) \psi_1^{\sigma}(\xi)((\beta^{\Delta}(\xi))_+)^2}{4\beta^{\sigma}(\xi)\psi_1(\xi)} \right\} \Delta \xi = \infty. \tag{6.64}$$

则方程 (6.62) 是振荡的.

证明 假设方程 (6.62) 在 $[t_0, \infty)_{\mathbf{T}}$ 上有一个非振荡解 $x(t)$. 不失一般性, 设存在充分大的 $T \geqslant t_0$, 使得对任意的 $t \geqslant T$, $x(t) > 0$, $x(\tau(t)) > 0$, 则由引理 6.8 知, 存在奇数 m 使得

(1) 对任意的 $t \geqslant T$ 及 $m \leqslant i \leqslant 2n - 1$, $(-1)^{m+i}S_i(t, y) > 0$.

(2) 对任意的 $t \geqslant T' \geqslant T$ 及 $i \in \mathbf{Z}_{m-1}$, $S_i(t, y) > 0$.

因此存在 $t_1 \in [T', \infty)_{\mathbf{T}}$, 使得当 $t \geqslant t_1$ 时,

$$S_{m+1}(t, x(t)) < 0,$$

$$S_m(t, x(t)) > 0,$$

$$S_{m-1}(t, x(t)) > 0.$$

定义函数 v, 使得对任意的 $t \in [t_1, \infty)_{\mathbf{T}}$,

$$v(t) = \beta(t) \frac{S_m(t, x(t))}{S_{m-1}(t, x(t))}. \tag{6.65}$$

则对任意的 $t \in [t_1, \infty)_{\mathbf{T}}$, $v(t) > 0$, 对 (6.65) 两边微分, 有

$$v^{\Delta}(t) = \beta^{\Delta}(t) \frac{S_m(t, x(t))}{S_{m-1}(t, x(t))} + \beta^{\sigma}(t) \left(\frac{S_m(t, x(t))}{S_{m-1}(t, x(t))} \right)^{\Delta}$$

$$= \beta^{\Delta}(t) \frac{S_m(t, x(t))}{S_{m-1}(t, x(t))} + \beta^{\sigma}(t) \frac{S_m^{\Delta}(t, x(t))}{S_{m-1}^{\sigma}(t, x(t))}$$

$$- \beta^{\sigma}(t) \frac{S_m(t, x(t))S_{m-1}^{\Delta}(t, x(t))}{S_{m-1}(t, x(t))S_{m-1}^{\sigma}(t, x(t))}$$

$$= \frac{\beta^{\Delta}(t)}{\beta(t)} v(t) + \beta^{\sigma}(t) \frac{S_m^{\Delta}(t, x(t))}{S_{m-1}^{\sigma}(t, x(t))} - \frac{1}{r_m(t)} \frac{\beta^{\sigma}(t)}{\beta^2(t)} \frac{S_{m-1}(t, x(t))}{S_{m-1}^{\sigma}(t, x(t))} v^2(t). \tag{6.66}$$

因为

$$S_{m-1}(t, x(t)) > 0, \qquad S_{m+1}(t, x(t)) < 0,$$

所以有

$$S_{m-1}(t, x(t))$$

$$= S_{m-1}(t_1, x(t_1)) + \int_{t_1}^{t} \frac{r_m(s)S_{m-1}^{\Delta}(s, x(s))}{r_m(s)} \Delta s$$

$$\geqslant r_m(t)S_{m-1}^{\Delta}(t, x(t)) \int_{t_1}^{t} \frac{1}{r_m(s)} \Delta s. \tag{6.67}$$

因此

$$\left(\frac{S_{m-1}(t, x(t))}{\psi_1(t)} \right)^{\Delta}$$

$$= \frac{S_{m-1}^{\Delta}(t, x(t))\psi_1(t) - S_{m-1}(t, x(t))\psi_1^{\Delta}(t)}{\psi_1(t)\psi_1^{\sigma}(t)}$$

$$\leqslant \frac{S_{m-1}(t, x(t))}{\psi_1(t)\psi_1^{\sigma}(t)} \left[\frac{\psi_1(t)}{r_m \int_{t_1}^{t} \frac{1}{r_m(s)}\Delta s} - \psi_1^{\Delta}(t) \right] \leqslant 0.$$

故 $S_{m-1}(t, x(t))/\psi_1(t)$ 是终于单调不增的,

$$\frac{S_{m-1}(t, x(t))}{S_{m-1}^{\sigma}(t, x(t))} \geqslant \frac{\psi_1(t)}{\psi_1^{\sigma}(t)}, \quad \frac{S_{m-1}(t, x(\tau(t)))}{S_{m-1}(t, x(t))} \geqslant \frac{\psi_1(\tau(t))}{\psi_1(t)}, \tag{6.68}$$

且有

$$S_{m-2}(t, x(t))$$

$$= S_{m-2}(t_2, x(t_2)) + \int_{t_2}^{t} \frac{r_{m-1}(s)S_{m-2}^{\Delta}(s, x(s))\psi_1(s)}{r_{m-1}(s)\psi_1(s)}\Delta s$$

$$\geqslant \frac{r_{m-1}(t)S_{m-2}^{\Delta}(t, x(t))}{\psi_1(t)} \int_{t_2}^{t} \frac{\psi_1(s)}{r_{m-1}(s)}\Delta s$$

$$= \frac{S_{m-1}(t, x(t))}{\psi_1(t)} \int_{t_2}^{t} \frac{\psi_1(s)}{r_{m-1}(s)}\Delta s.$$

重复上述过程, 可以得到 $S_{m-k}(t, x(t))/\psi_k(t)$ $(1 \leqslant k \leqslant m)$ 是终于单调不增的且

$$S_{m-k-1}(t, x(t))$$

$$= S_{m-k-1}(t_{k+1}, x(t_{k+1})) + \int_{t_{k+1}}^{t} \frac{r_{m-k}(s)S_{m-k-1}^{\Delta}(s, x(s))\psi_k(s)}{r_{m-k}(s)\psi_k(s)}\Delta s$$

$$\geqslant \frac{r_{m-k}(t)S_{m-k-1}^{\Delta}(t, x(t))}{\psi_k(t)} \int_{t_{k+1}}^{t} \frac{\psi_k(s)}{r_{m-k}(s)}\Delta s$$

$$= \frac{S_{m-k}(t, x(t))}{\psi_k(t)} \int_{t_{k+1}}^{t} \frac{\psi_k(s)}{r_{m-k}(s)}\Delta s. \tag{6.69}$$

将 (6.68) 代入 (6.66) 得

$$v^{\Delta}(t) \leqslant \frac{\beta^{\Delta}(t)}{\beta(t)}v(t) + \beta^{\sigma}(t)\frac{S_m^{\Delta}(t, x(t))}{S_{m-1}^{\sigma}(t, x(t))} - \frac{1}{r_m(t)}\frac{\beta^{\sigma}(t)}{\beta^2(t)}\frac{\psi_1(t)}{\psi_1^{\sigma}(t)}v^2(t).$$

对方程 (6.62) 从 t 到 z 积分, 有

$$S_{2n-1}(z, x(z)) - S_{2n-1}(t, x(t)) + \int_{t}^{z} p(s)x(\tau(s))\Delta s = 0.$$

因为

$$x^{\Delta}(t) > 0, \quad x(\tau(t)) \geqslant \frac{\varphi_m(\tau(t))}{\varphi_m(t)},$$

所以有

$$S_{2n-1}(z, x(z)) - S_{2n-1}(t, x(t)) + x(t)\int_t^z p(s)\frac{\psi_m(\tau(s))}{\psi_m(s)}\Delta s \leqslant 0.$$

在上述不等式中令 $z \to \infty$, 得到

$$-S_{2n-1}(t, x(t)) + x(t)\int_t^{\infty} p(s)\frac{\psi_m(\tau(s))}{\psi_m(s)}\Delta s \leqslant 0,$$

即

$$-S^{\Delta}_{2n-2}(t, x(t)) + \frac{x(t)}{r_{2n-1}(t)}\int_t^{\infty} p(s)\frac{\psi_m(\tau(s))}{\psi_m(s)}\Delta s \leqslant 0. \tag{6.70}$$

对 (6.70) 从 t 到 ∞ 积分, 有

$$-S_{2n-2}(\infty, x(\infty)) + S_{2n-2}(t, x(t)) + x(t)\int_t^{\infty}\frac{\Delta s_1}{r_{2n-1}(s_1)}\int_{s_1}^{\infty} p(s)\frac{\psi_m(\tau(s))}{\psi_m(s)}\Delta s \leqslant 0.$$

故有

$$S^{\Delta}_{2n-3}(t, x(t)) + x(t)\frac{1}{r_{2n-2}(t)}\int_t^{\infty}\frac{\Delta s_1}{r_{2n-1}(s_1)}\int_{s_1}^{\infty} p(s)\frac{\psi_m(\tau(s))}{\psi_m(s)}\Delta s \leqslant 0.$$

重复上面的过程, 有

$$S^{\Delta}_m(t, x(t)) + x(t)\frac{1}{r_m(t)}\int_t^{\infty}\frac{\Delta s_{2n-1-m}}{r_{m+1}(s_{2n-1-m})}\cdots\int_{s_2}^{\infty}\frac{\Delta s_1}{r_{2n-1}(s_1)}\int_{s_1}^{\infty} p(s)\frac{\psi_m(\tau(s))}{\psi_m(s)}\Delta s$$
$$\leqslant 0.$$

上式两端同时除以 $S^{\sigma}_{m-1}(t, x(t))$, 再根据 (6.69) 得

$$\frac{S^{\Delta}_m(t, x(t))}{S^{\sigma}_{m-1}(t, x(t))}$$

$$\leqslant -\frac{x(t)}{S^{\sigma}_{m-1}(t, x(t))}\frac{1}{r_m(t)}\int_t^{\infty}\frac{\Delta s_{2n-1-m}}{r_{m+1}(s_{2n-1-m})}\cdots\int_{s_2}^{\infty}\frac{\Delta s_1}{r_{2n-1}(s_1)}$$

$$\times \int_{s_1}^{\infty} p(s)\frac{\psi_m(\tau(s))}{\psi_m(s)}\Delta s$$

$$= -\frac{x(t)}{S_1(t, x(t))}\frac{S_1(t, x(t))}{S_2(t, x(t))}\cdots\frac{S_{m-1}(t, x(t))}{S^{\sigma}_{m-1}(t, x(t))}\frac{1}{r_m(t)}$$

$$\times \int_t^{\infty}\frac{\Delta s_{2n-1-m}}{r_{m+1}(s_{2n-1-m})}\cdots\int_{s_2}^{\infty}\frac{\Delta s_1}{r_{2n-1}(s_1)}$$

$$\times \int_{s_1}^{\infty} p(s) \frac{\psi_m(\tau(s))}{\psi_m(s)} \Delta s$$

$$\leqslant -\frac{1}{\psi_{m-1}(t)} \int_{t_m}^{t} \frac{\psi_{m-1}(s)}{r_1(s)} \Delta s \frac{1}{\psi_{m-2}(t)} \int_{t_{m-1}}^{t} \frac{\psi_{m-2}(s)}{r_2(s)} \Delta s \cdots \frac{\psi_1(t)}{\psi_1^{\sigma}(t)} \frac{1}{r_m(t)}$$

$$\times \int_{t}^{\infty} \frac{\Delta s_{2n-1-m}}{r_{m+1}(s_{2n-1-m})} \cdots \int_{s_2}^{\infty} \frac{\Delta s_1}{r_{2n-1}(s_1)} \int_{s_1}^{\infty} p(s) \frac{\psi_m(\tau(s))}{\psi_m(s)} \Delta s. \tag{6.71}$$

将 (6.71) 代入 (6.66), 得

$$v^{\Delta}(t) \leqslant -\frac{1}{\psi_{m-1}(t)} \int_{t_m}^{t} \frac{\psi_{m-1}(s)}{r_1(s)} \Delta s \frac{1}{\psi_{m-2}(t)} \int_{t_{m-1}}^{t} \frac{\psi_{m-2}(s)}{r_2(s)} \Delta s \cdots \frac{\psi_1(t)}{\psi_1^{\sigma}(t)}$$

$$\times \frac{1}{r_m(t)} \int_{t}^{\infty} \frac{\Delta s_{2n-1-m}}{r_{m+1}(s_{2n-1-m})} \cdots \int_{s_2}^{\infty} \frac{\Delta s_1}{r_{2n-1}(s_1)} \int_{s_1}^{\infty} p(s) \frac{\psi_m(\tau(s))}{\psi_m(s)} \Delta s$$

$$+ \frac{(\beta^{\Delta}(t))_+}{\beta(t)} v(t) - \frac{1}{r_m(t)} \frac{\beta^{\sigma}(t)}{\beta^2(t)} \frac{\psi_1(t)}{\psi_1^{\sigma}(t)} v^2(t),$$

即有

$$v^{\Delta}(t) \leqslant -\frac{1}{\psi_{m-1}(t)} \int_{t_m}^{t} \frac{\psi_{m-1}(s)}{r_1(s)} \Delta s \frac{1}{\psi_{m-2}(t)} \int_{t_{m-1}}^{t} \frac{\psi_{m-2}(s)}{r_2(s)} \Delta s \cdots \frac{\psi_1(t)}{\psi_1^{\sigma}(t)} \frac{1}{r_m(t)}$$

$$\times \int_{t}^{\infty} \frac{\Delta s_{2n-1-m}}{r_{m+1}(s_{2n-1-m})} \cdots \int_{s_2}^{\infty} \frac{\Delta s_1}{r_{2n-1}(s_1)}$$

$$\times \int_{s_1}^{\infty} p(s) \frac{\psi_m(\tau(s))}{\psi_m(s)} \Delta s + \frac{r_m(t) \psi_1^{\sigma}(t)((\beta^{\Delta}(t))_+)^2}{4\beta^{\sigma}(t)\psi_1(t)}.$$

对上述不等式从 t_{m+1} 到 t 积分, 有

$$\int_{t_{m+1}}^{t} \left\{ h_m(\xi) \frac{\psi_1(\xi)}{\psi_1^{\sigma}(t)} \frac{1}{r_m(\xi)} g_m(\xi) - \frac{r_m(\xi) \psi_1^{\sigma}(\xi)((\beta^{\Delta}(\xi))_+)^2}{4\beta^{\sigma}(\xi)\psi_1(\xi)} \right\} \Delta \xi$$

$$\leqslant v(t_{m+1}) - v(t) < v(t_{m+1}).$$

这与 (6.64) 矛盾.　□

　　例子 6.4　设 $\mathbf{T} = \{q^n : n \in \mathbf{Z}\} \cup \{0\}$ 且 $q > 1$. 考虑高阶动力方程

$$S_{2n-1}^{\Delta}(t, x) + p(t)x(\tau(t)) = 0, \tag{6.72}$$

其中

$$r_k(t) = t \ (k \in \mathbf{N}_{2n-1}), \quad \tau(t) = \frac{t}{2}, \quad p(t) = t^{2n-1} \frac{\int_q^s \frac{\Delta \mu}{\mu}}{\int_q^{s/2} \frac{\Delta \mu}{\mu}}.$$

对任意 $m \in \mathbf{N}_{2n-1}$, 取

$$\psi_k(t) = \int_q^t \frac{1}{s} \Delta s \ (k \in \mathbf{N}_m), \quad \beta(t) = t$$

和

$$S_k(t, x) = \begin{cases} x(t), & k = 0, \\ r_k(t) S_{k-1}^\Delta(t), & k \in \mathbf{N}_{2n-1}. \end{cases}$$

容易验证

$$\int_q^\infty \frac{\Delta s}{r_k(s)} = \int_q^\infty \frac{1}{s} \Delta s = \infty \quad (k \in \mathbf{N}_{2n-1}),$$

则条件 (3) 成立. 另一方面, 对任意的 $t \in \mathbf{T}$,

$$0 \leqslant \frac{r_m(t) \psi_1^\sigma(t)((\beta^\Delta(t)_+)^2}{4 \beta^\sigma(t) \psi_1(t)} \leqslant \frac{1}{4q^2 t},$$

$$\begin{aligned} g_m(t) &= \int_t^\infty \frac{\Delta s_{2n-1-m}}{r_{m+1}(s_{2n-1-m})} \int_{s_{2n-1-m}}^\infty \frac{\Delta s_{2n-2-m}}{r_{m+2}(s_{2n-2-m})} \cdots \\ &\quad \times \int_{s_2}^\infty \frac{\Delta s_1}{r_{2n-1}(s_1)} \int_{s_1}^\infty p(s) \frac{\psi_m(\tau(s))}{\psi_m(s)} \Delta s \\ &= \int_t^\infty \frac{\Delta s_{2n-1-m}}{s_{2n-1-m}} \int_{s_{2n-1-m}}^\infty \frac{\Delta s_{2n-2-m}}{s_{2n-2-m}} \cdots \int_{s_2}^\infty \frac{\Delta s_1}{s_1} \int_{s_1}^\infty s^{2n-1} \frac{\int_q^s \frac{\Delta \mu}{\mu}}{\int_q^{s/2} \frac{\Delta \mu}{\mu}} \Delta s \\ &= \int_t^\infty \frac{\Delta s_{2n-1-m}}{s_{2n-1-m}} \int_{s_{2n-1-m}}^\infty \frac{\Delta s_{2n-2-m}}{s_{2n-2-m}} \cdots \int_{s_2}^\infty \frac{\Delta s_1}{s_1} \int_{s_1}^\infty s^{2n-1} \Delta s \\ &\geqslant t^{m+1} \end{aligned}$$

和

$$\begin{aligned} &\prod_{i=1}^{m-1} \left[\frac{1}{\psi_{m-i}(t)} \int_{t_{m-i+1}}^t \frac{\psi_{m-i}(s)}{r_i(s)} \Delta s \right] \frac{\psi_1(t)}{\psi_1^\sigma(t)} \frac{1}{r_m(t)} g_m(t) \\ &\geqslant \prod_{i=1}^{m-1} \left[\frac{1}{\psi_{m-i}(t)} \int_{t_{m-i+1}}^t \frac{\psi_{m-i}(s)}{r_i(s)} \Delta s \right] \frac{\int_q^s \frac{\Delta \mu}{\mu}}{\int_q^{qs} \frac{\Delta \mu}{\mu}} \frac{1}{t} t^{m+1} \\ &\geqslant \prod_{i=1}^{m-1} \left[\frac{1}{\psi_{m-i}(t)} \int_{t_{m-i+1}}^t \frac{\psi_{m-i}(s)}{r_i(s)} \Delta s \right] \frac{\int_q^{qs} \frac{\Delta \mu}{\mu}}{\int_q^{qs} \frac{\Delta \mu}{\mu}} t^m \end{aligned}$$

$$= \left[\frac{1}{\int_q^t \frac{\Delta\mu}{\mu}} \int_{t_m}^t \frac{\int_q^s \frac{\Delta\mu}{\mu}}{s} \Delta s \right]$$

$$\times \left[\frac{1}{\int_q^t \frac{\Delta\mu}{\mu}} \int_{t_{m-1}}^t \frac{\int_q^s \frac{\Delta\mu}{\mu}}{s} \Delta s \right] \cdots \left[\frac{1}{\int_q^t \frac{\Delta\mu}{\mu}} \int_{t_2}^t \frac{\int_q^s \frac{\Delta\mu}{\mu}}{s} \Delta s \right] t^m$$

$$\geqslant \left[\frac{1}{\int_q^t \frac{\Delta\mu}{\mu}} \frac{\int_q^t \frac{\Delta\mu}{\mu}}{t} \right] \left[\frac{1}{\int_q^t \frac{\Delta\mu}{\mu}} \frac{\int_q^t \frac{\Delta\mu}{\mu}}{t} \right] \cdots \left[\frac{1}{\int_q^t \frac{\Delta\mu}{\mu}} \frac{\int_q^t \frac{\Delta\mu}{\mu}}{t} \right] t^m$$

$$= t$$

且

$$\limsup_{t\to\infty} \int_{t_{m+1}}^t \left[h_m(\xi) \frac{\psi_1(\xi)}{\psi_1^\sigma(\xi)} \frac{1}{r_m(\xi)} g_m(\xi) - \frac{r_m(\xi)\psi_1^\sigma(\xi)((\beta^\Delta(\xi))_+)^2}{4\beta^\sigma(\xi)\psi_1(\xi)} \right] \Delta\xi$$

$$\geqslant \limsup_{t\to\infty} \int_{t_{m+1}}^t \left(\xi - \frac{1}{4q^2\xi} \right) \Delta\xi$$

$$\geqslant \limsup_{t\to\infty} \int_{t_{m+1}}^t \left(\xi - \frac{1}{4q^2} \right) \Delta\xi$$

$$= \infty,$$

其中

$$h_m(t) = \prod_{i=1}^{m-1} \left[\frac{1}{\psi_{m-i}(t)} \int_{t_{m-i+1}}^t \frac{\psi_{m-i}(s)}{r_i(s)} \Delta s \right].$$

因此 (6.63) 成立, 根据定理 6.9 可知, 方程 (6.72) 的每个解都是振荡的.

6.4　高阶动力方程 $S_n^\Delta(t, x(t)) + q(t)f(x(t)) = 0$ 的振荡性

这一节主要讨论时标 $\mathbf{T}$ 上的高阶动力方程

$$\{r_n(t)[(r_{n-1}(t)(\cdots(r_1(t)x^\Delta(t))^\Delta\cdots)^\Delta)^\Delta]^\gamma\}^\Delta + q(t)f(x(t)) = 0, \ t \in [t_0, \infty)_{\mathbf{T}} \quad (6.73)$$

的解的振荡性, 其中 $t_0 \in \mathbf{T}$ 是一个常数. 本节总假设下列条件成立:

(A$_1$) $r_k(t)$, $q(t) \in C_{\mathrm{rd}}([t_0, \infty)_{\mathbf{T}}, \mathbf{R}_+)$ $(k \in \mathbf{N}_n)$.

(A$_2$) γ 是两个正奇数之比.

(A$_3$) $\displaystyle\int_{t_0}^{\infty} \frac{1}{r_k(s)}\Delta s = \int_{t_0}^{\infty}\left[\frac{1}{r_n(s)}\right]^{\frac{1}{\gamma}}\Delta s = \infty\ (k \in \mathbf{N}_{n-1}).$

(A$_4$) $f \in C(\mathbf{R},\mathbf{R})$ 满足: 存在正数 M, 使得对任意的 $x \neq 0$,

$$\frac{f(x)}{x^\gamma} \geqslant M. \tag{6.74}$$

记

$$S_k(t,x(t)) = \begin{cases} x(t), & k = 0, \\ r_k(t)S_{k-1}^\Delta(t,x(t)), & k \in \mathbf{N}_{n-1}, \\ r_n(t)[S_{n-1}^\Delta(t,x(t))]^\gamma, & k = n, \end{cases}$$

则方程 (6.73) 可简化为方程

$$S_n^\Delta(t,x(t)) + q(t)f(x(t)) = 0. \tag{6.75}$$

引理 6.9　设 $m \in \mathbf{N}_n$.

(1) 若 $\displaystyle\liminf_{t\to\infty} S_m(t,x(t)) > 0$, 则对任意的 $i \in \mathbf{N}_{m-1}$, $\displaystyle\lim_{t\to\infty} S_i(t,x(t)) = \infty$.

(2) 若 $\displaystyle\limsup_{t\to\infty} S_m(t,x(t)) < 0$, 则对任意的 $i \in \mathbf{N}_{m-1}$, $\displaystyle\lim_{t\to\infty} S_i(t,x(t)) = -\infty$.

引理 6.10　假设 $x(t)$ 是方程 (6.75) 的一个终于正解, 则存在整数 $\ell \in \mathbf{Z}_n$ 和 $T \in [t_0,\infty)_{\mathbf{T}}$, 使得

(1) $n + \ell$ 是偶数.

(2) 若 $\ell \leqslant n-1$, 则对任意的 $t \geqslant T$ 和 $\ell \leqslant i \leqslant n-1$, $(-1)^{\ell+i}S_i(t,x(t)) > 0$.

(3) 若 $\ell > 0$, 则对任意的 $t \geqslant T$ 和 $i \in \mathbf{Z}_{\ell-1}$, $S_i(t,x(t)) > 0$.

证明　由于 $x(t)$ 是方程 (6.75) 的一个终于正解, 则存在 $t_1 \geqslant t_0$, 使得对任意的 $t \in [t_1,\infty)_{\mathbf{T}}$, $x(t) > 0$ 和 $x(\tau(t)) > 0$. 由 (6.75) 可知, 对任意的 $t \geqslant t_1$,

$$\begin{aligned} S_n^\Delta(t,x(t)) &= -q(t)f(x(t)) \\ &\leqslant -Mq(t)x^\gamma(t) < 0, \end{aligned}$$

因此 $S_n(t,x(t))$ 在 $[t_1,\infty)_{\mathbf{T}}$ 是单调递减的.

我们断言: 对任意的 $t \in [t_1,\infty)_{\mathbf{T}}$, $S_n(t,x(t)) > 0$. 否则, 若存在 $t_2 \in [t_1,\infty)_{\mathbf{T}}$, 使得对任意的 $t \geqslant t_2$,

$$S_n(t,x(t)) \leqslant S_n(t_2,x(t_2)) < 0,$$

则有

$$S_{n-1}(t,x(t)) \leqslant S_{n-1}(t_2,x(t_2)) + S_n^{\frac{1}{\gamma}}(t_2,x(t_2))\int_{t_2}^{t}\left[\frac{1}{r_n(s)}\right]^{\frac{1}{\gamma}}\Delta s$$

$$\to -\infty \quad (t \to \infty).$$

由引理 6.9 知 $\lim\limits_{t\to\infty} x(t) = -\infty$, 这与 $x(t)$ 是个终于正解矛盾.

由断言知, 对任意的 $t \in [t_1, \infty)_\mathbf{T}$, $S_n(t, x(t)) > 0$, 且必有下列条件之一成立:

(a_1) 对任意的 $t \geqslant t_1$, $S_{n-1}(t, x(t)) < 0$.

(b_1) 存在 $t_3 \geqslant t_1$, 使得对任意的 $t \geqslant t_3$,

$$S_{n-1}(t, x(t)) \geqslant S_{n-1}(t_3, x(t_3)) > 0.$$

若 (b_1) 成立, 则由引理 6.9 得到

$$\lim_{t\to\infty} S_{n-2}(t, x(t)) = \lim_{t\to\infty} S_{n-3}(t, x(t)) = \cdots = \lim_{t\to\infty} x(t) = \infty.$$

因此引理 6.10 的结论成立.

若 (a_1) 成立, 则 $S_{n-2}(t, x(t))$ 在 $[t_1, \infty)_\mathbf{T}$ 上是严格单调递减的且下列条件之一成立:

(a_2) 对任意的 $t \geqslant t_1$, $S_{n-2}(t, x(t)) > 0$.

(b_2) 存在 $t_4 \geqslant t_1$, 使得对任意的 $t \geqslant t_4$,

$$S_{n-2}(t, x(t)) \leqslant S_{n-1}(t_4, x(t_4)) < 0.$$

若 (b_2) 成立, 则由引理 6.9 得到

$$\lim_{t\to\infty} S_{n-3}(t, x(t)) = \lim_{t\to\infty} S_{n-4}(t, x(t)) = \cdots = \lim_{t\to\infty} x(t) = -\infty,$$

这与 $x(t)$ 是个终于正解矛盾. 因此 (b_2) 不成立.

由 (a_2) 可知, $S_{n-3}(t, x(t))$ 在 $[t_1, \infty)_\mathbf{T}$ 上是严格单调递增的且下列条件之一成立:

(a_3) 对任意的 $t \geqslant t_1$, $S_{n-3}(t, x(t)) < 0$.

(b_3) 存在 $t_5 \geqslant t_1$, 使得对任意的 $t \geqslant t_5$,

$$S_{n-3}(t, x(t)) \geqslant S_{n-3}(t_5, x(t_5)) > 0.$$

以此类推, 我们可以得到引理 6.10 的结论. $\square$

引理 6.11　设

$$\int_{t_0}^{\infty} \frac{1}{r_{n-1}(s)} \left\{ \int_s^{\infty} \left[\frac{1}{r_n(u)} \int_u^{\infty} q(v)\Delta v \right]^{\frac{1}{\gamma}} \Delta u \right\} \Delta s = \infty \qquad (6.76)$$

且 $x(t)$ 是方程 (6.75) 的一个终于正解, 则存在充分大的 $T \in [t_0, \infty)_\mathbf{T}$, 使得下列情形之一成立:

(1) 对任意的 $t \geqslant T$ 及 $i \in \mathbf{Z}_n$, $S_i(t, x(t)) > 0$.

(2) $\lim\limits_{t \to \infty} x(t) = 0$.

证明 由于 $x(t)$ 是方程 (6.75) 的一个终于正解, 则存在 $t_1 \geqslant t_0$, 使得在 $[t_1, \infty)_{\mathbf{T}}$ 上 $x(t) > 0$. 由 (6.75) 得到, 对任意的 $t \geqslant t_1$,

$$S_n^\Delta(t, x(t)) = -q(t)f(x(t))$$
$$\leqslant -Mq(t)x^\gamma(t) < 0.$$

又由引理 6.10 可知, 存在 $\ell \in \mathbf{Z}_n$, 满足 $\ell + n$ 是偶数, 使得对任意的 $t \geqslant t_1$,

$$(-1)^{\ell+i} S_i(t, x(t)) > 0 \quad (\ell \leqslant i \leqslant n)$$

且 $x(t)$ 是终于单调的.

我们断言: 若 $\lim\limits_{t \to \infty} x(t) \neq 0$, 则 $\ell = n$.

若不然, 有

$$S_{n-1}(t, x(t)) < 0 \quad (t \geqslant t_1),$$
$$S_{n-2}(t, x(t)) > 0 \quad (t \geqslant t_1).$$

易见存在 $t_2 \geqslant t_1$ 和 $c > 0$, 使得对任意的 $t \in [t_2, \infty)_{\mathbf{T}}$, $x(t) \geqslant c$. 将方程 (6.75) 从 t 到 ∞ 积分得到对任意的 $t \geqslant t_2$,

$$-r_n(t)[S_{n-1}^\Delta(t, x(t))]^\gamma = -S_n(t, x(t))$$
$$\leqslant -Mc^\gamma \int_t^\infty q(s)\Delta s.$$

因此, 对任意的 $t \geqslant t_2$,

$$S_{n-1}(t, x(t)) \leqslant -M^{\frac{1}{\gamma}} c \int_t^\infty \left[\frac{1}{r_n(s)} \int_s^\infty q(u)\Delta u \right]^{\frac{1}{\gamma}} \Delta s.$$

再将上述不等式从 t_2 到 t 积分, 我们得到对任意的 $t \geqslant t_2$,

$$S_{n-2}(t, x(t))$$
$$\leqslant S_{n-2}(t_2, x(t_2)) - M^{\frac{1}{\gamma}} c \int_{t_2}^t \frac{1}{r_{n-1}(s)} \left\{ \int_s^\infty \left[\frac{1}{r_n(u)} \int_u^\infty q(v)\Delta v \right]^{\frac{1}{\gamma}} \Delta u \right\} \Delta s.$$

由 (6.76) 得到

$$\lim\limits_{t \to \infty} S_{n-2}(t, x(t)) = -\infty,$$

这与 $S_{n-2}(t, x(t)) > 0 \ (t \geqslant t_1)$ 矛盾. 因此 $\ell = n$. $\quad \square$

引理 6.12   设 $x(t)$ 是方程 (6.75) 的一个终于正解且存在充分大的 $T \in [t_0, \infty)_{\mathbf{T}}$, 使得对任意的 $t \in [T, \infty)_{\mathbf{T}}$, 引理 6.11 中的情形 (1) 成立, 则对任意的 $t \in [T, \infty)_{\mathbf{T}}$,

$$S_i(t, x(t)) \geqslant S_n^{\frac{1}{\gamma}}(t, x(t)) \vartheta_{i+1}(t, T) \quad (i \in \mathbf{Z}_{n-1}), \tag{6.77}$$

其中

$$\vartheta_i(t, T) = \begin{cases} \int_T^t \left[\dfrac{1}{r_n(s)} \right]^{\frac{1}{\gamma}} \Delta s, & i = n, \\[4mm] \int_T^t \dfrac{\vartheta_{i+1}(s, T)}{r_i(s)} \Delta s, & i \in \mathbf{N}_{n-1}. \end{cases} \tag{6.78}$$

证明   因为 $x(t)$ 是方程 (6.75) 的一个终于正解, 所以存在充分大的 $T \geqslant t_0$, 使得对任意的 $t \geqslant T$, $x(t) > 0$. 注意到

$$S_n^{\Delta}(t, x(t)) = -q(t) f(x(t))$$
$$\leqslant -M q(t) x^{\gamma}(t) < 0,$$

可知 $S_n(t, x(t))$ 在 $[T, \infty)_{\mathbf{T}}$ 上严格递减, 故对任意的 $t \geqslant T$,

$$\begin{aligned} S_{n-1}(t, x(t)) &\geqslant S_{n-1}(t, x(t)) - S_{n-1}(T, x(T)) \\ &= \int_T^t \left[\frac{S_n(s, x(s))}{r_n(s)} \right]^{\frac{1}{\gamma}} \Delta s \\ &\geqslant S_n^{\frac{1}{\gamma}}(t, x(t)) \vartheta_n(t, T), \\ S_{n-2}(t, x(t)) &\geqslant S_{n-2}(t, x(t)) - S_{n-2}(T, x(T)) \\ &= \int_T^t \frac{S_{n-1}(s, x(s))}{r_{n-1}(s)} \Delta s \\ &\geqslant S_n^{\frac{1}{\gamma}}(t, x(t)) \vartheta_{n-1}(t, T), \end{aligned}$$

以此类推, 可得

$$\begin{aligned} S_1(t, x(t)) &\geqslant S_1(t, x(t)) - S_1(T, x(T)) \\ &= \int_T^t \frac{S_2(s, x(s))}{r_2(s)} \Delta s \\ &\geqslant S_n^{\frac{1}{\gamma}}(t, x(t)) \vartheta_2(t, T), \\ S_0(t, x(t)) &\geqslant x(t) - x(T) \\ &= \int_T^t \frac{S_1(s, x(s))}{r_1(s)} \Delta s \\ &\geqslant S_n^{\frac{1}{\gamma}}(t, x(t)) \vartheta_1(t, T). \end{aligned}$$

引理 6.12 得证. $\quad\square$

引理 6.13　设

$$\int_{t_0}^{\infty} q(s)\Delta s = \infty, \tag{6.79}$$

则方程 (6.75) 的每一个解 $x(t)$ 是振荡的或者 $\lim\limits_{t\to\infty} x(t) = 0$.

证明　假设方程 (6.75) 在 $[t_0, \infty)_{\mathbf{T}}$ 上有一个非振荡解 $x(t)$. 不失一般性, 设存在充分大的 $T \geqslant t_0$, 使得对任意的 $t \geqslant T$, $x(t) > 0$. 由引理 6.10 知, 存在整数 $\ell \in \mathbf{Z}_n$ 满足 $n + \ell$ 是偶数, 且对任意的 $t \geqslant T$ 及 $\ell \leqslant i \leqslant n$,

$$(-1)^{\ell+i} S_i(t, x(t)) > 0.$$

此时 $x(t)$ 是终于单调的.

(1) 若 $\ell = n$, 则 $S_i(t, x(t)) > 0$ $(i \in \mathbf{Z}_n)$. 记

$$\omega(t) = \frac{S_n(t, x(t))}{x^{\gamma}(t)}, \tag{6.80}$$

则 $\omega(t) > 0$, 此时

$$
\begin{aligned}
\omega^{\Delta}(t) &= S_n^{\Delta}(t, x(t))\frac{1}{x^{\gamma}(t)} + S_n^{\sigma}(t, x(t))\left(\frac{1}{x^{\gamma}(t)}\right)^{\Delta} \\
&\leqslant -Mq(t) - S_n^{\sigma}(t, x(t))\frac{(x^{\gamma}(t))^{\Delta}}{x^{\gamma}(t)(x^{\gamma}(t))^{\sigma}}.
\end{aligned} \tag{6.81}
$$

又 $x^{\Delta}(t) > 0$, 则对任意的 $t \in [T, \infty)_{\mathbf{T}}$, $x^{\sigma}(t) \geqslant x(t)$. 由链式法则知

$$
\begin{aligned}
(x^{\gamma}(t))^{\Delta} &= \gamma x^{\Delta}(t)\int_0^1 (hx^{\sigma}(t) + (1-h)x(t))^{\gamma-1}\mathrm{d}h \\
&\geqslant \gamma x^{\Delta}(t)\int_0^1 x^{\gamma-1}(t)\mathrm{d}h \\
&= \gamma x^{\gamma-1}x^{\Delta}(t).
\end{aligned} \tag{6.82}
$$

由 (6.81) 和 (6.82) 得

$$
\begin{aligned}
\omega^{\Delta}(t) &\leqslant -Mq(t) - \gamma S_n^{\sigma}(t, x(t))\frac{x^{\Delta}(t)}{x(t)(x^{\gamma}(t))^{\sigma}} \\
&\leqslant -Mq(t) - \gamma S_n^{\sigma}(t, x(t))\frac{x^{\Delta}(t)}{(x^{\sigma}(t))^{\gamma+1}}.
\end{aligned} \tag{6.83}
$$

由引理 6.12 得

$$\omega^{\Delta}(t) \leqslant -Mq(t) - \gamma\frac{\vartheta_2(t, T)}{r_1(t)}\frac{S_n^{\frac{1}{\gamma}}(t, x(t))}{x^{\sigma}(t)}\frac{S_n^{\sigma}(t, x(t))}{(x^{\sigma}(t))^{\gamma}}. \tag{6.84}$$

又 $S_n(t, x(t))$ 在 $[T, \infty)_{\mathbf{T}}$ 上单调递减, 故

$$S_n(t, x(t)) \geqslant S_n^{\sigma}(t, x(t)),$$

从而

$$\omega^{\Delta}(t) \leqslant -Mq(t) - \gamma \frac{\vartheta_2(t, T)}{r_1(t)} (\omega^{\sigma}(t))^{1 + \frac{1}{\gamma}}. \tag{6.85}$$

将上式从 T 到 t 积分得

$$\omega(t) - \omega(T) \leqslant \int_T^t \left[-Mq(t) - \gamma \frac{\vartheta_2(s, T)}{r_1(s)} (\omega^{\sigma}(s))^{1 + \frac{1}{\gamma}} \right] \Delta s$$

$$\leqslant -M \int_T^t q(s) \Delta s,$$

即

$$\int_T^t q(s) \Delta s \leqslant \frac{\omega(T)}{M}.$$

上式蕴含着

$$\int_T^{\infty} q(s) \Delta s \leqslant \frac{\omega(T)}{M}.$$

这与 (6.79) 矛盾.

(2) 若 $\ell < n$, 则

$$S_n(t, x(t)) > 0,$$

$$S_{n-1}(t, x(t)) < 0,$$

$$S_{n-2}(t, x(t)) > 0.$$

由于 $x(t)$ 是终于单调的, 故可设 $b = \lim_{t \to \infty} x(t)$, 则 $b \geqslant 0$.

我们断言 $b = 0$. 若不然, 则一定存在 $T_1 \in [T, \infty)_{\mathbf{T}}$ 及正数 d, 使得对任意的 $t \in [T_1, \infty)_{\mathbf{T}}$, 有 $x(t) \geqslant d > 0$. 因此, 有

$$S_n^{\Delta}(t, x(t)) = -q(t) f(x(t))$$

$$\leqslant -Mq(t) x^{\gamma}(t)$$

$$\leqslant -Md^{\gamma} q(t).$$

将上式从 T_1 到 t 积分得

$$S_n(t, x(t)) \leqslant S_n(T_1, x(T_1)) - Md^{\gamma} \int_{T_1}^t q(s) \Delta s.$$

这蕴含着

$$\lim_{t \to \infty} S_n(t, x(t)) = -\infty,$$

与 $S_n(t, x(t)) > 0$ 矛盾. 因此 $\lim_{t \to \infty} x(t) = b = 0$. □

引理 6.14[16]   设

$$\int_{t_0}^{\infty} p(s)\Delta s = \infty,$$

且 $P(s)$ 是 $p(s)$ 的反微商, $\lambda \in [0, 1)$ 是一个实数. 若

$$\lim_{t \to \infty} \frac{\mu(t)p(t)}{P(t)} = 0, \tag{6.86}$$

则对任意给定的 $\varepsilon > 0$, 存在 $T \equiv T(\varepsilon)$ $(\in [t_0, \infty)_{\mathbf{T}})$, 使得对任意的 $t \in [T, \infty)_{\mathbf{T}}$,

$$\int_t^{\infty} \frac{[(P^\lambda)^\Delta(s)]^2}{p(s)P^\lambda(s)}\Delta s \leqslant \frac{\lambda^2}{1-\lambda}(1+\varepsilon)^{2-\lambda}P^{\lambda-1}(t) \tag{6.87}$$

和

$$\int_t^{\infty} \frac{p(s)}{P^{2-\lambda}(s)}\Delta s \leqslant \frac{(1+\varepsilon)^{2-\lambda}}{1-\lambda}P^{\lambda-1}(t). \tag{6.88}$$

现在讨论当

$$\int_{t_0}^{\infty} q(s)\Delta s < \infty \ \text{和} \ \int_{t_0}^{\infty} p(s)\Delta s = \infty \tag{6.89}$$

时, 方程 (6.75) 的解的振荡性, 其中 $p(t) = \gamma\vartheta_2(t, T)\vartheta_1^{\gamma-1}(t, T)/r_1(t)$.

引理 6.15   设 (6.76), (6.86) 和 (6.89) 成立, 且对某 $\lambda < 1$ 和充分大的 $T \in [t_0, \infty)_{\mathbf{T}}$, 存在 $T_1 \in [\sigma(T), \infty)_{\mathbf{T}}$, 使得

$$\int_{T_1}^{\infty} q(s)P^\lambda(s)\Delta s = \infty, \tag{6.90}$$

其中 $p(s)$, $P(s)$ 同上. 则方程 (6.75) 的每一个解 $x(t)$ 是振荡的或者 $\lim_{t \to \infty} x(t) = 0$.

证明   下面分两种情况.

(a) 若 $\lambda \leqslant 0$, 则由 $P(t)$ 的定义可知, 对任意的 $t \in [T_1, \infty)_{\mathbf{T}}$, $P(t) \geqslant P(T_1)$, 从而

$$q(t)P^\lambda(t) \leqslant q(t)P^\lambda(T_1)$$

和

$$\int_{T_1}^{\infty} q(s)\Delta s = \infty.$$

由引理 6.13 知结论成立.

(b) 若 $0 < \lambda < 1$, 则由引理 6.11 知, 存在充分大的 $T \in [t_0, \infty)_{\mathbf{T}}$, 使得下列情形之一成立:

(1) 对任意的 $t \geqslant T$, $S_i(t, x(t)) > 0$ $(i \in \mathbf{Z}_n)$.

(2) $\lim\limits_{t \to \infty} x(t) = 0$.

若情形 (1) 成立, 则记

$$\omega(t) = \frac{S_n(t, x(t))}{x^\gamma(t)}, \tag{6.91}$$

显然 $\omega(t) > 0$. 由 (6.83) 知, 对任意的 $t \in [T, \infty)_{\mathbf{T}}$,

$$\omega^\Delta(t) \leqslant -Mq(t) - \gamma S_n^\sigma(t, x(t)) \frac{x^\Delta(t)}{x(t)(x^\gamma(t))^\sigma}$$

$$\leqslant -Mq(t) - \gamma \frac{x^\Delta(t)}{x(t)} \omega^\sigma(t). \tag{6.92}$$

由引理 6.12 得

$$\frac{x^\Delta(t)}{x(t)} \geqslant \frac{\vartheta_2(t, T)}{r_1(t)} \frac{S_n^{\frac{1}{\gamma}}(t, x(t))}{x(t)}$$

$$= \frac{\vartheta_2(t, T)}{r_1(t)} \left(\frac{x(t)}{S_n^{\frac{1}{\gamma}}(t, x(t))} \right)^{\gamma - 1} \frac{S_n(t, x(t))}{x^\gamma(t)}$$

$$\geqslant \frac{\vartheta_2(t, T)}{r_1(t)} (\vartheta_1(t, T))^{\gamma - 1} \omega(t). \tag{6.93}$$

结合 (6.92) 和 (6.93), 有

$$\omega^\Delta(t) \leqslant -Mq(t) - p(t)\omega(t)\omega^\sigma(t). \tag{6.94}$$

而 $\omega(t) \geqslant \omega^\sigma(t)$, 因此

$$\omega^\Delta(t) \leqslant -Mq(t) - p(t)(\omega^\sigma(t))^2. \tag{6.95}$$

又由 (6.94) 知, 对任意的 $t \in [T, +\infty)_{\mathbf{T}}$,

$$\left(\frac{1}{\omega(t)} \right)^\Delta = -\frac{\omega^\Delta(t)}{\omega(t)\omega^\sigma(t)}$$

$$\geqslant \frac{Mq(t) + p(t)\omega(t)\omega^\sigma(t)}{\omega(t)\omega^\sigma(t)}$$

$$\geqslant p(t).$$

将上式从 T 到 t 积分可知, 对任意的 $t \in [T, \infty)_{\mathbf{T}}$,

$$1 > 1 - \frac{\omega(t)}{\omega(T)} = \omega(t) \left(\frac{1}{\omega(t)} - \frac{1}{\omega(T)} \right)$$

$$= \omega(t) \int_T^t \left(\frac{1}{\omega(s)} \right)^\Delta \Delta s \geqslant \omega(t) \int_T^t p(s) \Delta s$$

$$= \omega(t)P(t) \geqslant 0. \tag{6.96}$$

由链式法则知, 对任意的 $\lambda \in (0, 1)$,

$$(P^\lambda)^\Delta(t) = \lambda p(t) \int_0^1 [hP^\sigma(t) + (1-h)P(t)]^{\lambda-1} \mathrm{d}h$$

$$\leqslant \lambda P^{\lambda-1}(t)p(t).$$

将 (6.95) 乘以 $P^\lambda(t)$, 再将其从 T_1 到 t 积分, 得到

$$M \int_{T_1}^t q(s)P^\lambda(s)\Delta s$$

$$\leqslant -\int_{T_1}^t P^\lambda(s)\omega^\Delta(s)\Delta s - \int_{T_1}^t p(s)P^\lambda(s)(\omega^\sigma(s))^2 \Delta s$$

$$= -P^\lambda(t)\omega(t) + P^\lambda(T_1)\omega(T_1) + \int_{T_1}^t (P^\lambda(s))^\Delta \omega^\sigma(s) \Delta s$$

$$\quad - \int_{T_1}^t p(s)P^\lambda(s)(\omega^\sigma(s))^2 \Delta s$$

$$\leqslant -P^\lambda(t)\omega(t) + P^\lambda(T_1)\omega(T_1) + \int_{T_1}^t \lambda p(s)P^{\lambda-1}(s)\omega^\sigma(s) \Delta s$$

$$\quad - \int_{T_1}^t p(s)P^\lambda(s)(\omega^\sigma(s))^2 \Delta s$$

$$= -P^\lambda(t)\omega(t) + P^\lambda(T_1)\omega(T_1)$$

$$\quad + \int_{T_1}^t p(s)P^{\lambda-2}(s)[P(s)\omega^\sigma(s)(\lambda - P(s)\omega^\sigma(s))]\Delta s. \tag{6.97}$$

由 (6.96) 知, 对任意的 $t \in [T, \infty)_{\mathbf{T}}$,

$$0 \leqslant P(t)\omega^\sigma(t) \leqslant P(t)\omega(t) < 1 \tag{6.98}$$

且存在一个正实数 k, 使得

$$|P(s)\omega^\sigma(s)(\lambda - P(s)\omega^\sigma(s))| < k.$$

而由 $\lim_{t\to\infty} P(t) = \infty$ 及 (6.96) 得到

$$\lim_{t\to\infty} (-P^\lambda(t)\omega(t)) = \infty.$$

由 (6.88) 可知, 对任意的 $t \in [T_1, \infty)_{\mathbf{T}}$,

$$\int_{T_1}^t p(s)P^{\lambda-2}(s)[P(s)\omega^\sigma(s)(\lambda - P(s)\omega^\sigma(s))]\Delta s$$

$$< k \int_{T_1}^{t} p(s) P^{\lambda-2}(s) \Delta s$$

$$\leqslant k \frac{(1+\varepsilon)^{2-\lambda}}{1-\lambda} P^{\lambda-1}(T_1).$$

综上可知

$$\int_{T_1}^{\infty} q(s) P^{\lambda}(s) \Delta s < \infty,$$

这与 (6.90) 矛盾. □

现在讨论

$$\int_{T}^{\infty} q(s) P^{\lambda}(s) \Delta s < \infty \quad (\lambda < 1, \ T \in [\sigma(t_0), \infty)_{\mathbf{T}}) \tag{6.99}$$

的情形.

引理 6.16   设 (6.86), (6.89) 和 (6.99) 成立. 若 $x(t)$ 是方程 (6.75) 的满足引理 6.11 的情形 (1) 的解, 则

$$\liminf_{t \to \infty} \omega(t) P(t) \geqslant \frac{1}{2}(1 - \sqrt{1 - 4g_*(0)}), \tag{6.100}$$

$$\limsup_{t \to \infty} \omega(t) P(t) \leqslant \frac{1}{2}(1 + \sqrt{1 - 4g_*(2)}), \tag{6.101}$$

其中 $\omega(t)$ 如 (6.91) 所述,

$$g_*(0) = \liminf_{t \to \infty} M P(t) \int_{t}^{\infty} q(s) \Delta s, \tag{6.102}$$

$$g_*(2) = \liminf_{t \to \infty} M P^{-1}(t) \int_{T}^{t} q(s) P^2(s) \Delta s. \tag{6.103}$$

证明   由引理 6.15 的 (6.96) 知, $0 \leqslant \omega < 1$, 故其上下极限存在. 记

$$r = \liminf_{t \to \infty} \omega(t) P(t), \quad R = \limsup_{t \to \infty} \omega(t) P(t). \tag{6.104}$$

结合 (6.89) 和 (6.96) 得

$$\lim_{t \to \infty} \omega(t) = 0. \tag{6.105}$$

将 (6.94) 从 t 到 ∞ 积分后乘以 $P(t)$, 结合 (6.105) 得到, 对任意的 $t \in [T_1, \infty)_{\mathbf{T}}$,

$$\omega(t) P(t) \geqslant M P(t) \int_{t}^{\infty} q(s) \Delta s + P(t) \int_{t}^{\infty} p(s) \omega(s) \omega^{\sigma}(s) \Delta s. \tag{6.106}$$

根据 (6.104) 和 (6.106), 得到

$$r \geqslant g_*(0). \tag{6.107}$$

将 (6.95) 乘以 $P^2(t)$, 再从 T_1 到 t 积分可知, 对任意的 $t \in [T_1, \infty)_{\mathbf{T}}$,

$$M \int_{T_1}^t q(s)P^2(s)\Delta s$$

$$\leqslant -\int_{T_1}^t P^2(s)\omega^\triangle(s)\Delta s - \int_{T_1}^t p(s)P^2(s)(\omega^\sigma(s))^2\Delta s$$

$$= -P^2(t)\omega(t) + P^2(T_1)\omega(T_1) + \int_{T_1}^t (P^2(s))^\triangle \omega^\sigma(s)\Delta s$$

$$\quad - \int_{T_1}^t p(s)P^2(s)(\omega^\sigma(s))^2\Delta s$$

$$= -P^2(t)\omega(t) + P^2(T_1)\omega(T_1) + \int_{T_1}^t \mu(s)p^2(s)\omega^\sigma(s)\Delta s$$

$$\quad + \int_{T_1}^t p(s)P(s)\omega^\sigma(s)[2 - P(s)\omega^\sigma(s)]\Delta s.$$

因此

$$\omega(t)P(t)$$

$$\leqslant -MP^{-1}(t)\int_{T_1}^t q(s)P^2(s)\Delta s + P^{-1}(t)\int_{T_1}^t \mu(s)p^2(s)\omega^\sigma(s)\Delta s$$

$$\quad + P^{-1}(t)P^2(T_1)\omega(T_1) + P^{-1}(t)\int_{T_1}^t p(s)P(s)\omega^\sigma(s)[2 - P(s)\omega^\sigma(s)]\Delta s. \quad (6.108)$$

由 (6.96) 知

$$0 < [1 - P(t)\omega^\sigma(t)]^2 \leqslant 1,$$

从而

$$P(t)\omega^\sigma(t)[2 - P(t)\omega^\sigma(t)] < 1.$$

因此, 对充分大的 $t \in [T_1, \infty)_{\mathbf{T}}$,

$$P^{-1}(t)\int_{T_1}^t p(s)P(s)\omega^\sigma(s)[2 - P(s)\omega^\sigma(s)]\Delta s \leqslant 1.$$

结合 (6.86), (6.98) 和 L'Hospital 法则得

$$0 \leqslant \lim_{t\to\infty} P^{-1}(t)\int_{T_1}^t \mu(s)p^2(s)\omega^\sigma(s)\Delta s$$

$$= \lim_{t\to\infty} \mu(t)p(t)\omega^\sigma(t)$$

$$\leqslant 0.$$

再由 (6.108) 即可推出

$$R \leqslant 1 - g_*(2). \quad (6.109)$$

(1) 若 $g_*(0) = g_*(2) = 0$, 则由 (6.107) 和 (6.109) 直接得到 (6.100) 和 (6.101).

(2) 若 $g_*(0)$, $g_*(2)$ 中有一个为零, 不妨假设 $g_*(0) \neq 0$, 则 (6.101) 可直接由 (6.109) 得到.

现证 (6.100) 式. 任取 $\varepsilon \in (0, g_*(0))$, 则存在 $T_2 \in [T_1, \infty)_{\mathbf{T}}$, 使得对任意的 $t \in [T_2, \infty)_{\mathbf{T}}$, 有

$$\omega(t)P(t) > r - \varepsilon$$

和

$$\omega(t)P(t) \geqslant MP(t) \int_t^\infty q(s)\Delta s$$
$$> g_*(0) - \varepsilon,$$

从而有

$$\omega^\sigma(t)P^\sigma(t) > r - \varepsilon.$$

由 (6.106), 有

$$\omega(t)P(t) \geqslant g_*(0) - \varepsilon + P(t)(r-\varepsilon)^2 \int_t^\infty \frac{p(s)}{P(s)P^\sigma(s)}\Delta s$$
$$= g_*(0) - \varepsilon + (r-\varepsilon)^2,$$

两边取下极限, 即得 (6.100).

(3) 若 $g_*(0)g_*(2) \neq 0$. 任取 $\varepsilon \in (0, \min\{g_*(0), g_*(2)\})$, 则存在 $T_3 \in [T_1, \infty)_{\mathbf{T}}$, 使得对任意的 $t \in [T_3, \infty)_{\mathbf{T}}$,

$$r - \varepsilon < \omega P(t) < R + \varepsilon,$$
$$\omega(t)P(t) \geqslant MP(t) \int_t^\infty q(s)\Delta s > g_*(0) - \varepsilon,$$
$$MP^{-1} \int_T^t q(s)P^2(s)\Delta s > g_*(2) - \varepsilon.$$

由 (6.106) 知, 对任意的 $t \in [T_3, \infty)_{\mathbf{T}}$,

$$\omega(t)P(t) \geqslant g_*(0) - \varepsilon + (r-\varepsilon)^2.$$

将 (6.94) 乘以 $P^2(t)$, 再从 T_1 到 t 积分得

$$\omega(t)P(t) \leqslant -MP^{-1}(t) \int_{T_1}^t q(s)P^2(s)\Delta s + P^{-1}(t) \int_{T_1}^t \mu(s)p^2(s)\omega^\sigma(s)\Delta s$$
$$+ P^{-1}(t)P^2(T_1)\omega(T_1) + P^{-1}(t) \int_{T_1}^t p(s)P(s)\omega^\sigma(s)[2 - \omega(s)P(s)]\Delta s.$$

从而对任意的 $t \in [T_3, \infty)_{\mathbf{T}}$,

$$\omega(t)P(t) \leqslant P^{-1}(t)P^2(T_1)\omega(T_1) + P^{-1}(t)\int_{T_1}^{t}\mu(s)p^2(s)\omega^\sigma(s)\Delta s$$
$$-g_*(2) + \varepsilon + (R + \varepsilon)[2 - (R + \varepsilon)].$$

因此

$$r \geqslant g_*(0) + r^2$$

且

$$R \leqslant R(2 - R) - g_*(2), \tag{6.110}$$

即

$$r \geqslant \frac{1}{2}(1 - \sqrt{1 - 4g_*(0)})$$

且

$$R \leqslant \frac{1}{2}(1 + \sqrt{1 - 4g_*(2)}).$$

引理 6.16 得证. □

定理 6.10 设 (6.76), (6.86), (6.89) 和 (6.99) 成立. 若

$$g_*(0) = M \liminf_{t\to\infty} P(t) \int_t^\infty q(s)\Delta s > \frac{1}{4} \tag{6.111}$$

或

$$g_*(2) = M \liminf_{t\to\infty} P^{-1}(t) \int_T^t q(s)\Delta s > \frac{1}{4}, \tag{6.112}$$

则方程 (6.75) 的每一个解 $x(t)$ 是振荡的或者 $\lim\limits_{t\to\infty} x(t) = 0$.

证明 假设方程 (6.75) 在 $[t_0, \infty)_{\mathbf{T}}$ 上有一个非振荡解 $x(t)$. 不失一般性, 不妨设存在充分大的 $T \geqslant t_0$, 使得对任意的 $t \geqslant T$, $x(t) > 0$. 由引理 6.11 知需考虑两种情形:

(1) 对任意的 $t \geqslant T$ 及 $i \in \mathbf{Z}_n$, $S_i(t, x(t)) > 0$;

(2) $\lim\limits_{t\to\infty} x(t) = 0$.

若情形 (1) 成立, 则由引理 6.16 知 (6.110) 成立, 即

$$g_*(0) \leqslant r - r^2 \leqslant \frac{1}{4}$$

且

$$g_*(2) \leqslant R - R^2 \leqslant \frac{1}{4}.$$

这与 (6.111) 和 (6.112) 矛盾. □

定理 6.11   设 (6.76), (6.86), (6.89) 和 (6.99) 成立. 若 $g_*(2) \leqslant 1/4$ 且存在一个实数 $\lambda \in [0,1)$, 使得

$$g_*(\lambda) > \frac{1}{2}(1 + \sqrt{1 - 4g_*(2)}) + \frac{\lambda^2}{4(1-\lambda)}, \tag{6.113}$$

则方程 (6.75) 的每一个解 $x(t)$ 是振荡的或者 $\lim_{t\to\infty} x(t) = 0$, 其中

$$g_*(\lambda) = \limsup_{t\to\infty} MP^{1-\lambda}(t) \int_t^\infty q(s)P^\lambda(s)\Delta s. \tag{6.114}$$

证明   假设方程 (6.75) 在 $[t_0, \infty)_{\mathbf{T}}$ 上有一个非振荡解 $x(t)$. 不失一般性, 不妨设存在充分大的 $T \geqslant t_0$, 使得对任意的 $t \geqslant T$, $x(t) > 0$. 由引理 6.11 知需考虑两种情形:

(1) 对任意的 $t \geqslant T$ 及 $i \in \mathbf{Z}_n$, $S_i(t, x(t)) > 0$;

(2) $\lim_{t\to\infty} x(t) = 0$.

若情形 (1) 成立, 则由引理 6.15 知 (6.96) 成立, 即对任意的 $t \in [T, \infty)_{\mathbf{T}}$,

$$\omega^\Delta(t) \leqslant -Mq(t) - p(t)(\omega^\sigma(t))^2.$$

将上式乘以 $P^\lambda(t)$, 再从 t 到 ∞ 积分得

$$M \int_t^\infty q(s)P^\lambda(s)\Delta s$$

$$\leqslant - \int_t^\infty P^\lambda(s)\omega^\Delta(s)\Delta s - \int_t^\infty p(s)P^\lambda(s)(\omega^\sigma)^2\Delta s$$

$$= P^\lambda(t)\omega(t) + \int_t^\infty (P^\Delta(s))^\Delta \omega^\sigma(s)\Delta s - \int_t^\infty p(s)P^\lambda(s)(\omega^\sigma)^2\Delta s$$

$$= P^\lambda(t)\omega(t) + \frac{1}{4} \int_t^\infty \frac{((P^\lambda)^\Delta)^2(s)}{p(s)P^\lambda(s)}$$

$$\quad - \int_t^\infty p(s)P^\lambda(s)\left[\omega^\sigma(s) - \frac{(P^\lambda)^\Delta(s)}{2p(s)P^\lambda(s)}\right]^2 \Delta s$$

$$\leqslant P^\lambda(t)\omega(t) + \frac{1}{4} \int_t^\infty \frac{((P^\lambda)^\Delta)^2(s)}{p(s)P^\lambda(s)},$$

即

$$MP^{1-\lambda}(t) \int_t^\infty q(s)P^\lambda(s)\Delta s \leqslant P(t)\omega(t) + \frac{1}{4}P^{1-\lambda}(t) \int_t^\infty \frac{((P^\lambda)^\Delta)^2(s)}{p(s)P^\lambda(s)}. \tag{6.115}$$

综合 (6.87), (6.101) 和 (6.115) 得

$$g_*(\lambda) \leqslant \frac{1}{2}(1 + \sqrt{1 - 4g_*(2)}) + \frac{\lambda^2}{4(1-\lambda)},$$

这与 (6.113) 矛盾. □

推论 6.1 设 (6.76), (6.86), (6.89) 和 (6.99) 成立. 若 $g_*(2) \leqslant 1/4$ 且存在一个实数 $\lambda \in [0, 1)$, 使得

$$g_*(0) > \frac{1}{2}(1 + \sqrt{1 - 4g_*(2)}),$$

则方程 (6.75) 的每一个解 $x(t)$ 是振荡的或者 $\lim_{t \to \infty} x(t) = 0$, 其中

$$g_*(\lambda) = \limsup_{t \to \infty} MP^{1-\lambda}(t) \int_t^\infty q(s)P^\lambda(s)\Delta s. \tag{6.116}$$

定理 6.12 设 (6.76), (6.86), (6.89) 和 (6.99) 成立. 若 $\max\{g_*(0), g_*(2)\} \leqslant 1/4$ 且存在一个实数 $\lambda \in [0, 1)$, 使得

$$g_*(0) > \frac{1}{4}\lambda(2 - \lambda) \tag{6.117}$$

和

$$g_*(\lambda) > \frac{1}{2}(\sqrt{1 - 4g_*(0)} + \sqrt{1 - 4g_*(2)}) + \frac{g_*(0)}{1 - \lambda}, \tag{6.118}$$

则方程 (6.75) 的每一个解 $x(t)$ 是振荡的或者 $\lim_{t \to \infty} x(t) = 0$.

证明 假设方程 (6.75) 在 $[t_0, \infty)_\mathbf{T}$ 上有一个非振荡解 $x(t)$. 不失一般性, 不妨设存在充分大的 $T \geqslant t_0$, 使得对任意的 $t \geqslant T$, $x(t) > 0$. 由引理 6.11 知, 有两种情形:

(1) 对任意的 $t \geqslant T$ 及 $i \in \mathbf{Z}_n$, $S_i(t, x(t)) > 0$;

(2) $\lim_{t \to \infty} x(t) = 0$.

若情形 (1) 成立, 则由引理 6.16 的 (6.100) 及 (6.101) 知

$$r \geqslant \ell = \frac{1}{2}(1 - \sqrt{1 - 4g_*(0)})$$

且

$$R \geqslant L = \frac{1}{2}(1 + \sqrt{1 - 4g_*(2)}). \tag{6.119}$$

综合 (6.117) 和 (6.119) 得 $\ell > \lambda/2$. 因此对任意给定的 $\varepsilon \in (0, \ell - \lambda/2)$, 存在 $T_1 \in [T, \infty)_\mathbf{T}$, 使得对任意的 $t \in [T_1, \infty)_\mathbf{T}$,

$$\ell - \varepsilon < \omega(t)P(t) < L + \varepsilon. \tag{6.120}$$

将 (6.95) 乘以 $P^\lambda(t)$, 再从 t 到 ∞ 积分得

$$M \int_t^\infty q(s)P^\lambda(s)\Delta s$$

$$\leqslant \omega(t)P^\lambda(t) + \int_t^\infty p(s)P^{\lambda-2}(s)[\lambda P(s)\omega^\sigma(s) - (P(s)\omega^\sigma(s))^2]\Delta s.$$

因此

$$MP^{1-\lambda}(t)\int_t^\infty q(s)P^\lambda(s)\Delta s$$

$$\leqslant \omega(t)P(t) + P^{1-\lambda}(t)\int_t^\infty p(s)P^{\lambda-2}(s)[\lambda P(s)\omega^\sigma(s) - (P(s)\omega^\sigma(s))^2]\Delta s. \quad (6.121)$$

因

$$\omega(t)P(t) > \ell - \varepsilon > \ell - \left(\ell - \frac{\lambda}{2}\right) = \frac{\lambda}{2},$$

且 $h(z) = \lambda z - z^2$ 在 $[\lambda/2, \infty)$ 上是严格单调递减的, 故由 (6.88), (6.119) 和 (6.121) 得

$$MP^{1-\lambda}(t)\int_t^\infty q(s)P^\lambda(s)\Delta s$$

$$\leqslant L + \varepsilon + (\ell-\varepsilon)(\lambda-\ell+\varepsilon)P^{1-\lambda}(t)\int_t^\infty p(s)P^{2-\lambda}(s)\Delta s$$

$$\leqslant L + \varepsilon + \frac{1}{1-\lambda}(\ell-\varepsilon)(\lambda-\ell+\varepsilon)(1+\varepsilon)^{2-\lambda}.$$

结合 (6.119) 得

$$g_*(\lambda) \leqslant L + \frac{\ell(\lambda-\ell)}{1-\lambda} = \frac{1}{2}(\sqrt{1-4g_*(0)} + \sqrt{1-4g_*(2)}) + \frac{g_*(0)}{1-\lambda}.$$

这与 (6.118) 矛盾. □

推论 6.2　设 (6.76), (6.86), (6.89) 和 (6.99) 成立. 若

$$\max(g_*(0), g_*(2)) \leqslant \frac{1}{4}$$

且存在一个实数 $\lambda \in [0,1)$, 使得

$$g_*(0) > 0$$

和

$$g_*(0) > \frac{1}{2}(\sqrt{1-4g_*(0)} + \sqrt{1-4g_*(2)}) + g_*(0),$$

则方程 (6.75) 的每一个解 $x(t)$ 是振荡的或者 $\lim_{t\to\infty} x(t) = 0$.

6.5　高阶动力方程 $(r(t)\Phi_\gamma(S_{n-1}(t)))^\Delta + \sum_{i=0}^k q_i(t)\Phi_{\alpha_i}(x(\delta_i(t))) = 0$ 的振荡性

本节主要讨论时标 **T** 上的高阶动力方程

$$(r(t)\Phi_\gamma(a_{n-1}(t)(a_{n-2}(t)(\cdots(a_1(t)x^\Delta(t))^\Delta\cdots)^\Delta)^\Delta)^\Delta + \sum_{i=0}^k q_i(t)\Phi_{\alpha_i}(x(\delta_i(t))) = 0$$

$$(6.122)$$

振荡性. 其中 $\sup \mathbf{T} = \infty, n, k \in \mathbf{N}$ 且 $n \geqslant 2$, $\gamma, \alpha_i (i \in \mathbf{Z}_k)$ 为两个正奇数的商, $q_i, a_j, r \in C_{\mathrm{rd}}(\mathbf{T}, \mathbf{R}_+), \delta_i \in C_{\mathrm{rd}}(\mathbf{T}, \mathbf{T})$ 且 $q_i(t) \not\equiv 0$ ($i \in \mathbf{Z}_k, j \in \mathbf{Z}_{n-1}$), 对任意的 $p > 0$, 记 $\Phi_p(u) = |u|^{p-1} u$. 同时假设以下条件也成立:

(H_1) 存在 $m \in \mathbf{N}_k$, 使得

$$\alpha_1 > \alpha_2 > \cdots > \alpha_m > \alpha_0 = \gamma > \alpha_{m+1} > \cdots > \alpha_k. \tag{6.123}$$

(H_2)

$$\int_{t_0}^\infty \frac{1}{r^{1/\gamma}(t) a_{n-1}(t)} \Delta t = \infty.$$

(H_3) $\delta_i^\Delta(t) > 0$ 且 $\lim_{t\to\infty} \delta_i(t) = \infty$ ($i \in \mathbf{Z}_k$).

记

$$S_l(t) = \begin{cases} x(t), & l = 0, \\ a_l(t) S_{l-1}^\Delta(t), & l \in \mathbf{N}_{n-1}. \end{cases}$$

则方程 (6.122) 可变为

$$(r(t)\Phi_\gamma(S_{n-1}(t)))^\Delta + \sum_{i=0}^k q_i(t)\Phi_{\alpha_i}(x(\delta_i(t))) = 0. \tag{6.124}$$

引理 6.17[70] 设 (6.123) 式成立, 则存在 $\eta_i \in (0,1)$ ($i \in \mathbf{N}_k$), 使得

$$\sum_{i=1}^k \alpha_i \eta_i = \gamma \quad \text{且} \quad \sum_{i=1}^k \eta_i = 1.$$

引理 6.18 设

$$\int_{t_0}^\infty \frac{\Delta s}{a_i(s)} = \infty \quad (i \in \mathbf{N}_{n-2}), \tag{6.125}$$

且 $m \in \mathbf{N}_{n-2}$. 则

(1) 对任意的 $i \in \mathbf{Z}_{m-1}$, $\liminf\limits_{t\to\infty} S_m(t) > 0$ 可推出 $\lim\limits_{t\to\infty} S_i(t) = \infty$;

(2) 对任意的 $i \in \mathbf{Z}_{m-1}$, $\limsup\limits_{t\to\infty} S_m(t) < 0$ 可推出 $\lim\limits_{t\to\infty} S_i(t) = -\infty$.

证明 与引理 2.1 的证明类似. □

引理 6.19 设 (6.125) 成立, $x(t) > 0$ 且对任意的 $t \geqslant t_0, (r(t)\Phi_\gamma(S_{n-1}(t)))^\Delta < 0$, 则存在足够大的 T 和满足 $m+n-1$ 为偶数的整数 $m \in \mathbf{Z}_{n-1}$, 使得当 $t \geqslant T$ 时,

(1) 对任意的 $m \leqslant i \leqslant n-1, (-1)^{m+i} S_i(t) > 0$.

(2) 当 $m > 1$ 时, 对任意的 $i \in \mathbf{N}_{m-1}, S_i(t) > 0$.

证明　首先我们断言: 对任意的 $t > t_0$ 有 $S_{n-1}(t) > 0$. 反之, 则存在 $t_1 > t_0$, 使得 $S_{n-1}(t) < 0$. 由 (6.124) 式可得 $r(t)\Phi_\gamma(S_{n-1}(t))$ 在 $[t_0,\infty)_{\mathbf{T}}$ 上严格单调递减. 从而 $r^{\frac{1}{\gamma}}(t)(-S_{n-1}(t))$ 在 $[t_1,\infty)_{\mathbf{T}}$ 上是正的且严格单调递增. 因此

$$S_{n-2}(t) = S_{n-2}(t_1) - \int_{t_1}^t \frac{r^{\frac{1}{\gamma}}(s)(-S_{n-1}(s))}{r^{\frac{1}{\gamma}}(s)a_{n-1}(s)}\Delta s$$

$$\leqslant S_{n-2}(t_1) - r^{\frac{1}{\gamma}}(t_1)(-S_{n-1}(t_1))\int_{t_1}^t \frac{1}{r^{\frac{1}{\gamma}}(s)a_{n-1}(s)}\Delta s.$$

由 (H₂) 可得 $\lim_{t\to\infty} S_{n-2}(t) = -\infty$. 根据引理 6.18 有 $\lim_{t\to\infty} S_0(t) = -\infty$, 即 $\lim_{t\to\infty} x(t) = -\infty$, 这与 $x(t) > 0$ $(t > t_0)$ 矛盾. 因此, 对任意的 $t > t_0$, 有 $S_{n-1}(t) > 0$. 这时, 我们得到如下两种情形:

(i) 对任意的 $i \in \mathbf{Z}_{n-1}$, 有 $S_i(t) > 0$.

(ii) 存在整数 $j \in \mathbf{N}_{n-2}$, 使得 $S_j(t) < 0$.

对于情形 (ii), 设 $m \in \mathbf{Z}_{n-1}$ 为满足对任意的 $t \geqslant t_0, m \leqslant i \leqslant n-1$ 且 $m+n-1$ 为偶数, 使得

$$(-1)^{m+i}S_i(t) > 0$$

的最小正整数. 因为对任意的 $t > t_0$, 有 $S_{m-1}^\Delta(t) = \frac{S_m(t)}{a_{m-1}(t)} > 0$, 所以, 当 $m > 1$ 时, $S_{m-1}(t) < 0$ $(t \geqslant t_0)$ 或者存在 $t_2 \in \mathbf{T}$, 使得当 $t > t_2$ 时, $S_{m-1}(t) \geqslant S_{m-1}(t_2) > 0$.

如果当 $t \geqslant t_0$ 时, $S_{m-1}(t) < 0$, 则同理可证当 $t \geqslant t_0$ 时, $S_{m-2}(t) > 0$, 这与 m 的定义矛盾.

如果对于 $t \geqslant t_2, S_{m-1}(t) \geqslant S_{m-1}(t_2) > 0$, 则由引理 6.18 的 (1) 得到当 $i \in \mathbf{Z}_{m-1}$ 时, $\lim_{t\to\infty} S_i(t) = \infty$. $\square$

引理 6.20　设 (6.125) 成立, 且下列条件之一成立:

$$\int_{t_0}^\infty \sum_{i=0}^k q_i(s)\Delta s = \infty \tag{6.126}$$

或者

$$\int_{t_0}^\infty \left[\left(\int_{u_2}^\infty \frac{\left(\int_s^\infty \sum_{i=0}^k q_i(u_1)\Delta u_1\right)^{\frac{1}{\gamma}}}{r^{\frac{1}{\gamma}}(s)a_{n-1}(s)}\Delta s\right)\frac{1}{a_{n-2}(u_2)}\right]\Delta u_2 = \infty. \tag{6.127}$$

设 $x(t)$ 为方程 (6.124) 的终于正解, 则存在 $T \in \mathbf{T}$, 使得对任意的 $t > T$,

$$(r(t)\Phi_\gamma(S_{n-1}(t)))^\Delta < 0$$

且下列结论成立:

(1) 当 n 为偶数时,

$$S_j(t) > 0 \quad (j \in \mathbf{N}_{n-1}). \tag{6.128}$$

(2) 当 n 为奇数时, 或者 (6.128) 成立, 或者 $\lim_{t\to\infty} x(t) = 0$.

证明 设 $x(t)$ 为 (6.124) 的终于正解, 则根据 (H₃), 可以假设 $t \geqslant t_0, x(t) > 0, x(\delta_i(t)) > 0 \ (i \in \mathbf{Z}_k)$. 由 (6.124) 有

$$(r(t)\Phi_\gamma(S_{n-1}(t)))^\Delta = (r(t)(S_{n-1}(t))^\gamma)^\Delta < 0 \quad (t \geqslant t_0).$$

由引理 6.19, 存在 $t_1 \in \mathbf{T}$, 使得当 $t \geqslant t_1$ 时

$$S_j(t) > 0 \quad (j \in \mathbf{N}_{m-1}), \tag{6.129}$$

$$(-1)^{m+j} S_j(t) > 0 \quad (m \leqslant j \leqslant n-1). \tag{6.130}$$

当 n 为偶数时, 由引理 6.19 可得 m 为奇数. 由 (6.129) 可知

$$x^\Delta(t) = \frac{S_1(t)}{a_1(t)} > 0,$$

从而 $\lim_{t\to\infty} x(t)$ 存在且为正或者 $\lim_{t\to\infty} x(t) = \infty$. 下面证明 $m = n-1$. 否则, 奇数 $m \leqslant n-3$. 由 (6.130) 可知, 对任意的 $t \geqslant t_1$, 有

$$S_{n-2}(t) < 0 \quad \text{且} \quad S_{n-3}(t) > 0.$$

注意到存在 $T \geqslant t_1$ 及 $a > 0$, 使得当 $t \geqslant T$ 时, $x(t) \geqslant a$, $x(\delta_i(t)) \geqslant a \ (i \in \mathbf{Z}_k)$. 定义 $b = \min_{i\in\mathbf{Z}_k}\{a^{\alpha_i}\}$, 则

$$(r(t)(S_{n-1}(t))^\gamma)^\Delta \leqslant -\sum_{i=0}^k q_i(t)a^{\alpha_i} \leqslant -b\sum_{i=0}^k q_i(t). \tag{6.131}$$

如果 (6.126) 成立, 对式 (6.131) 从 T 到 t $(t \geqslant T)$ 进行积分, 得到

$$r(t)(S_{n-1}(t))^\gamma \leqslant r(T)(S_{n-1}(T))^\gamma - b\int_T^t \sum_{i=0}^k q_i(s)\Delta s \to -\infty \quad (t \to \infty),$$

与 $S_{n-1}(t) > 0 \ (t \in [t_1,\infty)_\mathbf{T})$ 矛盾. 故 (6.128) 成立.

如果 (6.127) 成立, 对式 (6.131) 从 t 到 u_1 $(T \leqslant t \leqslant u_1)$ 进行积分, 得到

$$r(t)(S_{n-1}(t))^\gamma \geqslant r(u_1)(S_{n-1}(u_1))^\gamma + b\int_t^{u_1} \sum_{i=0}^k q_i(s)\Delta s \geqslant b\int_t^{u_1} \sum_{i=0}^k q_i(s)\Delta s.$$

当 $u_1 \to \infty$ 时, 有

$$S_{n-1}(t) \geqslant b^{\frac{1}{\gamma}} \frac{\left(\int_t^\infty \sum_{i=0}^k q_i(s)\Delta s\right)^{\frac{1}{\gamma}}}{r^{\frac{1}{\gamma}}(t)} = b^{\frac{1}{\gamma}} \left(r^{-1}(t) \int_t^\infty \sum_{i=0}^k q_i(s)\Delta s\right)^{\frac{1}{\gamma}}. \qquad (6.132)$$

因为 $S_{n-2}(t) < 0$, 所以对式 (6.132) 从 t 到 u_2 $(T \leqslant t \leqslant u_2)$ 进行积分, 得到

$$-S_{n-2}(t) \geqslant S_{n-2}(u_2) - S_{n-2}(t) \geqslant b^{\frac{1}{\gamma}} \int_t^{u_2} \frac{\left(\int_t^\infty \sum_{i=0}^k q_i(u_1)\Delta u_1\right)^{\frac{1}{\gamma}}}{r^{\frac{1}{\gamma}}(s)a_{n-1}(s)} \Delta s.$$

当 $u_2 \to \infty$ 时, 有

$$-S_{n-2}(t) \geqslant b^{\frac{1}{\gamma}} \int_t^\infty \frac{\left(\int_t^\infty \sum_{i=0}^k q_i(u_1)\Delta u_1\right)^{\frac{1}{\gamma}}}{r^{\frac{1}{\gamma}}(s)a_{n-1}(s)} \Delta s. \qquad (6.133)$$

因为 $S_{n-3}(t) > 0$, 所以对 (6.133) 式从 T 到 t $(t \geqslant T)$ 进行积分, 得到

$$S_{n-3}(T) \geqslant -S_{n-3}(t) + S_{n-3}(T)$$

$$\geqslant b^{\frac{1}{\gamma}} \int_T^t \left[\left(\int_t^\infty \frac{\left(\int_t^\infty \sum_{i=0}^k q_i(u_1)\Delta u_1\right)^{\frac{1}{\gamma}}}{r^{\frac{1}{\gamma}}(s)a_{n-1}(s)} \Delta s\right) \middle/ a_{n-2}(u_2)\right] \Delta u_2.$$

令 $t \to \infty$, 有

$$\int_T^\infty \left[\left(\int_t^\infty \frac{\left(\int_t^\infty \sum_{i=0}^k q_i(u_1)\Delta u_1\right)^{\frac{1}{\gamma}}}{r^{\frac{1}{\gamma}}(s)a_{n-1}(s)} \Delta s\right) \middle/ a_{n-2}(u_2)\right] \Delta u_2 \leqslant b^{-\frac{1}{\gamma}} S_{n-3}(T) < \infty,$$

与 (6.127) 式矛盾. 因此, $m = n - 1$ 且 (6.128) 成立.

　　当 n 为奇数时, 由引理 6.19 可知 m 必为偶数. 由 (6.129) 和 (6.130) 知, 或者 $x^\Delta(t) > 0$ 或者 $x^\Delta(t) < 0$, 从而有 $\lim\limits_{t \to \infty} x(t) = c \geqslant 0$. 如果 $c > 0$, 同样得 $m = n - 1$.
□

现对任意的 $n \in \mathbf{N}, t, T \in \mathbf{T}$ $(t \geqslant T)$, 定义 $\beta_i(t,T)$ 如下:

$$\beta_i(t,T) = \int_T^t \frac{\beta_{i-1}(s,T)}{a_{n-i}(s,T)}\Delta s \quad (i \in \mathbf{N}_k),$$

其中 $\beta_0(t,T) = \dfrac{1}{r^\gamma(t)}$.

引理 6.21 假设 (6.125) 和 (6.126) 成立, 或者 (6.125) 和 (6.127) 成立. 设 $x(t)$ 为 (6.124) 的终于正解且满足 (6.128), 则存在 $T \in \mathbf{T}$, 使得当 $t \in [T,\infty)_\mathbf{T}$ 时,

$$S_1(t) \geqslant r^{\frac{1}{\gamma}}(t)S_{n-1}(t)\beta_{n-2}(t,T)$$

和

$$x(t) \geqslant r^{\frac{1}{\gamma}}(t)S_{n-1}(t)\beta_{n-1}(t,T).$$

证明 由假设和 (H_3) 知, 存在 $T \in [t_0,\infty)_\mathbf{T}$, 使得当 $t \geqslant T$ 时, $x(t) > 0, x(\delta_i(t)) > 0$ 及 (6.128) 成立. 由引理 6.20 知 $r^{\frac{1}{\gamma}}(t)S_{n-1}(t)$ 在 $[T,\infty)_\mathbf{T}$ 上单调递减. 由 (6.128) 式可得

$$\begin{aligned}
S_{n-2}(t) &= S_{n-2}(T) + \int_T^t \frac{S_{n-1}(s)}{a_{n-1}(s)}\Delta s \\
&= S_{n-2}(T) + \int_T^t \frac{r^{\frac{1}{\gamma}}(s)S_{n-1}(s)}{r^{\frac{1}{\gamma}}(s)a_{n-1}(s)}\Delta s \\
&\geqslant r^{\frac{1}{\gamma}}(t)S_{n-1}(t)\int_T^t \frac{1}{r^{\frac{1}{\gamma}}(s)a_{n-1}(s)}\Delta s \\
&= r^{\frac{1}{\gamma}}(t)S_{n-1}(t)\beta_1(t,T).
\end{aligned}$$

对上述不等式从 T 到 t $(t \geqslant T)$ 积分, 有

$$\begin{aligned}
S_{n-3}(t) &= S_{n-3}(T) + \int_T^t \frac{S_{n-2}(s)}{a_{n-2}(s)}\Delta s \\
&\geqslant r^{\frac{1}{\gamma}}(t)S_{n-1}(t)\int_T^t \frac{\beta_1(s,T)}{a_{n-2}(s)}\Delta s \\
&= r^{\frac{1}{\gamma}}(t)S_{n-1}(t)\beta_2(t,T).
\end{aligned}$$

由归纳法, 可以证明

$$x(t) \geqslant r^{\frac{1}{\gamma}}(t)S_{n-1}(t)\beta_{n-1}(t,T)$$

和

$$S_1(t) \geqslant r^{\frac{1}{\gamma}}(t)S_{n-1}(t)\beta_{n-2}(t,T). \qquad \square$$

引理 6.22[70] 设 $g(y) = By - Ay^{\frac{\gamma+1}{\gamma}}$, 其中 A, B 和 y 为正数, 则 $g(y)$ 在

$y^* = \left(\dfrac{B\gamma}{A(\gamma+1)} \right)^{\gamma}$ 处取得 $[0, \infty)$ 上的最大值, 且

$$g(y^*) = \frac{\gamma^{\gamma}}{(\gamma+1)^{\gamma+1}} \frac{B^{\gamma+1}}{A^{\gamma}}.$$

现记 $\mathbb{D} = \{(t,s) \in \mathbf{T}^2 : t \geqslant s \geqslant 0\}$, 对任意的 $z \in C_{\mathrm{rd}}^1(\mathbf{T}, \mathbf{R}_+)$, 定义

$$\mathcal{H} = \{H(t,s) \in C_{\mathrm{rd}}^1(\mathbb{D}, \mathbf{R}_0^+) : H_s^{\Delta}(t,s) \leqslant 0, \quad H(t,s) = 0 \Longleftrightarrow t = s\},$$

$$C(t,s) = H_s^{\Delta}(t,s)z^{\sigma}(s) + H(t,s)z^{\Delta}(s),$$

以及

$$C_+(t,s) = \max\{H_s^{\Delta}(t,s)z^{\sigma}(s) + H(t,s)z_+^{\Delta}(s), 0\},$$

其中 $H(t,s) \in \mathcal{H}$, $z_+^{\Delta}(s) = \max\{z^{\Delta}(s), 0\}$.

定理 6.13　假设 (6.125) 和 (6.126) 成立, 或者 (6.125) 和 (6.127) 成立, $\eta_i (i \in \mathbf{N}_k)$ 为引理 6.17 中所定义. 设对足够大的 $T \in \mathbf{T}$, 下列条件之一成立:

(C_1) 或者

$$\int_T^{\infty} Q(s)\Delta s = \infty,$$

或者

$$\int_T^{\infty} Q(s)\Delta s < \infty \quad \text{且} \quad \limsup_{t \to \infty} \beta_{n-1}^{\gamma}(\delta(t), T) \int_t^{\infty} Q(s)\Delta s > 1.$$

(C_2) 存在函数 $z \in C_{\mathrm{rd}}^1(\mathbf{T}, \mathbf{R}_+)$, 使得

$$\limsup_{t \to \infty} \int_T^t \left[Q(s)z(s) - \frac{z_+^{\Delta}(s)}{\beta_{n-1}^{\gamma}(\delta^{\sigma}(s), T)} \right] \Delta s = \infty.$$

(C_3) 存在函数 $z \in C_{\mathrm{rd}}^1(\mathbf{T}, \mathbf{R}_+)$, 使得

$$\limsup_{t \to \infty} \int_T^t \left[Q(s)z(s) - \frac{1}{(\gamma+1)^{\gamma+1}} \frac{a_1^{\gamma}(s)(z_+^{\Delta}(s))^{\gamma+1}}{z^{\gamma}(s)\beta_{n-2}^{\gamma}(\delta(s), T)(\delta^{\Delta}(s))^{\gamma}} \right] \Delta s = \infty.$$

(C_4) 存在函数 $z \in C_{\mathrm{rd}}^1(\mathbf{T}, \mathbf{R}_+)$ 和 $H \in \mathcal{H}$, 使得

$$\limsup_{t \to \infty} \frac{1}{H(t,T)} \int_T^t \left[H(t,s)Q(s)z(s) \right.$$

$$\left. - \frac{a_1^{\gamma}(s)C_+^{\gamma+1}(t,s)}{H^{\gamma}(t,s)(\gamma+1)^{\gamma+1}z^{\gamma}(s)\beta_{n-2}^{\gamma}(\delta(s), T)(\delta^{\Delta}(s))^{\gamma}} \right] \Delta s = \infty,$$

其中 $Q(t) = q_0(t) + \prod_{i=1}^k (\eta_i^{-1}q_i(t))^{\eta_i}$, $\delta(t) := \min\{t, \delta_i(t), i \in \mathbf{Z}_k\}$. 则

(i) 当 n 为奇数时, (6.124) 的每个解是振荡的或趋于零的.

(ii) 当 n 为偶数时, (6.124) 的每个解是振荡的.

证明 假设 $x(t)$ 是 (6.124) 的非振荡解. 不失一般性, 可以假设 $x(t)$ 是终于正的. 则由引理 6.20 和引理 6.21 及 (H_3) 知, 存在足够大的 $T \in \mathbf{T}$, 使得当 $t \geqslant T$ 时, $x(t) > 0, x(\delta_i(t)) > 0$ $(i \in \mathbf{Z}_k)$.

当 n 为奇数时, 由引理 6.20 知 (6.128) 成立或者 $\lim\limits_{t\to\infty} x(t) = 0$. 如果 (6.128) 成立, 那么 (6.124) 可简写为

$$(r(t)(S_{n-1}(t))^\gamma)^\Delta + \sum_{i=0}^k q_i(t)x^{\alpha_i}(\delta_i(t)) = 0. \tag{6.134}$$

若 (C_1) 成立. 记 $\psi(t) = r(t)(S_{n-1}(t))^\gamma$, 则 $\psi(t) > 0$ 且当 $t \geqslant T$ 时,

$$\psi^\Delta(t) + \sum_{i=0}^k q_i(t)x^{\alpha_i}(\delta(t)) \leqslant 0.$$

因此 $\psi^\Delta(t) < 0$ 以及 $\lim\limits_{t\to\infty} \psi(t) = b \geqslant 0$. 令 $a_i = \eta_i^{-1} q_i(t)x^{\alpha_i}(\delta(t))$, 由几何算术平均不等式得到

$$\sum_{i=1}^k \eta_i a_i \geqslant \prod_{i=1}^k a_i^{\eta_i}, \quad a_i \geqslant 0,$$

于是有

$$\sum_{i=0}^k q_i(t)x^{\alpha_i}(\delta(t)) \geqslant q_0(t)x^\gamma(\delta(t)) + (\eta_i^{-1}q_i(t))^{\eta_i} x^\gamma(\delta(t)) = Q(t)x^\gamma(\delta(t)). \tag{6.135}$$

因此

$$\psi^\Delta(t) + Q(t)x^\gamma(\delta(t)) \leqslant 0. \tag{6.136}$$

对 (6.136) 式从 t 到 ∞ 积分, 有

$$b - \psi(t) + \int_t^\infty Q(s)x^\gamma(\delta(s))\Delta s \leqslant 0.$$

若 $\int_t^\infty Q(s)\Delta s = \infty$, 则与 (6.128) 矛盾. 若 $\int_t^\infty Q(s)\Delta s < \infty$, 则

$$\psi(\delta(t)) \geqslant \Phi(t) \geqslant \int_t^\infty Q(s)x^\gamma(\delta(s))\Delta s \geqslant x^\gamma(\delta(t)) \int_t^\infty Q(s)\Delta s.$$

由引理 6.21 知

$$\beta_{n-1}^\gamma(\delta(t), T) \int_t^\infty Q(s)\Delta s \leqslant 1,$$

与 (C₁) 矛盾. 因此, (6.124) 的每个解 $x(t)$ 是振荡的或趋于零的.

若 (C₂) 成立. 定义

$$w(t) := \frac{z(t)r(t)(S_{n-1}(t))^\gamma}{x^\gamma(\delta(t))} \quad (t \geqslant T).\tag{6.137}$$

则有 $w(t) > 0$. 由引理 6.21 得到

$$w^\Delta(t)$$
$$= (r(t)(S_{n-1}(t))^\gamma)^\Delta \left(\frac{z(t)}{x^\gamma(\delta(t))}\right) + (r(t)(S_{n-1}(t))^\gamma)^\sigma \left(\frac{z(t)}{x^\gamma(\delta(t))}\right)^\Delta$$
$$= (r(t)(S_{n-1}(t))^\gamma)^\sigma \left[\frac{z^\Delta(t)x^\gamma(\delta(t)) - z(t)(x^\gamma(\delta(t)))^\Delta}{x^\gamma(\delta(t))x^\gamma(\delta^\sigma(t))}\right] + z(t)\frac{-\sum_{i=0}^{k} q_i(t)x^{\alpha_i}(\delta_i(t))}{x^\gamma(\delta(t))}$$
$$\leqslant \frac{z_+^\Delta(t)(r(t)(S_{n-1}(t))^\gamma)^\sigma}{x^\gamma(\delta^\sigma(t))} - \frac{z(t)\sum_{i=0}^{k} q_i(t)x^{\alpha_i}(\delta(t))}{x^\gamma(\delta(t))}$$
$$- \frac{(r(t)(S_{n-1}(t))^\gamma)^\sigma z(t)(x^\gamma(\delta(t)))^\Delta}{x^\gamma(\delta(t))x^\gamma(\delta^\sigma(t))}.\tag{6.138}$$

注意到 $x^\Delta(t) = \frac{S_1(t)}{a_1(t)} > 0$. 当 $\gamma \geqslant 1$ 时, 由 Keller 链式法则有

$$(x^\gamma(t))^\Delta = \gamma\left[\int_0^1 (x(t) + h\mu(t)x^\Delta(t))^{\gamma-1}dh\right]x^\Delta(t)$$
$$\geqslant \gamma x^\Delta(t)\int_0^1 ((1-h)x(t) + hx(t))^{\gamma-1}dh = \gamma x^{\gamma-1}(t)x^\Delta(t).$$

所以

$$(x^\gamma(\delta(t)))^\Delta \geqslant \gamma x^{\gamma-1}(\delta(t))(x(\delta(t)))^\Delta.$$

由 (H₃) 易得, 当 $t \in \mathbf{T}$ 时, $\delta^\Delta(t) > 0$. 因此根据文献 [3] 的定理 1.93 得到

$$(x^\gamma(\delta(t)))^\Delta \geqslant \gamma x^{\gamma-1}(\delta(t))x^\Delta(\delta(t))\delta^\Delta(t) \geqslant 0.\tag{6.139}$$

当 $0 < \gamma < 1$ 时,

$$(x^\gamma(t))^\Delta \geqslant \gamma x^\Delta(t)\int_0^1 ((1-h)x^\sigma(t) + hx^\sigma(t))^{\gamma-1}dh = \gamma(x^\sigma(t))^{\gamma-1}x^\Delta(t).$$

即

$$(x^\gamma(\delta(t)))^\Delta \geqslant \gamma x^{\gamma-1}(\delta(t))(x(\delta(t)))^\Delta,$$

根据文献 [3] 的定理 1.93 得到

$$(x^\gamma(\delta(t)))^\Delta \geqslant \gamma x^{\gamma-1}(\delta^\sigma(t)) x^\Delta(\delta(t)) \delta^\Delta(t) \geqslant 0. \tag{6.140}$$

注意到 $r(t) > 0$, 由 (6.139) 式和 (6.140) 式得

$$\frac{(r(t)S_{n-1}^\gamma(t))^\sigma z(t)(x^\gamma(\delta(t)))^\Delta}{x^\gamma(\delta(t)) x^\gamma(\delta^\sigma(t))} \geqslant 0.$$

因为 $(r(t)S_{n-1}^\gamma(t))^\Delta < 0, \delta(t) \leqslant t \leqslant \sigma(t)$ 以及 $\delta^\sigma(t) \leqslant \sigma(t)$, 所以有

$$r(\sigma(t))S_{n-1}^\gamma(\sigma(t)) \leqslant r(t)S_{n-1}^\gamma(t) \leqslant r(\delta(t))S_{n-1}^\gamma(\delta(t)) \tag{6.141}$$

以及

$$r(\sigma(t))S_{n-1}^\gamma(\sigma(t)) \leqslant r(\delta^\sigma(t))S_{n-1}^\gamma(\delta^\sigma(t)). \tag{6.142}$$

因此由 (6.135), (6.142), 引理 6.21 以及 $x^\Delta(t) > 0$ 得

$$w^\Delta(t) \leqslant -z(t)Q(t) + \frac{z_+^\Delta(t)}{\beta_{n-1}^\gamma(\delta^\sigma(t), T)}.$$

对上述不等式从 T 到 t $(t \geqslant T)$ 积分, 得

$$\int_T^t \left[z(s)Q(s) - \frac{z_+^\Delta(s)}{\beta_{n-1}^\gamma(\delta^\sigma(s), T)} \right] \Delta s \leqslant w(T) - w(t) < w(T).$$

对上式两边当 $t \to \infty$ 时取上极限, 得到矛盾. 因此, $x(t)$ 是振荡的或趋于零的.

若 (C_3) 成立. 当 $\gamma \geqslant 1$ 时, 由 (6.128), (6.138) 和 (6.139) 可得

$$w^\Delta(t) \leqslant -z(t)Q(t) + \frac{z_+^\Delta(t)}{z^\sigma(t)} w^\sigma(t) - (r(t)S_{n-1}^\gamma(t))^\sigma \frac{z(t)\gamma x^\Delta(\delta(t))\delta^\Delta(t)}{x^{\gamma+1}(\delta^\sigma(t))}. \tag{6.143}$$

因为

$$x^\Delta(t) = \frac{S_1(t)}{a_1(t)} \geqslant \frac{r^{\frac{1}{\gamma}}(t)S_{n-1}(t)\beta_{n-2}(t, T))}{a_1(t)},$$

所以由 (6.141) 式得到

$$-(r(t)S_{n-1}^\gamma(t))^\sigma \frac{z(t)\gamma x^\Delta(\delta(t))\delta^\Delta(t)}{x^{\gamma+1}(\delta^\sigma(t))} = \frac{-(r^\sigma(t))^{\frac{\gamma+1}{\gamma}} S_{n-1}^{\gamma+1}(t)}{x^{\gamma+1}(\delta^\sigma(t))} \frac{z(t)\gamma x^\Delta(\delta(t))\delta^\Delta(t)}{r^{\frac{1}{\gamma}}(\sigma(t))S_{n-1}(\sigma(t))}$$

$$\leqslant \frac{-(r^\sigma(t))^{\frac{\gamma+1}{\gamma}} S_{n-1}^{\gamma+1}(t)}{x^{\gamma+1}(\delta^\sigma(t))} \frac{z(t)\gamma x^\Delta(\delta(t))\delta^\Delta(t)}{r^{\frac{1}{\gamma}}(\delta(t))S_{n-1}(\delta(t))}$$

$$\leqslant -\frac{z(t)\gamma\beta_{n-2}(t, T)\delta^\Delta(t)}{a_1(t)z^{\frac{\gamma+1}{\gamma}}(\sigma(t))} w^{\frac{\gamma+1}{\gamma}}(\sigma(t)),$$

从而

$$w^\Delta(t) \leqslant -z(t)Q(t) + \frac{z_+^\Delta(t)}{z^\sigma(t)}w^\sigma(t) - \frac{z(t)\gamma\beta_{n-2}(t,T)\delta^\Delta(t)}{a_1(t)z^{\frac{\gamma+1}{\gamma}}(\sigma(t))}w^{\frac{\gamma+1}{\gamma}}(\sigma(t)). \qquad (6.144)$$

当 $0 < \gamma < 1$ 时, 由 (6.134), (6.138) 以及 (6.140) 有

$$w^\Delta(t) \leqslant -z(t)Q(t) + \frac{z_+^\Delta(t)}{z^\sigma(t)}w^\sigma(t) - (r(t)S_{n-1}^\gamma(t))^\sigma \frac{z(t)\gamma(x(\delta^\sigma(t)))^{\gamma-1}x^\Delta(\delta(t))\delta^\Delta(t)}{x^\gamma(\delta(t))(x(\delta^\sigma(t)))^\gamma}.$$

故由 (6.140) 和引理 6.21 有

$$\begin{aligned}
&-(r(t)S_{n-1}^\gamma(t))^\sigma \frac{z(t)\gamma(x(\delta^\sigma(t)))^{\gamma-1}x^\Delta(\delta(t))\delta^\Delta(t)}{x^\gamma(\delta(t))(x(\delta^\sigma(t)))^\gamma} \\
&= \frac{-(r^\sigma(t))^{\frac{\gamma+1}{\gamma}}S_{n-1}^{\gamma+1}(t)}{x^\gamma(\delta(t))x(\delta^\sigma(t))} \frac{z(t)\gamma x^\Delta(\delta(t))\delta^\Delta(t)}{r^{\frac{1}{\gamma}}(\sigma(t))S_{n-1}(\sigma(t))} \\
&\leqslant \frac{-(r^\sigma(t))^{\frac{\gamma+1}{\gamma}}S_{n-1}^{\gamma+1}(t)}{x^\gamma(\delta(t))x(\delta^\sigma(t))} \frac{z(t)\gamma x^\Delta(\delta(t))\delta^\Delta(t)}{r^{\frac{1}{\gamma}}(\delta(t))S_{n-1}(\delta(t))} \\
&\leqslant -\frac{z(t)\gamma\beta_{n-2}(t,T)\delta^\Delta(t)}{a_1(t)z^{\frac{\gamma+1}{\gamma}}(\sigma(t))}w^{\frac{\gamma+1}{\gamma}}(\sigma(t)),
\end{aligned}$$

从而

$$w^\Delta(t) \leqslant -z(t)Q(t) + \frac{z_+^\Delta(t)}{z^\sigma(t)}w^\sigma(t) - \frac{z(t)\gamma\beta_{n-2}(t,T)\delta^\Delta(t)}{a_1(t)z^{\frac{\gamma+1}{\gamma}}(\sigma(t))}w^{\frac{\gamma+1}{\gamma}}(\sigma(t)). \qquad (6.145)$$

令

$$B = \frac{z_+^\Delta(t)}{z^\sigma(t)}, \quad A = \frac{z(t)\gamma\beta_{n-2}(t,T)\delta^\Delta(t)}{a_1(t)z^{\frac{\gamma+1}{\gamma}}(\sigma(t))}, \quad y = w^\sigma(t).$$

则对任意的 $t \geqslant T$, 由 (6.145) 和引理 6.22 知

$$w^\Delta(t) \leqslant -z(t)Q(t) + \frac{1}{(\gamma+1)^{\gamma+1}} \frac{a_1^\gamma(t)(z_+^\Delta(t))^{\gamma+1}}{z^\gamma(t)\beta_{n-2}^\gamma(t,T)(\delta^\Delta(t))^\gamma}.$$

对上述不等式从 T 到 t $(t \geqslant T)$ 积分, 得到

$$\int_T^t \left[z(s)Q(s) - \frac{1}{(\gamma+1)^{\gamma+1}} \frac{a_1^\gamma(s)(z_+^\Delta(s))^{\gamma+1}}{z^\gamma(s)\beta_{n-2}^\gamma(s,T)(\delta^\Delta(s))^\gamma} \right] \Delta s \leqslant w(T) - w(t) < w(T).$$

对上式取上极限得到的结果与 (C$_3$) 矛盾. 因此, $x(t)$ 是振荡的或趋于零的.

若 (C$_4$) 成立. 由 (6.144) 和 (6.145) 可得, 当 $t \geqslant T$ 以及 $H \in \mathcal{H}$ 时,

$$\int_T^t H(t,s)z(s)Q(s)\Delta s \leqslant -\int_T^t H(t,s)w^\Delta(s)\Delta s + \int_T^t H(t,s)w^\sigma(s)\frac{z_+^\Delta(s)}{z^\sigma(s)}\Delta s$$

$$-\int_T^t H(t,s) \frac{z(s)\gamma\beta_{n-2}(\delta(s),T)\delta^\Delta(s)}{a_1(s)z^{\frac{\gamma+1}{\gamma}}(\sigma(s))} w^{\frac{\gamma+1}{\gamma}}(\sigma(s))\Delta s.$$

令

$$B = C_+(t,s), \quad A = H(t,s) \frac{z(s)\gamma\beta_{n-2}(\delta(s),T)\delta^\Delta(s)}{a_1(s)z^{\frac{\gamma+1}{\gamma}}(\sigma(s))}, \quad y = w^\sigma(s),$$

由引理 6.22 知, 对任意的 $t \geqslant T$,

$$\int_T^t H(t,s)z(s)Q(s)\Delta s \leqslant H(t,T)w(T)$$
$$+ \int_T^t \frac{[C_+(t,s)]^{\gamma+1}(z^\sigma(s))^{\gamma+1}a_1^\gamma(s)}{\beta_{n-2}^\gamma(\delta(s),T)(\delta^\Delta(s))^\gamma H^\gamma(t,s)(\gamma+1)^{\gamma+1}z^\gamma(s)}\Delta s,$$

即

$$w(T) \geqslant \frac{1}{H(t,T)} \int_T^t \left[H(t,s)z(s)Q(s) \right.$$
$$\left. - \frac{[C_+(t,s)]^{\gamma+1}a_1^\gamma(s)}{\beta_{n-2}^\gamma(\delta(s),T)(\delta^\Delta(s))^\gamma H^\gamma(t,s)(\gamma+1)^{\gamma+1}z^\gamma(s)} \right]\Delta s.$$

对上式取上极限得到的结果与 (C_4) 矛盾. 因此, $x(t)$ 是振荡的或趋于零的.

当 n 为偶数时, 由引理 6.20 知 (6.128) 成立. 类似上面的讨论同样可以证明 (6.124) 的每个解是振荡的. $\square$

定理 6.14 设 $\gamma \geqslant 1$ 且 (6.125) 和 (6.126) 成立, 或者 (6.125) 和 (6.127) 成立. 如果对足够大的 $T \in \mathbf{T}$ 及 $z \in C_{\mathrm{rd}}^1(\mathbf{T}, \mathbf{R}_+)$, 下面两个条件之一满足:

(I)

$$\limsup_{t\to\infty} \int_T^t \left[z(s)Q(s) - \frac{a_1(s)(z^\Delta(s))^2}{4\gamma\beta^*(\delta(s),T)z(s)\delta^\Delta(s)} \right]\Delta s = \infty.$$

(II) 存在 $H \in \mathcal{H}$, 使得

$$\limsup_{t\to\infty} \frac{1}{H(t,T)} \int_T^t \left[H(t,s)z(s)Q(s) - \frac{a_1(s)C^2(t,s)}{4\gamma z(s)\delta^\Delta(s)\beta^*(\delta(s),T)H(t,s)} \right]\Delta s = \infty,$$

其中 $\beta^*(t,T) = \beta_{n-1}^{\gamma-1}(t,T)\beta_{n-2}(t,T)$.

则

(i) 当 n 为奇数时, (6.124) 的每个解 $x(t)$ 是振荡的或趋于零的.

(ii) 当 n 为偶数时, (6.124) 的每个解 $x(t)$ 是振荡的.

证明　设 $x(t)$ 是 (6.124) 的非振荡解. 不失一般性, 假设 $x(t)$ 是终于正的. 则由引理 6.20, 引理 6.21 和 (H_3) 知, 存在足够大的 $T \in \mathbf{T}$, 使得当 $t \geqslant T$ 时, $x(t) > 0, x(\delta_i(t)) > 0$ $(i \in \mathbf{Z}_k)$.

当 n 为奇数时, 由引理 6.20 知有 (6.128) 成立或者 $\lim\limits_{t\to\infty} x(t) = 0$. 若 (6.128) 成立, 则分两种情形来讨论.

情形 1　假设 (I) 成立. 定义 $w(t)$ 如 (6.137) 式. 因为 $x(t) > 0, \sigma(t) \geqslant t$, 由 (6.135), (6.138) 以及 (6.139) 有

$$w^\Delta(t) \leqslant -z(t)Q(t) + \frac{z^\Delta(t)}{z^\sigma(t)}w^\sigma(t) - (r(t)S_{n-1}^\gamma(t))^\sigma \frac{z(t)\gamma x^{\gamma-1}(\delta(t))x^\Delta(\delta(t))\delta^\Delta(t)}{x^\gamma(\delta^\sigma(t))x^\gamma(\delta(t))}$$

$$\leqslant -z(t)Q(t) + \frac{z^\Delta(t)}{z^\sigma(t)}w^\sigma(t) - \frac{z(t)\gamma x^{\gamma-1}(\delta(t))x^\Delta(\delta(t))\delta^\Delta(t)}{(r(t)S_{n-1}^\gamma(t))^\sigma(z^\sigma(t))^2}(w^\sigma(t))^2.$$

由 (6.141) 和引理 6.20 得

$$w^\Delta(t) \leqslant -z(t)Q(t) + \frac{z^\Delta(t)}{z^\sigma(t)}w^\sigma(t) - \frac{z(t)\delta^\Delta(t)}{(z^\sigma(t))^2 r(\sigma(t))}\frac{x^{\gamma-1}(\delta(t))}{S_{n-1}^{\gamma-1}(\delta(t))}\frac{x^\Delta(\delta(t))}{S_{n-1}(\delta(t))}(w^\sigma(t))^2$$

$$\leqslant -z(t)Q(t) + \frac{z^\Delta(t)}{z^\sigma(t)}w^\sigma(t) - \frac{z(t)\delta^\Delta(t)}{a_1(t)(z^\sigma(t))^2}\beta^*(\delta(t),T)(w^\sigma(t))^2.$$

由不等式右侧 $w^\sigma(t)$ 的完全平方可得

$$w^\Delta(t) \leqslant -z(t)Q(t) + \frac{a_1(t)(z^\Delta(t))^2}{4\gamma\beta^*(\delta(t),T)z(t)\delta^\Delta(t)}.$$

对上述不等式从 T 到 t $(t \geqslant T)$ 积分, 可得

$$\int_T^t \left[z(s)Q(s) - \frac{a_1(s)(z^\Delta(s))^2}{4\gamma\beta^*(\delta(s),T)z(s)\delta^\Delta(s)} \right]\Delta s \leqslant w(T) - w(t) < w(T).$$

对上式取上极限, 得出的结果与 (I) 矛盾. 因此, 每个解 $x(t)$ 是振荡的或趋于零的.

情形 2　假设 (II) 成立. 该部分的证明和定理 6.13 中的条件 (C_4) 成立时的情形以及本定理的情形 (1) 的证明类似.

当 n 为偶数时, 由引理 6.20 知 (6.128) 成立. 同理可证明 (6.124) 的每个解是振荡的. □

例子 6.5　考虑方程

$$\left(\frac{1}{t}\Phi_{\frac{1}{2}}(S_n(t))\right)^\Delta + t^{-\frac{1}{2}}\Phi_{\frac{1}{2}}(x(t+1)) + t^{-2}\Phi_{\frac{19}{3}}(x(t-1)) + t^{-3}\Phi_{\frac{1}{3}}(x(t+2)) = 0 \ (t \in \mathbf{T}),$$

$$(6.146)$$

其中 $S_n(t)$ 满足 (6.124), $a_i(t) = t^{-1}(i \in \mathbf{N}_n), \mathbf{T} = [2,\infty)_\mathbf{R}$, 且有

(1) $n \geqslant 2, \gamma = \alpha_0 = \frac{1}{2}, \alpha_1 = \frac{19}{3}, \alpha_2 = \frac{1}{3}$;

(2) $r(t) = \frac{1}{t}, q_0(t) = t^{-\frac{1}{2}}, q_1(t) = t^{-2}, q_2(t) = t^{-3}$;

(3) $\delta_0(t) = t+1, \delta_1(t) = t-1, \delta_2(t) = t+2$ 及 $\delta(t) = t-1$.

容易看出

$$\int_{t_0}^\infty \frac{1}{r^{1/\gamma}(t)a_n(t)}\Delta t = \int_2^\infty t^3 \Delta t = \infty,$$

$$\int_{t_0}^\infty \frac{1}{a_i(t)}\Delta t = \int_2^\infty t\Delta t = \infty \quad (i \in \mathbf{N}_n).$$

因此条件 (H_1)—(H_3) 被满足. 注意到

$$\int_2^\infty \sum_{i=0}^2 q_0(s)\Delta s = \int_2^\infty (s^{-\frac{1}{2}} + s^{-2} + s^{-3})\Delta s \geqslant \int_2^\infty s^{-\frac{1}{2}}\Delta s = \infty,$$

即 (6.126) 成立. 设 $\eta_1 = \frac{1}{36}, \eta_2 = \frac{35}{36}$, 则 η_1, η_2 满足引理 6.17. 设 $z(t) = 1$, 则对足够大的 $T \in \mathbf{T}$, 有

$$\limsup_{t\to\infty} \int_T^t \left[Q(s)z(s) - \frac{1}{(\gamma+1)^{\gamma+1}} \frac{a_1^\gamma(s)(z_+^\Delta(s))^{\gamma+1}}{z^\gamma(s)\beta_{n-2}^\gamma(\delta(s),T)(\delta^\Delta(s))^\gamma} \right]\Delta s$$

$$= \limsup_{t\to\infty} \int_T^t \left[s^{-\frac{1}{2}} + (36s^{-2})^{\frac{1}{36}} \left(\frac{36}{35}s^{-3}\right)^{\frac{35}{36}} \right]\Delta s$$

$$\geqslant \limsup_{t\to\infty} \int_T^t s^{-\frac{1}{2}}\Delta s = \infty.$$

因此, 定理 6.13 中的条件 (C_3) 成立. 于是由定理 6.13 知, 当 n 为奇数时, (6.146) 的每个解 $x(t)$ 是振荡的或趋于零的; 当 n 为偶数时, (6.146) 的每个解是振荡的.

例子 6.5 考虑方程

$$(t\Phi_2(S_n(t)))^\Delta + \Phi_2(x(t)) + 2\Phi_3(x(t-1)) + 3t^{-3}\Phi_{\frac{3}{2}}(x(t+2)) = 0 \ (t \in \mathbf{T}), \quad (6.147)$$

其中 $S_n(t)$ 满足 (6.124), $\mathbf{T} = [1,\infty)_{\mathbf{R}}, a_i(t) = t^{-4}(i \in \mathbf{N}_n)$, 且有

(1) $n \geqslant 2, k = 2, \gamma = \alpha_0 = 2, \alpha_1 = 3, \alpha_2 = \frac{3}{2}$;

(2) $r(t) = t, q_0(t) = 1, q_1(t) = 2, q_2(t) = 3t^{-3}$;

(3) $\delta_0(t) = t, \delta_1(t) = t-1, \delta_2(t) = t+2$ 及 $\delta(t) = t-1$.

容易验证

$$\int_{t_0}^\infty \frac{1}{r^{1/\gamma}(t)a_n(t)}\Delta t = \int_1^\infty t^{\frac{7}{2}}\Delta t = \infty,$$

$$\int_{t_0}^{\infty} \frac{1}{a_i(t)} \Delta t = \int_1^{\infty} t^4 \Delta t = \infty \quad (i \in \mathbf{N}_n).$$

因此条件 (H_1)—(H_3) 被满足. 注意到

$$\int_1^{\infty} \left[\left(\int_v^{\infty} \frac{\left(\int_s^{\infty} \sum_{i=0}^k q_i(u) \Delta u \right)^{\frac{1}{\gamma}}}{r^{\frac{1}{\gamma}}(s) a_{n-1}(s)} \Delta s \right) \middle/ a_{n-2}(v) \right] \Delta v$$

$$= \int_1^{\infty} \left[\left(\int_v^{\infty} \frac{\left(\int_s^{\infty} (1 + 2 + 3u^{-3}) \Delta u \right)^{\frac{1}{2}}}{s^{\frac{1}{2}} s^{-4}} \Delta s \right) \middle/ v^{-4} \right] \Delta v$$

$$\geqslant \int_1^{\infty} \left[\left(\int_v^{\infty} \frac{\left(\int_s^{\infty} (3u^{-3}) \Delta u \right)^{\frac{1}{2}}}{s^{\frac{1}{2}} s^{-4}} \Delta s \right) \middle/ v^{-4} \right] \Delta v = \infty,$$

即 (6.127) 成立. 设 $\eta_1 = \frac{1}{3}, \eta_2 = \frac{2}{3}$, 则 η_1, η_2 满足引理 6.17. 令 $z(t) = 1$, 则对足够大的 $T \in \mathbf{T}$, 有

$$\limsup_{t \to \infty} \int_T^t Q(s) \Delta s = \limsup_{t \to \infty} \int_T^t \left[1 + (3 \times 2)^{\frac{1}{3}} \left(\frac{3}{2} \times 3s^{-3} \right)^{\frac{2}{3}} \right] \Delta s = \infty.$$

因此, 定理 6.14 中的条件 (I) 被满足. 于是由定理 6.14 知, 当 n 为奇数时, (6.147) 的每个解 $x(t)$ 是振荡的或趋于零的; 当 n 为偶数时, (6.147) 的每个解是振荡的.

6.6　高阶动力方程 $S_n^{\Delta}(t, x(t)) + f(t, x(\delta(t))) = 0$ 的振荡性

本节我们主要讨论时标 $\mathbf{T}$ 上的高阶动力方程

$$[a_n(t)((a_{n-1}(t)(\cdots(a_1(t)(x(t) - p(t)x(\tau(t)))^{\Delta})^{\alpha_1})^{\Delta}\cdots)^{\Delta})^{\alpha_n}]^{\Delta} + f(t, x(\delta(t))) = 0 \tag{6.148}$$

的振荡性. 其中 $n \geqslant 2$, $a_k \in C_{\mathrm{rd}}(\mathbf{T}, \mathbf{R}_+)$, $\alpha_k(k \in \mathbf{N}_n)$ 是两个正奇数的商, $p \in C_{\mathrm{rd}}(\mathbf{T}, \mathbf{R})$, $\tau, \delta \in C_{\mathrm{rd}}(\mathbf{T}, \mathbf{T})$, $\tau(t) \leqslant t$, 假设如下条件成立:

(H_1) $\lim_{t \to \infty} p(t) = p_0$, 且 $|p_0| < 1$.

$$\int_{t_0}^{\infty} \left(\frac{1}{a_k(t)} \right)^{\frac{1}{\alpha_k}} \Delta t = \infty \quad (k \in \mathbf{N}_n).$$

(H₂) $\lim\limits_{t\to\infty} \tau(t) = \lim\limits_{t\to\infty} \delta(t) = \infty$.

(H₃) $f \in C(\mathbf{T} \times \mathbf{R}, \mathbf{R}), uf(t,u) > 0$ 且存在 $q(t) \in C_{rd}(\mathbf{T}, \mathbf{R}_+)$, 使得对任意的 $u \neq 0$, $|f(t,u)| \geqslant q(t)|u|$.

记

$$S_k(t,x(t)) = \begin{cases} x(t) - p(t)x(\tau(t)), & k = 0, \\ a_k(t)\left(S_{k-1}^\Delta(t,x(t))\right)^{\alpha_k}, & k \in \mathbf{N}_n, \end{cases}$$

则 (6.148) 式简写为

$$S_n^\Delta(t,x(t)) + f(t,x(\delta(t))) = 0. \tag{6.149}$$

引理 6.23 设 $x(t)$ 为 (6.148) 的终于正解, 且存在常数 $l \geqslant 0$, 使得 $\lim\limits_{t\to\infty} S_0(t) = l$, 则有

$$\lim\limits_{t\to\infty} x(t) = \frac{l}{1 - p_0}.$$

证明 设 $x(t)$ 为 (6.148) 的终于正解. 根据 (H₁) 和 (H₂), 存在 $T_1 \in [t_0, \infty)_\mathbf{T}$ 及 $|p_0| < p_1 < 1$, 使得当 $t \in [T_1, \infty)_\mathbf{T}$ 时, $x(t) > 0$, $x(\tau(t)) > 0$ 且 $|p(t)| \leqslant p_1$. 我们断言 $x(t)$ 在 $[t_0, \infty)_\mathbf{T}$ 上是有界的. 否则, 存在 $\{t_n\} \in [T_1, \infty)_\mathbf{T}$, 使得当 $n \to \infty$ 时, $t_n \to \infty$ 且

$$x(t_n) = \max_{t_0 \leqslant t \leqslant t_n} x(t), \quad \lim\limits_{t\to\infty} x(t_n) = \infty.$$

注意到 $\tau(t) \leqslant t$, 从而当 $n \to \infty$ 时, 有

$$S_0(t_n) = x(t_n) - p(t_n)x(\tau(t_n)) \geqslant (1 - p_1)x(t_n) \to \infty,$$

与 $\lim\limits_{t\to\infty} S_0(t) = l$ 矛盾. 因此, $x(t)$ 是有界的. 设

$$\limsup_{t\to\infty} x(t) = x_1, \quad \liminf_{t\to\infty} x(t) = x_2.$$

(1) 若 $0 \leqslant p_0 < 1$, 则有

$$x_1 - p_0 x_1 \leqslant l \leqslant x_2 - p_0 x_2,$$

从而当 $0 \leqslant p_0 < 1$ 时, $x_1 \leqslant x_2$, 所以 $x_1 = x_2$.

(2) 若 $-1 \leqslant p_0 < 0$, 则有

$$x_1 - p_0 x_2 \leqslant l \leqslant x_2 - p_0 x_1,$$

从而当 $-1 \leqslant p_0 < 0$ 时, $x_1 \leqslant x_2$, 所以 $x_1 = x_2$.

综上所述, $\lim\limits_{t\to\infty} x(t)$ 存在, 且 $\lim\limits_{t\to\infty} x(t) = \dfrac{l}{1 - p_0}$. □

引理 6.24 若 $S_n^\Delta(t, x(t)) < 0$, 且当 $t \geqslant t_0$ 时, $x(t) > 0$, 则存在整数 $m \in \mathbf{Z}_n$, 使得 $m + n$ 为偶数, 且

(1) 当 $t \geqslant t_0$ 时,

$$(-1)^{m+i} S_i(t, x(t)) > 0 \quad (m \leqslant i \leqslant n). \tag{6.150}$$

(2) 当 $m > 1$ 时, 存在 $T \geqslant t_0$, 使得 $t \geqslant T$ 时,

$$S_i(t, x(t)) > 0 \ (i \in \mathbf{N}_{m-1}). \tag{6.151}$$

证明 首先证明对任意的 $t \geqslant t_0$, $S_n(t, x(t)) > 0$. 否则, 存在某个 $T_1 \geqslant t_0$, 使得 $S_n(T_1, x(T_1)) < 0$. 注意到 $S_n^\Delta(t, x(t)) < 0$, 因此 $S_n(t, x(t))$ 在 $[t_0, \infty)_\mathbf{T}$ 上为严格单调递增的. 故当 $t \geqslant T_1$ 时,

$$S_n(t, x(t)) < S_n(T_1, x(T_1)) < 0.$$

因而存在常数 $a < 0$, 使当 $t \geqslant T_1$ 时,

$$S_n(t, x(t)) < S_n(T_1, x(T_1)) \leqslant a < 0,$$

由 (H_1) 知

$$S_{n-1}(t, x(t)) = S_{n-1}(T_1, x(T_1)) + \int_{T_1}^t \left(\frac{S_n(s, x(s))}{a_n(s)} \right)^{\frac{1}{\alpha_n}} \Delta s$$

$$\leqslant S_{n-1}(T_1, x(T_1)) + \int_{T_1}^t \left(\frac{a}{a_n(s)} \right)^{\frac{1}{\alpha_n}} \Delta s.$$

故 $\lim\limits_{t \to \infty} S_{n-1}(t, x(t)) = -\infty$, 归纳可得 $\lim\limits_{t \to \infty} S_0(t) = -\infty$, 与 $S_0(t) > 0$ 矛盾. 因此 $S_n(t, x(t)) > 0$. 我们得到如下两种情形:

(i) $S_i(t) > 0 \ (i \in \mathbf{Z}_{n-1})$.

(ii) 存在整数 $j \in \mathbf{N}_{n-2}$, 使得 $S_j(t) < 0$.

由情形 (ii) 可得, 存在一个最小的整数 $m \in \mathbf{Z}_n$, 使得 $m + n$ 为偶数, 且当 $t \geqslant t_0$ 时,

$$(-1)^{m+i} S_i(t, x(t)) > 0 \quad (m \leqslant i \leqslant n).$$

若 $m > 1$, 则当 $t \geqslant t_0$ 时,

$$S_{m-1}^\Delta(t, x(t)) = \left(\frac{S_m(t, x(t))}{a_m(t)} \right)^{\frac{1}{\alpha_m}} > 0.$$

这时存在 $t_1 \geqslant t_0$, 使得当 $t \geqslant t_1$ 时,

$$S_{m-1}(t, x(t)) \geqslant S_{m-1}(t_1, x(t_1)) > 0,$$

或当 $t \geqslant t_0$ 时, $S_{m-1}(t, x(t)) < 0$.

如果存在 $t_1 \geqslant t_0$, 使得当 $t \geqslant t_1$ 时,

$$S_{m-1}(t, x(t)) \geqslant S_{m-1}(t_1, x(t_1)) > 0,$$

那么同理可以得到当 $i \in \mathbf{Z}_{m-1}$ 时, $\lim\limits_{t \to \infty} S_i(t, x(t)) = \infty$.

如果当 $t \geqslant t_0$ 时, $S_{m-1}(t, x(t)) < 0$, 那么同理可得当 $t \geqslant t_0$ 时, $S_{m-2}(t, x(t)) > 0$, 与 m 的定义矛盾. $\square$

引理 6.25 设 $x(t)$ 为 (6.148) 的终于正解. 若

$$\int_{t_0}^{\infty} A_{n-1}(s)\Delta s = \infty, \tag{6.152}$$

其中

$$A_i(t) = \begin{cases} \left[\dfrac{1}{a_n(t)} \displaystyle\int_t^{\infty} q(s)\Delta s \right]^{\frac{1}{\alpha_n}}, & i = n, \\[4mm] \left[\dfrac{1}{a_i(t)} \displaystyle\int_t^{\infty} A_{i+1}(t)\Delta s \right]^{\frac{1}{\alpha_i}}, & i \in \mathbf{N}_{n-1}, \end{cases}$$

则存在足够大的 $T \in [t_0, \infty)_{\mathbf{T}}$, 使得当 $t \geqslant T$ 时, $S_n^\Delta(t, x(t)) < 0$, 且

(1) 当 n 为奇数时,

$$S_j(t, x(t)) > 0 \quad (j \in \mathbf{N}_n). \tag{6.153}$$

成立.

(2) 当 n 为偶数时, (6.153) 成立或者

$$(-1)^j S_j(t, x(t)) > 0 \quad (j \in \mathbf{N}_n), \tag{6.154}$$

且 $\lim\limits_{t \to \infty} x(t) = 0$.

证明 设 $x(t)$ 为 (6.148) 的终于正解. 由 (H_1) 和 (H_2) 可知, 存在 $T \in [t_0, \infty)_{\mathbf{T}}$ 及 $|p_0| < p_1 < 1$, 使得当 $t \in [T_1, \infty)_{\mathbf{T}}$ 时, $x(t) > 0$, $x(\tau(t)) > 0$, $x(\delta(t)) > 0$ 且 $|p(t)| \leqslant p_1$. 由 (H_3) 和 (6.152) 可得

$$S_n^\Delta(t, x(t)) + q(t)x(\delta(t)) \leqslant 0,$$

即

$$S_n^\Delta(t, x(t)) \leqslant -q(t)x(\delta(t)) < 0. \tag{6.155}$$

当 n 为奇数时, 由引理 6.24 知, m 必为奇数. 由 (6.150) 可得

$$S_0^\Delta(t) = \left(\frac{S_1(t, (x(t)))}{a_1(t)} \right)^{\frac{1}{\alpha_1}} > 0.$$

因此, $\lim\limits_{t\to\infty} S_0(t)$ 存在且为正或者 $\lim\limits_{t\to\infty} S_0(t) = \infty$. 我们断言 $m = n$. 否则, 若 $m \neq n$, 则当 $t \geqslant T$ 时,

$$S_{n-1}(t, x(t)) < 0, \quad S_{n-2}(t, x(t)) > 0. \tag{6.156}$$

因为 $\lim\limits_{t\to\infty} S_0(t)$ 存在且为正或者 $\lim\limits_{t\to\infty} S_0(t) = \infty$, 所以存在 $T_1 \geqslant T$ 及 $b > 0$, 使得当 $t \geqslant T_1$ 时, $S_0(t) \geqslant b$. 对 (6.155) 两边从 t 到 ∞ 积分得

$$S_n(t, x(t)) \geqslant \int_t^\infty q(s)x(\delta(s))\Delta s,$$

从而

$$S_{n-1}^\Delta(t, x(t)) \geqslant \left[\frac{1}{a_n(t)} \int_t^\infty q(s)x(\delta(s))\Delta s\right]^{\frac{1}{\alpha_n}} =: \beta_n(t).$$

对上式从 t 到 ∞ 积分可得

$$-S_{n-1}(t, x(t)) \geqslant \int_t^\infty \beta_n(s)\Delta s,$$

从而

$$-S_{n-2}^\Delta(t, x(t)) \geqslant \left[\frac{1}{a_{n-1}(t)} \int_t^\infty \beta_n(s)\Delta s\right]^{\frac{1}{\alpha_{n-1}}} =: \beta_{n-1}(t).$$

再次对上式从 t_0 到 ∞ 积分, 由引理 6.23 可得

$$\infty > S_{n-2}(t_0, x(t_0)) \geqslant \int_{t_0}^\infty \beta_{n-1}(s)\Delta s \geqslant \frac{b}{1-p_0} \int_{t_0}^\infty A_{n-1}(s)\Delta s,$$

与 (6.150) 矛盾. 因此, $m = n$ 且 (6.153) 成立.

当 n 为偶数时, 由引理 6.24 知, m 必为偶数. 由 (6.150) 和 (6.151) 知, $S_0^\Delta(t) > 0$ 或者 $S_0^\Delta(t) < 0$, 即 $\lim\limits_{t\to\infty} S_0(t) = l \geqslant 0$. 我们断言 $l \neq 0$, 从而 $m = n$. 否则, 若 $l = 0$, 则 (6.156) 成立, 可推出与 (6.152) 矛盾的结果. 因此 $m = n$ 且 (6.153) 成立. □

引理 6.26　设 $x(t)$ 为 (6.148) 的终于正解且满足 (6.153), 则存在 $T \in [t_0, \infty)_{\mathbf{T}}$, 使得当 $t \geqslant T$ 时, 对 $j \in \mathbf{Z}_n$,

$$S_j(t, x(t)) \geqslant S_n^{\prod_{k=j+1}^n \frac{1}{\alpha_k}}(t, x(t))B_{j+1}(t, T), \tag{6.157}$$

$$S_0^\Delta(t) \geqslant S_n^{\prod_{k=1}^n \frac{1}{\alpha_k}}(\sigma(t), x(\sigma(t)))\left(\frac{B_2(t, T)}{a_1(t)}\right)^{\frac{1}{\alpha_1}}, \tag{6.158}$$

且存在 $T_1 > T$ 及常数 $c > 0$, 使得当 $t \geqslant T_1$ 时,

$$S_0(t) \leqslant cB_1(t, T), \tag{6.159}$$

其中

$$
B_j(t,T) = \begin{cases}
\int_T^t \left(\dfrac{1}{a_n(s)}\right)^{\frac{1}{\alpha_n}} \Delta s, & j = n, \\[3mm]
\int_T^t \left(\dfrac{B_{j+1}(s,T)}{a_j(s)}\right)^{\frac{1}{\alpha_j}} \Delta s, & j \in \mathbf{N}_{n-1}.
\end{cases}
$$

证明 设 $x(t)$ 为 (6.148) 的终于正解且满足 (6.153), 则存在 $T \in [t_0, \infty)_{\mathbf{T}}$, 使得当 $t \geqslant T$ 时, 对任意的 $j \in \mathbf{Z}_n$, $S_j(t, x(t)) > 0$, 从而 $S_n(t, x(t))$ 在 $[T, \infty)_{\mathbf{T}}$ 上单调递减. 当 $t \geqslant T$ 时, 有

$$
\begin{aligned}
S_{n-1}(t, x(t)) &= S_{n-1}(T, x(T)) + \int_T^t \left(\frac{S_n(s, x(s))}{a_n(s)}\right)^{\frac{1}{\alpha_n}} \Delta s \\
&\geqslant S_n^{\frac{1}{\alpha_n}}(t, x(t)) \int_T^t \left(\frac{1}{a_n(s)}\right)^{\frac{1}{\alpha_n}} \Delta s \\
&= S_n^{\frac{1}{\alpha_n}}(t, x(t)) B_n(t, T), \\
S_{n-2}(t, x(t)) &= S_{n-2}(T, x(T)) + \int_T^t \left(\frac{S_{n-1}(s, x(s))}{a_{n-1}(s)}\right)^{\frac{1}{\alpha_{n-1}}} \Delta s \\
&\geqslant \int_T^t \left(\frac{S_{n-1}(s, x(s))}{a_{n-1}(s)}\right)^{\frac{1}{\alpha_{n-1}}} \Delta s \\
&\geqslant \int_T^t \left(\frac{S_n^{\frac{1}{\alpha_n}}(s, x(s)) B_n(s, T)}{a_{n-1}(s)}\right)^{\frac{1}{\alpha_{n-1}}} \Delta s \\
&\geqslant S_n^{\frac{1}{\alpha_n \alpha_{n-1}}}(t, x(t)) \int_T^t \left(\frac{B_n(s, T)}{a_{n-1}(s)}\right)^{\frac{1}{\alpha_{n-1}}} \Delta s \\
&= S_n^{\frac{1}{\alpha_n \alpha_{n-1}}}(t, x(t)) B_{n-1}(t, T),
\end{aligned}
$$

由归纳法易得

$$
\begin{aligned}
S_1(t, x(t)) &\geqslant S_n^{\prod_{k=2}^n \frac{1}{\alpha_k}}(t, x(t)) B_2(t, T), \\
S_0(t, x(t)) &\geqslant S_n^{\prod_{k=1}^n \frac{1}{\alpha_k}}(t, x(t)) B_1(t, T).
\end{aligned}
$$

从而

$$
S_0^\Delta(t) = \left(\frac{S_1(t, x(t)}{a_1(t)}\right)^{\frac{1}{\alpha_1}} \geqslant S_n^{\prod_{k=1}^n \frac{1}{\alpha_k}}(t, x(t)) \left(\frac{B_2(t, T)}{a_1(t)}\right)^{\frac{1}{\alpha_1}}.
$$

因为 $S_n(t, x(t))$ 在 $[T, \infty)_{\mathbf{T}}$ 上单调递减, 所以有

$$
S_0^\Delta(t) \geqslant S_n^{\prod_{k=1}^n \frac{1}{\alpha_k}}(\sigma(t), x(\sigma(t))) \left(\frac{B_2(t, T)}{a_1(t)}\right)^{\frac{1}{\alpha_1}}.
$$

另一方面, 当 $t > T$ 时, 有

$$S_{n-1}(t, x(t)) = S_{n-1}(T, x(T)) + \int_T^t \left(\frac{S_n(s, x(s))}{a_n(s)} \right)^{\frac{1}{\alpha_n}} \Delta s$$

$$\leqslant S_{n-1}(T, x(T)) + S_n^{\frac{1}{\alpha_n}}(T, x(T)) B_n(t, T).$$

从而存在 $T_1 > T$ 及 $b_1 > 0$, 使得当 $t \geqslant T_1$ 时,

$$S_{n-1}(t, x(t)) \leqslant b_1 B_n(t, T).$$

重复上述步骤可得

$$S_{n-2}(t, x(t)) = S_{n-2}(T_1, x(T_1)) + \int_{T_1}^t \left(\frac{S_{n-1}(s, x(s))}{a_{n-1}(s)} \right)^{\frac{1}{\alpha_{n-1}}} \Delta s$$

$$\leqslant S_{n-1}(T_1, x(T_1)) + b_1 \int_T^t \left(\frac{B_n(s, T)}{a_{n-1}(s)} \right)^{\frac{1}{\alpha_{n-1}}} \Delta s.$$

故存在常数 $b_2 > 0$, 使得当 $t \geqslant T_1$ 时,

$$S_{n-2}(t, x(t)) \leqslant b_2 B_{n-1}(t, T).$$

由归纳法易得, 存在 $T_1 > T$ 及 $b_n > 0$, 使得当 $t \geqslant T_1$ 时,

$$S_0(t) \leqslant b_n B_1(t, T). \qquad \square$$

定理 6.15　设 (6.152) 成立, $\delta(t) > t$ 且 $\prod_{k=1}^n \alpha_k \geqslant 1$. 如果存在 $z \in C_{\mathrm{rd}}(\mathbf{T}, \mathbf{R}_+)$, 使得对任意足够大的 $T \in [t_0, \infty)_{\mathbf{T}}$,

$$\limsup_{t \to \infty} \int_T^t \left[z(s)q(s) - \frac{(z^\Delta(s))^2}{4Mz(s)\delta^\Delta(s)} \left(\frac{a_1(\delta(s))}{B_2(\delta(s), T)} \right)^{\frac{1}{\alpha_1}} \right] \Delta s = \infty, \qquad (6.160)$$

其中 M 为正的常数, 则当 $p_0 \in [0, 1)$ 时, 且

(1) 当 n 为偶数时, (6.148) 的任一解 $x(t)$ 是振荡的或趋于零.

(2) 当 n 为奇数时, (6.148) 的任一解 $x(t)$ 是振荡的.

证明　设 $x(t)$ 为 (6.148) 的非振荡解. 不失一般性, 设存在足够大的 $T \geqslant t_0$, 使得当 $t \geqslant T$ 时, $x(t) > 0$, $x(\tau(t)) > 0$, $x(\delta(t)) > 0$. 由引理 6.25 知, 当 n 为奇数时, (6.153) 成立; 当 n 为偶数时, (6.153) 成立或者 $\lim_{t \to \infty} x(t) = 0$.

若 n 为奇数, 定义函数 w

$$w(t) := \frac{z(t)S_n(t, x(t))}{S_0(\delta(t))} \quad (t \geqslant T), \qquad (6.161)$$

则 $w(t) > 0$. 利用乘积求导公式可推出

$$w^\Delta(t) = (S_n(t, x(t)))^\sigma \left(\frac{z(t)}{S_0(\delta(t))} \right)^\Delta + (S_n(t, x(t)))^\Delta \frac{z(t)}{S_0(\delta(t))}.$$

当 $p_0 \in [0, 1)$ 时，由 $S_0(t)$ 的定义可得 $x(t) \geqslant S_0(t)$. 利用商的求导公式及 (6.155) 知

$$w^\Delta(t) \leqslant (S_n(t, x(t)))^\sigma \frac{z^\Delta(t)S_0(\delta(t)) - z(t)(S_0(\delta(t)))^\Delta}{S_0(\delta(t))S_0(\delta^\sigma(t))} - z(t)q(t)\frac{S_0(\delta(t))}{S_0(\delta(t))}.$$

根据 (6.161)，有

$$w^\Delta(t) \leqslant -z(t)q(t) + \frac{z^\Delta(t)}{z(\sigma(t))}w(\sigma(t)) - (S_n(t, x(t)))^\sigma \frac{z(t)S_0^\Delta(\delta(t))\delta^\Delta(t)}{S_0(\delta(t))S_0(\delta^\sigma(t))}. \quad (6.162)$$

因为 $S_n(t, x(t))$ 在 $[t_1, \infty)_{\mathbf{T}}$ 上单调递减，所以存在常数 $d > 0$，使得当 $t \geqslant T$ 时，

$$(S_n(t, x(t)))^\sigma \leqslant S_n(t, x(t)) \leqslant d. \quad (6.163)$$

将 (6.162) 代入 (6.158)，结合 $\prod_{k=1}^n \alpha_k \geqslant 1$，有

$$S_0^\Delta(t) \geqslant d^{\left(\prod_{k=1}^n \frac{1}{\alpha_k}\right)-1} S_n(\sigma(t), x(\sigma(t))) \left(\frac{B_2(t, T)}{a_1(t)} \right)^{\frac{1}{\alpha_1}}. \quad (6.164)$$

令 $M = d^{\left(\prod_{k=1}^n \frac{1}{\alpha_k}\right)-1}$. 由 (6.161), (6.162), (6.164) 以及 $S_0^\Delta(t) > 0$, 得到

$$w^\Delta(t)$$
$$\leqslant -z(t)q(t) + \frac{z^\Delta(t)}{z(\sigma(t))}w(\sigma(t)) - \frac{Mz(t)B_2^{\frac{1}{\alpha_1}}(\delta(t), T)\delta^\Delta(t)}{S_0(\delta(t))S_0(\delta^\sigma(t))a_1^{\frac{1}{\alpha_1}}(\delta(t))}(S_n(\sigma(t), x(\sigma(t))))^2$$
$$\leqslant -z(t)q(t) + \frac{z^\Delta(t)}{z(\sigma(t))}w(\sigma(t)) - \frac{Mz(t)B_2^{\frac{1}{\alpha_1}}(\delta(t), T)\delta^\Delta(t)}{z^2(\sigma(t))a_1^{\frac{1}{\alpha_1}}(\delta(t))}w^2(\sigma(t)). \quad (6.165)$$

在 (6.165) 式的右侧利用完全平方公式对 $w(\sigma(t))$ 配方，有

$$w^\Delta(t) \leqslant -z(t)q(t) + \frac{(z^\Delta(t))^2}{4Mz(t)\delta^\Delta(t)} \left(\frac{a_1(\delta(t))}{B_2(\delta(t), T)} \right)^{\frac{1}{\alpha_1}}.$$

对上式从 T 到 t $(t \geqslant T)$ 积分，得

$$\int_T^t \left[z(s)q(s) - \frac{(z^\Delta(s))^2}{4Mz(s)\delta^\Delta(s)} \left(\frac{a_1(\delta(s))}{B_2(\delta(s), T)} \right)^{\frac{1}{\alpha_1}} \right] \Delta s \leqslant w(T) - w(t) < w(T).$$

对上式两边取上极限, 得到的结果与 (6.160) 矛盾.

另一方面, 若 n 为偶数, 则同理可证 $x(t)$ 为振荡的或 $\lim_{t\to\infty} x(t) = 0$. □

定理 6.16　设 (6.152) 成立, $\delta(t) > t$ 且 $\prod_{k=1}^{n} \alpha_k \geqslant 1$. 若存在 $H, C \in C_{\mathrm{rd}}(\mathbb{D}, \mathbf{R}_+)$, 使得

$$H(t,t) = 0, \quad H(t,s) > 0,$$

且

$$H_s^\Delta(t,s) \leqslant 0 \quad (t > s \geqslant t_0)$$

和

$$C(t,s) = H_s^\Delta(t,s) + H(t,s)\frac{z^\Delta(s)}{z^\sigma(s)},$$

以及足够大的 T, 使得

$$\limsup_{t\to\infty} \frac{1}{H(t,T)} \int_T^t \left[H(t,s)z(s)q(s) - \frac{C^2(t,s)z^2(\sigma(s))a_1^{\frac{1}{\alpha_1}}(\delta(s))}{4Mz(s)\delta^\Delta(s)B_2^{\frac{1}{\alpha_1}}(\delta(s),T)H(t,s)} \right] \Delta s = \infty,$$

$$(6.166)$$

其中 $\mathbb{D} = \{(t,s) \in \mathbf{T}^2 : t \geqslant s \geqslant t_0\}$, z, M 和定理 6.15 中相同, 且 $p_0 \in [0,1)$, 则

(1) 当 n 为偶数时, (6.148) 的任一解 $x(t)$ 是振荡的或趋于零.

(2) 当 n 为奇数时, (6.148) 的任一解 $x(t)$ 是振荡的.

证明　设 $x(t)$ 为 (6.148) 的非振荡解. 不失一般性, 设存在足够大的 $T \geqslant t_0$, 使得当 $t \geqslant T$ 时, $x(t) > 0$, $x(\tau(t)) > 0$, $x(\delta(t)) > 0$. 由引理 6.25 得, 当 n 为奇数时, (6.153) 成立; 当 n 为偶数时, (6.153) 成立或 $\lim_{t\to\infty} x(t) = 0$.

设 n 为奇数. 定义函数 w 与 (6.161) 相同, 则同样得到 (6.165). 在 (6.165) 式两边同乘以 $H(t,s)$, 然后从 T 到 t 积分, 得到

$$\int_T^t H(t,s)z(s)q(s)\Delta s \leqslant -\int_T^t H(t,s)w^\Delta(s)\Delta s + \int_T^t H(t,s)\frac{z^\Delta(s)}{z(\sigma(s))}w(\sigma(s))\Delta s$$
$$-\int_T^t H(t,s)\frac{Mz(s)B_2^{\frac{1}{\alpha_1}}(\delta(s),T)\delta^\Delta(s)}{z^2(\sigma(s))a_1^{\frac{1}{\alpha_1}}(\delta(s))}w^2(\sigma(s))\Delta s.$$

利用分部积分法得

$$-\int_T^t H(t,s)w^\Delta(s)\Delta s = H(t,T)w(T) + \int_T^t H_s^\Delta(t,s)w(\sigma(s))\Delta s.$$

从而

$$\int_T^t H(t,s)z(s)q(s)\Delta s \leqslant H(t,T)w(T) + \int_T^t \left[H_s^\Delta(t,s) + H(t,s)\frac{z^\Delta(s)}{z(\sigma(s))} \right] w(\sigma(s))\Delta s$$

$$-\int_T^t H(t,s)\frac{Mz(s)B_2^{\frac{1}{\alpha_1}}(\delta(s),T)\delta^\Delta(s)}{z^2(\sigma(s))a_1^{\frac{1}{\alpha_1}}(\delta(s))}w^2(\sigma(s))\Delta s$$

$$= H(t,T)w(T) + \int_T^t C(t,s)w(\sigma(s))\Delta s$$

$$-\int_T^t H(t,s)\frac{Mz(s)B_2^{\frac{1}{\alpha_1}}(\delta(s),T)\delta^\Delta(s)}{z^2(\sigma(s))a_1^{\frac{1}{\alpha_1}}(\delta(s))}w^2(\sigma(s))\Delta s.$$

在上式的右侧对 $w(\sigma(t))$ 利用完全平方公式配方, 得到

$$\int_T^t H(t,s)z(s)q(s)\Delta s$$

$$\leqslant H(t,T)w(T) + \int_T^t \left[\frac{C^2(t,s)z^2(\sigma(s))}{4Mz(s)\delta^\Delta(s)H(t,s)}\left(\frac{a_1(\delta(s))}{B_2(\delta(s),T)}\right)^{\frac{1}{\alpha_1}}\right]\Delta s,$$

这表明

$$\frac{1}{H(t,T)}\int_T^t\left[H(t,s)z(s)q(s) - \frac{C^2(t,s)z^2(\sigma(s))}{4Mz(s)\delta^\Delta(s)H(t,s)}\left(\frac{a_1(\delta(s))}{B_2(\delta(s),T)}\right)^{\frac{1}{\alpha_1}}\right]\Delta s \leqslant w(T),$$

与 (6.166) 式矛盾.

若 n 为偶数, 则同理可证 $x(t)$ 为振荡的或 $\lim\limits_{t\to\infty} x(t) = 0$. $\square$

定理 6.17 设 (6.162) 成立且 $\delta(t) > t$. 如果对任意足够大的 $T \in [t_0, \infty)_{\mathbf{T}}$, 存在正的常数 d_1, d_2, 使得

$$\limsup_{t\to\infty} B_1^{\prod_{k=1}^n \alpha_k}(\delta(t),T)\gamma(\delta(t),T,d_1,d_2)\int_t^\infty q(s)\Delta s > 1, \tag{6.167}$$

其中

$$\gamma(\delta(t),T,d_1,d_2) = \begin{cases} 1, & \prod_{k=1}^n \alpha_k = 1, \\ d_1, & \prod_{k=1}^n \alpha_k < 1, \\ d_2 B_1^{1-\prod_{k=1}^n \alpha_k}(\delta(t),T), & \prod_{k=1}^n \alpha_k > 1, \end{cases}$$

且 $p_0 \in [0,1)$, 则

(1) 当 n 为偶数时, (6.148) 的任一解 $x(t)$ 是振荡的或趋于零.

(2) 当 n 为奇数时, (6.148) 的任一解 $x(t)$ 是振荡的.

证明　设 $x(t)$ 为 (6.148) 的非振荡解. 则不失一般性, 存在足够大的 $T \geqslant t_0$, 使得当 $t \geqslant T$ 时, $x(t) > 0$, $x(\tau(t)) > 0$, $x(\delta(t)) > 0$. 由引理 6.25 得, 当 n 为奇数时, (6.153) 成立; 当 n 为偶数时, (6.153) 成立或者 $\lim\limits_{t \to \infty} x(t) = 0$.

若 n 为奇数, 则由 (6.155) 及 (6.157) 知, 当 $t > T$ 时,

$$\int_t^\infty q(s) S_0(\delta(s)) \Delta s \leqslant S_n(t, x(t)) \leqslant \left[\frac{S_0(t)}{B_1(t, T)} \right]^{\prod_{k=1}^n \alpha_k}.$$

注意到 $S_0^\Delta(t) > 0, \delta(t) > t$, 得到

$$S_0(\delta(t)) \int_t^\infty q(s) \Delta s \leqslant S_n(t, x(t)) \leqslant \left[\frac{S_0(\delta(t))}{B_1(t, T)} \right]^{\prod_{k=1}^n \alpha_k}.$$

所以

$$B_1^{\prod_{k=1}^n \alpha_k}(t, T) S_0^{1 - \prod_{k=1}^n \alpha_k}(\delta(t)) \int_t^\infty q(s) \Delta s \leqslant 1.$$

接下来分三种情形来证明.

如果 $\prod_{k=1}^n \alpha_k = 1$, 那么当 $t \geqslant T$ 时,

$$S_0^{1 - \prod_{k=1}^n \alpha_k}(\delta(t)) = 1. \tag{6.168}$$

如果 $\prod_{k=1}^n \alpha_k < 1$, 那么当 $t \geqslant T$ 时,

$$S_0(\delta(t)) \geqslant S_0(\delta(T)), \tag{6.169}$$

从而

$$S_0^{1 - \prod_{k=1}^n \alpha_k}(\delta(t)) \geqslant d_1 S_0^{1 - \prod_{k=1}^n \alpha_k}(\delta(T)). \tag{6.170}$$

如果 $\prod_{k=1}^n \alpha_k > 1$, 那么由 (6.159) 可知, 存在 $T_1 > T$ 及常数 c, 使得当 $t \geqslant T_1$ 时,

$$S_0(\delta(t)) \leqslant c B_1(\delta(t), T),$$

从而

$$S_0^{1 - \prod_{k=1}^n \alpha_k}(\delta(t)) \geqslant c^{1 - \prod_{k=1}^n \alpha_k} B_1^{1 - \prod_{k=1}^n \alpha_k}(\delta(t), T). \tag{6.171}$$

设 $d_2 = c^{1 - \prod_{k=1}^n \alpha_k}$, 则有

$$S_0^{1 - \prod_{k=1}^n \alpha_k}(\delta(t)) \geqslant d_2 B_1^{1 - \prod_{k=1}^n \alpha_k}(\delta(t), T). \tag{6.172}$$

根据 (6.168)—(6.172) 知, 当 $t \geqslant T_1$ 时,

$$B_1^{\prod_{k=1}^n \alpha_k}(\delta(t), T) \gamma(\delta(t), T, d_1, d_2) \int_t^\infty q(s) \Delta s \leqslant 1,$$

与 (6.167) 矛盾.

另一方面, 若 n 为偶数, 则同理可证 $x(t)$ 为振荡的或者 $\lim\limits_{t\to\infty} x(t) = 0$. □

例子 6.6 考虑方程

$$\left[\frac{1}{t} \left(\left(\frac{1}{t} \left(\cdots \left(\frac{1}{t} (x(t) - \frac{1}{2} x(\tau(t)))^\Delta \right)^n \right)^\Delta \cdots \right) \right)^{\frac{1}{n}} \right]^\Delta + t^n x(t^n) = 0, \quad (6.173)$$

其中 n 为奇数且 $n \geqslant 2, \mathbf{T} = [1, \infty)$, 且有 $a_k(t) = \dfrac{1}{t}$ $(k \in \mathbf{N}_n)$, $\alpha_1 = n$, $\alpha_k = 1$ $(2 \leqslant k \leqslant n-1)$, $\alpha_n = \dfrac{1}{n}$, $p(t) = \dfrac{1}{2}$ 及 $q(t) = \delta(t) = t^n$. 容易验证

$$\int_{t_0}^\infty \left(\frac{1}{a_1(t)} \right)^{\frac{1}{\alpha_1}} \Delta t = \int_1^\infty t^{\frac{1}{n}} \Delta t = \infty,$$

$$\int_{t_0}^\infty \left(\frac{1}{a_n(t)} \right)^{\frac{1}{\alpha_n}} \Delta t = \int_1^\infty t^n \Delta t = \infty,$$

$$\int_{t_0}^\infty \left(\frac{1}{a_k(t)} \right)^{\frac{1}{\alpha_k}} \Delta t = \int_1^\infty t \Delta t = \infty \quad (2 \leqslant k \leqslant n-1),$$

$$A_n(t) = \left[\frac{1}{a_n(t)} \int_t^\infty q(s) \Delta s \right]^{\frac{1}{\alpha_n}} = \left[t \int_t^\infty s^n \Delta s \right]^n = t^n \left[\int_t^\infty s^n \Delta s \right]^n = \infty,$$

$$A_{n-1}(t) = \left[\frac{1}{a_{n-1}(t)} \int_t^\infty A_n(s) \Delta s \right]^{\frac{1}{\alpha_{n-1}}} = t \int_t^\infty A_n(s) \Delta s = \infty,$$

$$\int_{t_0}^\infty A_{n-1}(s) \Delta s = \int_1^\infty A_{n-1}(s) \Delta s = \infty.$$

取 $z(t) = 1$, 则对足够大的 $T \in [t_0, \infty)_\mathbf{T}$, 有

$$\limsup_{t\to\infty} \int_T^t \left[z(s)q(s) - \frac{(z^\Delta(s))^2}{4Mz(s)\delta^\Delta(s)} \left(\frac{a_1(\delta(s))}{B_2(\delta(s), T)} \right)^{\frac{1}{\alpha_1}} \right] \Delta s$$

$$= \limsup_{t\to\infty} \int_T^t s^n \Delta s = \infty.$$

因此, 由定理 6.15 可知, 当 n 为奇数时, (6.173) 的每个解 $x(t)$ 是振荡的.

例子 6.7 考虑方程

$$\left[\frac{1}{t} \left(\left(\frac{1}{t} \left(\cdots \left(\frac{1}{t} \left(x(t) - \frac{1}{3} x(\tau(t)) \right)^\Delta \right)^{n+1} \right)^\Delta \cdots \right) \right)^{\frac{1}{n-1}} \right]^\Delta + t^n x(t^n) = 0,$$

$$(6.174)$$

其中 n 为偶数且 $n \geqslant 2$, $\mathbf{T} = [1, \infty)$, 且有 $a_k(t) = \dfrac{1}{t}$ $(k \in \mathbf{N}_n)$, $\alpha_1 = n+1$, $\alpha_k = 1$ $(2 \leqslant k \leqslant n-1)$, $\alpha_n = \dfrac{1}{n-1}$, $p(t) = \dfrac{1}{3}$ 以及 $q(t) = \delta(t) = t^n$. 容易验证

$$\int_{t_0}^{\infty} \left(\frac{1}{a_1(t)} \right)^{\frac{1}{\alpha_1}} \Delta t = \int_1^{\infty} t^{\frac{1}{n+1}} \Delta t = \infty,$$

$$\int_{t_0}^{\infty} \left(\frac{1}{a_n(t)} \right)^{\frac{1}{\alpha_n}} \Delta t = \int_1^{\infty} t^{n-1} \Delta t = \infty,$$

$$\int_{t_0}^{\infty} \left(\frac{1}{a_k(t)} \right)^{\frac{1}{\alpha_k}} \Delta t = \int_1^{\infty} t \Delta t = \infty \quad (2 \leqslant k \leqslant n-1),$$

$$A_n(t) = \left[\frac{1}{a_n(t)} \int_t^{\infty} q(s) \Delta s \right]^{\frac{1}{\alpha_n}} = \left[t \int_t^{\infty} s^n \Delta s \right]^{n-1} = t^{n-1} \left(\int_t^{\infty} s^n \Delta s \right)^{n-1} = \infty,$$

$$A_{n-1}(t) = \left[\frac{1}{a_{n-1}(t)} \int_t^{\infty} A_n(s) \Delta s \right]^{\frac{1}{\alpha_{n-1}}} = t \int_t^{\infty} A_n(s) \Delta s = \infty,$$

$$\int_{t_0}^{\infty} A_{n-1}(s) \Delta s = \int_1^{\infty} A_{n-1}(s) \Delta s = \infty.$$

取 $z(t) = 1$, 则对足够大的 $T \in [t_0, \infty)_{\mathbf{T}}$,

$$\limsup_{t \to \infty} \int_T^t \left[z(s) q(s) - \frac{(z^{\Delta}(s))^2}{4 M z(s) \delta^{\Delta}(s)} \left(\frac{a_1(\delta(s))}{B_2(\delta(s), T)} \right)^{\frac{1}{\alpha_1}} \right] \Delta s$$

$$= \limsup_{t \to \infty} \int_T^t s^n \Delta s = \infty.$$

因此, 由定理 6.15 可知, 当 n 为偶数时, (6.174) 的每个解 $x(t)$ 是振荡的或趋于零的.

第7章 高阶动力方程的 Kamenev-型振荡性准则

这一章研究高阶非线性动力方程

$$S_n^\Delta(t,x) + F(t,x(\tau(t))) = 0 \quad (t \in [t_0,\infty)_\mathbf{T}) \tag{7.1}$$

解的 Kamenev-型振荡性准则, 其中 $t_0 \in \mathbf{T}$ 是一个常数,

$$S_k(t,x(t)) = \begin{cases} x(t), & k=0, \\ r_k(t)S_{k-1}^\Delta(t,x(t)), & k \in \mathbf{N}_{n-1}, \\ r_n(t)[S_{n-1}^\Delta(t,x(t))]^\gamma, & k=n, \end{cases}$$

且下列条件成立:

(H_1) $r_k(t) \in C_{\mathrm{rd}}([t_0,\infty)_\mathbf{T}, \mathbf{R}_+)$ $(k \in \mathbf{N}_n)$.

(H_2) γ 是两个正奇数之比.

(H_3) $\displaystyle\int_{t_0}^\infty \frac{1}{r_k(s)}\Delta s = \int_{t_0}^\infty \left[\frac{1}{r_n(s)}\right]^{\frac{1}{\gamma}}\Delta s = \infty$ $(k \in \mathbf{N}_{n-1})$.

(H_4) $\tau : \mathbf{T} \to \mathbf{T}$ 是一个不减的函数且对任意的 $t \in \mathbf{T}$, $\tau(t) > t$.

(H_5) $F \in C(\mathbf{T} \times \mathbf{R}, \mathbf{R})$ 且存在 $q \in C_{\mathrm{rd}}(\mathbf{T}, \mathbf{R}_+)$, 使得对任意的 $u \neq 0$,

$$\frac{F(t,u)}{u^\gamma} \geqslant q(t). \tag{7.2}$$

7.1 与方程 (7.1) 有关的辅助引理

引理 7.1 设 $x(t)$ 是方程 (7.1) 的一个终于正解, 则存在 $\ell \in \mathbf{Z}_n$ 和 $T \in [t_0,\infty)_\mathbf{T}$, 使得

(1) $n+\ell$ 是偶数.

(2) 若 $\ell \leqslant n-1$, 则对任意的 $t \geqslant T$ 和 $\ell \leqslant i \leqslant n-1$, $(-1)^{\ell+i}S_i(t,x(t)) > 0$.

(3) 若 $\ell > 0$, 则对任意的 $t \geqslant T$ 和 $i \in \mathbf{Z}_{\ell-1}$, $S_i(t,x(t)) > 0$.

证明 由于 $x(t)$ 是方程 (7.1) 的一个终于正解, 则存在 $t_1 \geqslant t_0$, 使得对任意的 $t \in [t_1,\infty)_\mathbf{T}$, $x(t) > 0$ 和 $x(\tau(t)) > 0$. 由 (7.2) 知: 对任意的 $t \geqslant t_1$,

$$S_n^\Delta(t,x(t)) = -F(t,x(\tau(t)))$$
$$\leqslant -q(t)x^\gamma(\tau(t)) < 0,$$

因此 $S_n(t, x(t))$ 在 $[t_1, \infty)_{\mathbf{T}}$ 上是单调递减的, 接下来的证明与引理 6.10 的证明类似, 在此不再详述. $\square$

引理 7.2 设

$$\int_{t_0}^{\infty} \frac{1}{r_{n-1}(s)} \left\{ \int_{s}^{\infty} \left[\frac{1}{r_n(u)} \int_{u}^{\infty} q(v) \Delta v \right]^{\frac{1}{\gamma}} \Delta u \right\} \Delta s = \infty \tag{7.3}$$

且 $x(t)$ 是方程 (7.1) 的一个终于正解, 则存在充分大的 $T \in [t_0, \infty)_{\mathbf{T}}$, 使得下列情形之一成立:

(1) 对任意的 $t \geqslant T$ 及 $i \in \mathbf{Z}_n, S_i(t, x(t)) > 0$.

(2) $\lim\limits_{t \to \infty} x(t) = 0$.

证明 与引理 6.11 的证明类似, 故从略. $\square$

引理 7.3 设 $x(t)$ 是方程 (7.1) 的一个终于正解, 且存在充分大的 $T \in [t_0, \infty)_{\mathbf{T}}$, 使得对任意的 $t \in [T, \infty)_{\mathbf{T}}$, 引理 7.2 中的情形 (1) 成立, 则对任意的 $t \in [T, \infty)_{\mathbf{T}}$,

$$S_i(t, x(t)) \geqslant S_n^{\frac{1}{\gamma}}(t, x(t)) \vartheta_{i+1}(t, T) \quad (i \in \mathbf{Z}_{n-1}) \tag{7.4}$$

和

$$\frac{S_{n-1}^{\Delta}(t, x(t))}{x^{\sigma}(t)} \geqslant \left[\frac{\int_{t}^{\infty} q(s) \Delta s}{r_n(t)} \right]^{\frac{1}{\gamma}}, \tag{7.5}$$

其中

$$\vartheta_i(t, T) = \begin{cases} \int_{T}^{t} \left[\frac{1}{r_n(s)} \right]^{\frac{1}{\gamma}} \Delta s, & i = n, \\ \int_{T}^{t} \frac{\vartheta_{i+1}(s, T)}{r_i(s)} \Delta s, & i \in \mathbf{N}_{n-1}. \end{cases} \tag{7.6}$$

证明 因为 $x(t)$ 是方程 (7.1) 的一个终于正解, 所以存在充分大的 $T \geqslant t_0$, 使得对任意的 $t \geqslant T$, $x(t) > 0$ 且 $x(\tau(t)) > 0$. 由

$$S_n^{\Delta}(t, x(t)) = -F(t, x(\tau(t)))$$
$$\leqslant -q(t) x^{\gamma}(\tau(t)) < 0$$

可知, $S_n(t, x(t))$ 在 $[T, \infty)_{\mathbf{T}}$ 上严格递减, 故对任意的 $t \geqslant T$,

$$S_{n-1}(t, x(t)) \geqslant S_{n-1}(t, x(t)) - S_{n-1}(T, x(T))$$
$$= \int_{T}^{t} \left[\frac{S_n(s, x(s))}{r_n(s)} \right]^{\frac{1}{\gamma}} \Delta s$$

$$\geqslant S_n^{\frac{1}{\gamma}}(t, x(t))\vartheta_n(t, T),$$
$$S_{n-2}(t, x(t)) \geqslant S_{n-2}(t, x(t)) - S_{n-2}(T, x(T))$$
$$= \int_T^t \frac{S_{n-1}(s, x(s))}{r_{n-1}(s)}\Delta s$$
$$\geqslant S_n^{\frac{1}{\gamma}}(t, x(t))\vartheta_{n-1}(t, T).$$

以此类推, 可得

$$S_1(t, x(t)) \geqslant S_1(t, x(t)) - S_1(T, x(T))$$
$$= \int_T^t \frac{S_2(s, x(s))}{r_2(s)}\Delta s$$
$$\geqslant S_n^{\frac{1}{\gamma}}(t, x(t))\vartheta_2(t, T),$$
$$S_0(t, x(t)) \geqslant x(t) - x(T)$$
$$= \int_T^t \frac{S_1(s, x(s))}{r_1(s)}\Delta s$$
$$\geqslant S_n^{\frac{1}{\gamma}}(t, x(t))\vartheta_1(t, T).$$

又

$$r_n(t)[S_{n-1}^\Delta(t, x(t))]^\gamma$$
$$= S_n(t, x(t)) \geqslant \int_t^\infty F(s, x(\tau(s)))\Delta s$$
$$\geqslant \int_t^\infty q(s)x^\gamma(\tau(s))\Delta s$$
$$\geqslant x^\gamma(\tau(t)) \int_t^\infty q(s)\Delta s$$
$$\geqslant x^\gamma(\sigma(t)) \int_t^\infty q(s)\Delta s,$$

即

$$\frac{S_{n-1}^\Delta(t, x(t))}{x^\sigma(t)} \geqslant \left[\frac{\int_t^\infty q(s)\Delta s}{r_n(t)}\right]^{\frac{1}{\gamma}}. \qquad \Box$$

引理 7.4 设 $a, b \in \mathbf{R}_0^+$ 且 $\lambda \geqslant 1$, 则

$$\lambda a b^{\lambda-1} - a^\lambda \leqslant (\lambda - 1)b^\lambda, \tag{7.7}$$

等号成立当且仅当 $a = b$.

7.2　高阶动力方程 (7.1) 的振荡性准则

为了方便, 记

$$\mathbf{D} \equiv \{(t,s)|t \geqslant s \geqslant t_0\}.$$

定理 7.1　设 (7.3) 成立. 进一步, 假设存在 $G, g \in C_{\mathrm{rd}}(\mathbf{D}, \mathbf{R})$, 使得 $G^{\Delta_s} \in C_{\mathrm{rd}}(\mathbf{D}, \mathbf{R})$ 且

$$G(t,t) = 0 \quad (t \geqslant t_0), \quad G(t,s) > 0 \quad (t > s \geqslant t_0), \tag{7.8}$$

其中 G^{Δ_s} 是对应第二个变量的 Δ 偏导数. 若存在一个 Δ 可微函数 $M : \mathbf{T} \to \mathbf{R}_+$ 及 $m : \mathbf{T} \to \mathbf{R}$, 使得 $r_n(t)m(t)$ 是一个 Δ 可微函数, 对任意的 $t > s \geqslant t_0$,

$$G^{\Delta_s}(t,s) + G(t,s)\frac{\beta(s,T)}{M^\sigma(s)} = -\frac{g(t,s)}{M^\sigma(s)}\sqrt{M(s)G(t,s)} \tag{7.9}$$

且对所有充分大的 T,

$$\limsup_{t\to\infty} \frac{1}{G(t,T)} \int_T^t \left[G(t,s)\psi(s,T) - \frac{g_-^2(t,s)r_1(s)}{4\gamma\eta(s,T)} \right] \Delta s = \infty, \tag{7.10}$$

其中

$$\eta(t,T) = \begin{cases} \vartheta_2(t,T) \left(\int_t^\infty q(s)\Delta s \right)^{\frac{1-\gamma}{\gamma}}, & 0 < \gamma \leqslant 1, \\ \vartheta_1^{\gamma-1}(t,T)\vartheta_2(t,T), & \gamma \geqslant 1, \end{cases} \tag{7.11}$$

$$\psi(t,T) = M(t)q(t) - M(t)(r_n(t)m(t))^\Delta + \gamma\frac{M(t)}{r_1(t)}\eta(t,T)((r_n(t)m(t))^\sigma)^2, \tag{7.12}$$

$$\beta(t,T) = M^\Delta(t) + 2\gamma\frac{M(t)\eta(t,T)}{r_1(t)}(r_n(t)m(t))^\sigma \tag{7.13}$$

和

$$g_-(t,s) = \max\{0, -g(t,s)\}, \tag{7.14}$$

则方程 (7.1) 的每一个解 $x(t)$ 是振荡的或者 $\lim_{t\to\infty} x(t) = 0$.

证明　假设方程 (7.1) 在 $[t_0, \infty)_\mathbf{T}$ 上有一个非振荡解 $x(t)$. 不失一般性, 不妨设存在充分大的 $T \geqslant t_0$, 使得对任意的 $t \geqslant T$, $x(t) > 0$. 由引理 7.2 知, 可考虑下面两种情形:

(1) 对任意的 $t \geqslant T$ 及 $i \in \mathbf{Z}_n$, $S_i(t, x(t)) > 0$.

(2) $\lim_{t\to\infty} x(t) = 0$.

若情形 (1) 成立, 则记

$$\omega(t) = M(t)\left[\frac{S_n(t,x(t))}{x^\gamma(t)} + r_n(t)m(t)\right]$$
$$= M(t)r_n(t)\left[\left(\frac{S_{n-1}^\Delta(t,x(t))}{x(t)}\right)^\gamma + m(t)\right],\tag{7.15}$$

有

$$\omega^\Delta(t) = \left(M(t)\frac{S_n(t,x(t))}{x^\gamma(t)}\right)^\Delta + (M(t)r_n(t)m(t))^\Delta$$
$$= \frac{M(t)}{x^\gamma(t)}S_n^\Delta(t,x(t)) + \left(\frac{M(t)}{x^\gamma(t)}\right)^\Delta S_n^\sigma(t,x(t))$$
$$+ M(t)(r_n(t)m(t))^\Delta + M^\Delta(t)(r_n(t)m(t))^\sigma$$
$$= \frac{M(t)}{x^\gamma(t)}S_n^\Delta(t,x(t)) + \left(\frac{M^\Delta(t)}{x^{\gamma\sigma}(t)} - \frac{M(t)(x^\gamma(t))^\Delta}{x^\gamma(t)x^{\gamma\sigma}(t)}\right) S_n^\sigma(t,x(t))$$
$$+ M(t)(r_n(t)m(t))^\Delta + M^\Delta(t)(r_n(t)m(t))^\sigma.$$

由 (7.1) 和 $\omega(t)$ 的定义知, 对任意的 $t \geqslant T$,

$$\omega^\Delta(t) = -\frac{M(t)}{x^\gamma(t)}F(t,x(\tau(t))) + M(t)(r_n(t)m(t))^\Delta$$
$$+ \frac{M^\Delta(t)}{M^\sigma(t)}\omega^\sigma(t) - M(t)\frac{(x^\gamma(t))^\Delta}{x^\gamma(t)}\frac{S_n^\sigma(t,x(t))}{x^{\gamma\sigma}(t)}.$$

由

$$F(t,x(\tau(t))) \geqslant q(t)x^\gamma(\tau(t))$$

及 $x(t)$ 在 $[T,\infty)_{\mathbf{T}}$ 上是单调递增的, 得到

$$\omega^\Delta(t) \leqslant -M(t)q(t) + M(t)(r_n(t)m(t))^\Delta$$
$$+ \frac{M^\Delta(t)}{M^\sigma(t)}\omega^\sigma(t) - M(t)\frac{(x^\gamma(t))^\Delta}{x^\gamma(t)}\frac{S_n^\sigma(t,x(t))}{x^{\gamma\sigma}(t)}.\tag{7.16}$$

现在考虑以下两种情形.

情形 1 若 $0 < \gamma \leqslant 1$, 则由 $x^\Delta(t) > 0$ 及定理 1.3 知, $x^\sigma(t) \geqslant x(t)$ 且

$$(x^\gamma(t))^\Delta = \gamma x^\Delta(t)\int_0^1 (hx^\sigma(t) + (1-h)x(t))^{\gamma-1}dh$$
$$\geqslant \gamma x^\Delta(t)\int_0^1 (hx^\sigma(t) + (1-h)x^\sigma(t))^{\gamma-1}dh$$
$$= \gamma(x^\sigma(t))^{\gamma-1}x^\Delta(t).\tag{7.17}$$

由 (7.16) 及 (7.17), 有

$$
\omega^\Delta(t) \leqslant -M(t)q(t) + M(t)(r_n(t)m(t))^\Delta
$$
$$
+ \frac{M^\Delta(t)}{M^\sigma(t)}\omega^\sigma(t) - \gamma M(t)\frac{x^\Delta(t)}{x^\sigma(t)}\frac{x^{\gamma\sigma}(t)}{x^\gamma(t)}\frac{S_n^\sigma(t,x(t))}{x^{\gamma\sigma}(t)}. \tag{7.18}
$$

由引理 7.3 可得

$$
\frac{x^\Delta(t)}{S_n^{\frac{1}{\gamma}}(t,x(t))} \geqslant \frac{\vartheta_2(t,T)}{r_1(t)},
$$
$$
\frac{x(t)}{S_n^{\frac{1}{\gamma}}(t,x(t))} \geqslant \vartheta_1(t,T),
$$
$$
\frac{S_{n-1}^\Delta(t,x(t))}{x^\sigma(t)} \geqslant \left[\frac{\int_t^\infty q(s)\Delta s}{r_n(t)}\right]^{\frac{1}{\gamma}}, \tag{7.19}
$$

则

$$
\frac{x^\Delta(t)}{x^\sigma(t)} = r_n^{\frac{1}{\gamma}-1}(t)\frac{S_n(t,x(t))}{x^{\gamma\sigma}(t)}\left(\frac{S_{n-1}^\Delta(t,x(t))}{x^\sigma(t)}\right)^{1-\gamma}\frac{x^\Delta(t)}{S_n^{\frac{1}{\gamma}}(t,x(t))}
$$
$$
\geqslant r_n^{\frac{1}{\gamma}-1}(t)\frac{S_n(t,x(t))}{x^{\gamma\sigma}(t)}\left(\left(\frac{\int_t^\infty q(s)\Delta s}{r_n(t)}\right)^{\frac{1}{\gamma}}\right)^{1-\gamma}\frac{\vartheta_2(t,T)}{r_1(t)}
$$
$$
\geqslant \frac{\vartheta_2(t,T)}{r_1(t)}\left(\int_t^\infty q(s)\Delta s\right)^{\frac{1-\gamma}{\gamma}}\frac{S_n^\sigma(t,x(t))}{x^{\gamma\sigma}(t)}. \tag{7.20}
$$

结合 (7.18) 和 (7.20), 得到

$$
\omega^\Delta(t) \leqslant -M(t)q(t) + M(t)(r_n(t)m(t))^\Delta
$$
$$
+ \frac{M^\Delta(t)}{M^\sigma(t)}\omega^\sigma(t) - \gamma M(t)\frac{\vartheta_2(t,T)}{r_1(t)}\left[\int_t^\infty q(s)\Delta s\right]^{\frac{1-\gamma}{\gamma}}\left(\frac{S_n^\sigma(t,x(t))}{x^{\gamma\sigma}(t)}\right)^2. \tag{7.21}
$$

情形 2　若 $\gamma \geqslant 1$, 则由 $x^\Delta(t) > 0$ 及定理 1.3 知, $x^\sigma(t) \geqslant x(t)$ 且

$$
(x^\gamma(t))^\Delta = \gamma x^\Delta(t)\int_0^1 (hx^\sigma(t)+(1-h)x(t))^{\gamma-1}dh
$$
$$
\geqslant \gamma x^\Delta(t)\int_0^1 (hx(t)+(1-h)x(t))^{\gamma-1}dh
$$
$$
= \gamma(x(t))^{\gamma-1}x^\Delta(t). \tag{7.22}
$$

由 (7.16) 和 (7.22), 有

$$\omega^\Delta(t) \leqslant -M(t)q(t) + M(t)(r_n(t)m(t))^\Delta$$
$$+ \frac{M^\Delta(t)}{M^\sigma(t)}\omega^\sigma(t) - \gamma M(t)\frac{x^\Delta(t)}{x(t)}\frac{S_n^\sigma(t,x(t))}{x^{\gamma\sigma}(t)}. \tag{7.23}$$

又由 (7.19) 知

$$\frac{x^\Delta(t)}{x(t)} = \frac{S_n(t,x(t))}{x^\gamma(t)}\left(\frac{x(t)}{S_n^{\frac{1}{\gamma}}(t,x(t))}\right)^{\gamma-1}\frac{x^\Delta(t)}{S_n^{\frac{1}{\gamma}}(t,x(t))}$$
$$\geqslant \frac{S_n(t,x(t))}{x^\gamma(t)}(\vartheta_1(t,T))^{\gamma-1}\frac{\vartheta_2(t,T)}{r_1(t)}$$
$$\geqslant (\vartheta_1(t,T))^{\gamma-1}\frac{\vartheta_2(t,T)}{r_1(t)}\frac{S_n^\sigma(t,x(t))}{x^{\gamma\sigma}(t)}. \tag{7.24}$$

结合 (7.23) 和 (7.24) 得到

$$\omega^\Delta(t) \leqslant -M(t)q(t) + M(t)(r_n(t)m(t))^\Delta$$
$$+ \frac{M^\Delta(t)}{M^\sigma(t)}\omega^\sigma(t) - \gamma M(t)(\vartheta_1(t,T))^{\gamma-1}\frac{\vartheta_2(t,T)}{r_1(t)}\left(\frac{S_n^\sigma(t,x(t))}{x^{\gamma\sigma}(t)}\right)^2. \tag{7.25}$$

注意到 $\eta(t,T)$, $\psi(t,T)$ 和 $\beta(t,T)$ 的定义, 由 (7.21), (7.25) 和

$$\frac{S_n^\sigma(t,x(t))}{x^{\gamma\sigma}(t)} = \frac{\omega^\sigma(t)}{M^\sigma(t)} - r_n^\sigma(t)m^\sigma(t)$$

得

$$\psi(t,T) \leqslant -\omega^\Delta(t) + \frac{\beta(t,T)}{M^\sigma(t)}\omega^\sigma(t) - \frac{\gamma M(t)\eta(t,T)}{r_1(t)(M^\sigma(t))^2}(\omega^\sigma(t))^2. \tag{7.26}$$

将 (7.26) 左、右两边乘以 $G(t,s)$, 用 s 置换所有的 t, 再对应 s 从 T 到 t $(t \geqslant T)$ 积分得

$$\int_T^t G(t,s)\psi(s,T)\Delta s$$
$$\leqslant -\int_T^t G(t,s)\omega^\Delta(s)\Delta s + \int_T^t \frac{G(t,s)\beta(s,T)}{M^\sigma(s)}\omega^\sigma(s)\Delta s$$
$$-\int_T^t \frac{\gamma G(t,s)M(s)\eta(s,T)}{r_1(s)(M^\sigma(s))^2}(\omega^\sigma(s))^2\Delta s.$$

利用分部积分, 结合 (7.8) 和 (7.2), 有

$$\int_T^t G(t,s)\psi(s,T)\Delta s$$

$$\leqslant G(t,T)\omega(T) + \int_T^t G^{\Delta_s}(t,s)\omega^\sigma(s)\Delta s + \int_T^t \frac{G(t,s)\beta(s,T)}{M^\sigma(s)}\omega^\sigma(s)\Delta s$$

$$- \int_T^t \frac{\gamma G(t,s)M(s)\eta(s,T)}{r_1(s)(M^\sigma(s))^2}(\omega^\sigma(s))^2\Delta s$$

$$= G(t,T)\omega(T) + \int_T^t \left[-\frac{g(t,s)}{M^\sigma(s)}\sqrt{M(s)G(t,s)}\omega^\sigma(s) \right.$$

$$\left. -\frac{\gamma G(t,s)M(s)\eta(s,T)}{r_1(s)(M^\sigma(s))^2}(\omega^\sigma(s))^2 \right]\Delta s$$

$$\leqslant G(t,T)\omega(T) + \int_T^t \left[\frac{g_-(t,s)}{M^\sigma(s)}\sqrt{M(s)G(t,s)}\omega^\sigma(s) \right.$$

$$\left. -\frac{\gamma G(t,s)M(s)\eta(s,T)}{r_1(s)(M^\sigma(s))^2}(\omega^\sigma(s))^2 \right]\Delta s. \tag{7.27}$$

显然

$$\frac{g_-(t,s)}{M^\sigma(s)}\sqrt{M(s)G(t,s)}\omega^\sigma(s) - \frac{\gamma G(t,s)M(s)\eta(s,T)}{r_1(s)(M^\sigma(s))^2}(\omega^\sigma(s))^2$$

$$= \frac{g_-^2(t,s)r_1(s)}{4\gamma\eta(s,T)} - \frac{\gamma M(s)\eta(s,T)}{r_1(s)(M^\sigma(s))^2}\left(\sqrt{G(t,s)}\omega^\sigma(s) - \frac{g_-(t,s)M^\sigma(s)r_1(s)}{2\gamma\sqrt{M(s)}\eta(s,T)} \right)^2,$$

即

$$\frac{g_-(t,s)}{M^\sigma(s)}\sqrt{M(s)G(t,s)}\omega^\sigma(s) - \frac{\gamma G(t,s)M(s)\eta(s,T)}{r_1(s)(M^\sigma(s))^2}(\omega^\sigma(s))^2 \leqslant \frac{g_-^2(t,s)r_1(s)}{4\gamma\eta(s,T)}. \tag{7.28}$$

结合 (7.27) 和 (7.28) 得到

$$\frac{1}{G(t,T)}\int_T^t \left[G(t,s)\psi(s,T) - \frac{g_-^2(t,s)r_1(s)}{4\gamma\eta(s,T)} \right]\Delta s \leqslant \omega(T),$$

这与 (7.10) 矛盾. 因此方程 (7.1) 的每一个解 $x(t)$ 是振荡的或者 $\lim_{t\to\infty} x(t) = 0$. □

　　定理 7.2　设 (7.3) 成立. 进一步, 假设 $H, h \in C_{\mathrm{rd}}(\mathbf{D}, \mathbf{R})$ 满足 $H^{\Delta_s} \in C_{\mathrm{rd}}(\mathbf{D}, \mathbf{R})$,

$$H(t,t) = 0 \quad (t \geqslant t_0), \quad H(t,s) > 0 \quad (t > s \geqslant t_0), \tag{7.29}$$

其中 H^{Δ_s} 是对应第二个变量的 Δ 偏导数. 若存在一个 Δ 可微函数 $M : \mathbf{T} \to \mathbf{R}_+$ 及任意充分大的 T, 使得

$$H^{\Delta_s}(t,s) + H(t,s)\frac{M^\Delta(s)}{M^\sigma(s)} = -\frac{h(t,s)}{M^\sigma(s)}(M(s)H(t,s))^{\frac{\gamma}{\gamma+1}} \quad (t > s \geqslant t_0) \tag{7.30}$$

且

$$\limsup_{t\to\infty} \frac{1}{H(t,T)}\int_T^t \left[M(s)q(s)H(t,s) - \frac{h^{\gamma+1}(t,s)r_1^\gamma(s)}{(\gamma+1)^{\gamma+1}\vartheta_2^\gamma(s,T)} \right]\Delta s = \infty, \tag{7.31}$$

其中

$$h_-(t,s) = \max\{0, -h(t,s)\}, \tag{7.32}$$

则方程 (7.1) 的每一个解 $x(t)$ 是振荡的或者 $\lim\limits_{t\to\infty} x(t) = 0$.

证明 假设方程 (7.1) 在 $[t_0,\infty)_{\mathbf{T}}$ 上有一个非振荡解 $x(t)$. 不失一般性, 不妨设存在充分大的 $T \geqslant t_0$, 使得对任意的 $t \geqslant T$, $x(t) > 0$. 由引理 7.2 知, 可考虑下列两种情形:

(1) 对任意的 $t \geqslant T$ 及 $i \in \mathbf{Z}_n$, $S_i(t,x(t)) > 0$.

(2) $\lim\limits_{t\to\infty} x(t) = 0$.

若情形 (1) 成立, 则设

$$\omega(t) = M(t)\left[\frac{S_n(t,x(t))}{x^\gamma(t)}\right] = M(t)r_n(t)\left[\left(\frac{S_{n-1}^\Delta(t,x(t))}{x(t)}\right)^\gamma\right]. \tag{7.33}$$

由 (7.16) 可推出

$$\begin{aligned}\omega^\Delta(t) &\leqslant -M(t)q(t) + \frac{M^\Delta(t)}{M^\sigma(t)}\omega^\sigma(t) - M(t)\frac{(x^\gamma(t))^\Delta}{x^\gamma(t)}\frac{S_n^\sigma(t,x(t))}{x^{\gamma\sigma}(t)}\\ &\leqslant -M(t)q(t) + \frac{M^\Delta(t)}{M^\sigma(t)}\omega^\sigma(t) - \frac{M(t)}{M^\sigma(t)}\frac{(x^\gamma(t))^\Delta}{x^\gamma(t)}\omega^\sigma(t).\end{aligned} \tag{7.34}$$

由定理 1.3 可得

$$\begin{aligned}(x^\gamma(t))^\Delta &= \gamma x^\Delta(t)\int_0^1 (hx^\sigma(t) + (1-h)x(t))^{\gamma-1}\mathrm{d}h\\ &\geqslant \begin{cases} \gamma(x^\sigma(t))^{\gamma-1}x^\Delta(t), & 0 < \gamma \leqslant 1,\\ \gamma(x(t))^{\gamma-1}x^\Delta(t), & \gamma \geqslant 1.\end{cases}\end{aligned} \tag{7.35}$$

情形 1 若 $0 < \gamma \leqslant 1$, 则

$$\omega^\Delta(t) \leqslant -M(t)q(t) + \frac{M^\Delta(t)}{M^\sigma(t)}\omega^\sigma(t) - \gamma\frac{M(t)}{M^\sigma(t)}\frac{x^\Delta(t)}{x^\sigma(t)}\frac{x^{\gamma\sigma}(t)}{x^\gamma(t)}\omega^\sigma(t). \tag{7.36}$$

情形 2 若 $\gamma \geqslant 1$, 则

$$\omega^\Delta(t) \leqslant -M(t)q(t) + \frac{M^\Delta(t)}{M^\sigma(t)}\omega^\sigma(t) - \gamma\frac{M(t)}{M^\sigma(t)}\frac{x^\Delta(t)}{x(t)}\omega^\sigma(t). \tag{7.37}$$

注意到 $x^\sigma(t) \geqslant x(t)$, 从而

$$\omega^\Delta(t) \leqslant -M(t)q(t) + \frac{M^\Delta(t)}{M^\sigma(t)}\omega^\sigma(t) - \gamma\frac{M(t)}{M^\sigma(t)}\frac{x^\Delta(t)}{x^\sigma(t)}\omega^\sigma(t). \tag{7.38}$$

由 (7.28) 可知

$$\omega^\Delta(t) \leqslant -M(t)q(t) + \frac{M^\Delta(t)}{M^\sigma(t)}\omega^\sigma(t) - \gamma\frac{M(t)}{M^\sigma(t)}\frac{\vartheta_2(t,T)}{r_1(t)}\frac{S_n^{\frac{1}{\gamma}}(t,x(t))}{x^\sigma(t)}\omega^\sigma(t)$$

$$\leqslant -M(t)q(t) + \frac{M^\Delta(t)}{M^\sigma(t)}\omega^\sigma(t) - \gamma\frac{M(t)}{(M^\sigma(t))^\lambda}\frac{\vartheta_2(t,T)}{r_1(t)}(\omega^\sigma(t))^\lambda, \qquad (7.39)$$

其中 $\lambda = 1 + 1/\gamma$. 将 (7.39) 左、右两边乘以 $H(t,s)$, 用 s 置换所有的 t, 再对应 s 从 T 到 t $(t \geqslant T)$ 积分得到

$$\int_T^t H(t,s)M(s)q(s)\Delta s$$

$$\leqslant -\int_T^t H(t,s)\omega^\Delta(s)\Delta s + \int_T^t H(t,s)\frac{M^\Delta(s)}{M^\sigma(s)}\omega^\sigma(s)\Delta s$$

$$-\int_T^t \gamma H(t,s)\frac{M(s)\vartheta_2(s,T)}{(M^\sigma(s))^\lambda r_1(s)}(\omega^\sigma(s))^\lambda\Delta s.$$

利用分部积分法, 结合 (7.20) 和 (7.21), 有

$$\int_T^t H(t,s)M(s)q(s)\Delta s$$

$$\leqslant H(t,T)\omega(T) + \int_T^t H^{\Delta_s}(t,s)\omega^\sigma(s)\Delta s + \int_T^t H(t,s)\frac{M^\Delta(s)}{M^\sigma(s)}\omega^\sigma(s)\Delta s$$

$$-\int_T^t \gamma H(t,s)\frac{M(s)\vartheta_2(s,T)}{(M^\sigma(s))^\lambda r_1(s)}(\omega^\sigma(s))^\lambda\Delta s$$

$$\leqslant H(t,T)\omega(T) + \int_T^t \left[-\frac{h(t,s)}{M^\sigma(s)}(M(s)H(t,s))^{\frac{\gamma}{\gamma+1}}\omega^\sigma(s)\right.$$

$$\left.-\gamma H(t,s)\frac{M(s)\vartheta_2(s,T)}{(M^\sigma(s))^\lambda r_1(s)}(\omega^\sigma(s))^\lambda\right]\Delta s$$

$$\leqslant H(t,T)\omega(T) + \int_T^t \left[\frac{h_-(t,s)}{M^\sigma(s)}(M(s)H(t,s))^{\frac{1}{\lambda}}\omega^\sigma(s)\right.$$

$$\left.-\gamma H(t,s)\frac{M(s)\vartheta_2(s,T)}{(M^\sigma(s))^\lambda r_1(s)}(\omega^\sigma(s))^\lambda\right]\Delta s. \qquad (7.40)$$

记

$$A^\lambda = \gamma\frac{H(t,s)M(s)\vartheta_2(s,T)}{r_1(s)(M^\sigma(s))^\lambda}(\omega^\sigma(s))^\lambda,$$

$$B^{\lambda-1} = \frac{h_-(t,s)r_1^{\frac{1}{\lambda}}(s)}{\lambda\gamma^{\frac{1}{\lambda}}\vartheta_2^{\frac{1}{\lambda}}(s,T)}.$$

由引理 7.4 得

$$\frac{h_-(t,s)}{M^\sigma(s)}(M(s)H(t,s))^{\frac{1}{\lambda}}\omega^\sigma(s) - \gamma H(t,s)\frac{M(s)\vartheta_2(s,T)}{(M^\sigma(s))^\lambda r_1(s)}(\omega^\sigma(s))^\lambda$$

$$\leqslant \frac{h_-^{\gamma+1}(t,s)r_1^{\gamma}(s)}{(\gamma+1)^{\gamma+1}\vartheta_2^{\gamma}(s,T)}.$$

将此不等式与 (7.40) 结合可知

$$\int_T^t \left[M(s)q(s)H(t,s) - \frac{h_-^{\gamma+1}(t,s)r_1^{\gamma}(s)}{(\gamma+1)^{\gamma+1}\vartheta_2^{\gamma}(s,T)} \right] \Delta s \leqslant H(t,T)\omega(T),$$

即

$$\frac{1}{H(t,T)} \int_T^t \left[M(s)q(s)H(t,s) - \frac{h_-^{\gamma+1}(t,s)r_1^{\gamma}(s)}{(\gamma+1)^{\gamma+1}\vartheta_2^{\gamma}(s,T)} \right] \Delta s \leqslant \omega(T),$$

这与假设 (7.31) 矛盾. 因此方程 (7.1) 的每一个解 $x(t)$ 是振荡的或者 $\lim\limits_{t\to\infty} x(t) = 0$. $\square$

定理 7.3 设 (7.3) 成立. 进一步, 假设对所有充分大的 T,

$$\limsup_{t\to\infty} \vartheta_1^{\gamma}(t,T) \int_t^{\infty} q(s)\Delta s > 1, \tag{7.41}$$

则方程 (7.1) 的每一个解 $x(t)$ 是振荡的或者 $\lim\limits_{t\to\infty} x(t) = 0$.

证明 假设方程 (7.1) 在 $[t_0,\infty)_{\mathbf{T}}$ 上有一个非振荡解 $x(t)$. 不失一般性, 不妨设存在充分大的 $T \geqslant t_0$, 使得对任意的 $t \geqslant T$, $x(t) > 0$. 由引理 7.2 知, 有下面两种情形:

(1) 对任意的 $t \geqslant T$ 及 $i \in \mathbf{Z}_n$, $S_i(t,x(t)) > 0$.

(2) $\lim\limits_{t\to\infty} x(t) = 0$.

若情形 1 成立, 则由

$$S_n^{\Delta}(t,x(t)) < 0$$

可推出

$$S_n(t,x(t)) \geqslant \int_t^{\infty} F(s,x(\tau(s)))\Delta s$$

$$\geqslant x^{\gamma}(t) \int_t^{\infty} q(s)\Delta s,$$

即

$$\int_t^{\infty} q(s)\Delta s \leqslant \left(\frac{S_n^{\frac{1}{\gamma}}(t,x(t))}{x(t)} \right)^{\gamma}. \tag{7.42}$$

结合 (7.42) 与 (7.19) 可知

$$\vartheta_1^{\gamma}(t,T) \int_t^{\infty} q(s)\Delta s \leqslant 1.$$

因此

$$\limsup_{t \to \infty} \vartheta_1^{\gamma}(t, T) \int_t^{\infty} q(s) \Delta s \leqslant 1,$$

这与假设 (7.41) 矛盾. 从而方程 (7.1) 的每一个解 $x(t)$ 是振荡的或者 $\lim\limits_{t \to \infty} x(t) = 0$.
□

7.3 例子和应用

例子 7.1 考虑高阶非线性动力方程

$$S_n^{\Delta}(t, x(t)) + \frac{\rho}{t^{\frac{4}{3}}} x^3(\tau(t)) = 0 \quad (t \in 2^{\mathbf{Z}}, \quad t \geqslant 2), \tag{7.43}$$

其中 $n \geqslant 2, \gamma = 3, \rho$ 是一个正常数, $S_k(t, x(t))$ $(k \in \mathbf{Z}_n)$ 如方程 (7.1) 所述, $r_n(t) = t^3, r_{n-1}(t) = \cdots = r_1(t) = 1$ 及 τ 如 (H_4) 中所述. 若 $\rho > 1/12$, 则方程 (7.43) 的每一个解 $x(t)$ 是振荡的或者 $\lim\limits_{t \to \infty} x(t) = 0$.

证明 注意到

$$\int_{t_0}^t \left[\frac{1}{r_n(s)} \right]^{\frac{1}{\gamma}} \Delta s = \int_2^t \frac{1}{s} \Delta s$$
$$= \log_2 t - 1$$
$$\to \infty \quad (t \to \infty),$$
$$\int_{t_0}^{\infty} \frac{\Delta s}{r_i(s)} = \int_2^{\infty} \Delta s$$
$$= \infty \quad (1 \leqslant i \leqslant n - 1)$$

及

$$\int_{t_0}^{\infty} \frac{1}{r_{n-1}(s)} \left\{ \int_s^{\infty} \left[\frac{1}{r_n(u)} \int_u^{\infty} q(v) \Delta v \right]^{\frac{1}{\gamma}} \Delta u \right\} \Delta s$$
$$= \int_2^{\infty} \left\{ \int_s^{\infty} \left[\frac{1}{u^3} \int_u^{\infty} \frac{\rho}{v^{\frac{4}{3}}} \Delta v \right]^{\frac{1}{3}} \Delta u \right\} \Delta s$$
$$= \left(\frac{\rho}{1 - 2^{-\frac{1}{3}}} \right)^{\frac{1}{3}} \int_2^{\infty} \left\{ \int_s^{\infty} \frac{1}{u^{\frac{10}{9}}} \Delta u \right\} \Delta s$$
$$= \left(\frac{\rho}{1 - 2^{-\frac{1}{3}}} \right)^{\frac{1}{3}} \frac{1}{1 - 2^{-\frac{1}{9}}} \int_2^{\infty} s^{-\frac{1}{9}} \Delta s$$
$$= \left(\frac{\rho}{1 - 2^{-\frac{1}{3}}} \right)^{\frac{1}{3}} \frac{1}{1 - 2^{-\frac{1}{9}}} \frac{1}{2^{\frac{8}{9}} - 1} \lim_{t \to \infty} \left(t^{\frac{8}{9}} - 2^{\frac{8}{9}} \right)$$
$$= \infty.$$

取 $M(t) = t$, $m(t) = 1/t^4$,

$$G(t,s) = \begin{cases} 1, & 0 \leqslant s < t, \\ 0, & t \geqslant 2, \end{cases}$$

则

$$\psi(s,T) = \frac{\rho}{s^{\frac{1}{3}}} + \frac{1}{\sigma(s)} + \frac{3s\eta(s,T)}{\sigma^2(s)},$$

$$\beta(s,T) = 1 + \frac{6s\eta(s,T)}{\sigma(s)},$$

$$g(t,s) = -\frac{1}{\sqrt{s}}\left(1 + \frac{6s\eta(s,T)}{\sigma(s)}\right).$$

注意到

$$\begin{aligned}\vartheta_n(t,T) &= \int_T^t \left[\frac{1}{r_n(s)}\right]^{\frac{1}{\gamma}} \Delta s \\ &= \int_T^t \frac{1}{s} \Delta s \\ &= \log_2 t - \log_2 T,\end{aligned}$$

从而

$$\lim_{t\to\infty} \vartheta_2(t,T) = \lim_{t\to\infty} \vartheta_1(t,T) = \lim_{t\to\infty} \vartheta_n(t,T) = \infty. \tag{7.44}$$

由 (7.11) 和 (7.44), 能找到一个 T^*, 使得对所有的 $t \geqslant T^*$, $\eta(t,T) \geqslant 1$. 因此当 $\rho > 1/12$ 时, 有

$$\begin{aligned}&\limsup_{t\to\infty} \frac{1}{G(t,T)} \int_T^t \left[G(t,s)\psi(s,T) - \frac{g_-^2(t,s)r_1(s)}{4\gamma\eta(s,T)}\right] \Delta s \\ &= \limsup_{t\to\infty} \int_T^t \left[\frac{\rho}{s^{\frac{1}{3}}} - \frac{1}{12s\eta(s,T)}\right] \Delta s \\ &\geqslant \left(\rho - \frac{1}{12}\right) \limsup_{t\to\infty} \int_{T^*}^t \frac{1}{s^{\frac{1}{3}}} \Delta s \\ &= \infty.\end{aligned}$$

故条件 (H_3), (7.3) 及 (7.10) 成立. 利用定理 7.1 知, 当 $\rho > 1/12$ 时, 方程 (7.43) 的每一个解 $x(t)$ 是振荡的或者 $\lim_{t\to\infty} x(t) = 0$. $\quad\square$

例子 7.2 考虑高阶非线性动力方程

$$S_n^{\Delta}(t,x(t)) + \frac{\rho}{t^{\frac{4}{3}}} x^{\frac{2}{3}}(\tau(t)) = 0 \quad (t \in 2^{\mathbf{Z}}, t \geqslant 2), \tag{7.45}$$

其中 $n \geqslant 2$, $\gamma = 2/3$, $S_k(t, x(t))$ $(k \in \mathbf{Z}_n)$ 如方程 (7.1) 所述,

$$r_n(t) = t^{\frac{1}{2}}, \quad r_{n-1}(t) = t^{\frac{1}{4}},$$
$$r_{n-2}(t) = \cdots = r_1(t) = t,$$

τ 如 (H$_4$) 中所定义且 ρ 是一个正常数. 若 $\rho > 1 \Big/ \left(\dfrac{5}{3} \right)^{\frac{5}{3}}$, 则方程 (7.45) 的每一个解 $x(t)$ 是振荡的或者 $\lim\limits_{t \to \infty} x(t) = 0$.

证明 注意到

$$
\begin{aligned}
\int_{t_0}^t \left[\frac{1}{r_n(s)} \right]^{\frac{1}{\gamma}} \Delta s &= \int_2^t \frac{1}{s^{\frac{3}{4}}} \Delta s \\
&= \frac{t^{\frac{1}{4}} - 2^{\frac{1}{4}}}{2^{\frac{1}{4}} - 1} \\
&\to \infty \quad (t \to \infty), \\
\int_{t_0}^t \frac{1}{r_{n-1}(s)} \Delta s &= \int_2^t \frac{1}{s^{\frac{1}{4}}} \Delta s \\
&= \frac{t^{\frac{3}{4}} - 2^{\frac{3}{4}}}{2^{\frac{3}{4}} - 1} \\
&\to \infty \quad (t \to \infty), \\
\int_{t_0}^t \frac{1}{r_i(s)} \Delta s &= \int_2^t \frac{1}{s} \Delta s \\
&= \log_2 t - 1 \\
&\to \infty \quad (t \to \infty, i \in \mathbf{N}_{n-2})
\end{aligned}
$$

及

$$
\begin{aligned}
&\int_{t_0}^\infty \frac{1}{r_{n-1}(s)} \left\{ \int_s^\infty \left[\frac{1}{r_n(u)} \int_u^\infty q(v) \Delta v \right]^{\frac{1}{\gamma}} \Delta u \right\} \Delta s \\
&= \int_2^\infty \frac{1}{s^{\frac{1}{4}}} \left\{ \int_s^\infty \left[\frac{1}{u^{\frac{1}{2}}} \int_u^\infty \frac{\rho}{v^{\frac{4}{3}}} \Delta v \right]^{\frac{3}{2}} \Delta u \right\} \Delta s \\
&= \left(\frac{\rho}{1 - 2^{-\frac{1}{3}}} \right)^{\frac{3}{2}} \int_2^\infty \frac{1}{s^{\frac{1}{4}}} \left\{ \int_s^\infty \frac{1}{u^{\frac{5}{4}}} \Delta u \right\} \Delta s \\
&= \left(\frac{\rho}{1 - 2^{-\frac{1}{3}}} \right)^{\frac{3}{2}} \frac{1}{1 - 2^{-\frac{1}{4}}} \int_2^\infty \frac{1}{s^{\frac{1}{2}}} \Delta s \\
&= \left(\frac{\rho}{1 - 2^{-\frac{1}{3}}} \right)^{\frac{3}{2}} \frac{1}{1 - 2^{-\frac{1}{4}}} \lim_{t \to \infty} \frac{t^{\frac{1}{2}} - 2^{\frac{1}{2}}}{2^{\frac{1}{2}} - 1} \\
&= \infty.
\end{aligned}
$$

又

$$\vartheta_2(t,T) = \int_T^t \frac{1}{r_2(u_{n-1})} \left[\int_T^{u_{n-1}} \frac{1}{r_3(u_{n-2})} \left[\cdots \left[\int_T^{u_3} \frac{1}{r_{n-1}(u_2)} \right. \right. \right.$$

$$\times \left[\int_T^{u_2} \frac{1}{r_n(u_1)} \Delta u_1 \right]^{\frac{3}{2}} \Delta u_2 \cdots \right] \Delta u_{n-2} \right] \Delta u_{n-1}$$

$$\geqslant \int_{2^{n-2}T}^t \frac{1}{u_{n-1}} \left[\int_{2^{n-3}T}^{u_{n-1}} \frac{1}{u_{n-2}} \left[\cdots \left[\int_{2T}^{u_3} \left[\frac{1}{u_2^{\frac{1}{4}}} \right. \right. \right. \right.$$

$$\times \int_T^{u_2} \frac{1}{u_1^{\frac{1}{2}}} \Delta u_1 \right]^{\frac{3}{2}} \Delta u_2 \cdots \left] \Delta u_{n-2} \right] \Delta u_{n-1}$$

$$\geqslant \int_{2^{n-2}T}^t \frac{1}{u_{n-1}} \left[\int_{2^{n-3}T}^{u_{n-1}} \frac{1}{u_{n-2}} \left[\cdots \left[\int_{2T}^{u_3} \left[\frac{1}{u_2^{\frac{3}{4}}} \right. \right. \right. \right.$$

$$\times (u_2 - T) \right]^{\frac{3}{2}} \Delta u_2 \cdots \left] \Delta u_{n-2} \right] \Delta u_{n-1}$$

$$\geqslant \left(\frac{1}{2} \right)^{n-\frac{1}{2}} (t - 2^{n-2}T). \tag{7.46}$$

选取 $T_* > T > 0$, 使得对任意的 $t \geqslant T_*$,

$$\frac{1}{t^{\frac{1}{3}}} \geqslant \frac{1}{t^{\frac{1}{2}}} \geqslant \frac{1}{\left[\left(\dfrac{1}{2} \right)^{n-\frac{1}{2}} (t - 2^{n-2}T) \right]^{\frac{2}{3}}}.$$

选取 $M(t) = t$ 和

$$H(t,s) = \begin{cases} 1, & 2 \leqslant s < t, \\ 0, & t \geqslant 2. \end{cases}$$

则

$$h(t,s) = -\frac{1}{s^{\frac{2}{5}}}.$$

因此当 $\rho > 1 \left/ \left(\dfrac{5}{3} \right)^{\frac{5}{3}} \right.$ 时, 有

$$\limsup_{t\to\infty} \frac{1}{H(t,T)} \int_T^t \left[M(s)q(s)H(t,s) - \frac{h_-^{\gamma+1}(t,s)r_1^\gamma(s)}{(\gamma+1)^{\gamma+1}\vartheta_2^\gamma(s,T)} \right] \Delta s$$

$$= \limsup_{t \to \infty} \int_T^t \left[\frac{\rho}{s^{\frac{1}{3}}} - \frac{1}{\left(\frac{5}{3}\right)^{\frac{5}{3}} \left[\left(\frac{1}{2}\right)^{n-\frac{1}{2}} (s - 2^{n-2}T) \right]^{\frac{2}{3}}} \right] \Delta s$$

$$\geqslant \left(\rho - \frac{1}{\left(\frac{5}{3}\right)^{\frac{5}{3}}} \right) \limsup_{t \to \infty} \int_{T_*}^t \frac{1}{s^{\frac{1}{2}}} \Delta s$$

$$= \left(\rho - \frac{1}{\left(\frac{5}{3}\right)^{\frac{5}{3}}} \right) \limsup_{t \to \infty} \frac{t^{\frac{1}{2}} - (T_*)^{\frac{1}{2}}}{2^{\frac{1}{2}} - 1}$$

$$= \infty.$$

故条件 (H$_3$), (7.3) 及 (7.31) 成立. 利用定理 7.2 知, 当 $\rho > 1 \Big/ \left(\frac{5}{3}\right)^{\frac{5}{3}}$ 时, 方程 (7.45) 的每一个解 $x(t)$ 是振荡的或者 $\lim\limits_{t \to \infty} x(t) = 0$. □

　　例子 7.3　考虑定义于时标 $\mathbf{T} = 2^{\mathbf{N}}$ 上的高阶非线性动力方程

$$S_n^\Delta(t, x(t)) + \frac{\rho}{t\sigma(t)} x^\gamma(\tau(t)) = 0, \tag{7.47}$$

其中 $n \geqslant 2$, $\gamma \geqslant 1$ 是两个正奇数的比, ρ 是一个正常数, $S_k(t, x(t))$ $(k \in \mathbf{Z}_n)$ 如方程 (7.1) 中所述,

$$r_n(t) = 1, \quad r_{n-1}(t) = t^{\frac{1}{\gamma}},$$

$$r_{n-2}(t) = \cdots = r_1(t) = t,$$

τ 如 (H$_4$) 中所定义. 若 $\rho > 2^{(n-1)\gamma+1}$, 则方程 (7.47) 的每一个解 $x(t)$ 是振荡的或者 $\lim\limits_{t \to \infty} x(t) = 0$.

　　证明　注意到

$$\int_{t_0}^\infty \left[\frac{1}{r_n(s)} \right]^{\frac{1}{\gamma}} \Delta s = \int_{t_0}^\infty \Delta s = \infty,$$

$$\int_{t_0}^\infty \frac{1}{r_{n-1}(s)} \Delta s = \int_{t_0}^\infty \frac{1}{s^{\frac{1}{\gamma}}} \Delta s = \infty$$

及

$$\int_{t_0}^\infty \frac{1}{r_i(s)} \Delta s = \int_{t_0}^\infty \frac{1}{s} \Delta s = \infty \quad (i \in \mathbf{N}_{n-2}).$$

选取 $t_* \geqslant t_0$, 使得 $\int_{t_0}^{t_*} 1/s^{\frac{1}{\gamma}} \Delta s > 0$, 则

$$\int_{t_0}^{\infty} \frac{1}{r_{n-1}(s)} \left\{ \int_s^{\infty} \left[\frac{1}{r_n(u)} \int_u^{\infty} q(v)\Delta v \right]^{\frac{1}{\gamma}} \Delta u \right\} \Delta s$$

$$= \int_{t_0}^{\infty} \frac{1}{s^{\frac{1}{\gamma}}} \left\{ \int_s^{\infty} \left[\int_u^{\infty} \frac{\rho}{v\sigma(v)} \Delta v \right]^{\frac{1}{\gamma}} \Delta u \right\} \Delta s$$

$$\geqslant (\rho)^{\frac{1}{\gamma}} \int_{t_0}^{\infty} \frac{1}{s^{\frac{1}{\gamma}}} \left\{ \int_s^{\infty} \frac{1}{u^{\frac{1}{\gamma}}} \Delta u \right\} \Delta s$$

$$\geqslant (\rho)^{\frac{1}{\gamma}} \int_{t_0}^{t_*} \frac{1}{s^{\frac{1}{\gamma}}} \Delta s \int_{s_*}^{\infty} \frac{1}{u^{\frac{1}{\gamma}}} \Delta u$$

$$= \infty.$$

利用 (7.46) 的讨论方法, 很容易得到

$$\vartheta_1(t, T) \geqslant \left(\frac{1}{2} \right)^{n-1+\frac{1}{\gamma}} (t - 2^{n-1}T).$$

故当 $\rho > 2^{(n-1)\gamma+1}$ 时, 有

$$\limsup_{t \to \infty} \vartheta_1^{\gamma}(t, T) \int_t^{\infty} q(s)\Delta s$$

$$\geqslant \rho \left(\frac{1}{2} \right)^{(n-1)\gamma+1} \limsup_{t \to \infty} \frac{(t - 2^{n-1}T)^{\gamma}}{t}$$

$$\geqslant \rho \left(\frac{1}{2} \right)^{(n-1)\gamma+1} > 1.$$

因此条件 (H$_3$), (7.3) 及 (7.41) 成立. 由定理 7.3 知, 当 $\rho > 2^{(n-1)\gamma+1}$ 时, 方程 (7.47) 的每一个解 $x(t)$ 是振荡的或者 $\lim_{t \to \infty} x(t) = 0$. $\square$

例子 7.4 考虑定义在时标 **N** 上的三阶动力方程

$$[(tx^{\Delta}(t))^{\Delta}]^{\Delta} + \frac{3t[(4t^2 + 18t + 19)(t+1) + (4t^2 + 10t + 5)(t+3)]}{(t+1)(t+2)(t+3)} x(3t) = 0, \quad (7.48)$$

其中 $n = 2$, $\gamma = 1$, $r_2(t) = 1, r_1(t) = t$, 且对任意的 $t \in \mathbf{N}$, $\tau(t) = 3t$. 显然条件 (H$_1$) – (H$_5$) 成立, 这时 $x(t) = (-1)^t/t$ 是方程 (7.48) 的一个振荡解, 且 $\lim_{t \to \infty} x(t) = 0$.

第8章　高阶非线性时滞动力方程的振荡性准则

这一章研究高阶非线性时滞动力方程

$$R_n^\Delta(t,x(t)) + b(t)|R_{n-1}^\Delta(t,x(t))|^{\gamma-1}R_{n-1}^\Delta(t,x(t)) + q(t)f(|x(\tau(t))|^{\gamma-1}x(\tau(t))) = 0 \tag{8.1}$$

的解的振荡性准则, 其中 $t_0 \in \mathbf{T}$ 是一个常数, $t \in [t_0,\infty)_{\mathbf{T}}$ 且

$$R_k(t,x(t)) = \begin{cases} x(t), & k = 0, \\ r_k(t)R_{k-1}^\Delta(t,x(t)), & k \in \mathbf{N}_{n-1}, \\ r_n(t)|R_{n-1}^\Delta(t,x(t))|^{\gamma-1}R_{n-1}^\Delta(t,x(t)), & k = n. \end{cases}$$

本章总假设下列条件成立:

(A$_1$) γ 是两个正奇数的比.

(A$_2$) $b,q,r_k \in C_{\mathrm{rd}}([t_0,\infty)_{\mathbf{T}},\mathbf{R}_+)$ $(k \in \mathbf{N}_n)$, $r_n^\Delta(t) \geqslant 0$ 且 $r_{n-1}^\Delta(t) \geqslant 0$.

(A$_3$) 对任意的 $t \in [t_0,\infty)_{\mathbf{T}}$, $1 - \mu(t)b(t)/r_n(t) > 0$.

(A$_4$) $\int_{t_0}^\infty [e_{-b/r_n}(s,t_0)/r_n(s)]^{\frac{1}{\gamma}}\Delta s = \int_{t_0}^\infty 1/r_k(s)\Delta s = \infty$ $(k \in \mathbf{N}_{n-1})$.

(A$_5$) $\tau : \mathbf{T} \to \mathbf{T}$ 是一个不减的时滞函数且满足对任意的 $t \in \mathbf{T}$, $\tau(t) \leqslant t$, $\lim\limits_{t\to\infty} \tau(t) = \infty$.

(A$_6$) $f \in C(\mathbf{T},\mathbf{R})$ 且存在一个正常数 M, 使得对任意的 $u \neq 0$, $f(u)/u \geqslant M$.

记 $\phi(u) = |u|^{\gamma-1}u$, 则方程 (8.1) 可简化为方程

$$R_n^\Delta(t,x(t)) + b(t)\phi(R_{n-1}^\Delta(t,x(t))) + q(t)f(\phi(x(\tau(t)))) = 0 \quad (t \in [t_0,\infty)_{\mathbf{T}}). \tag{8.2}$$

8.1　与方程 (8.2) 有关的辅助引理

引理 8.1　设 $m \in \mathbf{N}_n$.

(1) 若 $\liminf\limits_{t\to\infty} R_m(t,x(t)) > 0$, 则对任意的 $i \in \mathbf{Z}_{m-1}$, $\lim\limits_{t\to\infty} R_i(t,x(t)) = \infty$.

(2) 若 $\limsup\limits_{t\to\infty} R_m(t,x(t)) < 0$, 则对任意的 $i \in \mathbf{Z}_{m-1}$, $\lim\limits_{t\to\infty} R_i(t,x(t)) = -\infty$.

证明　(1) 若 $\liminf\limits_{t\to\infty} R_m(t,x(t)) > 0$, 则存在充分大的 $T \geqslant t_0$ 和常数 $c > 0$, 使得对任意的 $t \geqslant T$,

$$R_m(t,x(t)) \geqslant c > 0.$$

若 $m = n$, 则由 (A$_4$) 得到

$$\int_{t_0}^{\infty} \left[\frac{1}{r_n(s)} \right]^{\frac{1}{\gamma}} \Delta s \geqslant \int_{t_0}^{\infty} \left[\frac{e_{-b/r_n}(s, t_0)}{r_n(s)} \right]^{\frac{1}{\gamma}} \Delta s = \infty.$$

因此

$$R_{n-1}(t, x(t)) = R_{n-1}(T, x(T)) + \int_T^t \left[\frac{R_n(s, x(s))}{r_n(s)} \right]^{\frac{1}{\gamma}} \Delta s$$

$$\geqslant R_{n-1}(T, x(T)) + c^{\frac{1}{\gamma}} \int_T^t \left[\frac{1}{r_n(s)} \right]^{\frac{1}{\gamma}} \Delta s,$$

故 $\lim\limits_{t \to \infty} R_{n-1}(t, x(t)) = \infty$.

若 $m \neq n$, 则

$$R_{m-1}(t, x(t)) = R_{m-1}(T, x(T)) + \int_T^t \frac{R_m(s, x(s))}{r_m(s)} \Delta s$$

$$\geqslant R_{m-1}(T, x(T)) + c \int_T^t \frac{1}{r_m(s)} \Delta s,$$

故 $\lim\limits_{t \to \infty} R_{m-1}(t, x(t)) = \infty$. 其余的类似可证.

(2) 的证明与 (1) 的证明类似. $\square$

引理 8.2 设 $x(t)$ 是方程 (8.2) 的一个终于正解, 则存在 $\ell \in \mathbf{Z}_n$ 和 $T \in [t_0, \infty)_{\mathbf{T}}$, 使得

(1) $n + \ell$ 是偶数.

(2) 若 $\ell \leqslant n$, 则对任意的 $t \geqslant T$ 和 $\ell \leqslant i \leqslant n$, $(-1)^{\ell+i} R_i(t, x(t)) > 0$.

(3) 若 $\ell > 0$, 则对任意的 $t \geqslant T$ 和 $i \in \mathbf{Z}_{\ell-1}$, $R_i(t, x(t)) > 0$.

证明 由于 $x(t)$ 是方程 (8.2) 的一个终于正解, 则存在 $t_1 \geqslant t_0$, 使得对任意的 $t \in [t_1, \infty)_{\mathbf{T}}$, $x(t) > 0$ 和 $x(\tau(t)) > 0$. 由 (8.2) 知, 对任意的 $t \geqslant t_1$,

$$R_n^{\Delta}(t, x(t)) + b(t)\phi(R_{n-1}^{\Delta}(t, x(t)))$$

$$= -q(t)f(\phi(x(\tau(t))))$$

$$\leqslant -Mq(t)x^{\gamma}(\tau(t)) < 0.$$

因此对任意的 $t \in [t_1, \infty)_{\mathbf{T}}$,

$$\left[\frac{R_n(t, x(t))}{e_{-b/r_n}(t, t_0)} \right]^{\Delta}$$

$$= \frac{R_n^{\Delta}(t, x(t))e_{-b/r_n}(t, t_0) - R_n(t, x(t))\left(-\dfrac{b(t)}{r_n(t)} \right)e_{-b/r_n}(t, t_0)}{e_{-b/r_n}(t, t_0)e_{-b/r_n}(\sigma(t), t_0)}$$

$$\begin{aligned}
&= \frac{R_n^\Delta(t, x(t)) + b(t)\phi(R_{n-1}^\Delta(t, x(t)))}{e_{-b/r_n}(\sigma(t), t_0)} \\
&\leqslant -\frac{Mq(t)x^\gamma(\tau(t))}{e_{-b/r_n}(\sigma(t), t_0)} \\
&\leqslant -Mq(t)x^\gamma(\tau(t)) < 0. \tag{8.3}
\end{aligned}$$

从而 $R_n(t, x(t))/e_{-b/r_n}(t, t_0)$ 在 $[t_1, \infty)_{\mathbf{T}}$ 上是单调递减的且 $R_{n-1}^\Delta(t, x(t))$ 终于正或者终于负.

我们断言: 对任意的 $t \in [t_1, \infty)_{\mathbf{T}}$,

$$R_{n-1}^\Delta(t, x(t)) > 0.$$

若不然, 则存在 $t_2 \in [t_1, \infty)_{\mathbf{T}}$, 使得

$$R_{n-1}^\Delta(t_2, x(t_2)) < 0,$$

故对任意的 $t \geqslant t_2$, 有

$$\begin{aligned}
\frac{R_n(t, x(t))}{e_{-b/r_n}(t, t_0)} &= \frac{r_n(t)\phi(R_{n-1}^\Delta(t, x(t)))}{e_{-b/r_n}(t, t_0)} \\
&\leqslant \frac{r_n(t_2)\phi(R_{n-1}^\Delta(t_2, x(t_2)))}{e_{-b/r_n}(t_2, t_0)} \\
&< 0.
\end{aligned}$$

由上述不等式, 得到

$$R_{n-1}^\Delta(t, x(t)) \leqslant -\left[-\frac{r_n(t_2)\phi(R_{n-1}^\Delta(t_2, x(t_2)))}{e_{-b/r_n}(t_2, t_0)} \frac{e_{-b/r_n}(t, t_0)}{r_n(t)} \right]^{\frac{1}{\gamma}},$$

即

$$\begin{aligned}
&R_{n-1}(t, x(t)) \\
&\leqslant R_{n-1}(t_2, x(t_2)) - \left[-\frac{r_n(t_2)\phi(R_{n-1}^\Delta(t_2, x(t_2)))}{e_{-b/r_n}(t_2, t_0)} \right]^{\frac{1}{\gamma}} \int_{t_2}^t \left[\frac{e_{-b/r_n}(s, t_0)}{r_n(s)} \right]^{\frac{1}{\gamma}} \Delta s \\
&\to -\infty \quad (t \to \infty).
\end{aligned}$$

由引理 8.1 可知

$$\lim_{t \to \infty} x(t) = -\infty,$$

这与 $x(t)$ 是终于正的矛盾. 故对任意的 $t \in [t_1, \infty)_{\mathbf{T}}$,

$$R_{n-1}^\Delta(t, x(t)) > 0,$$

且必有下列情形之一成立:

(a_1) 对任意的 $t \geqslant t_1, R_{n-1}(t, x(t)) < 0.$

(b_1) 存在 $t_3 \geqslant t_1$, 使得对任意的 $t \geqslant t_3$,

$$R_{n-1}(t, x(t)) \geqslant R_{n-1}(t_3, x(t_3)) > 0.$$

若 (b_1) 成立, 则由引理 8.1 可知

$$\lim_{t \to \infty} R_{n-2}(t, x(t)) = \lim_{t \to \infty} R_{n-3}(t, x(t)) = \cdots = \lim_{t \to \infty} x(t) = \infty.$$

因此引理 8.2 的结论成立.

若 (a_1) 成立, 则 $R_{n-2}(t, x(t))$ 在 $[t_1, \infty)_\mathbf{T}$ 上是严格单调递减的且下列情形之一成立:

(a_2) 对任意的 $t \geqslant t_1, R_{n-2}(t, x(t)) > 0.$

(b_2) 存在 $t_4 \geqslant t_1$, 使得对任意的 $t \geqslant t_4$,

$$R_{n-2}(t, x(t)) \leqslant R_{n-2}(t_4, x(t_4)) < 0.$$

若 (b_2) 成立, 则由引理 8.1 得到

$$\lim_{t \to \infty} R_{n-3}(t, x(t)) = \lim_{t \to \infty} R_{n-4}(t, x(t)) = \cdots = \lim_{t \to \infty} x(t) = -\infty,$$

这与 $x(t)$ 是一个终于正解矛盾. 因此 (b_2) 是不可能成立的.

由 (a_2) 可知, $R_{n-3}(t, x(t))$ 在 $[t_1, \infty)_\mathbf{T}$ 上是严格单调递增的且下列情形之一成立:

(a_3) 对任意的 $t \geqslant t_1, R_{n-3}(t, x(t)) < 0.$

(b_3) 存在 $t_5 \geqslant t_1$, 使得对任意的 $t \geqslant t_5$,

$$R_{n-3}(t, x(t)) \geqslant R_{n-3}(t_5, x(t_5)) > 0.$$

以此类推, 可以得到引理 8.2 的结论. $\square$

引理 8.3 设

$$\int_{t_0}^{\infty} q(s) \Delta s = \infty \tag{8.4}$$

或

$$\int_{t_0}^{\infty} \frac{1}{r_{n-1}(s)} \left\{ \int_s^{\infty} \left[\frac{e_{-b/r_n}(u, t_0)}{r_n(u)} \int_u^{\infty} q(v) \Delta v \right]^{\frac{1}{\gamma}} \Delta u \right\} \Delta s = \infty \tag{8.5}$$

且 $x(t)$ 是方程 (8.2) 的一个终于正解, 则存在充分大的 $T \in [t_0, \infty)_\mathbf{T}$, 使得下列情形之一成立:

(1) 对任意的 $t \geqslant T$ 及 $i \in \mathbf{Z}_n$, $R_i(t, x(t)) > 0$.

(2) $\lim\limits_{t \to \infty} x(t) = 0$.

证明　由于 $x(t)$ 是方程 (8.2) 的一个终于正解, 所以存在 $t_1 \geqslant t_0$, 在 $[t_1, \infty)_{\mathbf{T}}$ 上有

$$x(t) > 0, \quad x(\tau(t)) > 0.$$

又由引理 8.2 可知, 存在 $\ell \in \mathbf{Z}_n$, 满足 $\ell + n$ 是偶数, 使得对任意的 $t \geqslant t_1$ 及 $\ell \leqslant i \leqslant n$,

$$(-1)^{\ell+i} R_i(t, x(t)) > 0,$$

且 $x(t)$ 是终于单调的.

我们断言: 若 $\lim\limits_{t \to \infty} x(t) \neq 0$, 则 $\ell = n$. 否则, 必有

$$R_{n-1}(t, x(t)) < 0 \quad (t \geqslant t_1),$$
$$R_{n-2}(t, x(t)) > 0 \quad (t \geqslant t_1).$$

易见存在 $t_2 \geqslant t_1$ 和常数 $d > 0$, 使得对任意的 $t \in [t_2, \infty)_{\mathbf{T}}$, $x(\tau(t)) \geqslant d$. 由 (8.3) 得到

$$\left[\frac{R_n(t, x(t))}{e_{-b/r_n}(t, t_0)} \right]^{\Delta} \leqslant -Mq(t)x^{\gamma}(\tau(t)) \leqslant -Md^{\gamma}q(t). \tag{8.6}$$

将 (8.6) 从 t_2 到 t 积分可得, 对任意的 $t \geqslant t_2$,

$$\frac{R_n(t, x(t))}{e_{-b/r_n}(t, t_0)} \leqslant \frac{R_n(t_2, x(t_2))}{e_{-b/r_n}(t_2, t_0)} - Md^{\gamma} \int_{t_2}^{t} q(s)\Delta s$$
$$\to -\infty \quad (t \to \infty),$$

这与 $R_n(t, x(t)) > 0$ $(t \geqslant t_1)$ 矛盾, 因此 $\ell = n$.

将 (8.6) 从 t 到 ∞ 积分可知, 对任意的 $t \geqslant t_2$,

$$\frac{R_n(t, x(t))}{e_{-b/r_n}(t, t_0)} \geqslant Md^{\gamma} \int_{t}^{\infty} q(s)\Delta s,$$

即

$$R_{n-1}^{\Delta}(t, x(t)) \geqslant dM^{\frac{1}{\gamma}} \left[\frac{e_{-b/r_n}(t, t_0)}{r_n(t)} \int_{t}^{\infty} q(s)\Delta s \right]^{\frac{1}{\gamma}}.$$

因此对任意的 $t \geqslant t_2$,

$$R_{n-1}(t, x(t)) \leqslant -dM^{\frac{1}{\gamma}} \int_{t}^{\infty} \left[\frac{e_{-b/r_n}(s, t_0)}{r_n(s)} \int_{s}^{\infty} q(u)\Delta u \right]^{\frac{1}{\gamma}} \Delta s.$$

再将上述不等式从 t_2 到 t 积分可得, 对任意的 $t \geqslant t_2$,

$$
\begin{aligned}
R_{n-2}&(t, x(t)) \\
&\leqslant R_{n-2}(t_2, x(t_2)) - dM^{\frac{1}{\gamma}} \int_{t_2}^{t} \frac{1}{r_{n-1}(s)} \left\{ \int_{s}^{\infty} \left[\frac{e_{-b/r_n}(u, t_0)}{r_n(u)} \int_{u}^{\infty} q(v) \Delta v \right]^{\frac{1}{\gamma}} \Delta u \right\} \Delta s.
\end{aligned}
$$

由 (8.5) 可推出

$$
\lim_{t \to \infty} R_{n-2}(t, x(t)) = -\infty,
$$

这与 $R_{n-2}(t, x(t)) > 0 \ (t \geqslant t_1)$ 矛盾. 因此 $\ell = n$. $\square$

引理 8.4 设 $x(t)$ 是方程 (8.2) 的一个终于正解且存在充分大的 $T \in [t_0, \infty)_{\mathbf{T}}$, 使得对任意的 $t \in [T, \infty)_{\mathbf{T}}$, 引理 8.3 中的情形 (1) 成立, 则对任意的 $t \in [T, \infty)_{\mathbf{T}}$,

$$
\frac{R_{n-1}(t, x(t))}{R_n^{\frac{1}{\gamma}}(t, x(t))} \geqslant \Theta_n \quad (t, T) \tag{8.7}
$$

和

$$
\frac{R_i(t, x(t))}{R_{i+1}(t, x(t))} \geqslant \frac{\Theta_{i+1}(t, T)}{\Theta_{i+2}(t, T)} \quad (i \in \mathbf{Z}_{n-2}), \tag{8.8}
$$

其中

$$
\Theta_i(t, T) = \begin{cases} \displaystyle\int_{T}^{t} \left[\frac{1}{r_n(s)} \right]^{\frac{1}{\gamma}} \Delta s, & i = n, \\ \displaystyle\int_{T}^{t} \frac{\Theta_{i+1}(s, T)}{r_i(s)} \Delta s, & i \in \mathbf{N}_{n-1}. \end{cases} \tag{8.9}
$$

证明 因为 $x(t)$ 是方程 (8.2) 的一个终于正解, 故存在充分大的 $T \geqslant t_0$, 使得对任意的 $t \geqslant T$, $x(\tau(t)) > 0$. 由引理 8.2 可知, $R_n(t, x(t))$ 在 $[T, \infty)_{\mathbf{T}}$ 上严格递减, 从而对任意的 $t \geqslant T$,

$$
\begin{aligned}
R_{n-1}(t, x(t)) &\geqslant R_{n-1}(t, x(t)) - R_{n-1}(T, x(T)) \\
&= \int_{T}^{t} \left[\frac{R_n(s, x(s))}{r_n(s)} \right]^{\frac{1}{\gamma}} \Delta s \\
&\geqslant R_n^{\frac{1}{\gamma}}(t, x(t)) \Theta_n(t, T),
\end{aligned}
$$

即

$$
\left(\frac{R_{n-1}(t, x(t))}{\Theta_n(t, T)} \right)^{\Delta} = \frac{R_{n-1}^{\Delta}(t, x(t)) \Theta_n(t, T) - R_{n-1}(t, x(t)) \dfrac{1}{r_n^{\frac{1}{\gamma}}(t)}}{\Theta_n(t, T) \Theta_n(\sigma(t), T)} \leqslant 0,
$$

因而 $R_{n-2}(t, x(t))/\Theta_n(t, T)$ 在 $[T, \infty)_{\mathbf{T}}$ 上单调递减, 由此推出, 对任意的 $t \geqslant T$,

$$
R_{n-2}(t, x(t)) \geqslant R_{n-2}(t, x(t)) - R_{n-2}(T, x(T))
$$

$$= \int_T^t \frac{R_{n-1}(s,x(s))}{\Theta_n(s,T)} \frac{\Theta_n(s,T)}{r_{n-1}(s)} \Delta s$$

$$\geqslant \frac{R_{n-1}(t,x(t))}{\Theta_n(t,T)} \Theta_{n-1}(t,T),$$

即

$$\left(\frac{R_{n-2}(t,x(t))}{\Theta_{n-1}(t,T)} \right)^{\Delta} \leqslant 0.$$

从而 $R_{n-2}(t,x(t))/\Theta_{n-1}(t,T)$ 在 $[T,\infty)_{\mathbf{T}}$ 上单调递减, 由此又推出, 对任意的 $t \geqslant T$,

$$R_{n-3}(t,x(t)) \geqslant R_{n-3}(t,x(t)) - R_{n-3}(T,x(T))$$

$$= \int_T^t \frac{R_{n-2}(s,x(s))}{\Theta_{n-1}(s,T)} \frac{\Theta_{n-1}(s,T)}{r_{n-2}(s)} \Delta s$$

$$\geqslant \frac{R_{n-2}(t,x(t))}{\Theta_{n-1}(t,T)} \Theta_{n-2}(t,T).$$

以此类推可得, 对任意的 $t \geqslant T$,

$$R_1(t,x(t)) \geqslant R_1(t,x(t)) - R_1(T,x(T))$$

$$= \int_T^t \frac{R_2(s,x(s))}{\Theta_3(s,T)} \frac{\Theta_3(s,T)}{r_2(s)} \Delta s$$

$$\geqslant \frac{R_2(t,x(t))}{\Theta_3(t,T)} \Theta_2(t,T),$$

$$x(t) \geqslant x(t) - x(T)$$

$$= \int_T^t \frac{R_1(s,x(s))}{\Theta_2(s,T)} \frac{\Theta_2(s,T)}{r_1(s)} \Delta s$$

$$\geqslant \frac{R_1(t,x(t))}{\Theta_2(t,T)} \Theta_1(t,T).$$

引理 8.4 得证.　□

　　引理 8.5[17]　设下列条件成立:

(1) $u \in C_{\mathrm{rd}}^2(\mathbf{I},\mathbf{R})$, 其中 $\mathbf{I} = [t_*,\infty)_{\mathbf{T}} \subseteq \mathbf{T}$.

(2) 对任意的 $t \geqslant t_*$, $u(t) > 0$, $u^{\Delta}(t) > 0$, $u^{\Delta\Delta}(t) \leqslant 0$.

则对任意的 $k \in (0,1)$, 存在常数 $T_k \in \mathbf{T}$ $(T_k \geqslant t_*)$, 使得对任意的 $t \geqslant T_k$,

$$u(\sigma(t)) \leqslant \frac{\sigma(t)}{k\tau(t)} u(\tau(t)). \tag{8.10}$$

　　引理 8.6[18]　设 x 满足: 对任意的 $t \in [T,\infty)_{\mathbf{T}}$,

$$x(t) > 0, \quad x^{\Delta}(t) > 0, \quad x^{\Delta\Delta}(t) > 0, \quad x^{\Delta\Delta\Delta}(t) \leqslant 0, \tag{8.11}$$

则

$$\liminf_{t\to\infty} \frac{tx(t)}{h_2(t,t_0)x^\Delta(t)} \geqslant 1,$$

其中 $h_2(t,t_0) = \displaystyle\int_{t_0}^{t} (\tau - t_0)\Delta\tau.$

我们重复提及下面引理.

引理 8.7 [3]　设 $a,b \in \mathbf{T}$, $f,g \in C_{\mathrm{rd}}([a,b]_\mathbf{T}, \mathbf{R})$, 则

$$\int_a^b |f(t)g(t)|\Delta t \leqslant \left\{\int_a^b |f(t)|^p \Delta t\right\}^{\frac{1}{p}} \left\{\int_a^b |g(t)|^q \Delta t\right\}^{\frac{1}{q}}, \tag{8.12}$$

其中 $p > 1$, $q = \dfrac{p}{p-1}$.

8.2　高阶动力方程 (8.2) 的振荡性准则

为了方便, 使用下列记号. 对任意充分大的 $T \in [t_0,\infty)_\mathbf{T}$ 和所有的 $t \in [T,\infty)_\mathbf{T}$, 记

$$f_+(t) = \max\{f(t), 0\},$$
$$\Psi(t,T) = \frac{kh_2(\tau(t),t_0)\Theta_1(\tau(t),T)}{2\sigma(t)r_{n-1}(\tau(t))\Theta_{n-1}(\tau(t),T)},$$
$$\delta(t) = \begin{cases} \left(\dfrac{k\tau(t)}{\sigma(t)}\right)^\gamma, & \gamma \geqslant 1, \\[3mm] \dfrac{k\tau(t)}{\sigma(t)}, & 0 < \gamma \leqslant 1. \end{cases}$$

对任意的满足 $p^\Delta(t) \geqslant 0$ 的函数 $p \in C^1_{\mathrm{rd}}(\mathbf{T}, \mathbf{R}_+)$, 记

$$\eta(t) = \left| \frac{p^\Delta(t)}{p(t)} - \frac{b(t)}{r_n(t)}\left(\frac{k\tau(t)}{\sigma(t)}\right)^\gamma \right|.$$

现在我们陈述并证明本章的主要结果.

定理 8.1　设 (8.4) 或 (8.5) 成立. 进一步, 假设存在 $p \in C^1_{\mathrm{rd}}(\mathbf{T}, \mathbf{R}_+)$ 满足 $p^\Delta(t) \geqslant 0$, 使得

$$\limsup_{t\to\infty} \int_{t_0}^{t} \left[Mp(s)q(s)\Psi^\gamma(s,T) - \frac{p(s)r_n(s)\eta^{\gamma+1}(s)}{(\gamma+1)^{\gamma+1}\delta^\gamma(s)} \right] \Delta s = \infty, \tag{8.13}$$

则方程 (8.2) 的每一个解 $x(t)$ 是振荡的或者 $\displaystyle\lim_{t\to\infty} x(t) = 0.$

证明   假设方程 (8.2) 在 $[t_0, \infty)_{\mathbf{T}}$ 上有一个非振荡解 $x(t)$. 不失一般性, 不妨设存在充分大的 $T \geqslant t_0$, 使得对任意的 $t \geqslant T$,

$$x(t) > 0, \quad x(\tau(t)) > 0.$$

由引理 8.3, 有两种情形:

(1) 对任意的 $t \geqslant T$ 及 $i \in \mathbf{N}_n$, $R_i(t, x(t)) > 0$.

(2) $\lim\limits_{t \to \infty} x(t) = 0$.

若情形 (1) 成立, 则记

$$\omega(t) = p(t) \frac{r_n(t) \phi(R_{n-1}^{\Delta}(t, x(t)))}{\phi(R_{n-1}(t, x(t)))} = p(t) \frac{r_n(t) [R_{n-1}^{\Delta}(t, x(t))]^{\gamma}}{R_{n-1}^{\gamma}(t, x(t))}, \tag{8.14}$$

有

$$\omega^{\Delta}(t) = p^{\Delta}(t) \frac{r_n(t)[R_{n-1}^{\Delta}(t, x(t))]^{\gamma}}{R_{n-1}^{\gamma}(t, x(t))} + p^{\sigma}(t) \left(\frac{\{r_n(t)[R_{n-1}^{\Delta}(t, x(t))]^{\gamma}\}^{\Delta} R_{n-1}^{\gamma}(t, x(t))}{R_{n-1}^{\gamma}(t, x(t)) R_{n-1}^{\gamma}(\sigma(t), x(\sigma(t)))} \right.$$
$$\left. - \frac{r_n(t)[R_{n-1}^{\Delta}(t, x(t))]^{\gamma} (R_{n-1}^{\gamma}(t, x(t)))^{\Delta}}{R_{n-1}^{\gamma}(t, x(t)) R_{n-1}^{\gamma}(\sigma(t), x(\sigma(t)))} \right).$$

由 (8.2) 和 $\omega(t)$ 的定义知, 对任意的 $t \geqslant T$,

$$\omega^{\Delta}(t) \leqslant \frac{p^{\Delta}(t)}{p(t)} \omega(t) - p^{\sigma}(t) \frac{b(t)[R_{n-1}^{\Delta}(t, x(t))]^{\gamma} + Mq(t)x^{\gamma}(\tau(t))}{R_{n-1}^{\gamma}(\sigma(t), x(\sigma(t)))}$$
$$- p^{\sigma}(t) \frac{r_n(t)[R_{n-1}^{\Delta}(t, x(t))]^{\gamma} (R_{n-1}^{\gamma}(t, x(t)))^{\Delta}}{R_{n-1}^{\gamma}(t, x(t)) R_{n-1}^{\gamma}(\sigma(t), x(\sigma(t)))}. \tag{8.15}$$

现在设

$$y(t) = R_{n-1}(t, x(t)) = r_{n-1}(t) R_{n-2}^{\Delta}(t, x(t)),$$

则有 $y(t) > 0$ 且 $y^{\Delta}(t) > 0$. 由

$$R_n^{\Delta}(t, x(t)) = [r_n(t)(R_{n-1}^{\Delta}(t, x(t)))^{\gamma}]^{\Delta}$$
$$= r_n^{\Delta}(t)(R_{n-1}^{\Delta}(\sigma(t), x(\sigma(t))))^{\gamma} + r_n(t)[(R_{n-1}^{\Delta}(t, x(t)))^{\gamma}]^{\Delta}$$

及 $R_n^{\Delta}(t, x(t)) < 0$ 和条件 (A_2) 可得

$$[(R_{n-1}^{\Delta}(t, x(t)))^{\gamma}]^{\Delta} < 0.$$

又因为

$$[(R_{n-1}^{\Delta}(t, x(t)))^{\gamma}]^{\Delta}$$

$$= \gamma y^{\Delta\Delta}(t) \int_0^1 [h R_{n-1}^\Delta(\sigma(t), x(\sigma(t))) + (1-h) R_{n-1}^\Delta(t, x(t))]^{\gamma-1} \mathrm{d}h,$$

所以有

$$y^{\Delta\Delta}(t) < 0.$$

因此, 由引理 8.5 可知, 对任意的 $k \in (0, 1)$, 存在常数 $t_1 \geqslant T$ 和 $t_1 \geqslant \max\{T_k, T\}$, 使得对任意的 $t \geqslant t_1$,

$$y(\sigma(t)) \leqslant \frac{\sigma(t)}{k\tau(t)} y(\tau(t)),$$

从而

$$R_{n-1}(\sigma(t), x(\sigma(t)))$$
$$\leqslant \frac{\sigma(t)}{k\tau(t)} R_{n-1}(\tau(t), x(\tau(t)))$$
$$\leqslant \frac{\sigma(t)}{k\tau(t)} R_{n-1}(t, x(t)). \tag{8.16}$$

现在考虑以下两种情形.

情形 1 若 $0 < \gamma < 1$, 则

$$(R_{n-1}^\gamma(t, x(t)))^\Delta$$
$$= \gamma R_{n-1}^\Delta(t, x(t)) \int_0^1 (h R_{n-1}(\sigma(t), x(\sigma(t))) + (1-h) R_{n-1}(t, x(t)))^{\gamma-1} \mathrm{d}h$$
$$\geqslant \gamma R_{n-1}^\Delta(t, x(t)) \int_0^1 (h R_{n-1}(\sigma(t), x(\sigma(t))) + (1-h) R_{n-1}(\sigma(t), x(\sigma(t))))^{\gamma-1} \mathrm{d}h$$
$$= \gamma (R_{n-1}(\sigma(t), x(\sigma(t))))^{\gamma-1} R_{n-1}^\Delta(t, x(t)). \tag{8.17}$$

由 (8.15)—(8.17) 和 $p^\Delta(t) \geqslant 0$, 得到

$$\omega^\Delta(t) \leqslant \frac{p^\Delta(t)}{p(t)} \omega(t) - p^\sigma(t) \left\{ \frac{b(t)[R_{n-1}^\Delta(t, x(t))]^\gamma}{\left[\frac{\sigma(t)}{k\tau(t)} R_{n-1}(t, x(t))\right]^\gamma} + \frac{M q(t) x^\gamma(\tau(t))}{R_{n-1}^\gamma(\sigma(t), x(\sigma(t)))} \right\}$$
$$- p^\sigma(t) \frac{r_n(t)[R_{n-1}^\Delta(t, x(t))]^\gamma \gamma (R_{n-1}(\sigma(t), x(\sigma(t))))^{\gamma-1} R_{n-1}^\Delta(t, x(t))}{R_{n-1}^\gamma(t, x(t)) R_{n-1}^\gamma(\sigma(t), x(\sigma(t)))}$$
$$\leqslant \frac{p^\Delta(t)}{p(t)} \omega(t) - p(t) \left\{ \frac{b(t)[R_{n-1}^\Delta(t, x(t))]^\gamma}{\left[\frac{\sigma(t)}{k\tau(t)} R_{n-1}(t, x(t))\right]^\gamma} + \frac{M q(t) x^\gamma(\tau(t))}{R_{n-1}^\gamma(\sigma(t), x(\sigma(t)))} \right\}$$

$$
\begin{aligned}
&- p(t) \frac{r_n(t)[R_{n-1}^{\Delta}(t, x(t))]^{\gamma} \gamma R_{n-1}^{\Delta}(t, x(t))}{R_{n-1}^{\gamma}(t, x(t)) \left[\dfrac{\sigma(t)}{k\tau(t)} R_{n-1}(t, x(t)) \right]} \\
&\leqslant \frac{p^{\Delta}(t)}{p(t)} \omega(t) - \frac{b(t)}{r_n(t)} \left[\frac{k\tau(t)}{\sigma(t)} \right]^{\gamma} \omega(t) - Mp(t)q(t) \left[\frac{x(\tau(t))}{R_{n-1}(\sigma(t), x(\sigma(t)))} \right]^{\gamma} \\
&\quad - \gamma \frac{k\tau(t)}{\sigma(t)} \frac{\omega^{\frac{\gamma+1}{\gamma}}(t)}{[p(t)r_n(t)]^{\frac{1}{\gamma}}}.
\end{aligned}
\tag{8.18}
$$

情形 2　若 $\gamma \geqslant 1$, 则

$$
\begin{aligned}
&(R_{n-1}^{\gamma}(t, x(t)))^{\Delta} \\
&= \gamma R_{n-1}^{\Delta}(t, x(t)) \int_0^1 (hR_{n-1}(\sigma(t), x(\sigma(t))) + (1-h)R_{n-1}(t, x(t)))^{\gamma-1} \mathrm{d}h \\
&\geqslant \gamma R_{n-1}^{\Delta}(t, x(t)) \int_0^1 (hR_{n-1}(t, x(t)) + (1-h)R_{n-1}(t, x(t)))^{\gamma-1} \mathrm{d}h \\
&= \gamma (R_{n-1}(t, x(t)))^{\gamma-1} R_{n-1}^{\Delta}(t, x(t)).
\end{aligned}
\tag{8.19}
$$

由 (8.16), (8.19), (8.15) 和 $p^{\Delta}(t) \geqslant 0$, 得到

$$
\begin{aligned}
\omega^{\Delta}(t) &\leqslant \frac{p^{\Delta}(t)}{p(t)} \omega(t) - p^{\sigma}(t) \left\{ \frac{b(t)[R_{n-1}^{\Delta}(t, x(t))]^{\gamma}}{\left[\dfrac{\sigma(t)}{k\tau(t)} R_{n-1}(t, x(t)) \right]^{\gamma}} + \frac{Mq(t)x^{\gamma}(\tau(t))}{R_{n-1}^{\gamma}(\sigma(t), x(\sigma(t)))} \right\} \\
&\quad - p^{\sigma}(t) \frac{r_n(t)[R_{n-1}^{\Delta}(t, x(t))]^{\gamma} \gamma (R_{n-1}(t, x(t)))^{\gamma-1} R_{n-1}^{\Delta}(t, x(t))}{R_{n-1}^{\gamma}(t, x(t)) \left[\dfrac{\sigma(t)}{k\tau(t)} R_{n-1}(t, x(t)) \right]^{\gamma}} \\
&\leqslant \frac{p^{\Delta}(t)}{p(t)} \omega(t) - p(t) \left\{ \frac{b(t)(k\tau(t))^{\gamma}[R_{n-1}^{\Delta}(t, x(t))]^{\gamma}}{[\sigma(t)R_{n-1}(t, x(t))]^{\gamma}} + \frac{Mq(t)x^{\gamma}(\tau(t))}{R_{n-1}^{\gamma}(\sigma(t), x(\sigma(t)))} \right\} \\
&\quad - p(t)r_n(t) \left[\frac{k\tau(t)}{\sigma(t)} \right]^{\gamma} \frac{\gamma[R_{n-1}^{\Delta}(t, x(t))]^{\gamma+1}}{R_{n-1}^{\gamma+1}(t, x(t))} \\
&\leqslant \frac{p^{\Delta}(t)}{p(t)} \omega(t) - \frac{b(t)}{r_n(t)} \left[\frac{k\tau(t)}{\sigma(t)} \right]^{\gamma} \omega(t) - Mp(t)q(t) \left[\frac{x(\tau(t))}{R_{n-1}(\sigma(t), x(\sigma(t)))} \right]^{\gamma} \\
&\quad - \gamma \left[\frac{k\tau(t)}{\sigma(t)} \right]^{\gamma} \frac{\omega^{\frac{\gamma+1}{\gamma}}(t)}{[p(t)r_n(t)]^{\frac{1}{\gamma}}}.
\end{aligned}
\tag{8.20}
$$

根据 $\delta(t)$ 的定义, 结合 (8.18) 和 (8.20) 可知

$$
\omega^{\Delta}(t) \leqslant \frac{p^{\Delta}(t)}{p(t)} \omega(t) - \frac{b(t)}{r_n(t)} \left[\frac{k\tau(t)}{\sigma(t)} \right]^{\gamma} \omega(t)
$$

$$- Mp(t)q(t)\left[\frac{x(\tau(t))}{R_{n-1}(\sigma(t), x(\sigma(t)))}\right]^{\gamma} - \gamma\delta(t)\frac{\omega^{\frac{\gamma+1}{\gamma}}(t)}{[p(t)r_n(t)]^{\frac{1}{\gamma}}}. \quad (8.21)$$

另一方面, 设

$$Y(t) = \int_T^t R_{n-1}(s, x(s))\Delta s \quad (t \in [T, \infty))_{\mathbf{T}},$$

容易验证

$$Y(t) > 0, \quad Y^{\Delta}(t) > 0, \quad Y^{\Delta\Delta}(t) > 0, \quad Y^{\Delta\Delta\Delta}(t) < 0,$$

因此, 由引理 8.6 可知, 存在 $t_{1/2} \in (T, \infty)_{\mathbf{T}}$, 使得对任意的 $t \in [t_{1/2}, \infty)_{\mathbf{T}}$,

$$\frac{tY(t)}{h_2(t, t_0)Y^{\Delta}(t)} \geqslant \frac{1}{2}.$$

从而对任意的 $t \in [t_{1/2}, \infty)_{\mathbf{T}}$,

$$\frac{\displaystyle\int_T^t R_{n-1}(s, x(s))\Delta s}{R_{n-1}(t, x(t))} \geqslant \frac{h_2(t, t_0)}{2t}. \quad (8.22)$$

由

$$\int_T^t R_{n-1}(s, x(s))\Delta s$$

$$= \int_T^t r_{n-1}(s)R_{n-2}^{\Delta}(s, x(s))\Delta s$$

$$= r_{n-1}(t)R_{n-2}(t, x(t))$$

$$\quad - r_{n-1}(T)R_{n-2}(T, x(T)) - \int_T^t r_{n-1}^{\Delta}(s)R_{n-2}(\sigma(s), x(\sigma(s)))\Delta s$$

可推出

$$r_{n-1}(t)R_{n-2}(t, x(t)) \geqslant \int_T^t R_{n-1}(s, x(s))\Delta s.$$

又由 (8.22) 可知, 对任意的 $t \in [t_{1/2}, \infty)_{\mathbf{T}}$,

$$\frac{R_{n-2}(t, x(t))}{R_{n-2}^{\Delta}(t, x(t))} = \frac{r_{n-1}(t)R_{n-2}(t, x(t))}{r_{n-1}(t)R_{n-2}^{\Delta}(t, x(t))} \geqslant \frac{\displaystyle\int_T^t R_{n-1}(s, x(s))\Delta s}{R_{n-1}(t, x(t))} \geqslant \frac{h_2(t, t_0)}{2t}. \quad (8.23)$$

由引理 8.5 可知: 对任意的 $t \in [T, \infty)_{\mathbf{T}}$,

$$\frac{x(\tau(t))}{R_{n-2}(\tau(t), x(\tau(t)))}$$

$$= \frac{x(\tau(t))}{R_1(\tau(t), x(\tau(t)))} \frac{R_1(\tau(t), x(\tau(t)))}{R_2(\tau(t), x(\tau(t)))} \cdots \frac{R_{n-3}(\tau(t), x(\tau(t)))}{R_{n-2}(\tau(t), x(\tau(t)))}$$

$$\geqslant \frac{\Theta_1(\tau(t), T)}{\Theta_2(\tau(t), T)} \frac{\Theta_2(\tau(t), T)}{\Theta_3(\tau(t), T)} \cdots \frac{\Theta_{n-2}(\tau(t), T)}{\Theta_{n-1}(\tau(t), T)}$$

$$= \frac{\Theta_1(\tau(t), T)}{\Theta_{n-1}(\tau(t), T)}.$$

结合 (8.16), (8.23) 和上述不等式可得, 存在 $T_0 \in [T, \infty)_{\mathbf{T}}$ $(T_0 \geqslant \max\{t_1, t_{1/2}\})$, 使得

$$\frac{x(\tau(t))}{R_{n-1}(\sigma(t), x(\sigma(t)))}$$

$$= \frac{x(\tau(t))}{r_{n-1}(\sigma(t)) R_{n-2}(\tau(t), x(\tau(t)))} \frac{R_{n-2}(\tau(t), x(\tau(t)))}{R_{n-2}^{\Delta}(\tau(t), x(\tau(t)))} \frac{R_{n-2}^{\Delta}(\tau(t), x(\tau(t)))}{R_{n-2}^{\Delta}(\sigma(t), x(\sigma(t)))}$$

$$\geqslant \frac{1}{r_{n-1}(\sigma(t))} \frac{x(\tau(t))}{R_{n-2}(\tau(t), x(\tau(t)))} \frac{h_2(\tau(t), t_0)}{2\tau(t)} \frac{k\tau(t) r_{n-1}(\sigma(t))}{\sigma(t) r_{n-1}(\tau(t))}$$

$$= \frac{k h_2(\tau(t), t_0) \Theta_1(\tau(t), T)}{2\sigma(t) r_{n-1}(\tau(t)) \Theta_{n-1}(\tau(t), T)}. \tag{8.24}$$

注意到 $\Psi(t, T)$ 的定义, 结合 (8.21) 和 (8.24), 得到

$$\omega^{\Delta}(t) \leqslant \left\{ \frac{p^{\Delta}(t)}{p(t)} - \frac{b(t)}{r_n(t)} \left[\frac{k\tau(t)}{\sigma(t)} \right]^{\gamma} \right\} \omega(t) - M p(t) q(t) \Psi^{\gamma}(t, T) - \gamma \delta(t) \frac{\omega^{\frac{\gamma+1}{\gamma}}(t)}{[p(t) r_n(t)]^{\frac{1}{\gamma}}}, \tag{8.25}$$

即

$$M p(t) q(t) \Psi^{\gamma}(t, T) \leqslant -\omega^{\Delta}(t) + \eta(t)\omega(t) - \gamma \delta(t) \frac{\omega^{\frac{\gamma+1}{\gamma}}(t)}{[p(t) r_n(t)]^{\frac{1}{\gamma}}}. \tag{8.26}$$

记

$$\lambda = \frac{\gamma+1}{\gamma},$$

$$a^{\lambda} = \gamma \delta(t) \frac{\omega^{\frac{\gamma+1}{\gamma}}(t)}{[p(t) r_n(t)]^{\frac{1}{\gamma}}},$$

$$b^{\lambda-1} = \frac{\gamma^{\frac{1}{\gamma+1}}}{\gamma+1} \frac{\eta(t)[p(t) r_n(t)]^{\frac{1}{\gamma+1}}}{\delta^{\frac{\gamma}{\gamma+1}}(t)},$$

则由引理 8.4 得

$$\eta(t)\omega(t) - \gamma \delta(t) \frac{\omega^{\frac{\gamma+1}{\gamma}}(t)}{[p(t) r_n(t)]^{\frac{1}{\gamma}}} \leqslant \frac{p(t) r_n(t) \eta^{\gamma+1}(t)}{(\gamma+1)^{\gamma+1} \delta^{\gamma}(t)}.$$

结合上述不等式和 (8.26) 得

$$Mp(t)q(t)\Psi^{\gamma}(t,T) \leqslant -\omega^{\Delta}(t) + \frac{p(t)r_n(t)\eta^{\gamma+1}(t)}{(\gamma+1)^{\gamma+1}\delta^{\gamma}(t)}. \tag{8.27}$$

将 (8.27) 从 T_0 到 t $(t \geqslant T_0)$ 积分可得

$$\int_{T_0}^{t} Mp(s)q(s)\Psi^{\gamma}(s,T)\Delta s \leqslant \omega(T_0) - \omega(t) + \int_{T_0}^{t} \frac{p(s)r_n(s)\eta^{\gamma+1}(s)}{(\gamma+1)^{\gamma+1}\delta^{\gamma}(s)}\Delta s,$$

即

$$\int_{T_0}^{t} \left[Mp(s)q(s)\Psi^{\gamma}(s,T) - \frac{p(s)r_n(s)\eta^{\gamma+1}(s)}{(\gamma+1)^{\gamma+1}\delta^{\gamma}(s)} \right]\Delta s \leqslant \omega(T_0) - \omega(t) \leqslant \omega(T_0),$$

这与 (8.13) 矛盾. 因此方程 (8.2) 的每一个解 $x(t)$ 是振荡的或者 $\lim_{t\to\infty} x(t) = 0$. □

为了方便, 对任意函数 $G : \mathbf{T}^2 \to \mathbf{R}$, 记 G_2^{Δ} 为 $G(t,s)$ 对应于第二个变量 s 的偏导数. 定义

$$\Im^* = \{G \in C_{\mathrm{rd}}(D, \mathbf{R}_0^+) : G(s,s) = 0, G(t,s) > 0, G_2^{\Delta}(t,s) \leqslant 0, t > s \geqslant t_0\},$$

其中 D 如第 7 章所述.

定理 8.2 设 (8.4) 或 (8.5) 成立. 进一步, 假设存在函数 $p \in C_{\mathrm{rd}}^1(\mathbf{T}, \mathbf{R}_+)$ 满足 $p^{\Delta}(t) \geqslant 0$ 和 $G(t,s) \in \Im^*$, 使得对某 $T_0 \geqslant t_0$,

$$\limsup_{t\to\infty} \frac{1}{G(t,t_0)} \int_{T_0}^{t} G(t,s) \left[Mp(s)q(s)\Psi^{\gamma}(s,T) - \frac{p(s)r_n(s)\eta^{\gamma+1}(s)}{(\gamma+1)^{\gamma+1}\delta^{\gamma}(s)} \right]\Delta s = \infty, \tag{8.28}$$

则方程 (8.2) 的每一个解 $x(t)$ 是振荡的或者 $\lim_{t\to\infty} x(t) = 0$.

证明 假设方程 (8.2) 在 $[t_0, \infty)_{\mathbf{T}}$ 上有一个非振荡解 $x(t)$. 不失一般性, 不妨设存在充分大的 $T \geqslant t_0$, 使得对任意的 $t \geqslant T$, $x(t) > 0$, $x(\tau(t)) > 0$. 由引理 8.3 可知, 有下面两种情形:

(1) 对任意的 $t \geqslant T$ 及 $i \in \mathbf{N}_n$, $R_i(t, x(t)) > 0$.

(2) $\lim_{t\to\infty} x(t) = 0$.

若情形 (1) 成立, 则由定理 8.1 得到 (8.26). 将 (8.26) 左、右两边乘以 $G(t,s)$, 用 s 置换所有的 t, 再对应 s 从 T_0 到 t $(t \geqslant T_0)$ 积分得到

$$\int_{T_0}^{t} MG(t,s)p(s)q(s)\Psi^{\gamma}(s,T)\Delta s$$

$$\leqslant -\int_{T_0}^{t} G(t,s)\omega^{\Delta}(s)\Delta s + \int_{T_0}^{t} G(t,s)\eta(s)\omega(s)\Delta s$$

$$- \int_{T_0}^{t} \gamma G(t,s) \delta(s) \frac{\omega^{\frac{\gamma+1}{\gamma}}(s)}{[p(s)r_n(s)]^{\frac{1}{\gamma}}} \Delta s.$$

利用分部积分法, 得到

$$\int_{T_0}^{t} M G(t,s) p(s) q(s) \Psi^{\gamma}(s,T) \Delta s$$

$$\leqslant G(t,T_0)\omega(T_0) + \int_{T_0}^{t} G_2^{\Delta}(t,s) \omega^{\sigma}(s) \Delta s$$

$$+ \int_{T_0}^{t} G(t,s) \eta(s) \omega(s) \Delta s - \int_{T_0}^{t} \gamma G(t,s) \delta(s) \frac{\omega^{\frac{\gamma+1}{\gamma}}(s)}{[p(s)r_n(s)]^{\frac{1}{\gamma}}} \Delta s$$

$$\leqslant G(t,T_0)\omega(T_0) + \int_{T_0}^{t} \left[G(t,s)\eta(s)\omega(s) - \gamma G(t,s)\delta(s)\frac{\omega^{\frac{\gamma+1}{\gamma}}(s)}{[p(s)r_n(s)]^{\frac{1}{\gamma}}} \right] \Delta s. \qquad (8.29)$$

记

$$\lambda = \frac{\gamma+1}{\gamma},$$

$$a = \gamma^{\frac{\gamma}{\gamma+1}} G^{\frac{\gamma}{\gamma+1}}(t,s) \delta^{\frac{\gamma}{\gamma+1}}(s) \frac{\omega(s)}{[p(s)r_n(s)]^{\frac{1}{\gamma+1}}},$$

$$b = \frac{\gamma^{\frac{\gamma}{\gamma+1}}}{(\gamma+1)^{\gamma}} \eta^{\gamma}(s) \frac{[G(t,s)p(s)r_n(s)]^{\frac{\gamma}{\gamma+1}}}{\delta^{\frac{\gamma^2}{\gamma+1}}(s)},$$

由引理 7.12 得

$$G(t,s)\eta(s)\omega(s) - \gamma G(t,s)\delta(s)\frac{\omega^{\frac{\gamma+1}{\gamma}}(s)}{[p(s)r_n(s)]^{\frac{1}{\gamma}}} \leqslant \frac{G(t,s)\eta^{\gamma+1}(s)p(s)r_n(s)}{(\gamma+1)^{\gamma+1}\delta^{\gamma}(s)}.$$

结合上述不等式和 (8.29) 得

$$\int_{T_0}^{t} M G(t,s) p(s) q(s) \Psi^{\gamma}(s,T) \Delta s \leqslant G(t,T_0)\omega(T_0) + \int_{T_0}^{t} \frac{G(t,s)\eta^{\gamma+1}(s)p(s)r_n(s)}{(\gamma+1)^{\gamma+1}\delta^{\gamma}(s)} \Delta s,$$

即

$$\int_{T_0}^{t} \left[M G(t,s) p(s) q(s) \Psi^{\gamma}(s,T) - \frac{G(t,s)\eta^{\gamma+1}(s)p(s)r_n(s)}{(\gamma+1)^{\gamma+1}\delta^{\gamma}(s)} \right] \Delta s$$

$$\leqslant G(t,T_0)\omega(T_0) \leqslant G(t,t_0)\omega(T_0). \qquad (8.30)$$

因此

$$\limsup_{t \to \infty} \frac{1}{G(t,t_0)} \int_{T_0}^{t} G(t,s) \left[M p(s) q(s) \Psi^{\gamma}(s,T) - \frac{p(s)r_n(s)\eta^{\gamma+1}(s)}{(\gamma+1)^{\gamma+1}\delta^{\gamma}(s)} \right] \Delta s \leqslant \omega(T_0).$$

这与假设 (8.28) 矛盾. 因此方程 (8.2) 的每一个解 $x(t)$ 是振荡的或者 $\lim\limits_{t\to\infty} x(t) = 0$.
□

若

$$\limsup_{t\to\infty} \frac{1}{G(t,t_0)} \int_{T_0}^t G(t,s) \left[Mp(s)q(s)\Psi^\gamma(s,T) - \frac{p(s)r_n(s)\eta^{\gamma+1}(s)}{(\gamma+1)^{\gamma+1}\delta^\gamma(s)} \right] \Delta s < \infty, \tag{8.31}$$

则得到下面的结论.

定理 8.3 设 (8.4) 或 (8.5) 成立. 进一步, 假设存在函数 $p \in C_{\mathrm{rd}}^1(\mathbf{T}, \mathbf{R}_+)$ 满足 $p^\Delta(t) \geqslant 0$, $\zeta \in C_{\mathrm{rd}}(\mathbf{T}, \mathbf{R})$ 和 $G(t,s) \in \Im^*$, 使得对某 $T_0 \geqslant t_0$,

$$\inf_{s\geqslant T_0} \left[\liminf_{t\to\infty} \frac{G(t,s)}{G(t,T_0)} \right] > 0, \tag{8.32}$$

$$\limsup_{t\to\infty} \frac{1}{G(t,T_0)} \int_{T_0}^t G(t,s)p(s)r_n(s)\frac{\eta^{\gamma+1}(s)}{\delta^\gamma(s)}\Delta s < \infty, \tag{8.33}$$

$$\limsup_{t\to\infty} \frac{1}{G(t,u)} \int_u^t G(t,s) \left[Mp(s)q(s)\Psi^\gamma(s,T) - \frac{p(s)r_n(s)\eta^{\gamma+1}(s)}{(\gamma+1)^{\gamma+1}\delta^\gamma(s)} \right] \Delta s$$
$$\geqslant \zeta(u) \quad (u \geqslant T_0) \tag{8.34}$$

及

$$\int_{T_0}^\infty \delta(s) \frac{[\zeta_+(s)]^{\frac{\gamma+1}{\gamma}}}{[p(s)r_n(s)]^{\frac{1}{\gamma}}} \Delta s = \infty, \tag{8.35}$$

则方程 (8.2) 的每一个解 $x(t)$ 是振荡的或者 $\lim\limits_{t\to\infty} x(t) = 0$.

证明 假设方程 (8.2) 在 $[t_0, \infty)_{\mathbf{T}}$ 上有一个非振荡解 $x(t)$. 不失一般性, 不妨设存在充分大的 $T \geqslant t_0$, 使得对任意的 $t \geqslant T$, $x(t) > 0$, $x(\tau(t)) > 0$. 由引理 8.3 可知, 有下面两种情形:

(1) 对任意的 $t \geqslant T$ 及 $i \in \mathbf{N}_n$, $R_i(t, x(t)) > 0$.

(2) $\lim\limits_{t\to\infty} x(t) = 0$.

若情形 (1) 成立, 则由定理 8.2 的证明得到 (8.30). 因此对任意的 $t \geqslant u \geqslant T_0$,

$$\frac{1}{G(t,u)} \int_u^t \left[MG(t,s)p(s)q(s)\Psi^\gamma(s,T) - \frac{G(t,s)\eta^{\gamma+1}(s)p(s)r_n(s)}{(\gamma+1)^{\gamma+1}\delta^\gamma(s)} \right] \Delta s \leqslant \omega(u).$$

由 (8.34), 得到

$$\zeta(u) \leqslant \omega(u)$$

和

$$\limsup_{t\to\infty} \frac{1}{G(t,T_0)} \int_{T_0}^t MG(t,s)p(s)q(s)\Psi^\gamma(s,T)\Delta s \geqslant \zeta(T_0). \tag{8.36}$$

又由 (8.29) 得

$$\frac{1}{G(t,T_0)}\int_{T_0}^{t}MG(t,s)p(s)q(s)\Psi^{\gamma}(s,T)\Delta s$$

$$\leqslant \omega(T_0)+\frac{1}{G(t,T_0)}\int_{T_0}^{t}G(t,s)\eta(s)\omega(s)\Delta s$$

$$-\frac{1}{G(t,T_0)}\int_{T_0}^{t}\gamma G(t,s)\delta(s)\frac{\omega^{\frac{\gamma+1}{\gamma}}(s)}{[p(s)r_n(s)]^{\frac{1}{\gamma}}}\Delta s.$$

记

$$H_1(t)=\frac{1}{G(t,T_0)}\int_{T_0}^{t}G(t,s)\eta(s)\omega(s)\Delta s,$$

$$H_2(t)=\frac{1}{G(t,T_0)}\int_{T_0}^{t}\gamma G(t,s)\delta(s)\frac{\omega^{\frac{\gamma+1}{\gamma}}(s)}{[p(s)r_n(s)]^{\frac{1}{\gamma}}}\Delta s.$$

由 (8.36) 知

$$\liminf_{t\to\infty}[H_2(t)-H_1(t)]$$

$$\leqslant \omega(T_0)-\limsup_{t\to\infty}\frac{1}{G(t,T_0)}\int_{T_0}^{t}MG(t,s)p(s)q(s)\Psi^{\gamma}(s,T)\Delta s$$

$$\leqslant \omega(T_0)-\zeta(T_0)<\infty.$$

现在我们断言:

$$\int_{T_0}^{\infty}\delta(s)\frac{\omega^{\frac{\gamma+1}{\gamma}}(s)}{[p(s)r_n(s)]^{\frac{1}{\gamma}}}\Delta s<\infty. \tag{8.37}$$

为得到矛盾, 假设

$$\int_{T_0}^{\infty}\delta(s)\frac{\omega^{\frac{\gamma+1}{\gamma}}(s)}{[p(s)r_n(s)]^{\frac{1}{\gamma}}}\Delta s=\infty, \tag{8.38}$$

则由 (8.32) 知, 存在常数 ε, 使得

$$\inf_{s\geqslant T_0}\left[\liminf_{t\to\infty}\frac{G(t,s)}{G(t,T_0)}\right]>\varepsilon, \tag{8.39}$$

设 $L>0$ 是任意常数, 则由 (8.38) 知, 存在 $t_1\in[T_0,\infty)_{\mathbf{T}}$, 使得对任意的 $t\in[t_1,\infty)_{\mathbf{T}}$,

$$\int_{T_0}^{t}\delta(s)\frac{\omega^{\frac{\gamma+1}{\gamma}}(s)}{[p(s)r_n(s)]^{\frac{1}{\gamma}}}\Delta s>\frac{L}{\gamma\varepsilon}.$$

利用分部积分法, 得到

$$H_2(t)=\frac{1}{G(t,T_0)}\int_{T_0}^{t}\gamma G(t,s)\delta(s)\frac{\omega^{\frac{\gamma+1}{\gamma}}(s)}{[p(s)r_n(s)]^{\frac{1}{\gamma}}}\Delta s$$

$$= \frac{1}{G(t,T_0)} \int_{T_0}^{t} \gamma G(t,s) \left[\int_{T_0}^{s} \delta(u) \frac{\omega^{\frac{\gamma+1}{\gamma}}(u)}{[p(u)r_n(u)]^{\frac{1}{\gamma}}} \Delta u \right]^{\Delta} \Delta s$$

$$= \frac{1}{G(t,T_0)} \int_{T_0}^{t} \left\{ [-\gamma G_2^{\Delta}(t,s)] \int_{T_0}^{\sigma(s)} \delta(u) \frac{\omega^{\frac{\gamma+1}{\gamma}}(u)}{[p(u)r_n(u)]^{\frac{1}{\gamma}}} \Delta u \right\} \Delta s$$

$$\geqslant \frac{1}{G(t,T_0)} \int_{t_1}^{t} \left\{ [-\gamma G_2^{\Delta}(t,s)] \int_{T_0}^{s} \delta(u) \frac{\omega^{\frac{\gamma+1}{\gamma}}(u)}{[p(u)r_n(u)]^{\frac{1}{\gamma}}} \Delta u \right\} \Delta s$$

$$> \frac{1}{G(t,T_0)} \int_{t_1}^{t} \left\{ [-\gamma G_2^{\Delta}(t,s)] \frac{L}{\gamma \varepsilon} \right\} \Delta s$$

$$= \frac{L}{\varepsilon} \frac{G(t,t_1)}{G(t,T_0)}.$$

由 (8.39) 知, 存在 $t_2 \in [t_1,\infty)_{\mathbf{T}}$, 使得对任意的 $t \in [t_2,\infty)_{\mathbf{T}}$,

$$\frac{G(t,t_1)}{G(t,T_0)} \geqslant \varepsilon,$$

这蕴含着 $H_2(t) > L$, 由 L 的任意性知

$$\lim_{t \to \infty} H_2(t) = \infty. \tag{8.40}$$

现选取一个序列 $\{T_n\}_{n=1}^{\infty}$, 使得 $T_n \in [T_0,\infty)_{\mathbf{T}}$, $\lim_{n \to \infty} T_n = \infty$, 且

$$\lim_{n \to \infty} [H_2(T_n) - H_1(T_n)] = \liminf_{t \to \infty} [H_2(t) - H_1(t)] < \infty.$$

则存在常数 D 和 $N \in \mathbf{N}$, 使得对任意的 $n \geqslant N$,

$$H_2(T_n) - H_1(T_n) \leqslant D. \tag{8.41}$$

结合 (8.41) 和 (8.40) 得到

$$\lim_{n \to \infty} H_1(T_n) = \lim_{n \to \infty} H_2(T_n) = \infty. \tag{8.42}$$

因此对充分大的 n, 有

$$\frac{H_1(T_n)}{H_2(T_n)} - 1 \geqslant -\frac{D}{H_2(T_n)}$$

$$> -\frac{D}{2D} = -\frac{1}{2},$$

即

$$\frac{H_1(T_n)}{H_2(T_n)} > \frac{1}{2}.$$

这蕴含着

$$\lim_{n\to\infty}\frac{[H_1(T_n)]^{\gamma+1}}{[H_2(T_n)]^{\gamma}}=\lim_{n\to\infty}\left[\frac{H_1(T_n)}{H_2(T_n)}\right]^{\gamma}H_1(T_n)=\infty. \tag{8.43}$$

由引理 8.7, 得到

$$H_1(T_n)=\int_{T_0}^{T_n}\eta(s)\frac{G(T_n,s)\omega(s)}{G(T_n,T_0)}\Delta s$$

$$=\int_{T_0}^{T_n}\left(\left\{\frac{\gamma G(T_n,s)\delta(s)}{[p(s)r_n(s)]^{\frac{1}{\gamma}}G(T_n,T_0)}\right\}^{\frac{\gamma}{\gamma+1}}\omega(s)\right)$$

$$\times\left(\eta(s)\frac{G(T_n,s)}{G(T_n,T_0)}\left\{\frac{\gamma G(T_n,s)\delta(s)}{[p(s)r_n(s)]^{\frac{1}{\gamma}}G(T_n,T_0)}\right\}^{-\frac{\gamma}{\gamma+1}}\right)\Delta s$$

$$\leqslant\left(\int_{T_0}^{T_n}\frac{\gamma G(T_n,s)\delta(s)}{[p(s)r_n(s)]^{\frac{1}{\gamma}}G(T_n,T_0)}\omega^{\frac{\gamma+1}{\gamma}}(s)\Delta s\right)^{\frac{\gamma}{\gamma+1}}$$

$$\times\left(\int_{T_0}^{T_n}\left[\eta(s)\frac{G(T_n,s)}{G(T_n,T_0)}\right]^{\gamma+1}\left\{\frac{\gamma G(T_n,s)\delta(s)}{[p(s)r_n(s)]^{\frac{1}{\gamma}}G(T_n,T_0)}\right\}^{-\gamma}\Delta s\right)^{\frac{1}{\gamma+1}}$$

$$=H_2^{\frac{\gamma}{\gamma+1}}(T_n)\left(\frac{1}{\gamma^{\gamma}G(T_n,T_0)}\int_{T_0}^{T_n}G(T_n,s)p(s)r_n(s)\frac{\eta^{\gamma+1}(s)}{\delta^{\gamma}(s)}\Delta s\right)^{\frac{1}{\gamma+1}},$$

即

$$\frac{[H_1(T_n)]^{\gamma+1}}{[H_2(T_n)]^{\gamma}}\leqslant\frac{1}{\gamma^{\gamma}G(T_n,T_0)}\int_{T_0}^{T_n}G(T_n,s)p(s)r_n(s)\frac{\eta^{\gamma+1}(s)}{\delta^{\gamma}(s)}\Delta s.$$

结合上述不等式和 (8.43) 得到

$$\lim_{n\to\infty}\frac{1}{G(T_n,T_0)}\int_{T_0}^{T_n}G(T_n,s)p(s)r_n(s)\frac{\eta^{\gamma+1}(s)}{\delta^{\gamma}(s)}\Delta s=\infty,$$

这与假设 (8.33) 矛盾. 因此 (8.37) 成立. 结合 (8.36) 和 (8.37) 得到

$$\int_{T_0}^{\infty}\delta(s)\frac{[\zeta_+(s)]^{\frac{\gamma+1}{\gamma}}}{[p(s)r_n(s)]^{\frac{1}{\gamma}}}\Delta s\leqslant\int_{T_0}^{\infty}\delta(s)\frac{\omega^{\frac{\gamma+1}{\gamma}}(s)}{[p(s)r_n(s)]^{\frac{1}{\gamma}}}\Delta s<\infty,$$

这与假设 (8.35) 矛盾. 因此方程 (8.2) 的每一个解 $x(t)$ 是振荡的或者 $\lim\limits_{t\to\infty}x(t)=0$.

$\square$

8.3 例 子

例子 8.1 考虑时标 $2^{\mathbf{N}}$ 上高阶非线性动力方程

$$R_n^\Delta(t, x(t)) + b(t)|R_{n-1}^\Delta(t, x(t))|^{\gamma-1} R_{n-1}^\Delta(t, x(t)) + q(t) f(|x(\tau(t))|^{\gamma-1} x(\tau(t))) = 0,$$
$$\tag{8.44}$$

其中 $n \geqslant 2$, $\gamma = 6/5$, $b(t) = 1/t^{\frac{6}{5}}$, $\tau(t) = t/2$, $R_k(t, x(t))$ $(k \in \mathbf{Z}_n)$ 如方程 (8.2) 所述且 $r_n(t) = r_{n-1}(t) = \cdots = r_1(t) = t$. 设

$$f(u) = u(1 + \ln(3 + u^2)),$$
$$q(t) = \frac{1}{t},$$

则方程 (8.44) 的每一个解 $x(t)$ 是振荡的或者 $\lim\limits_{t\to\infty} x(t) = 0$.

证明 注意到

$$
\begin{aligned}
1 - \mu(t)\frac{b(t)}{r_n(t)} &= 1 - t\frac{t^{-\frac{6}{5}}}{t} \\
&= 1 - t^{-\frac{6}{5}} > 0, \\
e_{-b/r_n}(t, t_0) &\geqslant 1 - \int_2^t \frac{b(s)}{r_n(s)} \Delta s \\
&= 1 - \int_2^t \frac{1}{s^{\frac{11}{5}}} \Delta s \\
&= 1 - \frac{2^{-\frac{6}{5}} - t^{-\frac{6}{5}}}{1 - 2^{-\frac{6}{5}}} \\
&= \frac{t^{-\frac{6}{5}} + 1 - 2^{-\frac{1}{5}}}{1 - 2^{-\frac{6}{5}}} \\
&> 1 - 2^{-\frac{1}{5}} > 0.
\end{aligned}
$$

因此

$$
\begin{aligned}
&\int_{t_0}^t \left[\frac{e_{-b/r_n}(s, t_0)}{r_n(s)}\right]^{\frac{1}{\gamma}} \Delta s \\
&\geqslant \int_2^t \left[\frac{1 - 2^{-\frac{1}{5}}}{s}\right]^{\frac{5}{6}} \Delta s \\
&= \left(1 - 2^{-\frac{1}{5}}\right)^{\frac{5}{6}} \int_2^t \frac{1}{s^{\frac{5}{6}}} \Delta s
\end{aligned}
$$

$$= \left(1 - 2^{-\frac{1}{5}}\right)^{\frac{5}{6}} \frac{t^{\frac{1}{6}} - 2^{\frac{1}{6}}}{2^{\frac{1}{6}} - 1} \to \infty \quad (t \to \infty),$$

且对任意的 $k \in \mathbf{N}_{n-1}$,

$$\int_{t_0}^{t} \frac{1}{r_k(s)} \Delta s = \int_{2}^{t} \frac{1}{s} \Delta s$$
$$= \log_2 t - \log_2 2$$
$$\to \infty \quad (t \to \infty),$$

因此条件 (A_1)—(A_5) 成立. 易见

$$\int_{t_0}^{t} q(s) \Delta s = \int_{2}^{t} \frac{1}{s} \Delta s$$
$$= \log_2 t - \log_2 2$$
$$\to \infty \quad (t \to \infty)$$

且对任意的 $t \geqslant 24$,

$$h_2(t, 2) = \int_{2}^{t} (\tau - 2) \Delta \tau$$
$$= \frac{(t-2)(t-4)}{3}$$
$$> \frac{t^2}{4},$$

$$h_2(\tau(t), 2) > \frac{t^2}{2^4}.$$

由于

$$\Theta_n(t, T) = \int_{T}^{t} \left[\frac{1}{r_n(s)}\right]^{\frac{1}{\gamma}} \Delta s$$
$$= \int_{T}^{t} \frac{1}{s^{\frac{5}{6}}} \Delta s$$
$$= \frac{t^{\frac{1}{6}} - T^{\frac{1}{6}}}{2^{\frac{1}{6}} - 1},$$

因此对任意的 $t \geqslant T$,

$$\Theta_n(t, T) < \frac{t^{\frac{1}{6}}}{2^{\frac{1}{6}} - 1},$$

从而对任意的 $t \geqslant T$,

$$\Theta_{n-1}(t, T) = \int_{T}^{t} \frac{\Theta_n(s, T)}{r_{n-1}(s)} \Delta s$$

$$< \frac{1}{2^{\frac{1}{6}} - 1} \int_T^t \frac{1}{s^{\frac{5}{6}}} \Delta s$$

$$< \frac{1}{(2^{\frac{1}{6}} - 1)^2} t^{\frac{1}{6}}.$$

选取 $T_1 = T/(2 - 2^{\frac{1}{6}})^6$, 则对任意的 $t > T_1$,

$$\Theta_n(t, T) > t^{\frac{1}{6}},$$

这时

$$\begin{aligned}
\Theta_{n-1}(t, T_1) &= \int_{T_1}^t \frac{\Theta_n(s, T)}{r_{n-1}(s)} \Delta s \\
&> \int_{T_1}^t \frac{1}{s^{\frac{5}{6}}} \Delta s \\
&= \frac{t^{\frac{1}{6}} - T_1^{\frac{1}{6}}}{2^{\frac{1}{6}} - 1}.
\end{aligned}$$

选取 $T_2 = T/(2 - 2^{\frac{1}{6}})^{12}$, 则对任意的 $t > T_2$,

$$\Theta_{n-1}(t, T_1) > t^{\frac{1}{6}}.$$

这时

$$\begin{aligned}
\Theta_{n-2}(t, T_2) &= \int_{T_2}^t \frac{\Theta_{n-1}(s, T)}{r_{n-2}(s)} \Delta s \\
&> \int_{T_2}^t \frac{\Theta_{n-1}(s, T_1)}{r_{n-2}(s)} \Delta s \\
&> \int_{T_2}^t \frac{1}{s^{\frac{5}{6}}} \Delta s \\
&= \frac{t^{\frac{1}{6}} - T_2^{\frac{1}{6}}}{2^{\frac{1}{6}} - 1}.
\end{aligned}$$

选取 $T_3 = T/(2 - 2^{\frac{1}{6}})^{18}$, 则对任意的 $t > T_3$,

$$\Theta_{n-2}(t, T_2) > t^{\frac{1}{6}}.$$

$$\cdots\cdots$$

继续下去, 有

$$\Theta_1(t, T_{n-1}) = \int_{T_{n-1}}^t \frac{\Theta_2(s, T)}{r_1(s)} \Delta s$$

$$> \int_{T_{n-1}}^{t} \frac{\Theta_2(s, T_{n-2})}{r_1(s)} \Delta s$$

$$> \int_{T_{n-1}}^{t} \frac{1}{s^{\frac{5}{6}}} \Delta s$$

$$= \frac{t^{\frac{1}{6}} - T_{n-1}^{\frac{1}{6}}}{2^{\frac{1}{6}} - 1}.$$

选取 $T_n = T/(2 - 2^{\frac{1}{6}})^{6n}$, 则对任意的 $t > T_n$,

$$\Theta_1(t, T_{n-1}) > t^{\frac{1}{6}}.$$

这蕴含着对任意的 $t > T_n$,

$$\Theta_1(t, T) > \Theta_1(t, T_{n-1}) > t^{\frac{1}{6}}.$$

取 $M = 1$, $p(s) = 1$, $k = 1/2$, 选取 $t_* = \max\{2T_n, 48\}$, 则有

$$\limsup_{t \to \infty} \int_{t_0}^{t} M p(s) q(s) \Psi^{\gamma}(s, T) \Delta s$$

$$= \limsup_{t \to \infty} \int_{t_0}^{t} \frac{1}{s} \left[\frac{h_2(\tau(s), 2) \Theta_1(\tau(s), T)}{4\sigma(s) r_{n-1}(\tau(s)) \Theta_{n-1}(\tau(s), T)} \right]^{\frac{6}{5}} \Delta s$$

$$\geqslant \limsup_{t \to \infty} \int_{t_*}^{t} \frac{1}{s} \left[\frac{\dfrac{s^2}{2^4} \dfrac{s^{\frac{1}{6}}}{2^{\frac{1}{6}}}}{8s \dfrac{s}{2} \dfrac{1}{\left(2^{\frac{1}{6}} - 1\right)^2} \dfrac{s^{\frac{1}{6}}}{2^{\frac{1}{6}}}} \right]^{\frac{6}{5}} \Delta s$$

$$= \frac{\left(2^{\frac{1}{6}} - 1\right)^{\frac{12}{5}}}{2^{\frac{36}{5}}} \limsup_{t \to \infty} \int_{t_*}^{t} \frac{1}{s} \Delta s$$

$$= \frac{\left(2^{\frac{1}{6}} - 1\right)^{\frac{12}{5}}}{2^{\frac{36}{5}}} \limsup_{t \to \infty} (\log_2 t - \log_2 t_*)$$

$$= \infty,$$

$$\liminf_{t \to \infty} \int_{t_0}^{t} \frac{p(s) r_n(s) \eta^{\gamma+1}(s)}{(\gamma + 1)^{\gamma+1} \delta^{\gamma}(s)} \Delta s$$

$$= \liminf_{t \to \infty} \int_{t_0}^{t} \frac{(b(s))^{\gamma+1}}{(\gamma + 1)^{\gamma+1} (r_n(s))^{\gamma}} \left(\frac{\tau(s)}{2\sigma(s)} \right)^{\gamma} \Delta s$$

$$= \frac{1}{\left(\dfrac{11}{5}\right)^{\frac{11}{5}}} \liminf_{t \to \infty} \int_{t_0}^{t} \frac{s^{-\frac{66}{25}}}{s^{\frac{6}{5}}} \left(\frac{\dfrac{s}{2}}{4s} \right)^{\gamma} \Delta s$$

$$= \frac{1}{\left(\frac{11}{5}\right)^{\frac{11}{5}} 2^{\frac{18}{5}}} \liminf_{t\to\infty} \int_{t_0}^t \frac{1}{s^{\frac{96}{25}}} \Delta s$$

$$= \frac{1}{\left(\frac{11}{5}\right)^{\frac{11}{5}} 2^{\frac{18}{5}}} \liminf_{t\to\infty} \left(\frac{s^{-\frac{71}{25}} - (t_0)^{-\frac{71}{25}}}{2^{-\frac{71}{25}} - 1} \right)$$

$$< \infty.$$

这蕴含着

$$\limsup_{t\to\infty} \int_{t_0}^t \left[Mp(s)q(s)\Psi^\gamma(s,T) - \frac{p(s)r_n(s)\eta^{\gamma+1}(s)}{(\gamma+1)^{\gamma+1}\delta^\gamma(s)} \right] \Delta s = \infty.$$

因此条件 (8.4) 及 (8.13) 成立. 由定理 8.1 知, 方程 (8.44) 的每一个解 $x(t)$ 是振荡的或者 $\lim\limits_{t\to\infty} x(t) = 0$. □

例子 8.2　考虑时标 $2^{\mathbf{N}}$ 上高阶非线性动力方程

$$R_n^\Delta(t,x(t)) + b(t)|R_{n-1}^\Delta(t,x(t))|^{\gamma-1} R_{n-1}^\Delta(t,x(t)) + q(t)f(|x(\tau(t))|^{\gamma-1}x(\tau(t))) = 0, \tag{8.45}$$

其中 $n \geqslant 2$, $\gamma = 3/7$, $b(t) = 1/t^2$, $\tau(t) = t/2$, $R_k(t,x(t))$ $(k \in \mathbf{Z}_n)$ 如方程 (8.2) 所述且 $r_n(t) = t^{\frac{2}{5}}$, $r_{n-1}(t) = r_{n-2}(t) = \cdots = r_1(t) = t$. 设

$$f(u) = u\ln(3+u^2),$$

$$q(t) = \frac{2^{\frac{3}{7}}}{(2^{\frac{1}{15}}-1)^{\frac{6}{7}} t^{\frac{4}{7}}} \left[\frac{\sigma(t)}{h_2(\tau(t),2)} \right]^{\frac{3}{7}},$$

则方程 (8.45) 的每一个解 $x(t)$ 是振荡的或者 $\lim\limits_{t\to\infty} x(t) = 0$.

证明　注意到

$$1 - \mu(t)\frac{b(t)}{r_n(t)} = 1 - t\frac{t^{-2}}{t^{\frac{2}{5}}}$$

$$= 1 - t^{-\frac{7}{5}} > 0,$$

$$e_{-b/r_n}(t,t_0) \geqslant 1 - \int_2^t \frac{b(s)}{r_n(s)} \Delta s$$

$$= 1 - \int_2^t \frac{1}{s^{\frac{12}{5}}} \Delta s$$

$$= 1 - \frac{2^{-\frac{7}{5}} - t^{-\frac{7}{5}}}{1 - 2^{-\frac{7}{5}}}$$

$$= \frac{t^{-\frac{7}{5}} + 1 - 2^{-\frac{2}{5}}}{1 - 2^{-\frac{7}{5}}}$$

$$> 1 - 2^{-\frac{2}{5}} = \alpha > 0,$$

因此

$$\int_{t_0}^{t} \left[\frac{e_{-b/r_n}(s, t_0)}{r_n(s)} \right]^{\frac{1}{\gamma}} \Delta s \geqslant \int_{2}^{t} \left[\frac{\alpha}{s^{\frac{2}{5}}} \right]^{\frac{7}{3}} \Delta s$$

$$= \alpha^{\frac{7}{3}} \int_{2}^{t} \frac{1}{s^{\frac{14}{15}}} \Delta s$$

$$= \alpha^{\frac{7}{3}} \frac{t^{\frac{1}{15}} - 2^{\frac{1}{15}}}{2^{\frac{1}{15}} - 1} \to \infty \quad (t \to \infty)$$

且对任意的 $k \in \mathbf{N}_{n-1}$,

$$\int_{t_0}^{t} \frac{1}{r_k(s)} \Delta s = \int_{2}^{t} \frac{1}{s} \Delta s$$

$$= \log_2 t - \log_2 2$$

$$\to \infty \quad (t \to \infty),$$

从而条件 (A_1)—(A_5) 成立. 另一方面, 对任意的 $t \geqslant 2$,

$$h_2(t, 2) = \int_{2}^{t} (\tau - 2) \Delta \tau$$

$$= \frac{(t-2)(t-4)}{3}$$

$$< t^2,$$

$$h_2(\tau(t), 2) < \frac{t^2}{2^2},$$

由此可得

$$\int_{t_0}^{\infty} q(s) \Delta s = \int_{2}^{\infty} \frac{2^{\frac{3}{7}}}{(2^{\frac{1}{15}} - 1)^{\frac{6}{7}} s^{\frac{4}{7}}} \left[\frac{\sigma(s)}{h_2(\tau(s), 2)} \right]^{\frac{3}{7}} \Delta s$$

$$\geqslant \frac{2^{\frac{3}{7}}}{(2^{\frac{1}{15}} - 1)^{\frac{6}{7}}} \int_{2}^{\infty} \frac{1}{s^{\frac{4}{7}}} \left[\frac{2s}{\frac{s^2}{2^2}} \right]^{\frac{3}{7}} \Delta s$$

$$= \frac{2^{\frac{12}{7}}}{(2^{\frac{1}{15}} - 1)^{\frac{6}{7}}} \int_{2}^{\infty} \frac{1}{s} \Delta s$$

$$= \infty.$$

由

$$\Theta_n(t, T) = \int_{T}^{t} \left[\frac{1}{r_n(s)} \right]^{\frac{1}{\gamma}} \Delta s$$

$$= \int_T^t \frac{1}{s^{\frac{14}{15}}} \Delta s$$

$$= \frac{t^{\frac{1}{15}} - T^{\frac{1}{15}}}{2^{\frac{1}{15}} - 1},$$

易知对任意的 $t \geqslant T$,

$$\Theta_n(t, T) < \frac{t^{\frac{1}{15}}}{2^{\frac{1}{15}} - 1},$$

则对任意的 $t \geqslant T$,

$$\Theta_{n-1}(t, T) = \int_T^t \frac{\Theta_n(s, T)}{r_{n-1}(s)} \Delta s$$

$$< \frac{1}{2^{\frac{1}{15}} - 1} \int_T^t \frac{1}{s^{\frac{14}{15}}} \Delta s$$

$$< \frac{1}{(2^{\frac{1}{15}} - 1)^2} t^{\frac{1}{15}}.$$

选取 $T_1 = T/(2 - 2^{\frac{1}{15}})^{15}$, 则对任意的 $t > T_1$,

$$\Theta_n(t, T) > t^{\frac{1}{15}},$$

从而

$$\Theta_{n-1}(t, T_1) = \int_{T_1}^t \frac{\Theta_n(s, T)}{r_{n-1}(s)} \Delta s$$

$$> \int_{T_1}^t \frac{1}{s^{\frac{14}{15}}} \Delta s$$

$$= \frac{t^{\frac{1}{15}} - T_1^{\frac{1}{15}}}{2^{\frac{1}{15}} - 1}.$$

选取 $T_2 = T/(2 - 2^{\frac{1}{15}})^{30}$, 则对任意的 $t > T_2$,

$$\Theta_{n-1}(t, T_1) > t^{\frac{1}{15}}.$$

从而

$$\Theta_{n-2}(t, T_2) = \int_{T_2}^t \frac{\Theta_{n-1}(s, T)}{r_{n-2}(s)} \Delta s$$

$$> \int_{T_2}^t \frac{\Theta_{n-1}(s, T_1)}{r_{n-2}(s)} \Delta s$$

$$> \int_{T_2}^t \frac{1}{s^{\frac{14}{15}}} \Delta s$$

$$= \frac{t^{\frac{1}{15}} - T_2^{\frac{1}{15}}}{2^{\frac{1}{15}} - 1}.$$

选取 $T_3 = T/(2 - 2^{\frac{1}{15}})^{45}$, 则对任意的 $t > T_3$,

$$\Theta_{n-2}(t, T_2) > t^{\frac{1}{15}}.$$

$$\cdots\cdots$$

继续下去, 有

$$
\begin{aligned}
\Theta_1(t, T_{n-1}) &= \int_{T_{n-1}}^t \frac{\Theta_2(s, T)}{r_1(s)} \Delta s \\
&> \int_{T_{n-1}}^t \frac{\Theta_2(s, T_{n-2})}{r_1(s)} \Delta s \\
&> \int_{T_{n-1}}^t \frac{1}{s^{\frac{14}{15}}} \Delta s \\
&= \frac{t^{\frac{1}{15}} - T_{n-1}^{\frac{1}{15}}}{2^{\frac{1}{15}} - 1}.
\end{aligned}
$$

选取 $T_n = T/(2 - 2^{\frac{1}{15}})^{15n}$, 则对任意的 $t > T_n$,

$$\Theta_1(t, T_{n-1}) > t^{\frac{1}{15}}.$$

这蕴含着对任意的 $t > T_n$,

$$\Theta_1(t, T) > \Theta_1(t, T_{n-1}) > t^{\frac{1}{15}}.$$

取 $M = 1$, $G(t, s) = (t - s)^2$, $p(s) = 1$, $k = 1/2$, 则有

$$
\begin{aligned}
&\limsup_{t \to \infty} \frac{1}{G(t, t_0)} \int_{T_0}^t G(t, s) M p(s) q(s) \Psi^\gamma(s, T) \Delta s \\
&\geqslant \limsup_{t \to \infty} \frac{1}{t^2} \int_{2T_n}^t (t - s)^2 \frac{2^{\frac{3}{7}}}{(2^{\frac{1}{15}} - 1)^{\frac{6}{7}} s^{\frac{4}{7}}} \left[\frac{\sigma(s)}{h_2(\tau(s), 2)} \right]^{\frac{3}{7}} \\
&\quad \times \left[\frac{h_2(\tau(s), 2) \Theta_1(\tau(s), T)}{4\sigma(s) r_{n-1}(\tau(s)) \Theta_{n-1}(\tau(s), T)} \right]^{\frac{3}{7}} \Delta s \\
&\geqslant \limsup_{t \to \infty} \frac{1}{t^2} \int_{2T_n}^t (t - s)^2 \frac{2^{\frac{3}{7}}}{(2^{\frac{1}{15}} - 1)^{\frac{6}{7}} s^{\frac{4}{7}}} \left[\frac{\sigma(s)}{h_2(\tau(s), 2)} \right]^{\frac{3}{7}} \\
&\quad \times \left[\frac{h_2(\tau(s), 2) \dfrac{s^{\frac{1}{15}}}{2^{\frac{1}{15}}}}{4\sigma(s) r_{n-1}(\tau(s)) \dfrac{1}{(2^{\frac{1}{15}} - 1)^2} \dfrac{s^{\frac{1}{15}}}{2^{\frac{1}{15}}}} \right]^{\frac{3}{7}} \Delta s
\end{aligned}
$$

$$= \limsup_{t \to \infty} \frac{1}{t^2} \int_{2T_n}^{t} \frac{(t-s)^2}{s} \Delta s$$

$$= \limsup_{t \to \infty} \left\{ [\log_2 t - \log_2(2T_n)] + \frac{1}{t^2} \left[\frac{t^2 - (2T_n)^2}{2^2 - 1} \right] - \frac{2}{t}(t - 2T_n) \right\}$$

$$= \infty,$$

$$\liminf_{t \to \infty} \frac{1}{G(t, t_0)} \int_{T_0}^{t} G(t, s) \frac{p(s) r_n(s) \eta^{\gamma+1}(s)}{(\gamma+1)^{\gamma+1} \delta^\gamma(s)} \Delta s$$

$$= \liminf_{t \to \infty} \frac{1}{(t-2)^2} \int_{T_0}^{t} (t-s)^2 \frac{(b(s))^{\gamma+1}}{(\gamma+1)^{\gamma+1}(r_n(s))^\gamma} \left(\frac{\tau(s)}{2\sigma(s)} \right)^{\gamma^2} \Delta s$$

$$= \frac{1}{2^{\frac{27}{49}} \left(\frac{10}{7} \right)^{\frac{10}{7}}} \liminf_{t \to \infty} \frac{1}{(t-2)^2} \int_{T_0}^{t} \frac{(t-s)^2}{s^{\frac{106}{35}}} \Delta s$$

$$\leqslant \frac{1}{2^{\frac{27}{49}} \left(\frac{10}{7} \right)^{\frac{10}{7}}} \liminf_{t \to \infty} \frac{1}{(t-2)^2} \int_{T_0}^{t} \frac{(t-s)^2}{s^3} \Delta s$$

$$= \frac{1}{2^{\frac{27}{49}} \left(\frac{10}{7} \right)^{\frac{10}{7}}} \liminf_{t \to \infty} \frac{1}{(t-2)^2} \left[\frac{t^2(t^{-2} - (T_0)^{-2})}{2^{-2} - 1} \right.$$

$$\left. - \frac{2t(t^{-1} - (T_0)^{-1})}{2^{-1} - 1} + (\log_2 t - \log_2 T_0) \right]$$

$$< \infty,$$

这蕴含着

$$\limsup_{t \to \infty} \frac{1}{G(t, t_0)} \int_{T_0}^{t} G(t, s) \left[Mp(s)q(s)\Psi^\gamma(s, T) - \frac{p(s) r_n(s) \eta^{\gamma+1}(s)}{(\gamma+1)^{\gamma+1} \delta^\gamma(s)} \right] \Delta s = \infty.$$

因此条件 (8.4) 及 (8.28) 成立. 由定理 8.2 知, 方程 (8.45) 的每一个解 $x(t)$ 是振荡的或者 $\lim_{t \to \infty} x(t) = 0$. $\square$

参 考 文 献

[1] Hilger S. Ein Maßkettenkalkül Mit Anwendung auf Zentrumsmannigfaltigkeiten[D]. Ph D Thesis, Universität Würzburg, 1988.

[2] Hilger S. Analysis on measure chains: A unified approach to continuous and discrete calculus[J]. Results Math., 1990, 18: 18-56.

[3] Bohner M, Peterson A. Dynamic Equations on Time Scales: An Introduction with Applications[M]. Boston: Birkhäuser, 2001.

[4] Vanessa S.Taming nature's numbers[J]. New Sci., 2003, 179: 28-33.

[5] Lakshmikantham V, Sivasundaram S, Kaymakcalan B. Dynamic Systems on Measure Chains[M]. Mathematics and Its Applications, Boston: Kluwer Academic Publishers, 1996.

[6] Agarwal R P, Bohner M, O'Regan D, Peterson A. Dynamic equations on time scales: A survey[J]. J. Comput. Appl. Math., 2002, 141: 1-26.

[7] Bohner M, Peterson A. Advances in Dynamic Equations on Time Scales[M]. Boston: Birkhäuser, 2003.

[8] Erbe L, Kong Q, Zhang B. Oscillation Theory for Functional Differential Equations[M]. New York: Marcel Dekker, 1995.

[9] Erbe L, Peterson A, Saker S H. Oscillation and asymptotic behavior a third-order nonlinear dynamic equation[J]. Acta Appl. Math., 2006, 14: 129-147.

[10] Chen D. Oscillation and asymptotic behavior for nth-order nonlinear neutral delay dynamic equations on time scales[J]. Acta. Appl. Math., 2010, 109: 703-719.

[11] Zhu Z, Wang Q. Existence of nonoscillatory solutions to neutral dynamic equations on time scales[J]. J. Math. Anal. Appl., 2007, 335: 751-762.

[12] Karpuz B. Unbounded oscillation of higher-order nonlinear delay dynamic equations of neutral type with oscillating coefficients[J]. Electron. J. Qual. Theory Differ. Equ., 2009, 34: 1-14.

[13] Karpuz B. Asymptotic behaviour of bounded solutions of a class of higher-order neutral dynamic equations[J]. Appl. Math. Comput., 2009, 215: 2174-2183.

[14] Hardy G H, Littlewood J E, Polya G. Inequalities[M]. 2nd ed. Cambridge: Cambridge University Press, 1988.

[15] Gera M, Graef J R, Gregus M. On oscillatory and asymptotic properties of solutions of certain nonlinear third order differential equations[J]. Nonl. Anal., 1998, 32: 417-425.

[16] Wang Y, Xu Z. Asymptotic properties of solutions of certain third-order dynamic equations[J]. J. Comput. Appl. Math., 2012, 236: 2354-2366.

[17] Sahi'ner Y. Oscillation of second-order delay differential equations on time scales[J]. Nonl. Anal., 2005, 63: e1073-e1080.

[18] Erbe L, Peterson A, Saker S H. Hille and Nehari type criteria for third order dynamic equations[J]. J. Math. Anal. Appl., 2007, 329: 112-131.

[19] Adivar M, Bohner E A. Halanay type inequalities on time scales with applications[J]. Nonl. Anal., 2011, 74: 7519-7531.

[20] Agarwal R P, Anderson D R, Zafer A. Interval oscillation criteria for second-order forced delay dynamic equations with mixed nonlinearities[J]. Comput. Math. Appl., 2010, 59: 977-993.

[21] Agarwal R P, Bohner M. Basic calculus on time scales and some of its applications[J]. Results Math., 1999, 35: 3-22.

[22] Agarwal R P, Bohner M, Saker S H. Oscillation of second order delay dynamic equations[J]. Can. Appl. Math. Q., 2005, 13: 1-18.

[23] Chen Z, Sun T, Wang Q, et al. Nonoscillatory solutions for system of neutral dynamic equations on time scales[J]. The Sci. World J., 2014, 2014: 1-11.

[24] Erbe L, Jia B, Peterson A. Oscillation and nonoscillation of solutions of second order linear dynamic equations with integrable coefficients on time scales[J]. Appl. Math. Comput., 2009, 215: 1868-1885.

[25] Erbe L, Mathsen R, Peterson A. Existence multiplicity and nonexistence of positive solutions to a differential equation on ameasure chain[J]. J. Comput. Appl. Math., 2000, 113: 365-380.

[26] Erbe L, Mathsen R, Peterson A. Factoring linear differential operators on measure chains [J]. J. Inequ. Appl., 2001, 6: 287-303.

[27] Erbe L, Peterson A, Saker S H. Oscillation criteria for second-order nonlinear delay dynamic equations[J]. J. Math. Anal. Appl., 2007, 333: 505-522.

[28] Goodrich C. Existence of a positive solution to a first-order p-Laplacian BVP on a time scale[J]. Nonl. Anal., 2011, 74: 1926-1936.

[29] Grace S, Agarwal R P, Pinelas S. Comparison and oscillatory behavior for certain second order nonlinear dynamic equations[J]. J. Appl. Math. Comput., 2011, 35: 525-536.

[30] Grace S R, Bohner B, Sun S. Oscillation of fourth-order dynamic equations[J]. Hacettepe J. Math. Stati., 2010, 39: 545-553.

[31] Grace S R, Sun S, Wang Y. On the oscillation of fourth order strongly superlinear and strongly sublinear dynamic equations[J]. J. Appl. Math. Comput., 2014, 44: 119-132.

[32] Han Z, Sun S, Shi B. Oscillation criteria for a class of second orde Emden-Fowler delay dynamic equations on time scales[J]. J. Math. Anal. Appl., 2007, 334: 847-858.

[33] Hassana T S. Oscillation of third order nonlinear delay dynamic equations on time scales[J]. Math. Comput. Model., 2009, 49: 1573-1586.

[34] Hassana T S, Erbe L, Peterson A. Oscillation of second order superlinear dynamic equations with damping on time scales[J]. Comput. Math. Appl., 2010, 59: 550-558.

[35] Hassana T S. Kamenev-Type oscillation criteria for second order nonlinear dynamic equa tions on time scales[J]. Appl. Math. Comput., 2011, 217: 5285-5297.

[36] He X, Zhang Q, Tang X. On inequalities of Lyapunov for linear Hamiltonian systems on time scales[J]. J. Math. Anal. Appl., 2011, 381: 695-705.

[37] Higgins R J. Oscillation theory of dynamic equations on time scales[D]. Ph D Thesis, University Nebraska, 2008.

[38] Jiang L, Zhou Z. Lyapunov inequality for linear Hamiltonian systems on time scales[J]. J. Math. Anal. Appl., 2005, 310: 579-593.

[39] Karpuz B. Some oscillation and nonoscillation criteria for neutral delay difference equations with positive and negative coefficients[J]. Comput. Math. Appl., 2009, 57: 633-642.

[40] Karpuz B, Öcalan Ö. Necessary and sufficient conditions on asymptotic behaviour of solutions of forced neutral delay dynamic equations[J]. Nonli. Anal., 2009, 71: 3063-3071.

[41] Li T, Han Z, Sun S, et al. Existence of nonoscillatory solutions to second-order neutral delay dynamic equations on time scales[J]. Adv. Diff. Equa., 2009, 2009: 1-10.

[42] Li T, Han Z, Sun S, et al. Oscillation results for third order nonlinear delay dynamic equations on time scales[J]. Bull. Malay. Math. Sci. Soc., 2011, 34: 639-648.

[43] Li W. Some integral inequalities useful in the theory of certain partial dynamic equations on time scales[J]. Comput. Math. Appl., 2011, 61: 1754-1759.

[44] Lin Q, Jia B, Wang Q. Forced oscillation of second-order half-linear dynamic equations on time scales[J]. Abstr. Appl. Anal., 2010, 2010: 1-10.

[45] Liu J, Sun T, Kong X, et al. Lyapunov inequalities of linear Hamiltonian systems on time scales[J]. J. Comput. Anal. Appl., 2016, 21: 1160-1169.

[46] Meng F, Shao J. Some new Volterra-Fredholm type dynamic integral inequalities on time scales[J]. Appl. Math. Comput., 2013, 223: 444-451.

[47] Qi Y, Yu J. Oscillation criteria for fourth-order nonlinear delay dynamic equations[J]. Elec. J. Diff. Equa., 2013, 2013: 1-17.

[48] Saker S H. Applications of Opial inequalities on time scales on dynamic equations with damping terms[J]. Math. Comput. Model., 2013, 58: 1777-1790.

[49] Sun T, He Q, Xi H, et al. Oscillation for higher order dynamic equations on time scales [J]. Abstr. Appl. Anal., 2013, 2013: 1-8.

[50] Sun T, Liu J. Lyapunov inequality for dynamic equation with order $n+1$ on time scales[J]. J. Dynam. Sys. Geom. Th., 2015, 13: 95-101.

[51] Sun T, Peng X, Yu W. Lyapunov inequalities for second order dynamic equations on time scales[J]. Guangxi Sci., 2010, 17: 185-187.

[52] Sun T, Xi H. Lyapunov type inequality for a higher order dynamic equation on time scales[J]. Springer Plus, 2016, 5: 1-8.

[53] Sun T, Xi H, Liu J, et al. Lyapunov inequalities for a class of nonlinear dynamic systems on time scales[J]. J. Inequal. Appl., 2016: 1-13.

[54] Sun T, Xi H, Peng X. Asymptotic behavior of solutions of higher-order dynamic equations on time scales[J]. Adv. Diff. Equa., 2011: 1-14.

[55] Sun T, Xi H, Peng X, et al. Nonoscillatory solutions for higher-order neutral dynamic equations on time scales[J]. Abstr. Appl. Anal., 2010: 1-16.

[56] Sun T, Xi H, Yu W. Asymptotic behaviors of higher order nonlinear dynamic equations on time scales[J]. J. Appl. Math. Comput., 2011, 37: 177-192.

[57] Sun T, Yu W, He Q. New oscillation criteria for higher order delay dynamic equations on time scales[J]. Adv. Diff. Equa., 2014: 1-16.

[58] Sun T, Yu W, Xi H. Oscillatory behavior and comparison for higher order nonlinear dynamic equations on time scales[J]. J. Appl. Math. Inform., 2012, 30: 289-304.

[59] Sun Y, Hassan T. Some nonlinear dynamic integral inequalities on time scales[J]. Appl. Math. Comput., 2013, 220: 221-225.

[60] Tao C, Sun T, He Q. Nonoscillation for higher-order nonlinear delay dynamic equations on time scales[J]. Adv. Diff. Equa., 2016: 1-11.

[61] Tao C, Sun T, Xi H. Existence of the nonoscillatory solutions of higher order neutral dynamic equations on time scales[J]. Adv. Diff. Equa., 2015: 1-15.

[62] Wu X, Sun T, Xi H, et al. Kamenev-type oscillation criteria for higher-order nonlinear dynamic equations on time scales[J]. Adv. Diff. Equa., 2013: 1-19.

[63] Wu X, Sun T, Xi H, et al. Oscillation criteria for fourth-order nonlinear dynamic equations on time scales[J]. Abstr. Appl. Anal., 2013: 1-11.

[64] Wu X, Sun T. Oscillation criteria for higher order nonlinear delay dynamic equations on time scales[J]. Math. Slovaca, 2016, 66: 627-650.

[65] Zhang B, Zhu S. Oscillation of second-order nonlinear delay dynamic equations on time scales[J]. Compu. Math. Appl., 2005, 49: 599-609.

[66] Zhang Q, He X, Jia J. On Lyapunov-type inequalities for nonlinear dynamic systems on time scales[J]. Comput. Math. Appl., 2011, 62: 4028-4038.

[67] Zhang Z, Dong W, Li Q, et al. Existence of nonoscillatory solutions for higher order neutral dynamic equations on time scales[J]. J. Appl. Math. Comput., 2008, 28: 29-38.

[68] Zhang Z, Dong W, Li Q, et al. Positive solutions for higher order nonlinear neutral dynamic equations on time scales[J]. Appl. Math. Model, 2009, 33: 2455-2463.

[69] Zheng B. Some new generalized 2D Ostrowski-Grüss type inequalities on time scales[J]. Arab. J. Math. Sci., 2013, 19: 159-172.

[70] Zhang S Y, Wang Q R, Kong Q. Asymptotics and oscillation of nth-order nonlinear dynamic equations on time scales[J]. Applied Mathematics and Computation, 2016, 275: 324-334.

索　引